P9-CKJ-080

EL LIBRO DE LA ASTRONOMIA

EL LIBRO DE LA ASTRONOMIA

DK LONDON

EDICIÓN SÉNIOR
Victoria Heyworth-Dunne

EDICIÓN DE ARTE SÉNIOR
Gillian Andrews y Nicola Rodway

DIRECCIÓN EDITORIAL
Gareth Jones

DIRECCIÓN DE ARTE SÉNIOR
Lee Griffiths

DIRECCIÓN DE ARTE
Karen Self

SUBDIRECCIÓN DE PUBLICACIONES
Liz Wheeler

DIRECCIÓN DE PUBLICACIONES
Jonathan Metcalf

DISEÑO DE CUBIERTA SÉNIOR
Mark Cavanagh

EDICIÓN DE CUBIERTA
Claire Gell

DIRECCIÓN DE DESARROLLO DE DISEÑO DE CUBIERTAS
Sophia MTT

PREPRODUCCIÓN
Jacqueline Street-Elkayam

PRODUCCIÓN SÉNIOR
Mandy Inness

DK DELHI

DISEÑO DE CUBIERTA
Suhita Dharamjit

COORDINACIÓN EDITORIAL
Priyanka Sharma

MAQUETACIÓN SÉNIOR
Harish Aggarwal

EDICIÓN DE CUBIERTAS
Saloni Singh

Desarrollado para DK por
TALL TREE LTD

EDICIÓN
Rob Colson y David John

DISEÑO
Ben Ruocco

ILUSTRACIONES
James Graham

Estilismo original de
STUDIO 8

Publicado originalmente en Gran Bretaña en 2017 por Dorling Kindersley Limited
80 Strand, London, WC2R 0RL

Parte de Penguin Random House

Título original: *The Astronomy Book*
Primera edición 2018

Servicios editoriales: deleatur, s.l.

Traducción: Montserrat Asensio y Antón Corriente

ISBN: 978-1-4654-7375-2

Impreso en China

UN MUNDO DE IDEAS
www.dkespañol.com

COLABORADORES

JACQUELINE MITTON, ASESORA DE EDICIÓN

Jacqueline Mitton ha escrito más de veinte libros sobre astronomía, entre ellos, varios para niños. Además, ha participado como colaboradora, editora y asesora en muchas otras obras. Ya desde niña, Jaqueline siempre quiso ser astrónoma. Estudió física en la Universidad de Oxford y se doctoró en Cambridge, donde vive ahora.

DAVID W. HUGHES

David W. Hughes, profesor emérito de astronomía en la Universidad de Sheffield, es una autoridad internacional en cometas, asteroides e historia de la astronomía. Ha dedicado más de cuarenta años a explicar las maravillas de la astronomía y de la física a sus alumnos y ha publicado más de doscientos artículos de investigación, además de libros sobre la Luna, el Sistema Solar, el universo, y la estrella de Belén. Fue coinvestigador en la misión Giotto de la Agencia Espacial Europea (ESA), que se aproximó al cometa Halley, y también en la misión SMART-1 de la ESA a la Luna. David ha participado en múltiples comités sobre el espacio y sobre astronomía, y ha sido vicepresidente de la Real Sociedad Astronómica y de la Asociación Astronómica Británica.

ROBERT DINWIDDIE

Robert Dinwiddie es escritor científico y está especializado en libros educativos ilustrados sobre astronomía, cosmología, ciencias de la Tierra e historia de la ciencia. Ha escrito o colaborado en más de cincuenta libros, entre ellos, los títulos de la editorial DK *Universe (Universo)*, *Space*, *The Stars (Estrellas)*, *Ocean*, *Earth* y *Violent Earth*. Vive en el suroeste de Londres y le gusta viajar, navegar y observar las estrellas.

PENNY JOHNSON

Penny Johnson empezó como ingeniera aeronáutica y trabajó con aviones militares durante diez años antes de convertirse en profesora de ciencias y, más tarde, en editora de cursos de ciencia para escuelas. Durante los últimos quince años, Penny se ha dedicado íntegramente a escribir libros educativos.

TOM JACKSON

Tom Jackson es escritor científico y vive en Bristol (Reino Unido). Ha escrito unos 150 libros y ha colaborado en muchos otros que abarcan todo tipo de temas, desde los peces a la religión. Tom escribe para niños y adultos, especialmente sobre ciencia y tecnología y desde la perspectiva de la historia de la ciencia. Ha participado en varios libros de astronomía y ha colaborado con Brian May y Patrick Moore.

CONTENIDO

DE URANO A NEPTUNO
1750–1850

EL AUGE DE LA ASTROFÍSICA
1850–1915

ÁTOMOS, ESTRELLAS Y GALAXIAS
1915–1950

NUEVAS VENTANAS AL UNIVERSO
1950–1975

EL TRIUNFO DE LA TECNOLOGÍA
1975–PRESENTE

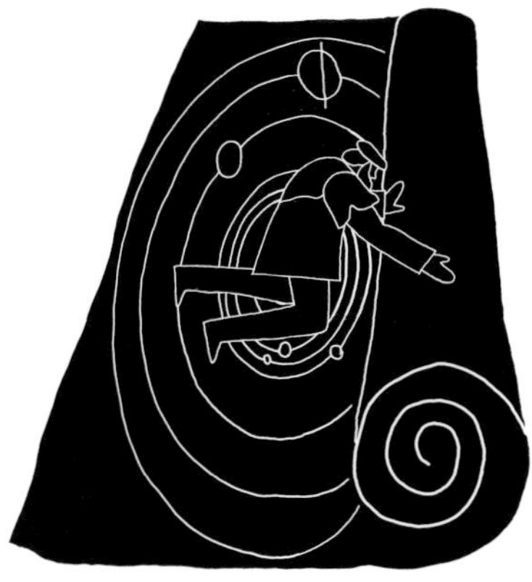

INTROD

CCION

A lo largo de la historia, el propósito de la astronomía ha sido entender el universo. En la Antigüedad, los astrónomos se preguntaban sobre la aparente lejanía del Sol y de las estrellas, cómo y por qué se movían los planetas por el cielo y qué significaba la misteriosa aparición de los cometas. Hoy, el énfasis se ha desplazado a preguntas sobre cómo se originó el universo, de qué está hecho y cómo ha variado. El modo en que sus elementos constituyentes, como las galaxias, las estrellas y los planetas, encajan en el todo y la cuestión de si hay vida más allá de la Tierra son dos de los muchos interrogantes que los seres humanos intentan responder.

Entender la astronomía

Las cuestiones cósmicas de cada época han inspirado grandes ideas para tratar de responderlas. Tales interrogantes llevan milenios estimulando mentes curiosas y creativas, y han dado lugar a grandes avances en filosofía, matemáticas, tecnología y técnicas de observación. En cuanto un descubrimiento parece explicar por fin las ondas gravitatorias, un nuevo hallazgo plantea otro enigma. Pese a todo lo que hemos averiguado acerca de los elementos del universo gracias a telescopios y otros instrumentos, uno de los mayores descubrimientos lo constituye aquello que aún no entendemos: lo que llamamos «materia oscura» y «energía oscura», que representa más del 95 % de toda la sustancia del universo.

Orígenes de la astronomía

En muchas de las zonas más habitadas del planeta, muchos de nosotros apenas somos conscientes del cielo nocturno. No podemos verlo, porque la iluminación artificial oculta la luz tenue y delicada de las estrellas. Este tipo de contaminación lumínica se ha disparado desde mediados del siglo XX. En el pasado, los dibujos que las estrellas trazaban sobre el cielo, las fases de la Luna y las trayectorias aparentes de los planetas visibles formaban parte habitual de la experiencia cotidiana y eran una continua fuente de asombro.

Pocas personas no se conmueven al contemplar un cielo despejado en una noche realmente oscura, cuando la cola de la Vía Láctea cruza el firmamento. Una mezcla de curiosidad y asombro impulsó a nuestros antepasados a buscar orden y significado en la gran cúpula celeste que se alzaba sobre sus cabezas. Lo espiritual y lo divino explicaban el misterio y la magnificencia del cielo, al mismo tiempo que el orden y la predictibilidad de los ciclos repetitivos tenían aplicaciones prácticas vitales y permitían marcar el paso del tiempo.

La arqueología ofrece pruebas abundantes de que, incluso en tiempos prehistóricos, los fenómenos astronómicos eran un recurso cultural para sociedades de todo el mundo. En ausencia de registros escritos, solo podemos especular acerca del conocimiento y las creencias que mantenían las primeras sociedades humanas. Los registros astronómicos más antiguos que nos han llegado proceden de Mesopotamia, la región situada en torno a los valles de los ríos Tigris y Éufrates, en lo que ahora es Irak y otros países vecinos. Las tablillas de arcilla inscritas con información astronómica se remontan a cerca de 1600 a.C. Algunas de

La filosofía está escrita en el gran libro del universo, que se mantiene siempre abierto a nuestra mirada.
Galileo Galilei

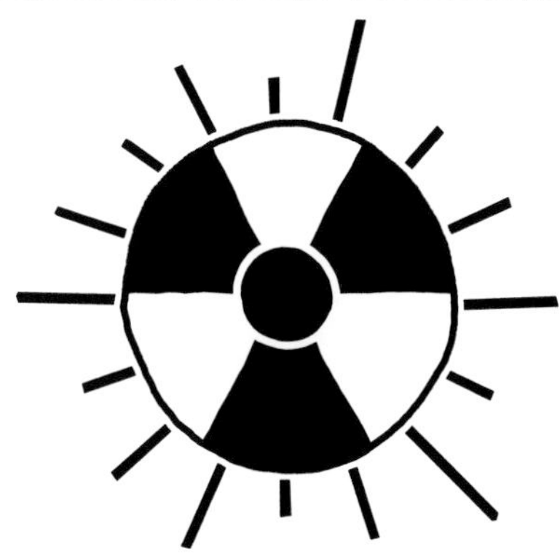

las constelaciones que conocemos hoy tienen su origen en la mitología mesopotámica, que se remonta aún más atrás, a antes del año 2000 a.C.

Astronomía y astrología

Los babilonios daban mucha importancia a la adivinación, y creían que los planetas eran manifestaciones divinas. Las misteriosas idas y venidas de los planetas y los fenómenos poco frecuentes en el firmamento eran como mensajes divinos que los babilonios interpretaban relacionándolos con experiencias pasadas. Llevar un registro detallado durante largos periodos de tiempo era fundamental, porque era la única manera de establecer relaciones entre lo celeste y lo terrenal, y la práctica de interpretar horóscopos empezó en el siglo VI a.C. Las cartas astrales mostraban dónde se hallaban el Sol, la Luna y los planetas sobre el zodíaco en momentos cruciales, como el del nacimiento.

Durante unos dos mil años, apenas hubo diferencias entre la astrología, que con las posiciones relativas de los cuerpos celestes interpretaba el curso de la vida y la historia humanas, y la astronomía, de la que dependía. La observación del cielo se justificaba por las necesidades astrológicas, no por la curiosidad. A partir de mediados del siglo XVII, la astronomía se alejó de la astrología tradicional para convertirse en una actividad científica. Ahora, aunque los astrónomos rechazan la astrología porque carece de base científica, tienen buenos motivos para estar agradecidos a los astrólogos del pasado, que les dejaron registros históricos de un valor incalculable.

El tiempo y las mareas

Las observaciones sistemáticas que al principio practicaban los astrólogos empezaron a ser cada vez más importantes para registrar el paso del tiempo y para la navegación. Los países tuvieron motivos de índole práctica (civiles y militares) para establecer observatorios conforme el mundo se industrializaba y el comercio internacional prosperaba. Durante muchos siglos, solo los astrónomos poseían las habilidades y el equipo necesarios para registrar con precisión el paso del tiempo. Y así fue hasta el desarrollo de los relojes atómicos, a mediados del siglo XX.

La actividad humana se regula según tres relojes astronómicos naturales: la rotación de la Tierra, detectable por el tránsito aparente diario de las estrellas por la esfera celeste, que genera la duración del día; el tiempo que nuestro planeta necesita para dar una vuelta completa en torno al Sol, que es lo que llamamos año; y el ciclo mensual de las fases lunares. El movimiento combinado de la Tierra, el Sol y la Luna en el espacio determina el momento y la magnitud de las mareas oceánicas, de vital importancia para las comunidades costeras y los navegantes.

La astronomía desempeñó una función igualmente importante en la navegación, pues las estrellas componían una estructura de puntos de referencia visibles desde cualquier lugar sobre el mar (siempre que las nubes lo permitieran). En 1675, el rey Carlos II de Inglaterra ordenó erigir el Real Observatorio de Greenwich, cerca de Londres. La orden dada a su director, el primer astrónomo real, John Flamsteed, fue que se aplicara con gran diligencia a hacer las observaciones precisas «para perfeccionar el arte de la navegación». »

Has de tener imaginación para reconocer un descubrimiento cuando lo ves.
Clyde Tombaugh

En la década de 1970, la astronomía dejó de utilizarse como base para la navegación y fue sustituida por satélites artificiales que crearon un sistema de posicionamiento global.

Propósito de la astronomía

Los motivos prácticos para profundizar en la astronomía y en la ciencia espacial han cambiado, pero siguen ahí. Por ejemplo, la astronomía permite evaluar los riesgos procedentes del espacio a los que se enfrenta nuestro planeta. Nada ilustra mejor la fragilidad de la Tierra que las simbólicas imágenes, como las famosas *Salida de la Tierra* o *La canica azul*, que los astronautas del Apolo tomaron desde el espacio en la década de 1960 y que nos recuerdan que la Tierra es un pequeño planeta a la deriva en el espacio. Y, a pesar de que podamos sentirnos seguros gracias a la protección de su atmósfera y su campo magnético, lo cierto es que estamos a merced de un riguroso entorno espacial, que nos bombardea con partículas energéticas y radiación y nos pone en riesgo de chocar con meteoritos. Así, cuanto más sepamos sobre ese entorno, más preparados estaremos para afrontar los riesgos potenciales que presenta.

Tenemos aquí un esquema maravilloso y asombroso de la magnífica inmensidad del universo.
Christiaan Huygens

Un laboratorio universal

Hay otro motivo clave para practicar la astronomía. El universo es un vasto laboratorio donde explorar la naturaleza fundamental de la materia, del tiempo y del espacio. Las inconcebiblemente gigantescas escalas de tiempo, tamaño y distancia y los extremos de densidad, temperatura y presión van mucho más allá de lo que podemos simular en la Tierra, donde sería imposible comprobar las propiedades predichas de un agujero negro u observar qué sucede cuando una estrella colapsa y explota.

Las observaciones astronómicas han confirmado las predicciones de la teoría de la relatividad general de Albert Einstein. Tal como señaló el propio Einstein, su teoría explicaba las aparentes anomalías de la órbita de Mercurio, que la teoría de la gravedad de Newton no podía aclarar. En 1919, Arthur Eddington aprovechó un eclipse solar total para observar cómo la trayectoria de la luz de las estrellas se desviaba de la línea recta al cruzar el campo gravitatorio del Sol, como predecía la teoría de la relatividad. Más adelante, en 1979, se identificó el primer ejemplo del efecto de lente gravitatoria, cuando la imagen de un cuásar apareció duplicada, debido a la presencia de una galaxia junto a la línea de visión, como había previsto también la teoría de la relatividad. La justificación más reciente de la teoría de Einstein llegó en 2015, cuando se detectaron por primera vez ondas gravitatorias, que son ondulaciones en la superficie del espacio-tiempo, generadas por la fusión de dos agujeros negros.

Cuándo observar

Una de las principales maneras que tienen los científicos para probar sus hipótesis y buscar fenómenos nuevos es el diseño de experimentos en condiciones de laboratorio controladas. Sin embargo, en general, y con la excepción del Sistema Solar (que se halla lo bastante cerca como para que robots puedan realizar experimentos), los astrónomos han de conformarse con ser recolectores pasivos de la radiación y las partículas elementales que llegan a la Tierra. La

habilidad clave que han desarrollado es la de tomar decisiones informadas acerca de qué, cómo y cuándo observar. Por ejemplo, el análisis de datos recogidos por telescopios permitió medir la rotación de las galaxias. Esto, a su vez e inesperadamente, llevó a concluir que la invisible «materia oscura» debe existir. Así, la astronomía ha hecho aportaciones inmensas a la física fundamental.

El alcance de la astronomía

Hasta el siglo XIX, los astrónomos solo podían registrar las posiciones y los movimientos de los cuerpos celestes. Esto llevó al filósofo Auguste Comte a afirmar, en 1842, que jamás se podría determinar la composición de los planetas o las estrellas. Unas dos décadas después, nuevas técnicas de análisis del espectro de la luz abrieron la posibilidad de investigar la naturaleza física de estrellas y planetas. Esta nueva disciplina se denominó astrofísica para diferenciarla de la astronomía tradicional.

En el siglo XX, la astrofísica se convirtió en una más de las múltiples especialidades que ofrece el estudio del universo. La astroquímica y la astrobiología son las ramas más recientes; y se unen a la cosmología (el estudio del origen y la evolución del universo como unidad) y la mecánica celeste, que es la rama de la astronomía que se ocupa del movimiento de los cuerpos, especialmente en el Sistema Solar. El término «ciencias planetarias» abarca todos los aspectos del estudio de los planetas, incluida la Tierra. La física solar es otra disciplina importante.

Tecnología e innovación

Con el desarrollo de tantas ramas de investigación relacionadas con todo lo detectable en el espacio, incluida la Tierra como planeta, el significado de la palabra «astronomía» ha vuelto a evolucionar para convertirse en el nombre colectivo que abarca cualquier estudio del universo. Sin embargo, hay una disciplina que, pese a estar íntimamente relacionada con la astronomía, no pertenece a la misma: la «ciencia espacial». Consiste en la combinación de la tecnología y de las aplicaciones prácticas que florecieron con la consolidación de la «era espacial» a mediados del siglo XX.

Si la astronomía nos enseña algo, es que el ser humano no es más que una minucia en la evolución del universo.
Percival Lowell

Colaboración de las ciencias

Todos los telescopios espaciales y todas las misiones que parten a explorar el Sistema Solar hacen uso de la ciencia espacial, por lo que, en ocasiones, cuesta diferenciarla de la astronomía. Este no es más que un ejemplo de cómo los desarrollos en otros campos, sobre todo en el tecnológico y el matemático, han sido cruciales para impulsar la astronomía. Así, los astrónomos aprovecharon rápidamente la invención del telescopio, la fotografía, los nuevos métodos para detectar la radiación, la computación y la gestión digital de datos, por mencionar solo algunos avances tecnológicos. La astronomía es el epítome de la «gran ciencia», una colaboración científica a gran escala.

Entender nuestro lugar en el universo nos lleva a conocernos profundamente: la formación de la Tierra como planeta que sustenta la vida; la creación de las unidades químicas básicas a partir de las cuales se formó el Sistema Solar; y el origen del universo en su conjunto. La astronomía nos permite abordar estas grandes cuestiones. ■

DEL MIT
LA CIEN
600 A.C.–1550 D

O A
CIA
C.

Anaximandro de Mileto hace uno de los primeros intentos de **explicar científicamente el universo**.

***c.* 550 A.C.**

***c.* 530 A.C.**

Pitágoras inaugura su escuela en Crotona y defiende la idea de un cosmos donde los cuerpos se mueven en **círculos perfectos**.

En *Sobre el cielo*, **Aristóteles** presenta un **modelo geocéntrico** del universo. Muchas de sus ideas dominarán el pensamiento durante dos mil años.

350 A.C.

***c.* 220 A.C.**

Aristarco de Samos propone un **modelo heliocéntrico** del universo, pero la idea no se acepta.

En Alejandría, **Eratóstenes** mide la **circunferencia de la Tierra** y estima la distancia al Sol.

***c.* 200 A.C.**

***c.* 150 D.C.**

Tolomeo escribe el *Almagesto*, que plantea un **modelo geocéntrico** del universo que se acepta ampliamente.

Las tradiciones sobre las que se sustenta la astronomía moderna se iniciaron en la antigua Grecia y en sus colonias. En la cercana Mesopotamia, y a pesar de que los babilonios se habían convertido en unos expertos de la predicción celeste gracias a una compleja aritmética, la astronomía hundía sus raíces en la mitología, y su objetivo era adivinar el futuro. Para ellos, los cielos eran el reino de los dioses y estaban fuera del alcance de los humanos y del estudio racional.

Por el contrario, los griegos intentaban explicar lo que veían en el cielo. Se considera a Tales de Mileto (*c.* 624–*c.* 546 a.C.) el primero de una línea de filósofos que pensaban que el razonamiento lógico era capaz de revelar los principios inmutables de la naturaleza. Las ideas teóricas que Aristóteles (384–322 a.C.) planteó dos siglos después fueron los puntales sobre los que se desarrolló la astronomía hasta el siglo XVI.

Las creencias de Aristóteles

Aristóteles fue discípulo de Platón, y ambos estaban interesados por el pensamiento de Pitágoras y de sus seguidores, quienes creían que el mundo natural era un «cosmos» y no un «caos». Esto quería decir que estaba ordenado de un modo racional, y no de forma incomprensible.

Aristóteles afirmó que los reinos celestes son inmutables y perfectos, a diferencia del mundo de la experiencia humana, pero planteó ideas congruentes con el «sentido común». Entre otras cosas, eso significaba que la Tierra estaba en el centro del universo. Aunque su filosofía presentaba algunas incongruencias, se adoptó como la estructura general de ideas para la ciencia más aceptable, y, posteriormente, se incorporó a la teología cristiana.

Orden geométrico

Matemáticamente, gran parte de la astronomía griega se basaba en la geometría y, sobre todo, en el movimiento circular, ya que el círculo se consideraba la más perfecta de las formas. Se desarrollaron complejos esquemas geométricos que predecían las posiciones de los planetas y que combinaban movimientos circulares. En el año 150 d.C., Tolomeo, un astrónomo griego que trabajaba en Alejandría, presentó el compendio definitivo de astronomía griega. Sin embargo, en el año 500 d.C., la perspectiva griega de la astronomía había perdido impulso. Tras Tolomeo, esta tradición no produjo ideas

En su *Aryabhatiya*, el astrónomo indio **Aryabhata** sugiere que las estrellas se mueven en el cielo porque la **Tierra rota**.

499 d.C.

El erudito italiano **Gerardo de Cremona traduce al latín textos árabes**, entre otros el *Almagesto* de Tolomeo, y los hace accesibles en Europa.

***c.* 1180**

El soberano mongol **Ulug Beg** corrige muchas de las **posiciones de las estrellas** que aparecen en el *Almagesto*.

1437

1025

El erudito árabe **Alhacén** presenta una obra que **critica el modelo tolemaico** del universo por su complejidad.

1279

El astrónomo chino **Guo Shoujing** obtiene una medida precisa de la longitud del **año solar**.

1543

Nicolás Copérnico publica *Sobre las revoluciones de los orbes celestes*, que presenta un **cosmos heliocéntrico**.

nuevas importantes sobre astronomía durante casi 1400 años. Por su parte, grandes culturas en China, India y el mundo árabe desarrollaron sus propias tradiciones durante siglos mientras la astronomía europea apenas avanzó. Astrónomos chinos, japoneses y árabes registraron la supernova 1054 de la constelación Tauro que dio lugar a la nebulosa del Cangrejo. Aunque brilló mucho más que Venus, no hay registros que indiquen que su aparición se apreciara en Europa.

> El deber de un astrónomo es componer una historia de los movimientos celestes mediante el estudio cuidadoso y experto.
> **Nicolás Copérnico**

Difusión del conocimiento

La ciencia griega regresó a Europa después de haber dado un gran rodeo. A partir del año 740 d.C., Bagdad se convirtió en un gran centro de enseñanza en el mundo árabe. El gran compendio de Tolomeo se tradujo al árabe y pasó a conocerse como *Almagesto*, por su título en ese idioma. En el siglo XII, muchos textos árabes se tradujeron al latín, de modo que el legado de los filósofos griegos, además de las obras de los eruditos árabes, llegaron por fin a Europa occidental.

La invención de la imprenta a mediados del siglo XV facilitó el acceso a los libros. Nicolás Copérnico, que había nacido en 1473, coleccionó libros toda su vida, y entre ellos se hallaba la obra de Tolomeo. En su opinión, las construcciones geométricas de Tolomeo no lograban lo que había sido el objetivo original de los filósofos griegos: describir la naturaleza mediante el hallazgo de principios simples subyacentes. Copérnico entendió intuitivamente que un modelo con el Sol en el centro produciría un sistema mucho más sencillo, pero, al final, su renuencia a abandonar el movimiento circular llevó a que el verdadero éxito se le escapara. Sin embargo, su mensaje de que el pensamiento astronómico debía sustentarse en la realidad física llegó en un momento crucial y preparó el terreno para la revolución del telescopio. ■

ES EVIDENTE QUE LA TIERRA NO SE MUEVE

EL MODELO GEOCÉNTRICO

EN CONTEXTO

ASTRÓNOMO CLAVE
Aristóteles (384–322 a.C.)

ANTES

465 a.C. Empédocles, filósofo griego, opina que hay cuatro elementos: tierra, agua, fuego y aire. Según Aristóteles, planetas y estrellas están hechos de un quinto elemento: éter.

387 a.C. Eudoxo sugiere que los planetas se encuentran en esferas transparentes que rotan.

DESPUÉS

355 a.C. El pensador griego Heráclides Póntico afirma que el cielo es estacionario y que la Tierra gira sobre sí misma.

Siglo xii El teólogo dominico Tomás de Aquino enseña las teorías de Aristóteles.

1577 Tycho Brahe demuestra que el Gran Cometa está más lejos de la Tierra que la Luna.

1687 Isaac Newton explica la fuerza en su *Philosophiae Naturalis Principia Mathematica.*

Nacido en Macedonia (norte de Grecia), Aristóteles fue uno de los filósofos occidentales más influyentes y creía que el universo se regía por leyes físicas que intentó explicar mediante la deducción, la filosofía y la lógica.

Observó que las posiciones de las estrellas parecían ser fijas y que el brillo estelar no variaba nunca. Las constelaciones siempre eran las mismas y giraban a diario alrededor de la Tierra. La Luna, el Sol y los planetas también parecían moverse en órbitas inmutables alrededor de la Tierra. Creía que se trataba de movimientos circulares y de velocidad constante.

Sus observaciones de la sombra que la Tierra proyectó sobre la superficie lunar durante un eclipse de Luna le convencieron de que la Tierra era una esfera. Su conclusión fue que una Tierra esférica permanecía estacionaria en el espacio sin girar ni cambiar de posición jamás, mientras el cosmos giraba eternamente alrededor de ella. La Tierra era un objeto inmóvil en el centro del universo.

Aristóteles creía que la atmósfera terrestre también era estacionaria. En la parte superior de la atmósfera se producía una fricción entre los gases atmosféricos y el cielo que giraba sobre ellos, y las emanaciones episódicas de gases procedentes de los volcanes ascendían también hasta allí. Encendidos por la fricción, estos gases producían cometas; si prendían rápidamente, producían estrellas fugaces. Su razonamiento prevaleció de forma generalizada hasta el siglo xvi. ■

La Tierra proyecta una sombra circular sobre la Luna durante un eclipse lunar. Esto convenció a Aristóteles de que la Tierra es una esfera.

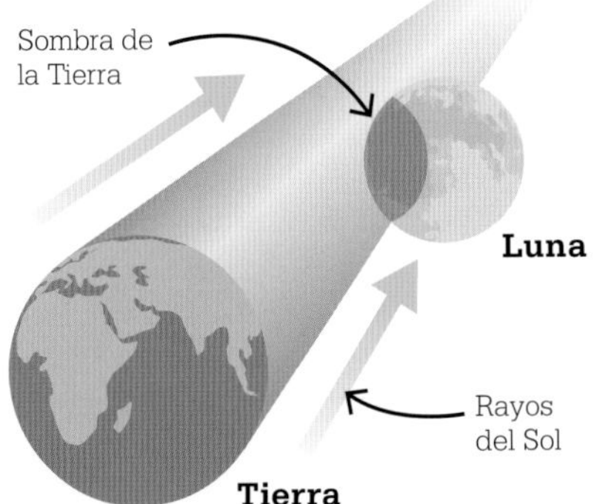

Véase también: Consolidar el conocimiento 24–25 ▪ El modelo copernicano 32–39 ▪ El modelo de Brahe 44–47 ▪ La teoría de la gravedad 66–73

LA TIERRA GIRA ALREDEDOR DEL SOL SOBRE LA CIRCUNFERENCIA DE UN CIRCULO

EL PRIMER MODELO HELIOCÉNTRICO

EN CONTEXTO

ASTRÓNOMO CLAVE
Aristarco (310–230 A.C.)

ANTES

430 A.C. Filolao de Crotona propone que hay un gran fuego central en el universo, en torno al cual giran el Sol, la Luna, la Tierra, cinco planetas y todas las estrellas.

350 A.C. Aristóteles afirma que la Tierra se halla en el centro del universo y que todo lo demás gira alrededor de ella.

DESPUÉS

150 D.C. Tolomeo compendia el *Almagesto*, obra en la que describe un modelo geocéntrico del universo.

1453 Nicolás Copérnico propone la teoría de un universo heliocéntrico.

1838 El astrónomo alemán Friedrich Bessel es el primero en obtener una medida precisa de la distancia a una estrella. Para ello, utiliza un método conocido como paralaje.

Aristarco, matemático y astrónomo oriundo de la isla griega de Samos, fue la primera persona que se sabe que propuso que era el Sol, y no la Tierra, el que ocupaba el centro del universo. También afirmó que la Tierra giraba alrededor del Sol.

Las ideas de Aristarco acerca de este tema aparecen mencionadas en el libro de otro célebre matemático griego, Arquímedes, quien, en *El contador de arena*, afirma que Aristarco había formulado la hipótesis de que «las estrellas fijas y el Sol permanecen inmóviles» y «la Tierra gira alrededor del Sol».

Una idea que no gustó

Aunque Aristarco consiguió persuadir como mínimo a un astrónomo posterior (Seleuco de Seleucia, que vivió durante el siglo II a.C.) de lo acertado de su visión heliocéntrica del universo, parece que sus ideas no fueron demasiado bien recibidas en general. En la era de Tolomeo, hacia 150 d.C., la postura prevalente era la geocéntrica, y no dejó de ser así hasta el siglo XV, cuando Nicolás Copérnico reavivó de nuevo la visión heliocéntrica.

Aristarco fue el verdadero origen de la hipótesis copernicana.

Sir Thomas Heath
Matemático y académico

Aristarco también consideraba que las estrellas se hallaban mucho más lejos de lo que se había creído anteriormente. Estimó las distancias al Sol y a la Luna, así como sus tamaños relativos respecto al de la Tierra. Sus estimaciones respecto a la Luna resultaron ser razonablemente acertadas, pero subestimó la distancia al Sol, sobre todo como consecuencia de un error en una de sus medidas. ■

Véase también: El modelo geocéntrico 20 ▪ Consolidar el conocimiento 24–25 ▪ El modelo copernicano 32–39 ▪ El paralaje estelar 102

LOS EQUINOCCIOS SE DESPLAZAN CON EL TIEMPO

ESTRELLAS EN MOVIMIENTO

EN CONTEXTO

ASTRÓNOMO CLAVE
Hiparco (190–120 A.C.)

ANTES
280 A.C. El griego Timocaris registra que la estrella Espiga se encuentra a 8° al oeste del equinoccio de otoño.

DESPUÉS
Siglo IV D.C. El astrónomo chino Yu Xi detecta y mide la precesión.

1543 Nicolás Copérnico explica la precesión como un movimiento del eje de la Tierra.

1687 Isaac Newton logra demostrar que la precesión es consecuencia de la gravedad.

1718 Edmond Halley descubre que, además del movimiento relativo entre las estrellas y los puntos de referencia en la esfera celeste, las estrellas presentan un movimiento gradual entre ellas. Tal fenómeno se produce porque se mueven en distintas direcciones y a velocidades diferentes.

Hacia el año 130 a.C., el astrónomo y matemático griego Hiparco de Nicea se percató de que la estrella Espiga se había movido 2° hacia el este respecto a un punto de la esfera celeste llamado equinoccio otoñal, en comparación con la posición registrada 150 años antes. Siguió investigando y descubrió que habían cambiado las posiciones de todas las estrellas. Este cambio recibió el nombre de «precesión de los equinoccios».

La bóveda celeste es una esfera imaginaria que rodea la Tierra y en la que las estrellas se ubican en puntos específicos. Los astrónomos usan puntos y curvas definidos sobre la superficie de esta esfera como referencia para describir las posiciones de estrellas y otros objetos celestes. La esfera tiene un polo norte, un polo sur y un ecuador celeste (un círculo superpuesto al ecuador de la Tierra). La eclíptica es otro círculo clave en esta esfera, y traza la trayectoria aparente del Sol sobre el fondo de estrellas a lo largo del año. La eclíptica y el ecuador celeste intersecciona en dos puntos: el equinoccio de primavera y el equinoccio de otoño, que marcan las posiciones del Sol sobre la esfera celeste en los equinoccios de marzo y septiembre. La precesión de los equinoccios alude al desplazamiento gradual de estos dos puntos en relación con las posiciones de las estrellas.

Hiparco atribuyó la precesión a un «bamboleo» en el movimiento de la esfera celeste, de la que creía que era real y que rotaba alrededor de la Tierra. Ahora se sabe que este bamboleo sucede en la orientación del eje de rotación terrestre, como consecuencia de la influencia gravitatoria del Sol y de la Luna. ■

Laborioso y un gran amante de la verdad.
Tolomeo
en una descripción de Hiparco

Véase también: La teoría de la gravedad 66–73 ▪ El cometa Halley 74–77

LA LUNA DEBE SU BRILLO AL RESPLANDOR DEL SOL

TEORÍAS SOBRE LA LUNA

EN CONTEXTO

ASTRÓNOMO CLAVE
Zhang Heng (78–139 d.C.)

ANTES
140 a.C. Hiparco descubre cómo predecir los eclipses.

Siglo i a.C. Jing Fang lanza la teoría de la «influencia radiante» y afirma que la luz de la Luna es un reflejo de la luz del Sol.

DESPUÉS
150 d.C. Tolomeo presenta unas tablas para calcular la posición de los cuerpos celestes.

Siglo xi En *Ensayo del tesoro de los sueños*, Shen Kuo explica que los cuerpos celestes son redondos como bolas, no planos.

1543 En *Sobre las revoluciones de los orbes celestes*, Nicolás Copérnico describe un sistema heliocéntrico.

1609 Johannes Kepler explica los movimientos de los planetas como cuerpos que flotan de manera independiente y que describen elipses.

Zhang Heng, astrólogo jefe de la corte del emperador chino An Di, fue un matemático hábil y un observador minucioso. Consiguió catalogar 2500 estrellas «brillantes» y estimó que había otras 11 520 «muy pequeñas».

También fue un poeta distinguido, y expresó sus ideas astronómicas ayudado por el símil y la metáfora. En su tratado *Ling Xian*, o *La constitución espiritual del universo*, ubicó la Tierra en el centro del cosmos y afirmó que «el cielo es como un huevo de gallina y es tan redondo como un perdigón, y la Tierra es la yema del huevo, que yace sola en el centro».

Forma sí, pero luz no

Zhang concluyó que la Luna carecía de luz propia y que reflejaba la del Sol «como el agua». Aceptó así las teorías defendidas por su compatriota Jing Fang, quien, un siglo antes, había declarado que «la Luna y los planetas son *yin*; tienen forma, pero no luz». Zhang intuyó que «la cara orientada al Sol se halla plenamente iluminada, y la cara que queda oculta está a oscuras». Sus observaciones le llevaron a describir los eclipses lunares, durante los que la luz del Sol no puede llegar a la Luna, porque la Tierra se interpone en su camino, además de darse cuenta de que los planetas también estaban sujetos a eclipses.

El Sol es como el fuego, y la Luna es como el agua. El fuego emite luz, y el agua la refleja.
Zhang Heng

Otro astrónomo chino, Shen Kuo, desarrolló el trabajo de Zhang en el siglo xi y demostró que las fases crecientes y menguantes de la Luna demostraban que tanto la Luna como el Sol eran esféricos. ■

Véase también: El modelo copernicano 32–39 ▪ Órbitas elípticas 50–55

TODAS LAS CUESTIONES UTILES PARA LA TEORIA DE LO CELESTE

CONSOLIDAR EL CONOCIMIENTO

EN CONTEXTO

ASTRÓNOMO CLAVE
Tolomeo (85–165 D.C.)

ANTES
Siglo XII A.C. Los babilonios organizan las estrellas en constelaciones.

350 A.C. Aristóteles afirma que las estrellas son fijas y que la Tierra es estacionaria.

135 A.C. Hiparco cataloga más de 850 estrellas, según sus luminosidades y posiciones.

DESPUÉS
964 D.C. El astrónomo persa Al-Sufi actualiza el catálogo astronómico de Tolomeo.

1252 Redacción de las *Tablas alfonsíes* en Toledo. Enumeran las posiciones del Sol, de la Luna y de los planetas según las teorías de Tolomeo.

1543 Copérnico demuestra que es mucho más fácil predecir el movimiento de los planetas si se coloca el Sol, y no la Tierra, en el centro del cosmos.

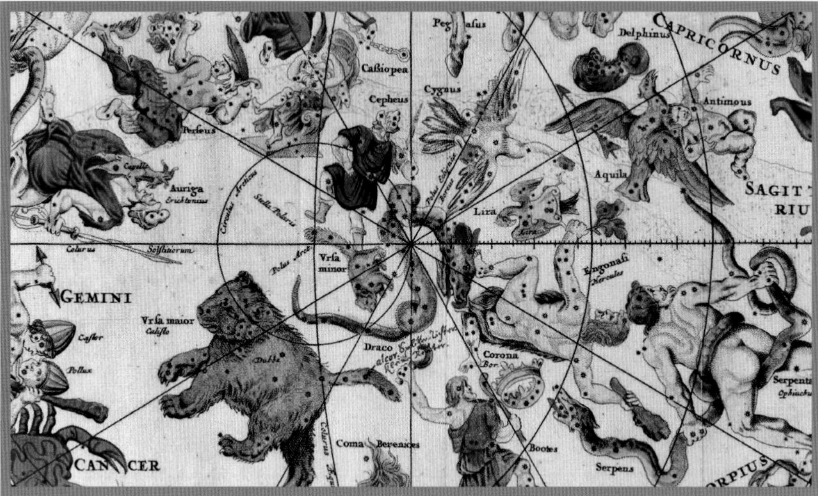

Las constelaciones ideadas por Tolomeo protagonizan este mapa estelar del siglo XVII. El número de estrellas por constelación va de dos (Canis Minor) a 42 (Aquarius).

En su mayor obra conocida, el *Almagesto*, el astrónomo griego Tolomeo presentó un resumen de todo el conocimiento astronómico de la época. En lugar de producir ideas nuevas o radicales, Tolomeo consolidó y desarrolló el conocimiento anterior, sobre todo a partir de las obras del astrónomo griego Hiparco, cuyo catálogo constituyó la base de la mayoría de los cálculos del *Almagesto*. Tolomeo también detalló las operaciones matemáticas necesarias para calcular las posiciones futuras de los planetas. Generaciones de astrónomos posteriores usaron su sistema.

El modelo tolemaico del Sistema Solar tenía en el centro una Tierra estacionaria, alrededor de la cual el cielo giraba a diario. Este modelo exigía cálculos complejos para que cuadrara con las observaciones y para que permitiera calcular las posiciones de los planetas. Sin embargo, tal modelo apenas se cuestionó hasta que Copérnico colocó el Sol en el centro del cosmos en el siglo XVI.

Véase también: El modelo geocéntrico 20 ▪ Estrellas en movimiento 22 ▪ El modelo copernicano 32–39 ▪ El modelo de Brahe 44–47 ▪ Órbitas elípticas 50–55

Tolomeo confeccionó un catálogo de 1022 posiciones de estrellas y enumeró 48 constelaciones en la parte de la esfera celeste que conocían los griegos (todo lo que podía verse desde una latitud septentrional de unos 32°). Las constelaciones de Tolomeo siguen usándose hoy. Muchos de sus nombres se remontan aún más atrás, hasta los antiguos babilonios, como Gemini (gemelos), Cancer (cangrejo), Leo (león), Scorpius (escorpión) o Taurus (toro). Las constelaciones babilónicas aparecen en una tablilla cuneiforme de la serie llamada *Mul.Apin*, que data del siglo VII a.C., pero se cree que se compilaron unos trescientos años antes.

El primer cuadrante

Para mejorar sus mediciones, Tolomeo construyó un zócalo o especie de pedestal. Fue uno de los primeros ejemplos de cuadrante, y era un enorme bloque de piedra, uno de cuyos lados verticales se alineaba cuidadosamente con el plano norte-sur. De la parte superior de la piedra salía una barra horizontal, y la sombra que proyectaba indicaba con precisión la altura del sol a mediodía. Tolomeo llevó a cabo mediciones diarias para obtener estimaciones precisas de la hora de los solsticios y de los equinoccios, que confirmaron las mediciones previas que mostraban que las estaciones tenían duraciones distintas. Creía que la órbita del Sol alrededor de la Tierra era circular, pero sus cálculos le llevaron a concluir que la Tierra no podía estar en el centro exacto de dicha órbita.

Tolomeo el astrólogo

Al igual que la mayoría de los pensadores de su época, Tolomeo creía que los movimientos de los cuerpos celestes afectaban profundamente a lo que sucedía en la Tierra. *Tetrabiblos*, su libro sobre astrología, rivalizó en popularidad con el *Almagesto* durante los siguientes mil años. Además de aportar un modo de calcular las posiciones de los planetas, Tolomeo había presentado también una interpretación completa de cómo los movimientos de los mismos afectaban a los seres humanos. ■

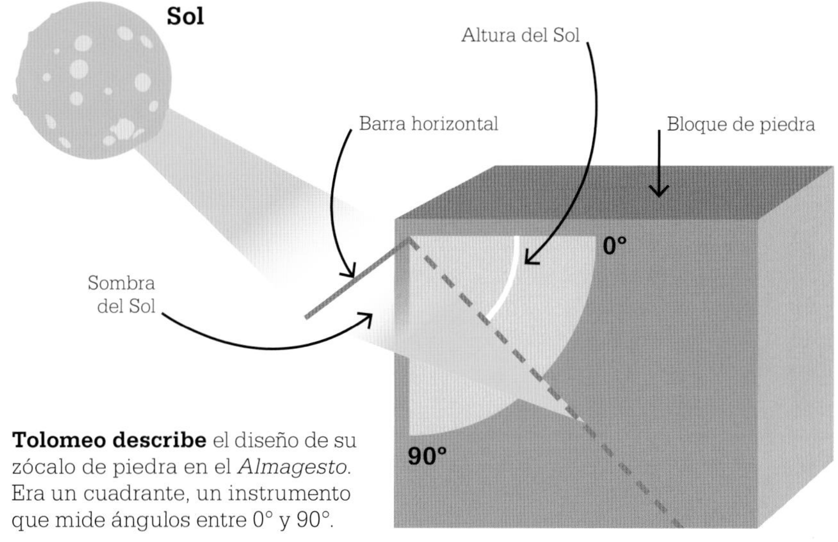

Tolomeo describe el diseño de su zócalo de piedra en el *Almagesto*. Era un cuadrante, un instrumento que mide ángulos entre 0° y 90°.

Claudio Tolomeo

El polímata Tolomeo escribió sobre una amplia variedad de temas, como astronomía, astrología, geografía, óptica, música y matemáticas.

Poco se sabe sobre él, pero es posible que pasara toda su vida en Alejandría, el puerto marítimo de Egipto, que en la época era un reputado centro de sabiduría con una enorme biblioteca, donde estudió con el famoso matemático Teón de Esmirna. Fue un prolífico escritor y muchas de sus obras sobrevivieron gracias a que se tradujeron al árabe y, luego, al latín, lo que permitió difundir sus conocimientos por todo el mundo medieval. Su *Geografía* enumeraba la ubicación de la mayoría de los lugares del mundo conocido, y Cristóbal Colón la llevó consigo en sus viajes de descubrimiento en el siglo XV. Su célebre *Almagesto* siguió utilizándose de manera ininterrumpida hasta *c.* 1643, un siglo después de que otro erudito, Nicolás Copérnico, cuestionara el modelo de universo de Tolomeo.

Obras principales

C. **150 D.C.** *Geografía.*
C. **150 D.C.** *Almagesto.*
C. **150 D.C.** *Tetrabiblos.*

LAS ESTRELLAS INMOVILES AVANZAN UNIFORMEMENTE HACIA EL OESTE

LA ROTACIÓN DE LA TIERRA

EN CONTEXTO

ASTRÓNOMO CLAVE
Aryabhata (476–550 D.C.)

ANTES
Siglo IV A.C. Aristóteles afirma que la Tierra permanece inmóvil en el espacio.

350 A.C. Heráclides Póntico, discípulo de Platón, propone que la Tierra rota una vez al día sobre su eje. Sin embargo, dicha idea no se extiende, ya que contradice las teorías de Aristóteles, a quien se considera de mayor autoridad.

DESPUÉS
950 D.C. El astrónomo persa Al-Sijzi apoya la idea de la rotación de la Tierra.

1543 Nicolás Copérnico afirma que la Tierra rota como parte de su modelo heliocéntrico del universo.

1851 La primera demostración del péndulo de Léon Foucault en París proporciona la primera prueba científica acerca de la rotación de la Tierra.

Entre los siglos IV a.C. y XVI d.C., la visión prevalente en Occidente era que la Tierra es estacionaria y se halla en el centro del universo. Las sugerencias acerca de que la Tierra pudiera rotar se descartaban argumentando que eso haría que los objetos de la superficie terrestre salieran despedidos hacia el espacio. Sin embargo, en India, el astrónomo Aryabhata estaba convencido de que el movimiento de las estrellas en el cielo no se debía a que aquellas giraran en una esfera distante alrededor de la Tierra, sino a que la propia Tierra giraba sobre sí misma.

Fue el padre de la astronomía cíclica india [...] que determina con más precisión las verdaderas posiciones y distancias de los planetas.

Helaine Selin
Historiadora de la astronomía

Un movimiento ilusorio

Según Aryabhata, las estrellas eran estacionarias y su aparente movimiento hacia el oeste era una ilusión. La idea de una Tierra que rota no se aceptó de forma generalizada hasta mediados del siglo XVII, un siglo después de que Copérnico la apoyara.

Los logros de Aryabhata fueron considerables. Su libro *Aryabhatiya* fue la obra sobre astronomía más importante del siglo VI; era, esencialmente, un compendio de los fundamentos de astronomía y de las matemáticas relevantes para la misma, y ejerció una influencia significativa sobre la astronomía árabe.

Entre otros muchos hitos, Aryabhata calculó la longitud del día sideral (el tiempo que la Tierra necesita para rotar una vez en relación con las estrellas) con enorme precisión y diseñó varios métodos tan originales como precisos para compilar tablas astronómicas. ■

Véase también: El modelo geocéntrico 20 ■ El modelo copernicano 32–39 ■ El modelo de Brahe 44–47 ■ Órbitas elípticas 50–55

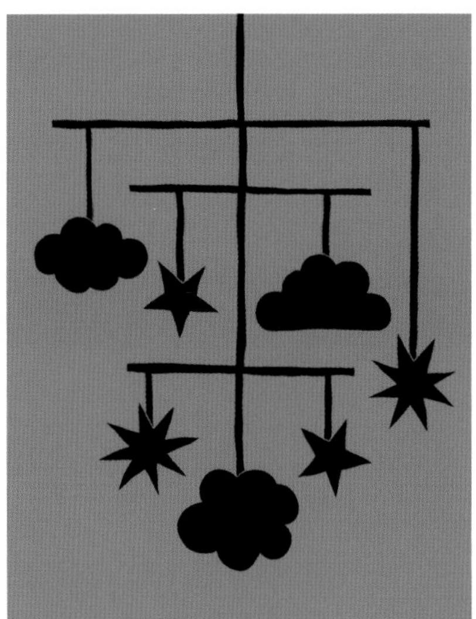

UNA PEQUEÑA NUBE EN EL CIELO NOCTURNO

CARTOGRAFIAR LAS GALAXIAS

EN CONTEXTO

ASTRÓNOMO CLAVE
Abd al-Rahman al-Sufi
(903–986 D.C.)

ANTES
400 A.C. Demócrito cree que la Vía Láctea se compone de una densa masa de estrellas.

150 D.C. Tolomeo registra varias nebulosas (u objetos borrosos) en el *Almagesto*.

DESPUÉS
1610 Galileo ve las estrellas de la Vía Láctea con un telescopio y revalida la teoría de Demócrito.

1845 Lord Rosse hace la primera observación clara de una nebulosa espiral, hoy llamada galaxia del Remolino.

1917 Vesto Slipher descubre que hay nebulosas espirales que giran independientemente de la Vía Láctea.

1929 Edwin Hubble demuestra que muchas nebulosas espirales están mucho más allá de la Vía Láctea y que son galaxias.

Abd al-Rahman al-Sufi, antaño más conocido en Occidente como Azofi, fue un astrónomo persa que registró por primera vez lo que ahora sabemos que son galaxias. Para Al-Sufi, esos objetos difusos y borrosos eran como nubes en el cielo nocturno.

Al-Sufi hizo la mayoría de sus observaciones en Isfahán y Shiraz, en el actual Irán central, pero también consultaba a mercaderes árabes que viajaban hacia el sur y el este y que veían otras partes del cielo. Su obra se centró en traducir al árabe el *Almagesto* de Tolomeo. En el proceso, Al-Sufi intentó fusionar las constelaciones griegas (que dominan los mapas de estrellas actuales) con sus equivalentes árabes, la mayoría de las cuales eran totalmente distintas.

La Gran Nube de Magallanes aparece aquí sobre el Observatorio Paranal, del ESO, en Chile. Puede verse a simple vista desde el hemisferio austral.

Su trabajo se reflejó en el *Kitab suwar al-kawakib*, o *Libro de las estrellas fijas*, escrito hacia el año 964. La obra contenía la ilustración de «una pequeña nube», hoy conocida como galaxia Andrómeda. Es posible que astrónomos persas anteriores ya conocieran ese objeto, pero la mención de Al-Sufi es el primer registro escrito sobre el mismo. Del mismo modo, el *Libro de las estrellas fijas* incluye el Buey Blanco, otro objeto nebuloso al que ahora llamamos Gran Nube de Magallanes y que es una galaxia enana que orbita la Vía Láctea. Al-Sufi no pudo haber observado el objeto directamente, sino que seguramente recibió informes de astrónomos de Yemen y de marinos que cruzaban el mar Arábigo. ■

Véase también: Consolidar el conocimiento 24–25 ▪ Examen de las nebulosas 104–105 ▪ Galaxias espirales 156–161 ▪ Más allá de la Vía Láctea 172–177

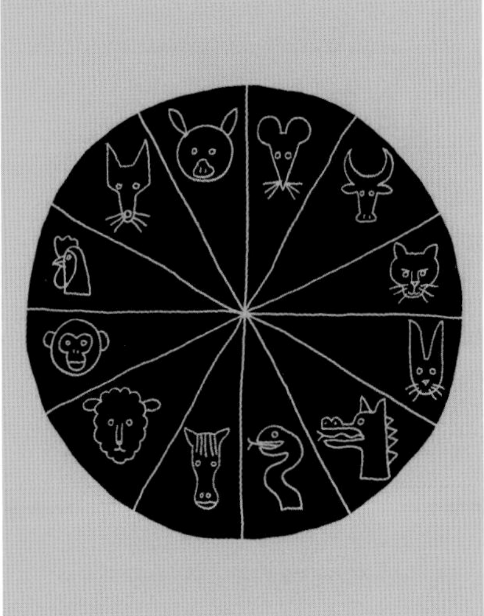

UN CALENDARIO NUEVO PARA CHINA

EL AÑO SOLAR

EN CONTEXTO

ASTRÓNOMO CLAVE
Guo Shoujing (1231–1314)

ANTES
100 a.C. El emperador Wu de la dinastía Han instaura el calendario chino basándose en un año solar.

46 a.C. Julio César reforma el calendario romano y establece un año de 365 días y 6 horas, al que añade un día cada cuatro años.

DESPUÉS
1437 El astrónomo timurí Ulug Beg mide el año solar en 365 días, 5 horas, 49 minutos y 15 segundos usando un gnomon (la columna central de un reloj de sol) de 50 metros de altura.

1582 El papa Gregorio XIII promulga el calendario gregoriano, reforma del juliano, con un año de 365,25 días, como el del calendario Shoushi de Guo.

El calendario tradicional chino es una compleja combinación de ciclos lunares y solares, con 12 o 13 meses lunares que encajan con las estaciones derivadas del Sol. Se formalizó por primera vez en el siglo I a.C., bajo la dinastía Han, y establecía un año solar de 365,25 días, es decir, 365 días y 6 horas. Los cálculos de China iban por delante de los de Occidente: medio siglo más tarde, Julio César usó ese mismo periodo para establecer el sistema juliano del Imperio romano.

El ingeniero Guo Shoujing inventó una versión hidráulica de la esfera armilar, un instrumento empleado para representar las posiciones de los cuerpos celestes.

Cuando el caudillo mongol Kublai Kan conquistó la mayor parte de China en el año 1276, se utilizaba el calendario Daming, una variante del original, pero tenía siglos de antigüedad y necesitaba algunas correcciones. El kan decidió imponer su autoridad con un calendario nuevo y más preciso, que se conocería como calendario Shoushi («bien ordenado»), cuya elaboración se confió al brillante astrónomo jefe Guo Shoujing.

Medición del año

El trabajo de Guo consistía en medir la duración del año solar; para ello, levantó un observatorio en Janbalic (la «Ciudad del kan»), la nueva capital imperial que luego se llamó Pekín (Beijing). Es posible que dicho observatorio fuera el mayor del mundo en la época.

En colaboración con el matemático Wang Chun, Guo inició una serie de observaciones con el fin de seguir el movimiento del Sol a lo largo del año.

Véase también: Estrellas en movimiento 22 ▪ Instrumentos mejorados 30–31 ▪ Zu Chongzhi 334

Ambos viajaron extensamente y levantaron otros 26 observatorios por toda China. En 1279 anunciaron que un mes tenía una duración de 29,530593 días y que el verdadero año solar tenía una longitud de 365,2524 (365 días, 5 horas, 49 minutos y 12 segundos). La estimación solo sobrepasa en 26 segundos a la medición aceptada en la actualidad. China volvía a adelantarse a Occidente. La misma cifra no se obtuvo independientemente ni se adoptó para el calendario gregoriano universal en Europa hasta unos trescientos años después.

El calendario tiene **365 días y 6 horas** en un año, pero **no encaja** con el movimiento del Sol durante el año.

Hay que crear un nuevo calendario que **coincida con el año solar**.

Para medir la longitud del año, hay que diseñar **instrumentos mejores**.

El año solar mide **365 días, 5 horas, 49 minutos y 12 segundos**. **China** tiene un **calendario nuevo**.

Un calendario duradero

Guo fue un gran innovador tecnológico e inventó varios instrumentos de observación, además de mejorar el material persa que había empezado a llegar a China durante el gobierno de Kublai Kan. Aún más importante fue la construcción de un gnomon gigantesco que alcanzaba una altura de 13,3 metros, la cual quintuplicaba la del diseño persa anterior, y tenía una barra horizontal marcada con medidas.

De este modo, Guo pudo medir el ángulo del sol con una precisión mucho mayor.

El calendario Shoushi se consideró el más preciso del mundo en la época y, como prueba de su éxito, se siguió utilizando durante 363 años, lo que lo convierte en el calendario oficial más longevo de la historia china. China adoptó oficialmente el calendario gregoriano en 1912, pero el calendario tradicional, hoy conocido como calendario rural o anterior, sigue siendo importante en la cultura china y determina las fechas más propicias para organizar bodas, celebraciones familiares y días festivos oficiales. ■

Guo Shoujing

Nacido en el seno de una familia pobre del norte de China durante la consolidación del dominio mongol sobre la región, fue un niño prodigio y, a los catorce años de edad, construyó un avanzado reloj de agua. Su abuelo le enseñó astronomía, hidráulica y matemáticas. Convertido en ingeniero, trabajó para Liu Bingzhong, el arquitecto jefe del emperador. A finales de la década de 1250, cuando Kublai Kan ascendió al trono y eligió la región alrededor de Dadu, cerca del río Amarillo, para construir Janbalic, la nueva capital (actual Pekín), se le encargó la construcción de un canal para llevar agua de manantial desde las montañas a la ciudad. En la década de 1290, Guo, que entonces era el asesor imperial jefe de ciencia e ingeniería, conectó Janbalic con el antiguo sistema del Gran Canal que llegaba al Yangtsé y otros ríos importantes. Además de proseguir su trabajo como astrónomo, supervisó proyectos de regadío y canales en toda China, y sus innovaciones teóricas y tecnológicas siguieron influyendo en la sociedad china durante siglos.

HEMOS VUELTO A OBSERVAR TODAS LAS ESTRELLAS DEL CATALOGO DE TOLOMEO

INSTRUMENTOS MEJORADOS

EN CONTEXTO

ASTRÓNOMO CLAVE
Ulug Beg (1384–1449)

ANTES

***C.* 130 a.C.** Hiparco publica un catálogo estelar con las posiciones de más de 850 estrellas.

150 d.C. Tolomeo compila un catálogo estelar en el *Almagesto*, que desarrolla la obra de Hiparco y se considerará la guía definitiva de astronomía durante más de un milenio.

964 Abd al-Rahman al-Sufi añade las primeras referencias a galaxias en su catálogo estelar.

DESPUÉS

1543 Nicolás Copérnico sitúa el Sol, y no la Tierra, en el centro del universo.

1577 El catálogo de Tycho Brahe registra una nova, lo que demuestra que las «estrellas fijas» no son eternas y sí son mutables.

Durante más de mil años, el *Almagesto* de Tolomeo fue la autoridad mundial sobre las posiciones de las estrellas. Se tradujo al árabe y ejerció una gran influencia en el mundo musulmán hasta el siglo XV, cuando el soberano mongol Ulug Beg demostró que gran parte de la información que contenía el *Almagesto* era errónea.

Ulug Beg era nieto de Tamerlán, el conquistador mongol, y solo tenía dieciséis años de edad cuando ascendió al trono ancestral familiar en Samarcanda (en el Uzbekistán actual) en 1409. Estaba decidido a transformar la ciudad en un respetado centro de conocimiento e invitó a eruditos de múltiples disciplinas y procedentes de todos los rincones del mundo conocido para que estudiaran en su nueva madrasa, la institución de enseñanza superior.

A Ulug Beg le interesaba la astronomía, y es posible que el hecho de haber descubierto en el *Almagesto* errores graves respecto a las posiciones de las estrellas fuera lo que le inspirara a ordenar la construcción de un observatorio gigantesco, el más grande del mundo en aquel momento. Se alzaba sobre una coli-

Ulug Beg

El sultán astrónomo Muhammad Taragay ibn Shajruj ibn Timur, conocido por su título Ulug Beg («gran príncipe»), nació de camino, mientras el ejército de Tamerlán cruzaba Persia.

La muerte de su abuelo en 1405 hizo que el ejército se detuviera en el oeste de China, y Shajruj, el padre de Ulug Beg, venció en la lucha por el control del territorio. En 1409, Ulug Beg fue enviado a Samarcanda como regente de su padre, y en 1411, cuando cumplió dieciocho años de edad, se amplió su gobierno sobre la ciudad para abarcar la provincia circundante.

El talento de Ulug Beg para las matemáticas y la astronomía no corrió parejas con su capacidad de gobierno. Cuando Shajruj falleció, en 1447, Ulug Beg ascendió al trono imperial, pero no logró ejercer la autoridad necesaria para mantenerse en él y, en 1449, fue decapitado por su propio hijo.

Obra principal

1437 *Zij-i sultani.*

Véase también: Estrellas en movimiento 22 ▪ Consolidar el conocimiento 24–25 ▪ Cartografiar las galaxias 27 ▪ El modelo copernicano 32–39 ▪ El modelo de Brahe 44–47

na al norte de la ciudad, y su construcción se prolongó durante cinco años, hasta finalizar en 1429. Fue allí donde, con su equipo de astrónomos y matemáticos, se propuso compilar un nuevo catálogo astronómico.

La **comprensión de la astronomía** se basa en el estudio de la obra de **sabios antiguos**.
Un **sextante** construido en **un lugar protegido** proporciona medidas **más precisas**.
Con frecuencia, los instrumentos mejorados revelan **errores** en la obra de los **astrónomos antiguos**.

Instrumentos gigantescos

El catálogo de Tolomeo se basaba en gran medida en la obra de Hiparco, y muchas de las posiciones estelares que reflejaba no derivaban de observaciones nuevas.Para medirlas con precisión, Ulug Beg construyó el observatorio a una escala inmensa. El instrumento más impresionante era el sextante Fajri. En realidad se parecía más a un cuadrante (un cuarto de círculo, en lugar de un sexto), y se estima que tenía un radio superior a los 40 metros y unos tres pisos de altura. El instrumento se encontraba bajo tierra, para protegerlo de los terremotos, y descansaba sobre una zanja curva orientada según el meridiano norte-sur. Cuando el Sol o la Luna pasaban por encima, la luz caía en la zanja oscura, lo cual permitía calcular su posición con un error de unas pocas centésimas de grado, al igual que las de las estrellas.

En 1437 se publicó el *Zij-i sultani* («Catálogo astronómico del sultán»). En él, Ulug Beg corrigió las posiciones de 922 de las 1022 estrellas que aparecían en el *Almagesto*. El *Zij-i sultani* también contenía nuevas mediciones del año solar, el movimiento de los planetas y la inclinación axial de la Tierra. Estos datos fueron muy importantes porque permitieron predecir eclipses, la hora de la salida y la puesta del sol, y la altitud de los cuerpos celestes, necesaria para navegar. La obra de Ulug Beg fue el catálogo astronómico definitivo hasta que Tycho Brahe publicó el suyo, casi doscientos años después. ■

> Las religiones se dispersan y los reinos caen, pero la ciencia perdura durante siglos.
> **Ulug Beg**

Todo lo que queda del sextante Fajri es una zanja de dos metros de anchura en la ladera de una colina. El observatorio fue destruido tras la muerte de Ulug Beg, en 1449, y no se descubrió hasta 1908.

POR FIN SITUAREMOS AL MISMO SOL EN EL CENTRO DEL UNIVERSO

EL MODELO COPERNICANO

EN CONTEXTO

ASTRÓNOMO CLAVE
Nicolás Copérnico
(1473–1543)

ANTES
***C.* 350 a.C.** Aristóteles sitúa la Tierra en el centro del universo.

***C.* 270 a.C.** Aristarco plantea un universo con el Sol en el centro y las estrellas a una enorme distancia.

***C.* 150 d.C.** Tolomeo compila el *Almagesto*.

DESPUÉS
1576 El astrónomo inglés Thomas Digges propone cambiar el sistema copernicano, sustituyendo el límite exterior por un espacio ilimitado y lleno de estrellas.

1605 Johannes Kepler descubre que las órbitas son elípticas.

1610 Galileo descubre las fases de Venus y los satélites de Júpiter, lo que refuerza la postura heliocéntrica.

A mediados del siglo xv, la mayoría de los europeos consideraban que las preguntas sobre el lugar que ocupa la Tierra en el cosmos ya se habían respondido en el siglo ii, cuando Tolomeo compuso su obra, en la que modificaba las ideas avanzadas por Aristóteles. Tales ideas situaban a la Tierra en el centro del cosmos y llevaban el sello de aprobación oficial de la Iglesia. Sin embargo, el primer desafío convincente a esta ortodoxia provino del interior de la propia Iglesia, de la mano del canónigo Nicolás Copérnico.

De todos los descubrimientos y opiniones, ninguno podría haber ejercido mayor efecto sobre el alma humana que la doctrina de Copérnico.
Johann W. von Goethe

Una Tierra estacionaria

Según la versión del universo planteada por Aristóteles y Tolomeo, la Tierra era un punto estacionario en el centro del universo, alrededor del cual giraba todo lo demás. Las estrellas estaban fijas en una enorme esfera invisible y lejana que también giraba rápidamente alrededor de la Tierra. Y también el Sol, la Luna y los planetas giraban a diferentes velocidades alrededor de la Tierra.

Esta concepción del universo parecía de sentido común: uno solo tenía que salir a la calle y mirar el cielo para que resultara obvio que la Tierra permanecía en el mismo sitio, mientras que todo lo demás salía por el este, cruzaba el cielo y se ponía por el oeste. Es más, la Biblia parecía afirmar que el Sol se mueve y la Tierra no, así que cualquiera que contradijera esa postura se arriesgaba a ser acusado de herejía.

Dudas persistentes

El modelo geocéntrico del universo nunca había convencido a todos: hacía más de 1800 años que iban surgiendo dudas acerca del mismo. La mayor objeción tenía que ver con la predicción de los movimientos y de las apariciones de los plane-

Nicolás Copérnico

Nacido en Toruń (Polonia) en 1473, entre 1491 y 1495 estudió filosofía, matemáticas y astronomía en la Universidad de Cracovia, y a partir de 1496, derecho canónico y astronomía en la Universidad de Bolonia (Italia). En 1497 le nombraron canónigo de la catedral de Frombork (Polonia), cargo que conservó hasta el final de sus días. Entre 1501 y 1505 estudió derecho, griego y medicina en la Universidad de Padua (Italia). Más tarde regresó a Frombork, donde permaneció la mayor parte de su vida. En 1508 ya había empezado a desarrollar su modelo heliocéntrico del universo. No lo completó hasta 1530, si bien en 1514 ya había publicado un resumen *(Commentariolus)*. Como sabía que se arriesgaba a ser ridiculizado o perseguido por sus ideas consideradas heréticas, retrasó la publicación de la versión completa de su obra hasta 1543, durante las últimas semanas de su vida.

Obras principales

1514 *Commentariolus.*
1543 *Sobre las revoluciones de los orbes celestes.*

Véase también: El modelo geocéntrico 20 ▪ El primer modelo heliocéntrico 21 ▪ Consolidar el conocimiento 24–25 ▪ El modelo de Brahe 44–47 ▪ Órbitas elípticas 50–55 ▪ El telescopio de Galileo 56–63 ▪ La aberración estelar 78 ▪ Al-Battani 334

tas. Según la versión aristotélica del geocentrismo, los planetas (como el resto de objetos celestes) estaban incrustados en esferas concéntricas invisibles que giraban alrededor de la Tierra, cada una a su propia velocidad constante. Sin embargo, de ser eso cierto, todos los planetas deberían moverse en el cielo a una velocidad constante y con una luminosidad invariable, algo que no coincidía con las observaciones.

Correcciones de Tolomeo

La anomalía más flagrante era la de Marte, que había sido cuidadosamente observado en la Antigüedad por babilonios y chinos. De vez en cuando, parecía que aceleraba y deceleraba. Si se comparaban sus movimientos con los de la esfera externa de las estrellas «fijas», que giraba a gran velocidad, se veía que Marte solía moverse en una dirección concreta pero que, en ocasiones, iba en dirección contraria, una conducta extraña que se describió como «movimiento retrógrado». Además, su luminosidad variaba significativamente durante el curso de un año. El resto los de planetas mostraban unas irregularidades parecidas, si bien menos radicales. A fin de solucionar estos problemas, Tolomeo modificó el modelo geocéntrico aristotélico original. En su versión revisada, los planetas no estaban fijados directamente sobre las esferas concéntricas, sino sobre círculos que estaban unidos a las esferas. Llamó «epiciclos» a estos círculos, que eran subórbitas alrededor de las que giraban los planetas mientras los pivotes centrales de estas subórbitas se trasladaban alrededor del Sol. Tolomeo creía que estas modificaciones bastarían para explicar las anomalías observadas y que encajaban con los datos observados. Sin embargo, su modelo acabó complicándose muchísimo, ya que tuvo que añadir cada vez más epiciclos para que las predicciones del modelo coincidieran con las observaciones reales.

De tantas y tan importantes maneras, entonces, atestiguan los planetas la movilidad de la Tierra.
Nicolás Copérnico

Tolomeo intentó corregir algunas de las anomalías del modelo geocéntrico de Aristóteles proponiendo que los planetas se movían en pequeños ciclos llamados epiciclos. Cada epiciclo estaba incrustado en una esfera llamada deferente. El deferente de cada planeta rotaba alrededor de un punto ligeramente desplazado de la posición de la Tierra en el espacio. A su vez, este punto rotaba continuamente alrededor de otro punto, llamado ecuante. Cada planeta tenía su propio ecuante.

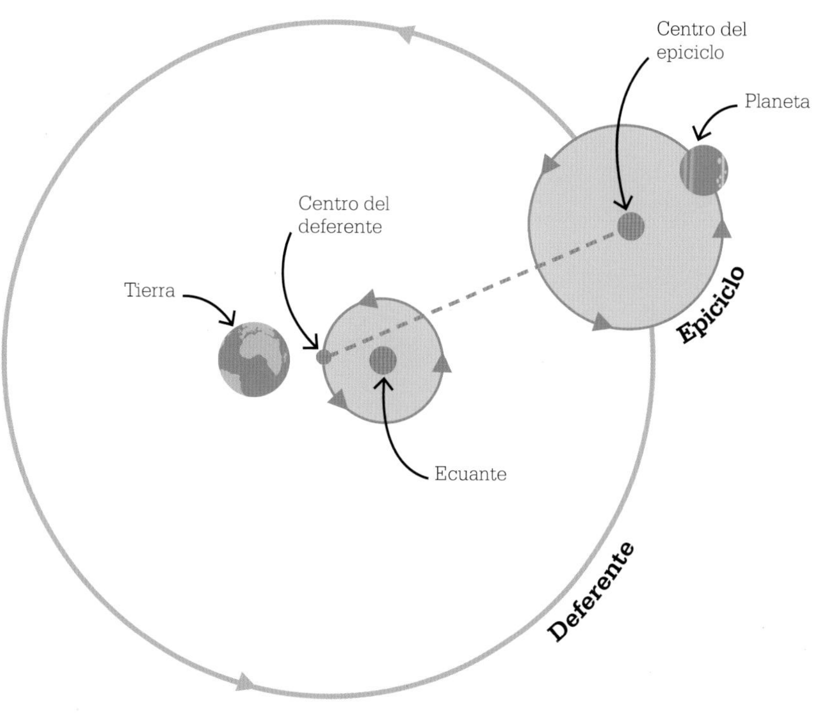

Posturas alternativas

A partir del siglo IV a.C. aproximadamente, varios astrónomos empezaron a plantear teorías que refutaban el modelo geocéntrico. Una de ellas era que la Tierra giraba sobre su propio eje, lo que explicaría gran parte de los movimientos diarios de los objetos celestes. Hacia el año 350 a.C., el griego Heráclides Póntico fue el primero que planteó el concepto de rotación de la Tierra, y luego lo »

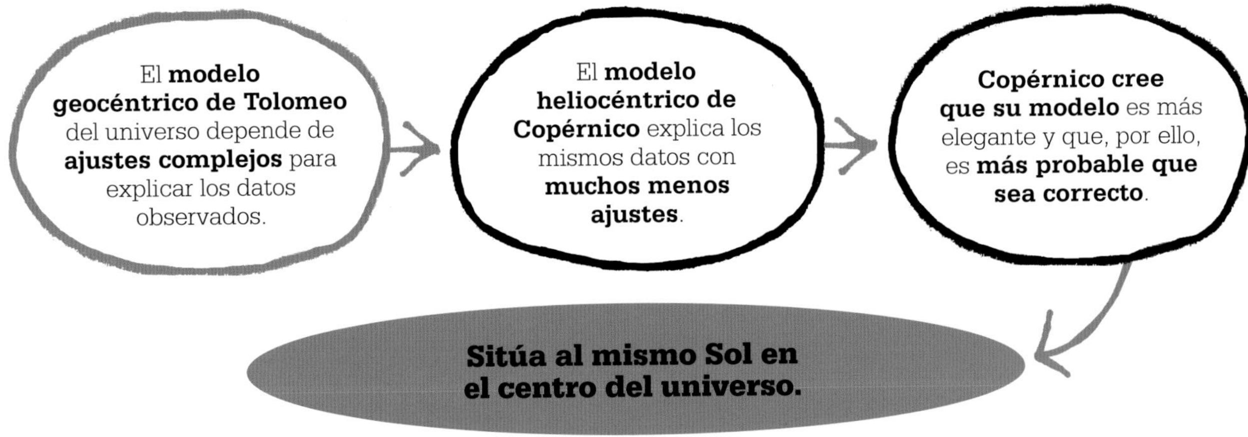

hicieron varios astrónomos árabes e indios. Los defensores del geocentrismo rechazaron tal idea, la cual consideraban absurda porque creían que una Tierra giratoria provocaría unos vientos tan potentes que los objetos saldrían despedidos de la superficie terrestre. Otra idea, que Aristarco de Samos propuso por primera vez hacia 250 a.C., fue que la Tierra giraba en torno al Sol. Eso no solo contradecía los postulados aristotélicos, sino algo que los defensores del geocentrismo llevaban siglos citando y que parecía un argumento científicamente válido para descartarlo: la «ausencia de paralaje estelar». Si la Tierra giraba alrededor del Sol, se verían variaciones en las posiciones relativas de las estrellas. Como estas variaciones no se pudieron observar, era imposible que la Tierra se moviera.

El **modelo geocéntrico de Tolomeo** del universo depende de **ajustes complejos** para explicar los datos observados.
El **modelo heliocéntrico de Copérnico** explica los mismos datos con **muchos menos ajustes**.
Copérnico cree que su modelo es más elegante y que, por ello, es **más probable que sea correcto**.
Sitúa al mismo Sol en el centro del universo.

Ante una tradición filosófica tan consolidada, con pocas evidencias observacionales que la contradijeran y argumentos teológicos en su favor, la visión geocéntrica del universo siguió incuestionada durante siglos. Sin embargo, hacia 1545 empezaron a circular por Europa rumores de un desafío extraordinariamente convincente en forma de un libro titulado *De revolutionibus orbium coelestium (Sobre las revoluciones de los orbes celestes)* y escrito por un erudito polaco, Nicolás Copérnico.

La revolución copernicana

Se trataba de una obra extraordinariamente completa, y proponía un nuevo y detallado modelo matemático y geométrico del funcionamiento del universo basado en años de observaciones astronómicas.

La teoría de Copérnico se fundamentaba en varias tesis básicas. En primer lugar, la Tierra gira alrededor de su eje a diario, y esa rotación explica la mayoría de los movimientos de las estrellas, del Sol y de los planetas en el cielo. Copérnico creía que

En su atlas astronómico de 1660, el cartógrafo alemán Andreas Cellarius ilustró los sistemas cósmicos de Tolomeo, Tycho Brahe y Copérnico (imagen). Los tres seguían teniendo defensores.

era demasiado improbable que miles de estrellas giraran a gran velocidad alrededor de la Tierra cada 24 horas. Por el contrario, consideraba que permanecían fijas y estacionarias en su esfera distante y externa y que su movimiento aparente era, en realidad, una ilusión consecuencia del giro de la Tierra. Para refutar la idea de que una Tierra que giraba provocaría unos vientos colosales que harían salir despedidos los objetos de su superficie, Copérnico señaló que los océanos y la atmósfera terrestres eran parte del planeta y, por tanto, participaban de forma natural en su movimiento giratorio. En sus propias palabras: «Diríamos que no meramente la Tierra y el elemento acuoso unido a ella tienen este movimiento, sino también una gran parte del aire y cualquier cosa que esté unida del mismo modo a la Tierra».

En segundo lugar, Copérnico sugirió que el Sol, y no la Tierra, estaba en el centro del universo y que nuestro planeta solo era uno más de los que giran alrededor del Sol a distintas velocidades.

Una solución elegante

Estos dos principios básicos de la teoría de Copérnico eran de una importancia crucial, pues explicaban los movimientos y la variación del brillo de los planetas sin recurrir a los complejos ajustes de Tolomeo. Si la Tierra y otro planeta, como Marte, giraban alrededor del Sol y lo hacían a velocidades diferentes –y, por lo tanto, tardaban un tiempo distinto en completar cada revolución–, unas veces estarían cerca el uno del otro en el mismo lado respecto al Sol, y otras veces estarían alejados y en lados opuestos del astro. Esto resolvía de un plumazo los problemas que planteaban las variaciones observadas en la luminosidad de Marte y de otros planetas. El sistema heliocéntrico también explicaba con »

En el modelo tolemaico (arriba), la Tierra está en el centro, y el resto de los cuerpos celestes giran a su alrededor. En el sistema copernicano (abajo), la Tierra y la Luna han intercambiado sus posiciones con el Sol; la esfera de las estrellas fijas está mucho más lejos.

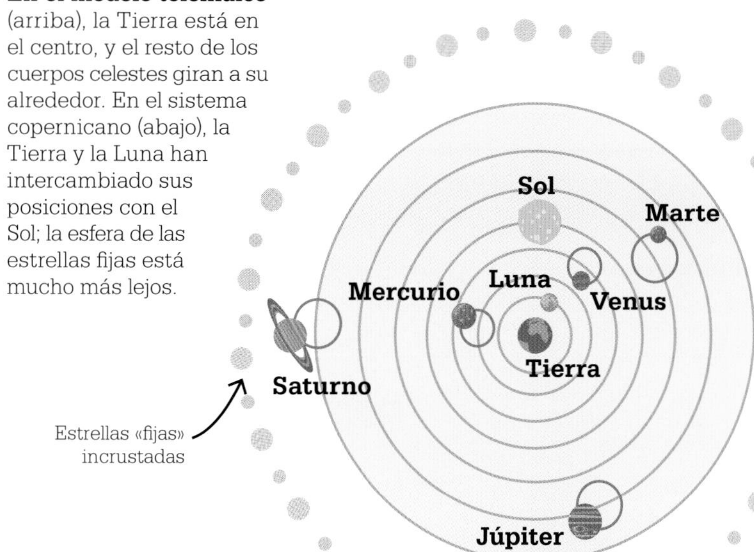

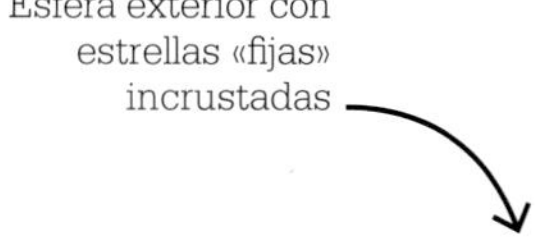

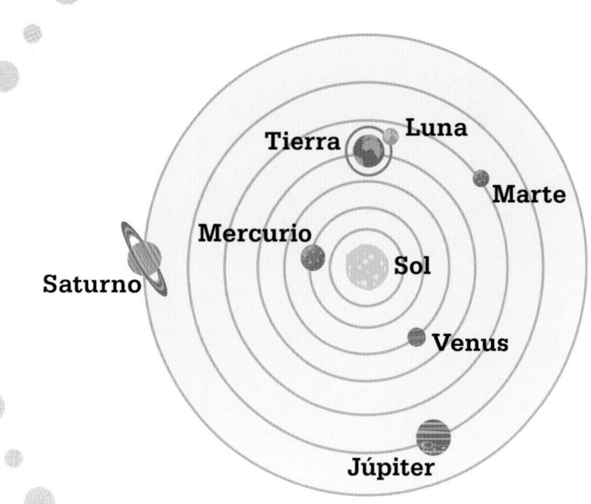

elegancia el aparente movimiento retrógrado de Marte. En lugar de los complicados epiciclos de Tolomeo, Copérnico explicó que ese movimiento podía atribuirse a cambios de perspectiva debido a que la Tierra y el resto de los planetas se movían a velocidades distintas.

Estrellas lejanas

Otro de los principios de Copérnico era que las estrellas están mucho más lejos de la Tierra y del Sol de lo que se había creído hasta entonces. Dijo: «La distancia entre la Tierra y el Sol es una fracción insignificante de la distancia entre la Tierra o el Sol y las estrellas». Los astrónomos anteriores sabían que las estrellas estaban lejos, pero pocos sospechaban cuán lejos están en realidad, y los que lo supusieron, como Aristarco, no lograron convencer a nadie. Es posible que ni siquiera Copérnico fuera consciente de la lejanía de las estrellas: hoy se sabe que las más cercanas están unas 260 000 veces más lejos de nosotros que el Sol. De todos modos, su afirmación fue de extrema importancia, por las implicaciones que tenía para el paralaje estelar. Los defensores del geocentrismo llevaban siglos defendiendo que la ausencia de paralaje solo podía explicarse si la Tierra no se movía. Copérnico ofrecía una explicación alternativa: no es que no hubiera paralaje, sino que las estrellas estaban a una distancia tan grande que el paralaje era demasiado pequeño como para poder medirlo con los instrumentos disponibles en la época.

Además, Copérnico propuso que la Tierra se hallaba en el centro de la esfera lunar, y mantuvo que la Luna giraba alrededor de la Tierra, como en el modelo geocéntrico. En su modelo heliocéntrico, la Luna era el único objeto celeste que no giraba primariamente alrededor del Sol.

> Aunque lo que digo ahora pueda ser oscuro, quedará claro en el lugar apropiado.
> **Nicolás Copérnico**

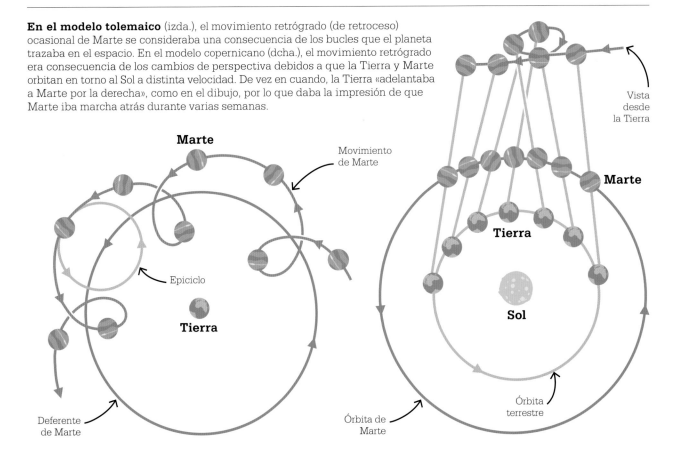

En el modelo tolemaico (izda.), el movimiento retrógrado (de retroceso) ocasional de Marte se consideraba una consecuencia de los bucles que el planeta trazaba en el espacio. En el modelo copernicano (dcha.), el movimiento retrógrado era consecuencia de los cambios de perspectiva debidos a que la Tierra y Marte orbitan en torno al Sol a distinta velocidad. De vez en cuando, la Tierra «adelantaba a Marte por la derecha», como en el dibujo, por lo que daba la impresión de que Marte iba marcha atrás durante varias semanas.

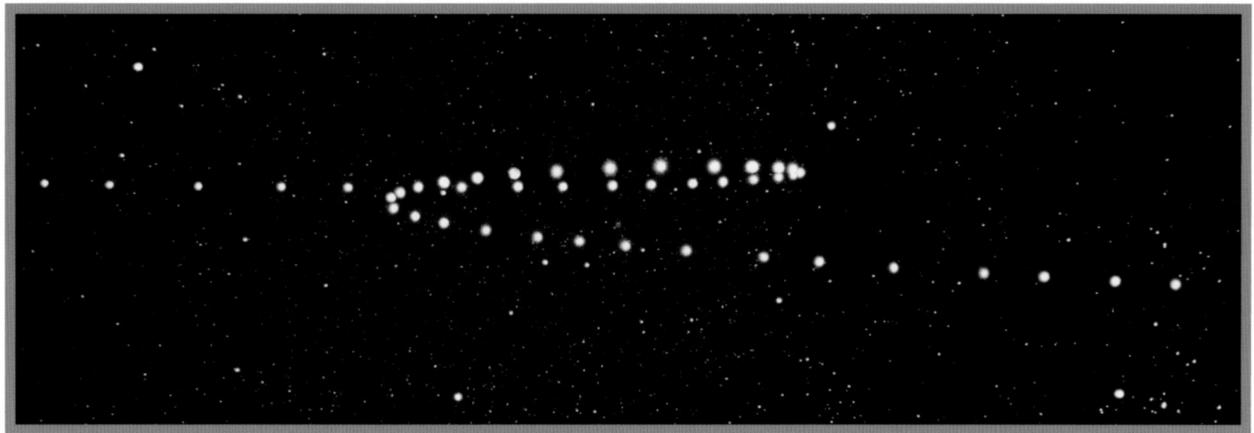

Aunque la obra de Copérnico se difundió ampliamente, pasó un siglo o más antes de que la mayoría de los astrónomos, por no hablar del público general, aceptaran sus ideas básicas. Uno de los problemas era que, a pesar de que resolvía muchas de las dificultades que planteaba el sistema tolemaico, su modelo también contenía fallos, los cuales tuvieron que ser corregidos por astrónomos posteriores. Muchos de estos fallos se debían a que, por motivos filosóficos, Copérnico se aferró a la creencia de que todos los movimientos de los cuerpos celestes ocurrían con los objetos incrustados en esferas invisibles y que dichos movimientos tenían que ser círculos perfectos. Por lo tanto, Copérnico se vio obligado a conservar algunos de los epiciclos de Tolomeo en su modelo. El trabajo de Johannes Kepler sustituyó más adelante la idea de las órbitas circulares por la de órbitas elípticas y así eliminó la mayor parte del resto de fallos del modelo copernicano. Hubo que esperar a la década de 1580 y a la obra del astrónomo danés Tycho Brahe para que la idea de las esferas celestes se abandonara en favor de la de las órbitas libres.

Me desalienta el destino de nuestro maestro Copérnico, que, a pesar de haber ganado fama inmortal para unos pocos, sufrió el ridículo y la condena de muchos (tan grande es el número de necios).
Galileo Galilei

Prohibido por la Iglesia

En un principio, *De revolutionibus* encontró poca o ninguna resistencia por parte de la Iglesia católica romana, aunque algunos protestantes denunciaron que era una herejía. Sin embargo, en 1616, la Iglesia católica condenó el libro de Copérnico y su lectura permaneció proscrita durante más de doscientos años. La decisión de la Iglesia coincidió con la disputa que mantenía en la época con el astrónomo Galileo Galilei. Galileo era un acérrimo defensor de la teoría copernicana, y en 1610 había hecho descubrimientos que apoyaban con fuerza la visión heliocéntrica. La disputa con Galileo hizo que las autoridades eclesiásticas sometieran *De revolutionibus* a un intenso escrutinio, y es probable que el hecho de que algunas de sus afirmaciones contradijeran los textos bíblicos llevara a su prohibición.

Como consecuencia de la ambivalente acogida inicial por los astrónomos y la prohibición posterior por la Iglesia católica, el modelo heliocéntrico de Copérnico tardó un tiempo considerable en consolidarse. Pasaron varios siglos antes de que algunos de sus supuestos quedaran demostrados más allá de cualquier duda: en 1729, el astrónomo inglés James Bradley demostró que la Tierra se mueve en relación con las estrellas, y la primera demostración del péndulo de Foucault, en 1851, aportó pruebas de que la Tierra gira sobre sí misma.

La teoría de Copérnico asestó un golpe definitivo a las ideas antiguas acerca del funcionamiento del mundo y del universo, muchas de las cuales se remontaban a Aristóteles. Por tanto, a menudo es citada como la teoría precursora de la «revolución científica», una serie de grandes avances en muchas áreas de la ciencia que se dieron entre los siglos XVI y XVIII. ■

El aparente retroceso de Marte ocurre aproximadamente cada 26 meses y dura unos 72 días. La órbita marciana está en un plano ligeramente distinto a la de la Tierra, lo que da lugar al bucle aparente.

LA REVO
DEL TEL
1550–1750

LUCION
ESCOPIO

Tycho Brahe construye un gran **observatorio** en la isla de Hven, desde donde hará observaciones durante unos veinte años.

1576

1600

El fraile italiano **Giordano Bruno** es quemado en la hoguera por hereje tras haber afirmado que **el Sol y la Tierra no son centrales** ni especiales en el universo.

El fabricante de lentes holandés **Hans Lippershey** solicita una patente para un **telescopio** de tres aumentos.

1608

1610

Galileo Galilei descubre con un telescopio de 33 aumentos **cuatro satélites** que orbitan alrededor de Júpiter.

Johannes Kepler describe las **órbitas elípticas** de los planetas con sus tres leyes del movimiento planetario.

1619

1639

El astrónomo inglés **Jeremiah Horrocks** observa el **tránsito de Venus** frente al disco del Sol.

Tycho Brahe fue sin duda el último gran astrónomo de la era anterior al telescopio. Tras darse cuenta de la importancia de intentar registrar posiciones más precisas, Brahe construyó instrumentos de alta precisión para medir ángulos y acumuló una gran cantidad de observaciones, muchas más de las que estuvieron jamás al alcance de Copérnico.

Imágenes aumentadas

Los cuerpos celestes seguían siendo remotos e inaccesibles para los astrónomos cuando Brahe falleció, en 1601. Sin embargo, hacia 1608, la invención del telescopio hizo que, de pronto, el distante universo pareciera mucho más cercano.

Los telescopios superan al ojo humano en dos aspectos: su mayor capacidad para captar la luz y una mayor resolución para los detalles. Cuanto más grande sea la lente o el espejo principal, mejor será el telescopio. A partir de 1610, año en que Galileo hizo sus primeras observaciones telescópicas de los planetas, la superficie rugosa de la Luna y las nubes de estrellas de la Vía Láctea, el telescopio se convirtió en la herramienta principal de los astrónomos, a quienes proporcionó unas vistas entonces inimaginables.

La dinámica de los planetas

Cuando Tycho Brahe murió, los registros de sus observaciones pasaron a su ayudante, Johannes Kepler, que estaba convencido de los argumentos de Copérnico acerca de la rotación de los planetas alrededor del Sol. Kepler aplicó su habilidad matemática y su intuición a los datos de Brahe, y concluyó que las órbitas de los planetas son elípticas, y no circulares. En 1619 ya había formulado sus tres leyes del movimiento planetario, que describen la geometría de cómo se mueven los planetas.

Kepler descubrió cómo se mueven los planetas, pero no la razón de que lo hagan así. Los antiguos grie-

Si he visto más lejos es porque voy subido a hombros de gigantes.
Isaac Newton

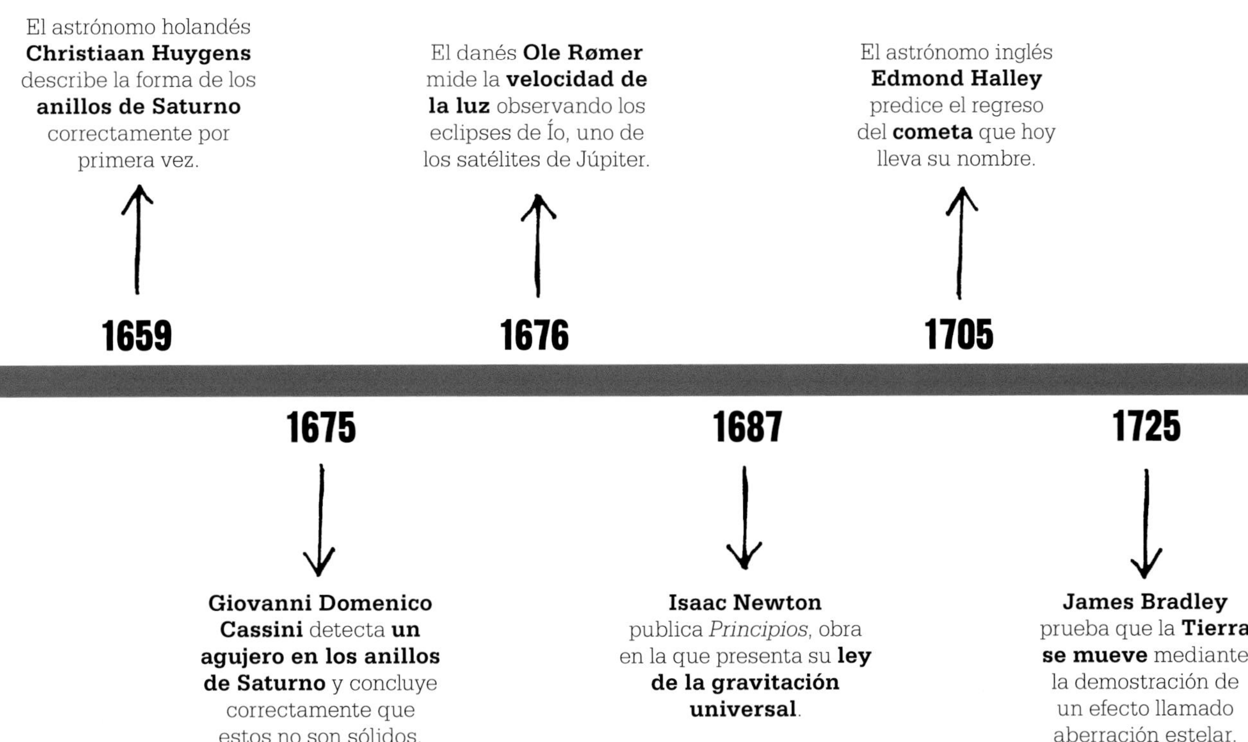

gos imaginaron que los planetas se desplazaban sobre esferas invisibles, pero Brahe demostró que los cometas avanzaban sin obstáculos por el espacio interplanetario, lo cual contradecía esa idea. Kepler pensó que los planetas se propulsaban por alguna influencia solar, pero carecía de medios científicos para describirla.

El astrónomo holandés **Christiaan Huygens** describe la forma de los **anillos de Saturno** correctamente por primera vez.
1659
El danés **Ole Rømer** mide la **velocidad de la luz** observando los eclipses de Ío, uno de los satélites de Júpiter.
1676
El astrónomo inglés **Edmond Halley** predice el regreso del **cometa** que hoy lleva su nombre.
1705
1675
Giovanni Domenico Cassini detecta **un agujero en los anillos de Saturno** y concluye correctamente que estos no son sólidos.
1687
Isaac Newton publica *Principios*, obra en la que presenta su **ley de la gravitación universal**.
1725
James Bradley prueba que la **Tierra se mueve** mediante la demostración de un efecto llamado aberración estelar.

La gravitación universal

Isaac Newton describió por fin la fuerza responsable del movimiento de los planetas con una teoría que no se cuestionó hasta que llegó Einstein. Newton concluyó que los cuerpos celestes se atraen los unos a los otros y demostró matemáticamente que las leyes de Kepler son una consecuencia natural de que la fuerza de atracción entre dos cuerpos se reduce en proporción al cuadrado de la distancia entre ellos. Al escribir sobre esta fuerza, Newton utilizó la palabra latina *gravitas* («peso»), de la cual procede la palabra gravedad.

La mejora de los telescopios

Además de crear una nueva estructura teórica para los astrónomos con su descripción matemática del movimiento de los objetos, Newton se aplicó también en cuestiones más prácticas. A los primeros fabricantes de telescopios les resultaba imposible lograr imágenes sin aberración cromática con sus lentes refractoras simples, y ello les llevó a construir telescopios de gran longitud para reducirla. Por ejemplo, Giovanni Domenico Cassini utilizó largos telescopios «aéreos», sin tubo, para observar Saturno en la década de 1670.

En 1668, Newton diseñó y construyó la primera versión funcional de un telescopio reflector, al que no le afectaba el problema de la aberración cromática. Dicho modelo de telescopio se usó de manera generalizada durante el siglo XVIII, después de que el inventor John Hadley descubriera cómo construir grandes espejos curvos con la forma adecuada utilizando metal pulido. James Bradley, profesor de Oxford y astrónomo real, fue uno de los astrónomos impresionados por esta innovación y adquirió un telescopio reflector.

También se dieron avances en la fabricación de lentes. A principios del siglo XVIII, el inventor Chester Moore Hall diseñó una lente en dos partes que reducía significativamente la aberración cromática. El óptico John Dollond utilizó este invento para construir telescopios refractores muy mejorados. El acceso a telescopios de alta calidad transformó la práctica de la astronomía. ■

DESCUBRÍ UNA ESTRELLA NUEVA E INUSUAL

EL MODELO DE BRAHE

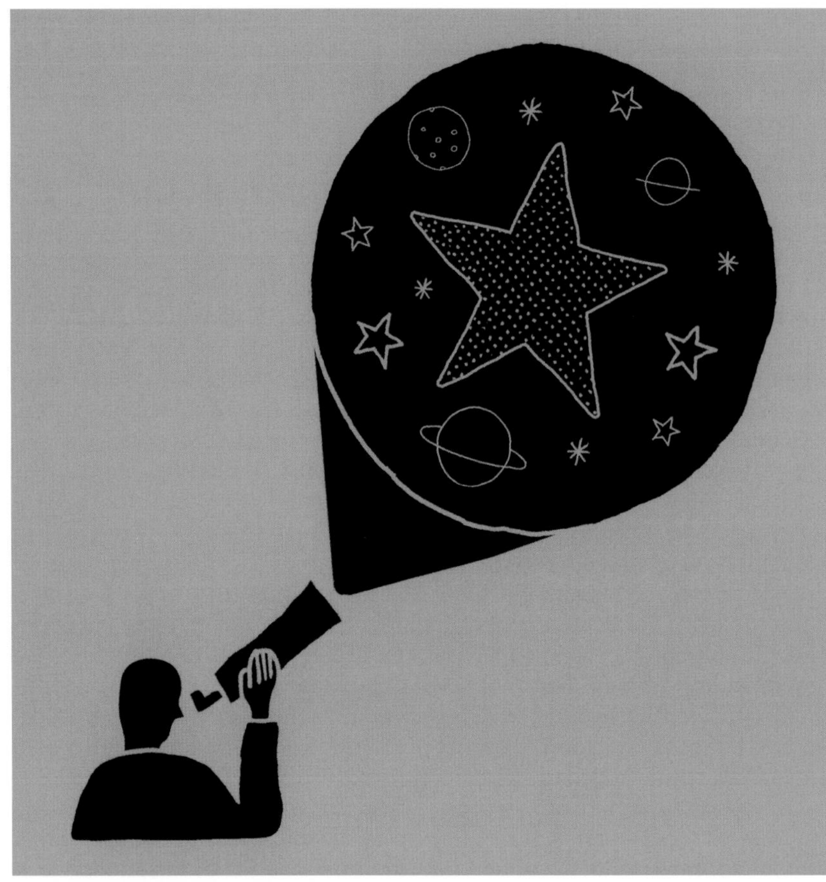

EN CONTEXTO

ASTRÓNOMO CLAVE
Tycho Brahe (1546–1601)

ANTES

1503 Bernhard Walther registra en Núremberg las posiciones astronómicas más precisas hasta la fecha.

1543 Copérnico presenta la idea de un cosmos heliocéntrico y mejora la predicción de las posiciones planetarias. Sin embargo, estas continúan siendo inexactas.

DESPUÉS

1610 Galileo usa el telescopio e inicia una revolución que terminará dejando atrás la astronomía a simple vista.

1620 Johannes Kepler enuncia sus leyes del movimiento planetario.

Década de 1670 Se fundan importantes observatorios en todas las capitales europeas.

En el siglo XVI, las órbitas exactas de los planetas seguían siendo un misterio. El noble danés Tycho Brahe concluyó que, para resolver este problema, había que realizar observaciones exactas durante un periodo de tiempo prolongado. La necesidad de obtener datos de mejor calidad se hizo evidente cuando una conjunción de Júpiter y Saturno ocurrida en 1562 (cuando Brahe tan solo contaba con diecisiete años de edad) se produjo con varios días de diferencia respecto a lo que habían predicho las mejores tablas astronómicas disponibles. Brahe se propuso hacer mediciones respecto a todas las trayectorias visibles de los planetas.

Véase también: El modelo geocéntrico 20 ▪ Consolidar el conocimiento 24–25 ▪ El modelo copernicano 32–39 ▪ Órbitas elípticas 50–55 ▪ Johannes y Elisabetha Hevelius 335

La aparición de una estrella nueva cuestiona la insistencia de Aristóteles en la inmutabilidad de las estrellas.

Unas **mediciones precisas** demuestran que la nueva estrella **no es un fenómeno atmosférico**.

Más mediciones cuidadosas del **Gran Cometa** demuestran que está **mucho más lejos que la Luna**.

Las **mediciones precisas** serán la **clave para crear modelos correctos** del Sistema Solar.

Tycho Brahe utilizó su inmensa fortuna para diseñar y construir bellos instrumentos, como esta esfera armilar, con la que desarrolló un modelo del cielo nocturno visto desde la Tierra.

En la época de Brahe, la astronomía aún seguía las enseñanzas de Aristóteles, que había afirmado, casi 1900 años antes, que las estrellas del firmamento eran fijas, permanentes e inmutables. En 1572, cuando Brahe tenía veintiséis años de edad, se descubrió una estrella nueva y brillante en el cielo. Estaba en la constelación de Casiopea y, antes de desaparecer, pudo verse durante 18 meses. Influidos por el dogma aristotélico imperante, la mayoría de los observadores asumió que se trababa de un objeto situado en la parte superior de la atmósfera, pero por debajo de la Luna. Brahe llevó a cabo meticulosas mediciones del nuevo objeto y vio que no se movía respecto a las estrellas que tenía cerca; por lo tanto, concluyó que no se trataba de un fenómeno atmosférico, sino de una verdadera estrella. Luego se supo que era una supernova, una explosión estelar cuyos restos siguen siendo visibles en el cielo y se conocen como Casiopea B. Observar una estrella nueva era un acontecimiento sumamente raro: en toda la historia solo se han registrado ocho observaciones de supernovas a simple vista. Este avistamiento demostró que los catálogos astronómicos de la época eran incompletos. Había que ser más precisos, y Brahe abrió el camino para lograrlo.

Instrumentos de precisión

Para llevar a cabo su tarea, Brahe comenzó a construir un conjunto de instrumentos fiables –cuadrantes, sextantes (p. 31) y esferas armilares– que pudieran medir la posición de un planeta en el cielo con un margen de error de 0,5 minutos de arco (± $^{1}/_{120}$°). Midió personalmente las posiciones de los planetas durante unos veinte años, y para ello, en 1576, supervisó la construcción de un gran complejo en la pequeña isla de Hven (o Ven) en el estrecho de Øresund, entre las actuales Dinamarca y Suecia. Fue uno de los primeros centros de investigación de este tipo.

Brahe midió cuidadosamente las posiciones de las estrellas y las registró en placas de latón sobre un globo celeste de madera de cerca de 1,6 metros de diámetro en su observatorio de Hven. El globo, que tenía unas mil estrellas en 1595, giraba en torno a un eje polar, mientras que un anillo horizontal permitía diferenciar entre las estrellas que se hallaban sobre el horizonte y bajo este en cualquier momento dado. Brahe lo llevaba consigo cuando viajaba, pero » en 1728 fue pasto de las llamas durante un incendio en Copenhague.

En 1577, Brahe observó el Gran Cometa y aportó aún más pruebas de que el universo era mutable. Aristóteles había afirmado que los cometas eran fenómenos atmosféricos, y esa seguía siendo la creencia generalizada en el siglo XVI. Brahe comparó sus propias mediciones de la posición del cometa desde Hven con las que el astrónomo bohemio Thaddaeus Hagecius había realizado en Praga al mismo tiempo. En ambos casos, el cometa parecía estar aproximadamente en el mismo sitio, pero no así la Luna, lo que sugería que el cometa estaba mucho más lejos.

Las observaciones de Brahe de la trayectoria del cometa al cruzar el cielo lo convencieron de que estaba atravesando el Sistema Solar. Eso contradecía otra teoría también vigente durante los 1500 años anteriores. El gran astrónomo griego Tolomeo defendió que los planetas se hallaban incrustados en esferas cristalinas, transparentes, etéreas y sólidas, y que era la rotación de dichas esferas lo que hacía que los planetas se desplazaran. Sin embargo, Brahe observó que el cometa parecía avanzar sin obstáculos y concluyó que tales esferas no existían. Por lo tanto, propuso que los planetas se movían en el espacio por sí solos, un planteamiento muy osado para la época.

No hay paralaje

A Brahe le interesaba mucho la propuesta de Copérnico de un cosmos heliocéntrico en lugar de geocéntrico. Si Copérnico estaba en lo cierto, debería dar la impresión de que las estrellas cercanas se mecían de un lado a otro conforme la Tierra avanzaba sobre su órbita anual alrededor del Sol, un fenómeno llamado paralaje. Brahe investigó a conciencia, pero no encontró ningún paralaje estelar. Había dos conclusiones posibles. La primera era que las estrellas estaban demasiado lejos y que, por tanto, los cambios de su posición eran tan pequeños que Brahe no podía medirlos con los instrumentos disponibles entonces. (Hoy se sabe que incluso el paralaje de la estrella más cercana es unas cien veces menor que el observado con su típica precisión por Brahe.) La segunda posibilidad era que Copérnico se equivocaba y que la Tierra no se movía. Esta es la conclusión a la que llegó Brahe.

El observatorio de Brahe en la isla de Hven atrajo a eruditos y alumnos de toda Europa desde su fundación, en 1576, hasta su clausura, en 1597.

El modelo mixto de Brahe

Para llegar a esta conclusión, Brahe confió en su experiencia directa: no percibía el movimiento de la Tierra. De hecho, nada de lo que observaba le convencía de que el planeta se moviera. La Tierra parecía ser estacionaria, y lo único que parecía moverse era el universo externo. Esto le llevó a descartar el modelo de cosmos copernicano y a presentar el suyo propio, en el que todos los planetas, excepto la Tierra, orbitaban alrededor del Sol, pero el Sol y la Luna orbitaban alrededor de una Tierra estacionaria.

Tras la muerte de Tycho Brahe, en 1601, su modelo de cosmos fue popular durante muchas décadas después entre astrónomos a quienes el sistema geocéntrico de Tolomeo no satisfacía, pero que tampoco querían enfrentarse a la Iglesia católica adoptando el proscrito modelo copernicano. Sin embargo, fue la insistencia del propio Brahe en la exactitud de los datos observados lo que hizo que su propuesta fuera desacreditada poco después de su muerte. La precisión de sus observaciones ayudó a Johannes Kepler a demostrar que las órbitas de los planetas son elípticas y a crear un modelo que desplazó tanto al modelo mixto de Brahe como al copernicano.

Gracias a las mediciones mejoradas de Brahe, el astrónomo inglés Edmond Halley descubrió el movimiento propio de las estrellas (el cambio de posición como consecuencia del desplazamiento de las estrellas en el espacio) en 1718. Halley detectó que, en la época de Brahe, las brillantes estrellas Sirius, Arcturus y Aldebarán se habían desplazado más de medio grado respecto a las posiciones que Hiparco había registrado 1850 años antes. No solo las estrellas no estaban fijas en el firmamento, sino que era posible medir los cambios de posición de las más cercanas. El paralaje estelar no se detectó hasta el año 1838. ■

El modelo de Tycho Brahe mantenía la Tierra en el centro del cosmos, como el modelo tolemaico, pero los cinco planetas entonces conocidos orbitaban en torno al Sol. Si bien le atraía el modelo copernicano, Brahe creía que la Tierra no se movía.

Júpiter
Marte
Saturno
Venus
Mercurio
Sol
Tierra
Luna
Anillo externo de estrellas

Tycho Brahe

Tyge Ottesen Brahe (Tycho es la versión latinizada de su nombre de pila) nació en una familia noble en 1546, en Escania (entonces en Dinamarca y hoy en Suecia), y decidió ser astrónomo en 1560, tras presenciar un eclipse solar que se había predicho.

En 1575, el rey Federico II le regaló la isla de Hven, situada en el estrecho de Øresund, donde erigió un observatorio. Posteriormente, Brahe se enfrentó a Cristián IV, el sucesor de Federico, por transferir la isla a sus hijos, y clausuró el observatorio. En 1599, en Praga, el emperador Rodolfo II de Habsburgo le nombró matemático imperial. Allí, Brahe nombró a Johannes Kepler su ayudante.

Brahe era conocido por la nariz de metal que llevaba tras haber perdido la suya en un duelo cuando era estudiante. Murió en 1601, supuestamente a causa de la rotura de la vejiga por no haber salido a orinar para no romper el protocolo en un banquete real.

Obra principal

1588 *Astronomiae instauratae progymnasmata (Introducción a la nueva astronomía).*

MIRA ES UNA ESTRELLA VARIABLE

UN NUEVO TIPO DE ESTRELLA

EN CONTEXTO

ASTRÓNOMO CLAVE
David Fabricius (1564–1617)

ANTES
350 A.C. El filósofo griego Aristóteles sostiene que las estrellas son fijas e inmutables.

DESPUÉS
1667 El astrónomo italiano Geminiano Montanari detecta variaciones de la luminosidad de la estrella Algol.

1784 John Goodricke descubre Delta Cephei, una estrella cuya luminosidad varía a lo largo de cinco días. El astrónomo inglés Edward Pigott descubre la variable Eta Aquilae.

Siglo XIX Se descubren varios tipos de estrellas variables, como las pulsantes (de periodo largo), las cataclísmicas, las novas y las supernovas.

1912 Henrietta Swan Leavitt descubre una relación entre los periodos y la luminosidad de las estrellas variables como Delta Cephei.

Se observa que el **brillo** de la estrella **Mira varía** periódicamente.

Mira es una estrella variable.

Algunas estrellas son **variables**.

Aristóteles se equivocó al afirmar que las estrellas son fijas y eternas.

Antes del astrónomo alemán David Fabricius, se creía que únicamente existían dos tipos de estrellas. Las primeras eran las de brillo constante, como las cerca de 2500 que pueden verse a simple vista en una noche oscura y sin nubes. El segundo tipo eran las «estrellas nuevas», como las que habían visto Tycho Brahe en 1572 y Johannes Kepler en 1604.

Las estrellas de brillo constante eran las estrellas fijas y permanentes del antiguo cosmos griego, que trazaban constelaciones y nunca cambiaban. Por el contrario, las estrellas nuevas aparecían de manera inesperada, aparentemente de la nada, y luego desaparecían para siempre.

Un tercer tipo de estrellas

Al observar la estrella Mira (también llamada Ómicron Ceti), en la constelación de Cetus (Ballena o Monstruo Marino), Fabricius se percató de que había un tercer tipo de estrella en el cielo: una cuyo brillo variaba con regularidad. La descubrió en agosto de 1596, mientras seguía la trayectoria de Júpiter sobre el cielo en relación con una estrella cercana.

Para su sorpresa, pasados unos días, el brillo de esa estrella había aumentado hasta casi triplicarse.

Véase también: El modelo geocéntrico 20 ▪ El modelo de Brahe 44–47 ▪ Órbitas elípticas 50–55 ▪ Estrellas variables 86 ▪ Medir el universo 130–137

Esta recreación muestra el material que fluye de Mira A (dcha.) hacia el disco caliente que rodea a su compañera, la enana blanca Mira B. El gas caliente del sistema emite rayos X.

Al cabo de unas semanas, la estrella había desaparecido por completo, pero reapareció unos años después. En 1609, Fabricius confirmó que Mira era una estrella variable de periodo largo, lo que demostraba que, en contra de lo que afirmaba la filosofía griega imperante acerca de la inmutabilidad del cosmos, las estrellas no eran constantes.

Fabricius y su hijo Johannes usaron una cámara oscura para mirar el Sol. Estudiaron las manchas solares y observaron que estas se movían sobre el disco solar de este a oeste a una velocidad constante; entonces desaparecían, para volver a aparecer por el otro lado tras haber permanecido ocultas durante el mismo tiempo que habían empleado en cruzar el disco solar. Esta fue la primera prueba concreta de la rotación del Sol y una más que venía a corroborar la naturaleza variable de los cuerpos celestes. Sin embargo, el libro que publicaron en 1611 pasó más bien desapercibido, y el mérito de la descripción del movimiento de las manchas solares se atribuyó a Galileo, que publicó sus resultados en 1613.

Una estrella doble

Hoy se sabe que Mira es un sistema binario (o estrella doble) a 420 años luz de distancia. Mira A es una estrella gigante roja inestable, de unos 6000 millones de años de antigüedad y en una fase de evolución avanzada. Sus pulsaciones no solo implican un cambio de tamaño, sino también de temperatura. Durante el periodo más frío de su ciclo emite la mayor parte de su energía en forma de radiación infrarroja en lugar de luz, por lo que su brillo se reduce drásticamente. Mira B es una estrella enana blanca rodeada de un disco de gas caliente que emana de Mira A. ■

En resumen, esta estrella nueva significa paz [...], además de cambios para mejor en el [Sacro] Imperio.

David Fabricius

en una carta a Johannes Kepler

David Fabricius

David Fabricius nació en Esens (Alemania) en 1564 y estudió en la Universidad de Helmstedt. Luego fue pastor luterano de un grupo de iglesias en Frisia.

Al igual que su hijo Johannes (1587–1615), Fabricius estaba fascinado por la astronomía y fue un entusiasta usuario de los primeros telescopios, que su hijo adquirió tras un viaje a los Países Bajos. Mantuvo una intensa correspondencia con Johannes Kepler, junto a quien fue pionero en el empleo de una cámara oscura para observar y estudiar el Sol.

Se sabe poco de su vida más allá de sus cartas y publicaciones. Falleció en 1617, después de que un ladrón de gansos al que había denunciado desde el púlpito golpeara su cabeza con una pala.

Obra principal

1611 *De maculis in Sole observatis et apparente earum cum Sole conversione, narratio (Narración de las manchas observadas en el Sol y su aparente rotación con el Sol)* (con su hijo Johannes).

LA TRAYECTORIA MAS CIERTA DEL PLANETA ES LA ELIPSE

ÓRBITAS ELÍPTICAS

EN CONTEXTO

ASTRÓNOMO CLAVE
Johannes Kepler (1571–1630)

ANTES
530–400 a.C. La obra de Platón y de Pitágoras convence a Kepler de que las matemáticas pueden explicar el cosmos.

1543 El cosmos heliocéntrico de Copérnico ayuda a visualizar un Sistema Solar físico, pero aún no indica la verdadera forma de una órbita planetaria.

1600 Tycho Brahe convence a Kepler de la fiabilidad de sus observaciones planetarias.

DESPUÉS
1687 Newton ve que una ley de la inversa del cuadrado de la fuerza de la gravedad explica por qué los planetas siguen las leyes de Kepler.

1716 Tras observar el tránsito de Venus, Halley convierte las proporciones de Kepler sobre las distancias entre los planetas y el Sol en valores absolutos.

A Kepler nunca le satisfizo un acuerdo moderado entre la teoría y la observación. Ambas tenían que concordar con exactitud; si no, había que probar alguna otra posibilidad.
Fred Hoyle

Kepler vivió en Praga sus años más productivos, bajo el mecenazgo del emperador Rodolfo II (que reinó de 1576 a 1612), que estaba muy interesado en la astrología y la alquimia.

Antes del siglo XVII, todos los astrónomos eran también astrólogos, y confeccionar horóscopos a menudo era su principal fuente de ingresos e influencia, incluido el astrónomo alemán Johannes Kepler. Saber qué posiciones habían ocupado en el cielo los planetas era importante, pero para elaborar cartas astrales todavía lo era más ser capaz de predecir dónde estarían durante las décadas siguientes.

Para poder hacer predicciones, los astrólogos asumían que los planetas recorrían trayectorias específicas alrededor de un objeto central. Antes de Copérnico, en el siglo XVI, la mayoría creía que ese objeto central era la Tierra. Copérnico demostró que las matemáticas para la predicción planetaria resultaban mucho más sencillas si se asumía que ese cuerpo central era el Sol. Sin embargo, Copérnico consideraba que las órbitas eran circulares, y para ofrecer una precisión predictiva razonable, su sistema aún exigía que los planetas se movieran alrededor de un pequeño círculo, cuyo centro giraba en torno a un círculo mayor. Se asumía que estas velocidades circulares eran siempre constantes.

Aunque Kepler apoyaba el sistema copernicano, las tablas planetarias que elaboraba podían presentar un desfase de hasta uno o dos días. Los planetas, el Sol y la Luna aparecían siempre en una franja concreta del cielo, la eclíptica, pero la trayectoria real de cada planeta alrededor del Sol seguía siendo un misterio, al igual que el mecanismo que los impulsaba.

Encontrar las trayectorias

A fin de mejorar las tablas predictivas, el astrónomo danés Tycho Brahe dedicó más de veinte años a observar los planetas. Luego, intentó determinar para cada uno de ellos una

Véase también: El modelo copernicano 32–39 ▪ El modelo de Brahe 44–47 ▪ El telescopio de Galileo 56–63 ▪ La teoría de la gravedad 66–73 ▪ El cometa Halley 74–77

trayectoria en el espacio que cuadrara con los datos observacionales. Ahí es donde entró en juego la habilidad matemática de su ayudante, Kepler. Este evaluó modelos específicos del Sistema Solar y de las trayectorias de los planetas uno a uno, incluyendo órbitas circulares y ovoides. Tras muchos cálculos, Kepler determinaba si el modelo producía predicciones de posiciones planetarias congruentes con las precisas observaciones de Brahe. Si no coincidían exactamente, descartaba el modelo y repetía el proceso con otro.

El abandono de los círculos

En 1608, y tras unos diez años de trabajo, Kepler halló la solución, que consistió en abandonar tanto los círculos como la velocidad constante. Los planetas trazaban una elipse, una especie de círculo alargado cuya forma se indica mediante una magnitud llamada excentricidad (p. 54). Las elipses tienen dos focos. La distancia entre un punto de una elipse y un foco sumada a la distancia hasta el otro foco es una constante. Kepler descubrió que el Sol estaba en uno de esos dos focos. Estos dos hechos dieron lugar a su primera ley del movimiento planetario: el movimiento de los planetas es una elipse con el Sol en uno de los dos focos.

Kepler también se percató de que la velocidad de un planeta en su elipse cambiaba continuamente y que lo hacía siguiendo una ley fija (la segunda ley de Kepler): una línea que une un planeta y el Sol barre áreas iguales en tiempos iguales (p. 54). En 1609 publicó *Astronomia nova*, obra en la que enunció ambas leyes.

Kepler se propuso estudiar Marte, un planeta muy notable astrológicamente, pues se creía que influía en el deseo y la conducta humanos. Marte trazaba bucles retrógrados variables (periodos durante los que invertía la dirección de su movimiento), y su brillo también fluctuaba significativamente. Además, tenía un periodo orbital de solo 1,88 años terrestres, lo que significaba que orbitó en torno al Sol unas once veces en el periodo que abarcaban los datos de Brahe. Fue una suerte que Kepler »

Ni las órbitas circulares ni las ovoides concuerdan con los **datos de Tycho Brahe** sobre Marte.

Una elipse concuerda con los datos, así que la trayectoria de Marte ha de ser una elipse.

Las **tres leyes del movimiento planetario** dan tablas predictivas nuevas y mejores.

Lo **acertado de las predicciones** demuestra que las órbitas de todos los planetas son elipses.

Johannes Kepler

Nacido prematuramente en 1571, Johannes Kepler pasó su infancia en Leonberg (Suabia), en la posada de su abuelo. La viruela le dejó fuertes secuelas en la vista y en la coordinación. Gracias a una beca pudo asistir a la Universidad de Tubinga en 1589, donde Michael Maestlin, el astrónomo más importante de Alemania en la época, fue su maestro. En 1600, Tycho Brahe le invitó a trabajar con él en el castillo Benátky, cerca de Praga. Cuando Brahe murió, tan solo un año más tarde, fue Kepler quien le sucedió como matemático imperial.

En 1611 falleció su esposa y él empezó a impartir clases en Linz. Contrajo matrimonio de nuevo y tuvo siete hijos más, cinco de los cuales murieron de pequeños. Se vio obligado a interrumpir su trabajo entre 1615 y 1621, cuando tuvo que defender a su madre tras ser acusada de brujería. En 1625, la Contrarreforma todavía le causó más problemas e impidió su regreso a Tubinga. Murió de unas fiebres en 1630.

Obras principales

1609 *Astronomia nova.*
1619 *Harmonices mundi.*
1627 *Tablas rudolfinas.*

Cuando un único cuerpo rodea un cuerpo mayor sin interferencias, las trayectorias posibles se llaman órbitas de Kepler. Estas son un grupo de curvas llamadas secciones cónicas que comprenden elipses, parábolas e hipérbolas. La propiedad conocida como excentricidad define la forma de la órbita. Si la excentricidad es igual a 0, será un círculo (A), y si está entre 0 y 1, una elipse (B). Una excentricidad igual a 1 produce una parábola (C), y una excentricidad mayor que 1, una hipérbola (D).

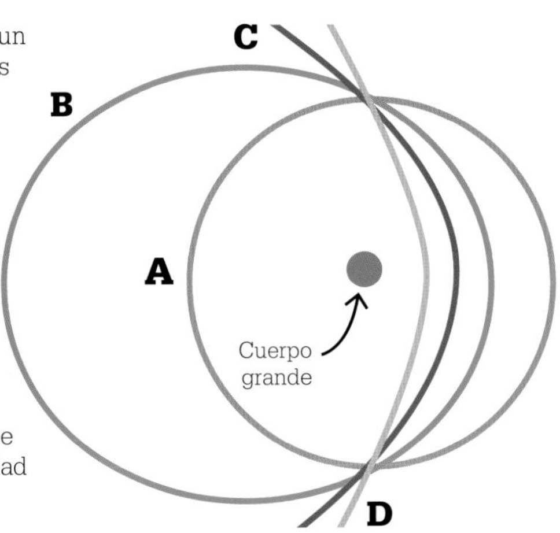

eligiera Marte, pues la excentricidad de su órbita es bastante elevada: 0,093 (0 es un círculo y 1 es una parábola), es decir, catorce veces la excentricidad de Venus. Kepler aún necesitó otros doce años para demostrar que los demás planetas recorrían también órbitas elípticas.

El estudio de las observaciones de Tycho Brahe también permitió a Kepler calcular el periodo orbital de los planetas. La Tierra da una vuelta al Sol en un año; Marte, en 1,88 años terrestres; Júpiter, en 11,86; y Saturno, en 29,45. Kepler se percató de que el cuadrado del periodo orbital era proporcional al cubo de la distancia media del planeta al Sol. Esto se convirtió en su tercera ley, que publicó en 1619 en *Harmonices mundi* junto con largos párrafos sobre astrología, la música de las esferas (o planetaria) y figuras platónicas. Había tardado unos veinte años en escribirlo.

La búsqueda de significado

Kepler quedó fascinado por las pautas que encontró en las órbitas de los planetas. Se fijó en que, una vez se aceptaba el sistema copernicano del cosmos, el tamaño de las órbitas de los seis planetas (Mercurio, Venus, Tierra, Marte, Júpiter y Saturno) aparecía en las proporciones 8 : 15 : 20 : 30 : 115 : 195.

Hoy en día, los astrónomos pueden mirar la lista de dimensiones y excentricidades orbitales planetarias y atribuirlas al proceso de formación del planeta sumado a unos cuantos miles de millones de años de cambio. Sin embargo, Kepler necesitaba explicar esos números. Era un hombre profundamente religioso y buscaba un propósito divino en su obra científica. Como veía seis planetas, asumió que el número seis debía tener un significado profundo. Elaboró un modelo del Sistema Solar ordenado geométricamente, en el que las esferas, cuyo centro era el Sol y que contenían cada órbita planetaria, estaban inscritas en un sólido «platónico» regular (los cinco poliedros posibles cuyas caras y ángulos internos son iguales) y circunscritas por otro. La esfera que contenía la órbita de Mercurio estaba en el interior de un octaedro. La esfera que apenas rozaba las puntas de este cuerpo regular contenía la órbita de Venus. Este, a su vez, se encontraba en un icosaedro. Seguían la Tierra, dentro de un dodecaedro; Marte, en un tetraedro; Júpiter, en un cubo y, finalmente, Saturno. El sistema seguía un orden muy bello, pero erróneo.

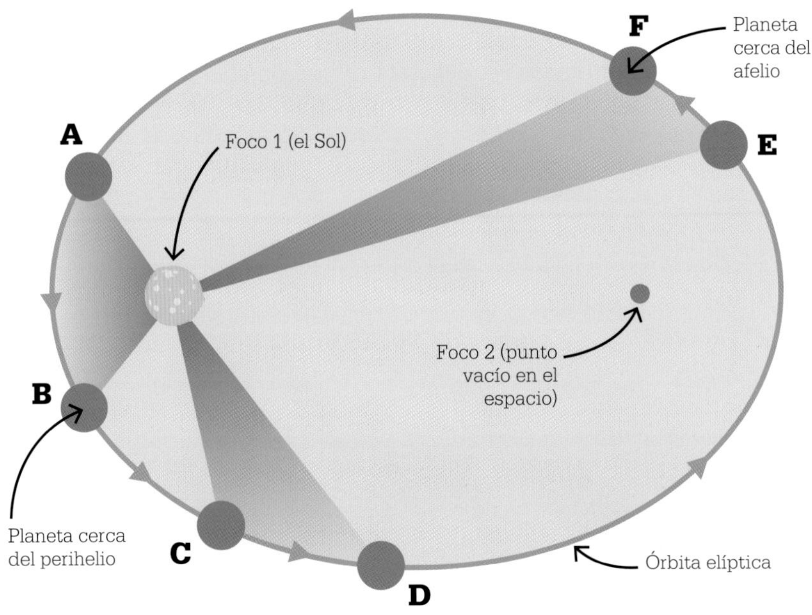

Según la segunda ley de Kepler, la línea que une un planeta al Sol barre áreas iguales en tiempos iguales. Esto se conoce también como ley de las áreas. Se representa con las tres áreas iguales sombreadas ABS, CDS y EFS: se tarda el mismo tiempo en viajar de A a B que de C a D o de E a F. Un planeta se desplaza más rápido cuando está más cerca del Sol, en el perihelio, y con más lentitud cuando está más alejado del Sol, en el afelio.

Kepler estaba convencido de que Dios creó el mundo según el principio de los números perfectos, por lo que la armonía matemática subyacente [...] es la causa verdadera y que se puede descubrir del movimiento planetario.
William Dampier
Historiador de la ciencia

La gran aportación de Kepler fue el cálculo de la verdadera forma de las órbitas planetarias, pero no parece que la física que subyacía a sus tres leyes le preocupara mucho. Por el contrario, sugirió que Marte era impulsado en su órbita, o bien por un ángel en un carro, o bien por una influencia magnética que emanaba del Sol. La idea de que los desplazamientos eran consecuencia de una fuerza gravitatoria no llegó hasta que Isaac Newton presentó sus teorías unos setenta años después.

Otras aportaciones

Kepler también hizo aportaciones destacadas en el campo de la óptica, y su libro de 1604, *Astronomiae pars optica*, se considera la obra pionera en esta materia. El telescopio de Galileo le interesaba mucho, y llegó a sugerir un diseño mejorado con lentes convexas tanto en el objetivo como en el ocular de aumento. También escribió acerca de la supernova vista por primera vez en octubre de 1604 y que hoy se conoce como supernova de Kepler. Siguiendo los pasos de Brahe, Kepler se dio cuenta de que los cielos podían cambiar, lo cual contradecía la idea aristotélica de un «cosmos fijo». Una conjunción planetaria reciente junto a su estrella nueva le llevó a especular sobre la «estrella de Belén» bíblica. La fértil imaginación de Kepler le inspiró también el libro *El sueño*, donde hablaba del viaje espacial a la Luna y de la geografía lunar que un visitante podría encontrar al llegar allí. Este libro es considerado por muchos la primera obra de ciencia ficción.

De todos modos, su publicación más influyente fue un manual de astronomía titulado *Epitome astronomiae copernicanae*, que se convirtió en la obra sobre astronomía más consultada entre 1630 y 1650. Kepler se aseguró de que se publicaran finalmente las *Tablas rudolfinas* (así llamadas en honor del emperador Rodolfo II, su patrón en Praga), que incluían predicciones de las posiciones planetarias que le fueron de gran ayuda para elaborar los calendarios tan bien pagados que publicó entre 1617 y 1624. La precisión de dichas tablas, contrastada a lo largo de varias décadas, contribuyó en gran medida a facilitar la aceptación tanto del Sistema Solar heliocéntrico de Copérnico como las tres leyes del propio Kepler. ■

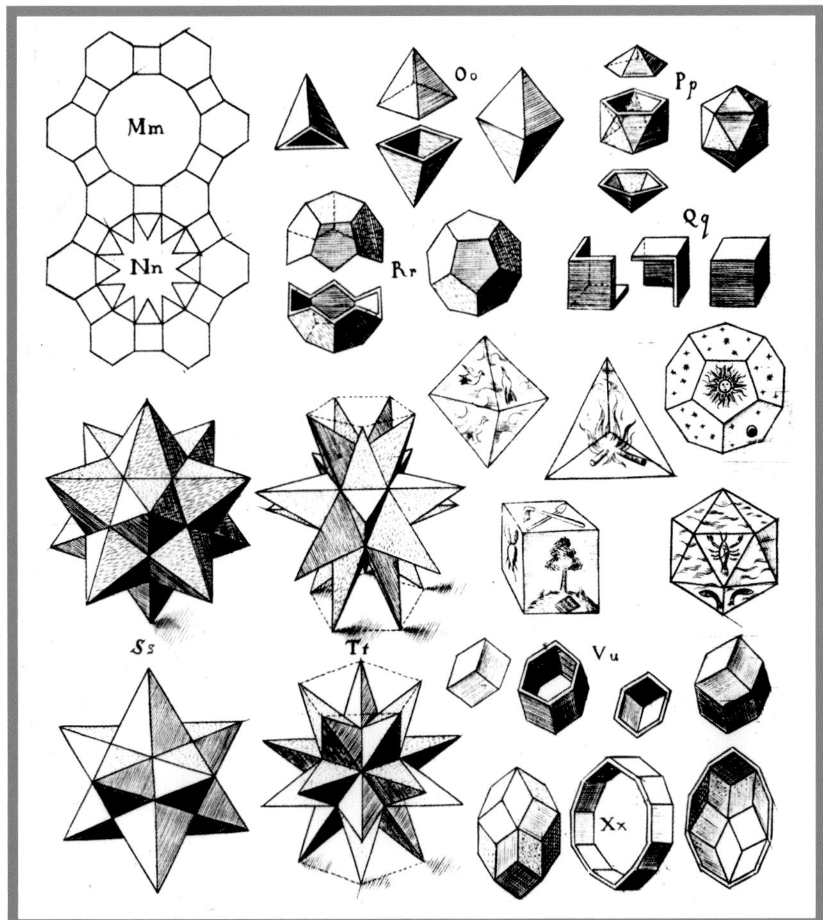

En *Harmonices mundi*, Kepler experimentó con formas regulares para desentrañar los secretos del cosmos. Relacionó estas formas con armónicos, para sugerir una «música de las esferas».

NUESTROS PROPIOS OJOS NOS MUESTRAN CUATRO ESTRELLAS QUE VIAJAN ALREDEDOR DE JUPITER

EL TELESCOPIO DE GALILEO

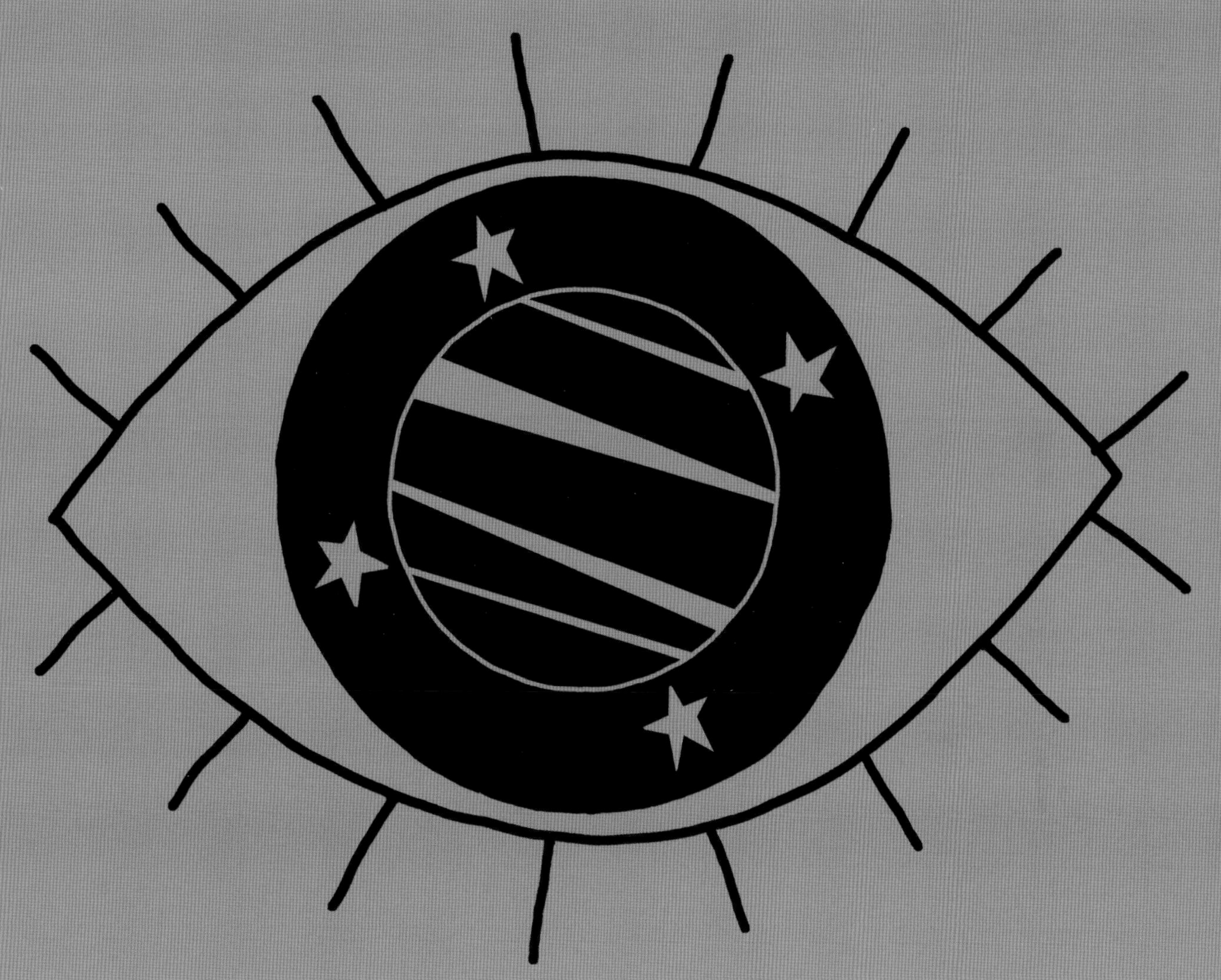

EN CONTEXTO

ASTRÓNOMO CLAVE
Galileo Galilei (1564–1642)

ANTES
1543 Copérnico propone un cosmos heliocéntrico, pero como la Tierra no parece moverse, son necesarias pruebas.

1608 Primeros telescopios, obra de fabricantes de lentes holandeses.

DESPUÉS
1656 El científico holandés Christiaan Huygens construye unos telescopios cada vez más grandes, capaces de detectar detalles y objetos más tenues.

1668 Isaac Newton fabrica el primer telescopio reflector, un instrumento mucho menos afectado por la aberración cromática (p. 60).

1733 Se fabrica la primera lente acromática con vidrio *flint* y *crown*, lo que mejora la calidad de imagen potencial de los telescopios reflectores.

El eficaz uso que Galileo Galilei hizo del telescopio marcó un punto de inflexión en la historia de la astronomía. Aunque ha habido otros hitos clave, como la introducción de la fotografía, el descubrimiento de las ondas de radio cósmicas o el invento del ordenador electrónico, el desarrollo del telescopio fue fundamental para el progreso de la disciplina.

Los límites del ojo humano

Antes de Galileo, los astrónomos solo contaban con sus propios ojos para observar el cielo. La observación a simple vista tiene dos limitaciones principales: es incapaz de registrar detalles finos y solo puede detectar objetos razonablemente brillantes.

Cuando miramos una luna llena, el diámetro lunar subtiende (abarca) un ángulo de ½° de la superficie terrestre. Esto significa que, si trazáramos dos líneas que unieran los lados opuestos de la Luna y el ojo, formarían un ángulo de ½°. Sin embargo, el ojo humano solo puede detectar objetos con una separación superior a 1⁄60°. Esta es la resolución del ojo, la cual determina el nivel de detalle que este puede detectar. Si miramos la Luna a simple vista, el diámetro lunar se resuelve en solo 30 elementos de imagen, análogos a píxeles de una fotografía digital (abajo). Podemos discernir los oscuros mares lunares y las mesetas lunares más claras, pero no las montañas individualizadas y sus sombras.

La Vía Láctea no es más que una masa de innumerables estrellas dispuestas en racimos.
Galileo Galilei

Al mirar el cielo en una noche despejada y sin luna en la campiña italiana en la época de Galileo, se verían unas 2500 estrellas sobre el horizonte. La Vía Láctea (el disco del Sistema Solar visto de lado) parece, a simple vista, un río de leche. Solo con un telescopio se ve que se compone de estrellas, y cuanto mayor sea el telescopio, más estrellas se harán vi-

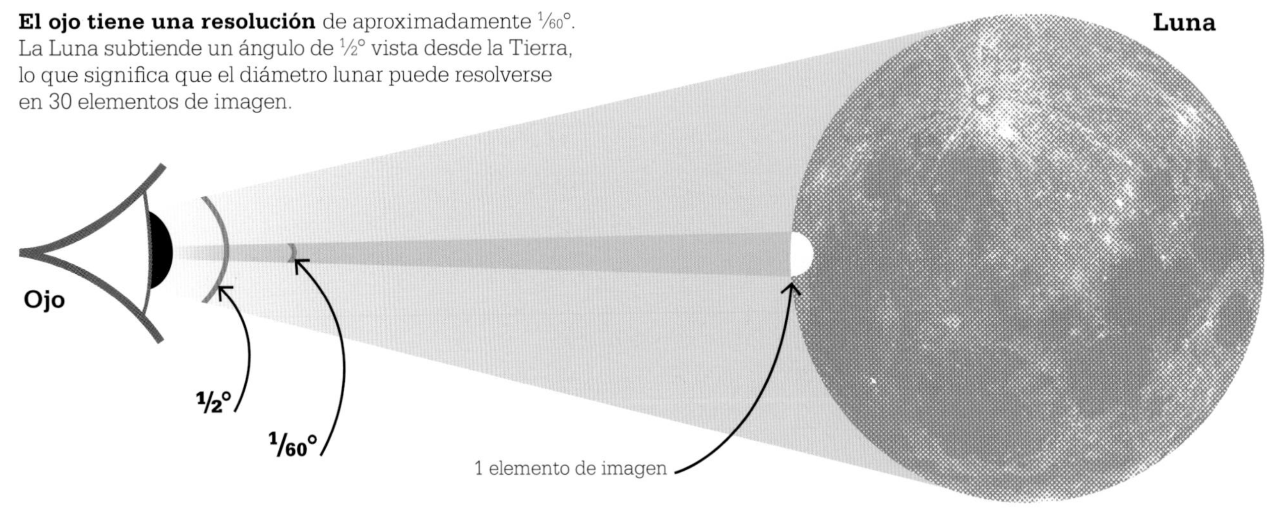

El ojo tiene una resolución de aproximadamente 1⁄60°. La Luna subtiende un ángulo de ½° vista desde la Tierra, lo que significa que el diámetro lunar puede resolverse en 30 elementos de imagen.

Véase también: El modelo copernicano 32–39 ▪ El modelo de Brahe 44–47 ▪ Órbitas elípticas 50–55 ▪ E.E. Barnard 337

Galileo presenta su telescopio a Leonardo Donato, el dux de Venecia. Al igual que otros astrónomos de su época, Galileo dependía del mecenazgo para financiar y legitimar su trabajo.

sibles. Cuando apuntó al cielo con su nuevo telescopio, Galileo se convirtió en la primera persona que pudo apreciar la verdadera naturaleza de esa franja de estrellas que cruza el cielo.

Construir un telescopio

Galileo no inventó el telescopio. La idea de combinar dos lentes (una grande en la parte anterior de un tubo, para captar la luz, y otra más pequeña en la parte posterior, para aumentar la imagen) fue de los holandeses Hans Lippershey, Jacob Metius y Zacharias Janssen, que la desarrollaron hacia septiembre de 1608. (Fueron precisos más de trescientos años para avanzar desde la invención de las lentes de lectura hasta la del telescopio.) Galileo oyó hablar de este nuevo instrumento y decidió construirse uno.

Hay dos aspectos claves en un telescopio. Uno es su resolución (el grado de detalle que muestra), que es proporcional al diámetro del objetivo (la lente grande situada en la parte anterior, que capta la luz). Cuanto mayor sea la lente del objetivo, mejor será la resolución. La pupila de un ojo totalmente adaptado a la oscuridad tiene un diámetro de cerca de 0,5 cm y una resolución de aproximadamente $1/60$°. Mirar por telescopios con objetivos de 1, 2 o 4 cm de diámetro proporcionará resoluciones de $1/120$°, $1/240$° y $1/480$°, respectivamente. Entonces los detalles quedan a la vista. Por ejemplo, Júpiter pasa a ser un disco, y no un mero punto en el espacio.

En segundo lugar, un telescopio actúa como un «cubo de luz». Cada vez que se duplica el diámetro del objetivo (o del cubo), la luz captada se incrementa en un factor de cuatro, y aquellos objetos con una luminosidad similar pueden detectarse al doble de distancia. Los objetivos de 1, 2 y 4 cm permiten al ojo discernir 20 000, 160 000 y 1 280 000 estrellas, respectivamente.

Galileo no quedó satisfecho con su primer instrumento, de solo tres aumentos. Se dio cuenta de que el »

A **simple vista**, Júpiter parece una **estrella brillante**.

El **telescopio** logra una **resolución más fina** que el ojo.

Se ve que **Júpiter** es un **disco** con **cuatro «estrellas»** a su alrededor.

Las **cuatro «estrellas» orbitan** alrededor de **Júpiter**.

Júpiter tiene al menos **cuatro satélites**.

Mi querido Kepler, ¿qué dirías de los eruditos que [...] han rechazado categóricamente mirar por el telescopio?
Galileo Galilei

aumento que ofrecían los telescopios estaba relacionado directamente con la ratio entre la longitud (o distancia) focal de la lente del objetivo y la del ocular. Había que usar una lente convexa de foco más largo para el objetivo, o una lente cóncava de foco más corto para el ocular. Como entonces no había lentes de tales características, Galileo aprendió a tallar y pulir lentes, y las hizo él mismo: vivir en el norte de Italia, centro mundial de la fabricación de vidrio en la época, le resultó muy útil. Al final creó un telescopio con 33 aumentos y, gracias a ese instrumento mejorado, descubrió los satélites jovianos (de Júpiter).

«Tres estrellas pequeñas»

Galileo descubrió los satélites de Júpiter la noche del 7 de enero de 1610. Al principio pensó que estaba viendo estrellas lejanas, pero pronto se percató de que esos nuevos cuerpos celestes giraban alrededor del planeta. En ese momento, Galileo tenía cuarenta y cinco años de edad y enseñaba matemáticas en la Universidad de Padua. Cuando publicó sus pioneras observaciones telescópicas, escribió: «Júpiter se ha revelado a través de un catalejo. Y, dado que yo mismo construí un instrumento superlativo, vi (algo que no había sucedido antes a causa de las limitaciones de los otros instrumentos) que había tres estrellas pequeñas junto a él; pequeñas, pero muy brillantes. Aunque creí que eran unas estrellas fijas más, me intrigaron, porque parecían estar dispuestas exactamente a lo largo de una línea recta y en paralelo a la eclíptica [...]».

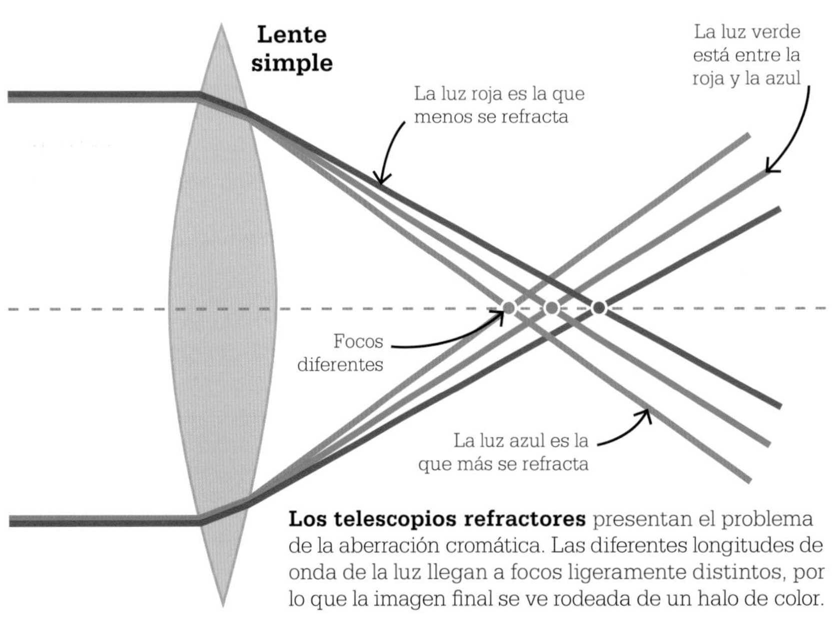

Los telescopios refractores presentan el problema de la aberración cromática. Las diferentes longitudes de onda de la luz llegan a focos ligeramente distintos, por lo que la imagen final se ve rodeada de un halo de color.

Galileo tuvo la experiencia de contemplar el cielo tal como es quizá por primera vez en la historia.
Bernard Cohen

Observaciones repetidas

Galileo quedó fascinado por su inesperado descubrimiento. Observó Júpiter una noche tras otra, y pronto vio que las nuevas estrellas eran cuatro, y no tres, y que no estaban más allá de Júpiter, en el universo lejano, sino que acompañaban al planeta en su trayectoria a través del cielo y se movían a su alrededor.

Galileo advirtió que, al igual que la Luna orbita alrededor de la Tierra una vez al mes, había cuatro «lunas» en órbita en torno a Júpiter, al que acompañaban en su órbita alrededor del Sol. Las lunas más distantes tardaban más tiempo en completar su órbita que las que estaban más cerca. El tiempo que tardan en completar una órbita, desde el satélite interior al exterior es de 1,77, 3,55, 7,15 y 16,69 días, respectivamente. El sistema de satélites de Júpiter parecía un modelo pequeño del sistema planetario del Sol. Demostraba, además, que no todos los objetos del cosmos orbitaban alrededor de la Tierra, como se había creído en la era precopernicana. La observación de estos cuatro satélites reforzó la teoría del cosmos heliocéntrico.

Galileo dio a conocer rápidamente su descubrimiento en la obra *El mensajero sideral*, publicada el 10 de

El telescopio de Galileo tenía una lente cóncava como ocular. Al mirar un objeto celeste a gran distancia, la distancia entre las dos lentes sería igual a la longitud focal del objetivo menos la longitud focal del ocular.

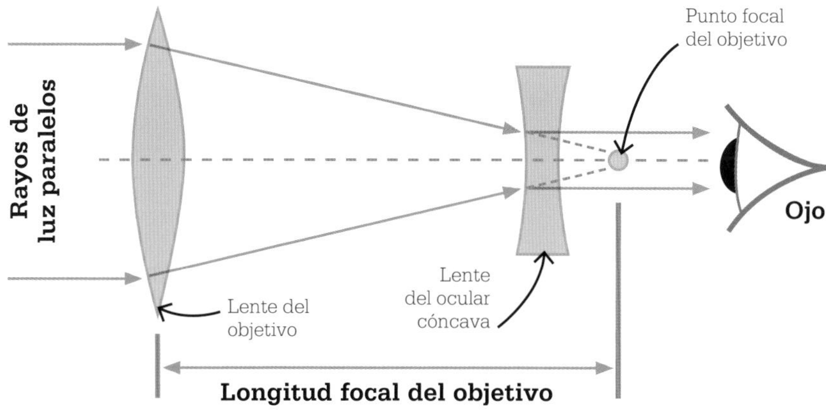

El telescopio de Kepler, desarrollado poco después, tenía una lente convexa como ocular. La longitud del telescopio era igual a la longitud focal del objetivo más la longitud focal del ocular.

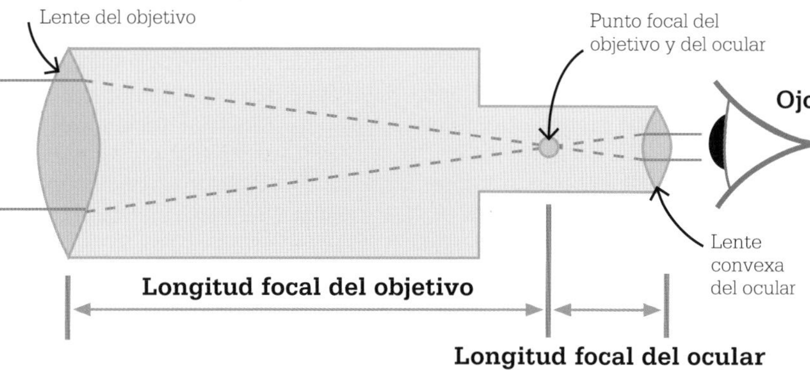

marzo de 1610. Con el objetivo de obtener un mecenazgo, Galileo dedicó el libro a un antiguo alumno suyo, el gran duque de Toscana Cosme II de Médicis, y llamó a las cuatro lunas «estrellas mediceas», en honor de los cuatro hermanos Médicis. Esta consideración política le valió el cargo de matemático y filósofo de los Médicis en la Universidad de Pisa. Sin embargo, ese nombre no cuajó.

Al principio, muchos se mostraron escépticos y sugirieron que tales lunas no eran sino fruto de los defectos de la lente del telescopio. Sin embargo, otros astrónomos pioneros del telescopio, como Thomas Harriot, Nicolas-Claude Fabri de Peiresc y Joseph Gaultier de la Vatelle, confirmaron su existencia cuando Júpiter regresó al cielo nocturno más tarde, ese mismo año de 1610, después de haber pasado por detrás del Sol.

Una prioridad disputada

En 1614, el astrónomo alemán Simon Marius publicó su obra *Mundus iovialis*, en la que describía las lunas de Júpiter, que afirmaba haber descubierto antes que Galileo. Aunque Galileo acusó a Marius de plagio, hoy se acepta generalmente que el »

Telescopios refractores

Al principio había dos tipos de telescopio refractor: el galileano y el kepleriano, que Johannes Kepler desarrolló en 1611 (izda.). Ambos contaban con una lente anterior de foco largo y gran diámetro, a la que llamaban objetivo y que captaba la luz para dirigirla hacia un foco (o punto focal). La lente más pequeña y de foco corto del ocular aumentaba la imagen enfocada por el objetivo.

El aumento del instrumento es igual a la longitud focal de la lente del objetivo dividida por la longitud focal del ocular. Una lente del objetivo convexa más plana reducía la aberración cromática (p. anterior), ofrecía una longitud focal mayor y, en caso de un ocular fijo, también más aumentos. Por eso los telescopios del siglo XVII eran más largos. La longitud focal mínima de los oculares en la era de Galileo y Kepler era de entre 2 y 4 cm. Esto significaba que, para obtener 30 aumentos, se necesitaba un objetivo con una longitud focal de entre 60 y 120 cm. El colosal telescopio James Lick (arriba), que se alza en el monte Hamilton (California), se construyó en 1888 y tiene una lente de 90 cm y una longitud focal de 17,37 m.

segundo las descubrió por su cuenta hacia la misma época. Marius las denominó Ío, Europa, Ganímedes y Calisto, por las conquistas amorosas del dios romano Júpiter, nombres que siguen vigentes en la actualidad. En conjunto, se las conoce como satélites galileanos.

Un reloj joviano

Galileo estudió atentamente cómo variaban las posiciones de las lunas jovianas día a día y por fin concluyó que, al igual que las posiciones de los planetas, las de esas lunas podían calcularse por adelantado. Vio que, si se conseguía realizar tal cálculo con precisión, el sistema podría actuar como un reloj universal, lo cual solucionaría el problema de medir la longitud geográfica estando en el mar. Determinar la longitud exige saber qué hora es, pero, en la época de Galileo no había relojes precisos que pudieran funcionar en un barco. Como Júpiter se encuentra como mínimo cuatro veces más lejos de la Tierra que el Sol, el sistema de Júpiter es igual desde cualquier punto de la Tierra, por lo que un «reloj joviano» funcionaría en cualquier sitio. El problema de la longitud se resolvió por fin hacia 1740, cuando el relojero inglés John Harrison presentó cronómetros precisos. Esto fue mucho antes de que las órbitas de los satélites de Júpiter se hubieran calculado en detalle.

El descubrimiento de Galileo de cuatro satélites en torno a Júpiter tuvo otra consecuencia interesante. En 1726, cuando Jonathan Swift publicó *Los viajes de Gulliver*, predijo, en un capítulo sobre Laputa, que Marte tendría dos lunas, porque la Tierra tenía una, y Júpiter, cuatro. En 1877 se demostró lo acertado de esta predicción accidental cuando Asaph Hall descubrió los dos pequeños satélites de Marte, Fobos y Deimos, con un nuevo telescopio refractor de 66 cm de diámetro en el Observatorio Naval de EE UU, en Washington.

La Biblia enseña cómo ir al cielo, no cómo funcionan los cielos.
Galileo Galilei

Apoyo a Copérnico

En la época de Galileo aún perduraba el enconado debate entre los creyentes de la antigua teoría bíblica de que la Tierra era estacionaria y estaba en el centro del universo, y los seguidores de la nueva idea de Copérnico, según la cual la Tierra orbitaba alrededor del Sol. La visión geocéntrica enfatizaba la singularidad de la Tierra, mientras que la heliocéntrica la consideraba un planeta más entre una familia de planetas. La tesis de que la Tierra no ocupa un lugar privilegiado en el cosmos se conoce hoy como principio copernicano.

Entonces, el reto fue hallar observaciones que demostraran que una de las teorías era correcta, y la otra, falsa. El descubrimiento de satélites alrededor de Júpiter supuso un gran

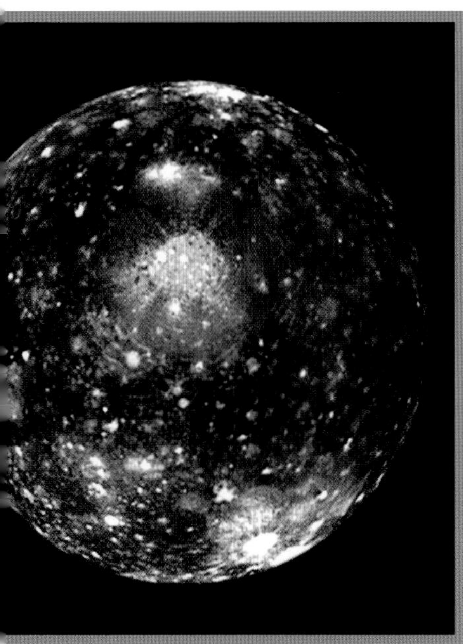

Empezando por los más cercanos a Júpiter, los satélites galileanos son, de izquierda a derecha, Ío, Europa, Ganímedes y Calisto. Ganímedes es más grande que el planeta Mercurio.

apoyo para el sistema heliocéntrico. Con ello se evidenció que no todo orbitaba alrededor de la Tierra, aunque todavía quedaban preguntas por resolver. Si el sistema heliocéntrico era correcto, la Tierra tenía que moverse, y si daba una vuelta en torno al Sol cada año, debía tener una velocidad orbital de 30 km/s. En la época de Galileo no se conocía la distancia exacta entre la Tierra y el Sol, pero era evidente que estaba lo bastante lejos como para que la Tierra tuviera que moverse rápidamente, y los seres humanos no percibían ese movimiento. Además, el desplazamiento orbital debería hacer que las estrellas parecieran balancearse de lado a lado cada año, en un fenómeno llamado paralaje estelar (p. 102). De nuevo, eso no se observaba en aquella época. Galileo y sus coetáneos no sospechaban que la distancia típica entre las estrellas de la Vía Láctea era unas 500 000 veces superior a la distancia entre la Tierra y el Sol, lo que hace que el paralaje estelar sea tan pequeño que resulta difícil de medir. Hasta mediados del siglo XIX no hubo instrumentos lo suficientemente mejorados como para que se pudiera detectar este balanceo.

A pesar de los interrogantes, Galileo consideró que sus hallazgos demostraban que Copérnico estaba en lo cierto más allá de cualquier duda razonable. Sus descubrimientos incluyeron el de las fases de Venus, que se explican mejor si el planeta está en órbita alrededor del Sol y si el Sol gira sobre sí mismo, como demuestra el movimiento de las manchas solares. En 1619, la firme defensa que Galileo hacía de Copérnico lo llevó a entrar en conflicto con la Iglesia, que ya en 1616 había declarado herético el heliocentrismo. En 1633, Galileo tuvo que declarar ante la Inquisición, que prohibió sus libros y le obligó a pasar los últimos diez años de su vida recluido bajo arresto domiciliario.

Nuevos satélites

Durante 283 años, Júpiter tan solo tuvo cuatro satélites conocidos. En 1892, el astrónomo estadounidense E. E. Barnard descubrió un quinto satélite, Amaltea, con el telescopio refractor de 91 cm de diámetro del Observatorio Lick (California). Fue el último satélite del Sistema Solar que se descubrió por observación directa. Posteriormente, los satélites han sido descubiertos mediante el análisis meticuloso de fotografías. A mediados de la década de 1950, el número de satélites conocidos de Júpiter había ascendido a 12, y hoy esa cifra llega ya a los 67. Es posible que en el futuro se descubran muchos otros satélites pequeños. ■

Galileo Galilei

Galileo Galilei nació en la ciudad de Pisa (Italia) el 15 de febrero de 1564. Siendo muy joven, en 1589 fue nombrado catedrático de matemáticas de la Universidad de Pisa, y en 1590 se trasladó a la Universidad de Padua.

Astrónomo, físico, matemático, filósofo e ingeniero, desempeñó un papel crucial en el proceso de avances intelectuales que hoy se conoce como revolución científica europea. Fue la primera persona que escudriñó eficazmente los cielos con un telescopio refractor. Durante 1609 y 1610, descubrió que el planeta Júpiter tenía cuatro satélites, que Venus tenía fases y que el Sol giraba sobre sí mismo aproximadamente una vez al mes. Fue un escritor prolífico y, gracias a ello, consiguió que sus hallazgos fueran accesibles para un público amplio.

Obras principales

1610 *El mensajero sideral.*
1632 *Diálogos sobre los dos máximos sistemas del mundo, tolemaico y copernicano.*
1638 *Consideraciones y demostraciones matemáticas sobre dos nuevas ciencias.*

UNA MANCHA PERFECTAMENTE CIRCULAR SOBRE EL SOL

EL TRÁNSITO DE VENUS

EN CONTEXTO

ASTRÓNOMO CLAVE
Jeremiah Horrocks
(1618–1641)

ANTES

***C.* 150 D.C.** Tolomeo estima la distancia entre el Sol y la Tierra en unas 1210 veces el radio terrestre (aproximadamente, 8 millones de km).

1619 La tercera ley de Kepler da la proporción de los tamaños de las órbitas planetarias, pero aún se desconocen los valores absolutos.

1631 Pierre Gassendi observa un tránsito de Mercurio frente al disco solar, el primer tránsito planetario registrado de la historia.

DESPUÉS

1716 Edmond Halley cree que medir con precisión el tránsito de Venus permitiría precisar la distancia entre el Sol y la Tierra.

2012 Año del tránsito de Venus más reciente. Los dos próximos serán en 2117 y en 2125.

En 1639, Jeremiah Horrocks, un astrónomo inglés de veinte años de edad, predijo un tránsito de Venus frente al disco solar tras hallar errores en las tablas de Johannes Kepler. Cuatro semanas antes del tránsito, Horrocks escribió a su colaborador, William Crabtree, pidiéndole que lo observara. El 4 de diciembre de 1639, Horrocks y Crabtree colocaron por separado sendos helioscopios enfocados sobre una imagen del Sol captada con un telescopio y proyectada sobre un plano. Fueron las primeras personas en presenciar un tránsito de Venus.

Mientras Venus cruzaba el disco solar, Horrocks intentó calcular su tamaño y a qué distancia estaba. Vio que subtendía un ángulo de 76 segundos de arco ($^{76}/_{3600}$°) en la Tierra (p. 58), un valor inferior al propuesto por Kepler. Usando las proporciones de distancias planetarias conocidas a partir de la tercera ley de Kepler, Horrocks calculó que el disco de Venus subtendía un ángulo de unos 28 segundos de arco visto desde el Sol.

A partir de los datos obtenidos de un tránsito de Mercurio en 1631, Horrocks calculó que Mercurio subtendía el mismo ángulo que Venus. Dedujo que todos los planetas subtendían el mismo ángulo en el Sol y calculó que la distancia de la Tierra al Sol era de 95 millones de km.

Hoy se sabe que su cálculo era erróneo: la Tierra subtiende 17,8 segundos de arco en el Sol, que está a 150 millones de km de distancia. De todos modos, fue el primero en tener una idea razonablemente correcta de la envergadura del Sistema Solar. ■

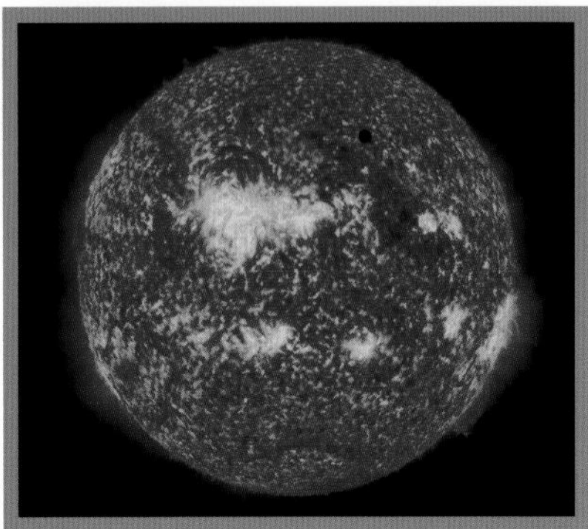

El último tránsito de Venus (el punto negro sobre el disco solar), en 2012, en una imagen tomada por el Observatorio de Dinámica Solar de la NASA.

Véase también: Órbitas elípticas 50–55 ▪ El cometa Halley 74–77

NUEVOS SATELITES ALREDEDOR DE SATURNO

OBSERVACIÓN DE LOS ANILLOS DE SATURNO

EN CONTEXTO

ASTRÓNOMO CLAVE
Giovanni Domenico Cassini (1625–1712)

ANTES
1610 Galileo anuncia el descubrimiento de cuatro satélites en torno a Júpiter.

1655 Christiaan Huygens descubre Titán, un satélite de Saturno un 50 % mayor que la Luna.

DESPUÉS
1801 Se descubre el primer asteroide en una órbita entre Marte y Júpiter.

1859 El físico escocés James Clerk Maxwell demuestra que los anillos de Saturno no pueden ser sólidos, porque la fuerza de la gravedad los quebraría.

Desde la década de 1960 Durante las últimas décadas, sondas espaciales han orbitado alrededor de Júpiter y Saturno, y la Voyager 2 pasó junto a Urano y Neptuno. Se han descubierto numerosos satélites.

El astrónomo italiano Giovanni Cassini trabajaba en el observatorio de Panzano. En 1664 le proporcionaron un telescopio refractor de última generación, creado por Giuseppe Campani en Roma, con el que descubrió las bandas y manchas de Júpiter, midió su periodo de giro y su achatamiento polar y observó las órbitas de sus cuatro satélites conocidos.

Observar Saturno

La reputación de Cassini como observador brillante llevó a que le invitaran a supervisar la terminación del nuevo observatorio de París. Allí, dirigió su telescopio hacia Saturno, cuyo mayor satélite, Titán, fue descubierto por Christiaan Huygens en 1655, y halló dos satélites más: Japeto, en 1671, y Rea, en 1672. En 1675 encontró una gran separación entre los anillos de Saturno y adivinó que no eran sólidos, sino que se componían de una multitud de objetos pequeños que orbitaban en torno al planeta. En 1684 descubrió dos satélites más pequeños, Tetis y Dione. Con su trabajo, Cassini prácticamente duplicó el número de satélites conocidos del Sistema Solar. Desde entonces, la cifra no ha dejado de aumentar.

En el Sistema Solar exterior, los gigantes gaseosos Júpiter y Saturno tienen respectivamente más de sesenta satélites conocidos divididos en dos tipos: unos grandes, que se formaron al mismo tiempo que su planeta, y otros menores, capturados del cinturón de asteroides. En el Sistema Solar interior, Marte tiene dos satélites asteroidales pequeños, mientras que Mercurio y Venus carecen de ellos. La Tierra tiene un satélite enorme, la Luna, con el 1/81 de su masa, y los astrónomos aún no están seguros de cómo se formó. ■

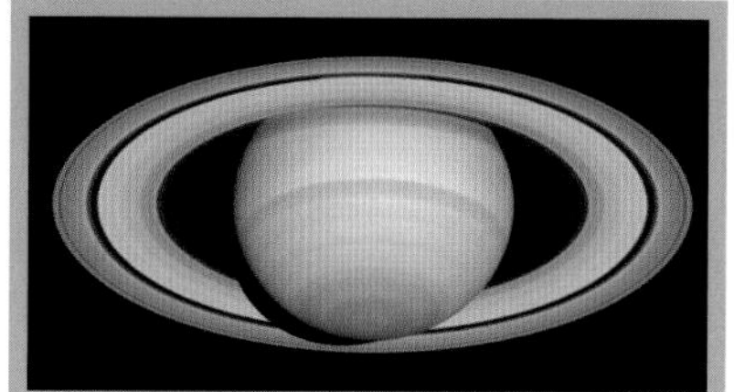

La separación más grande que existe en los anillos de Saturno es la división de Cassini, de 4800 km de anchura, entre el anillo A (exterior) y el anillo B (interior).

Véase también: El telescopio de Galileo 56–63 ■ El origen de la Luna 186–187 ■ Christiaan Huygens 335

LA GRAVEDAD EXPLICA EL MOVIMIENTO DE LOS PLANETAS

LA TEORÍA DE LA GRAVEDAD

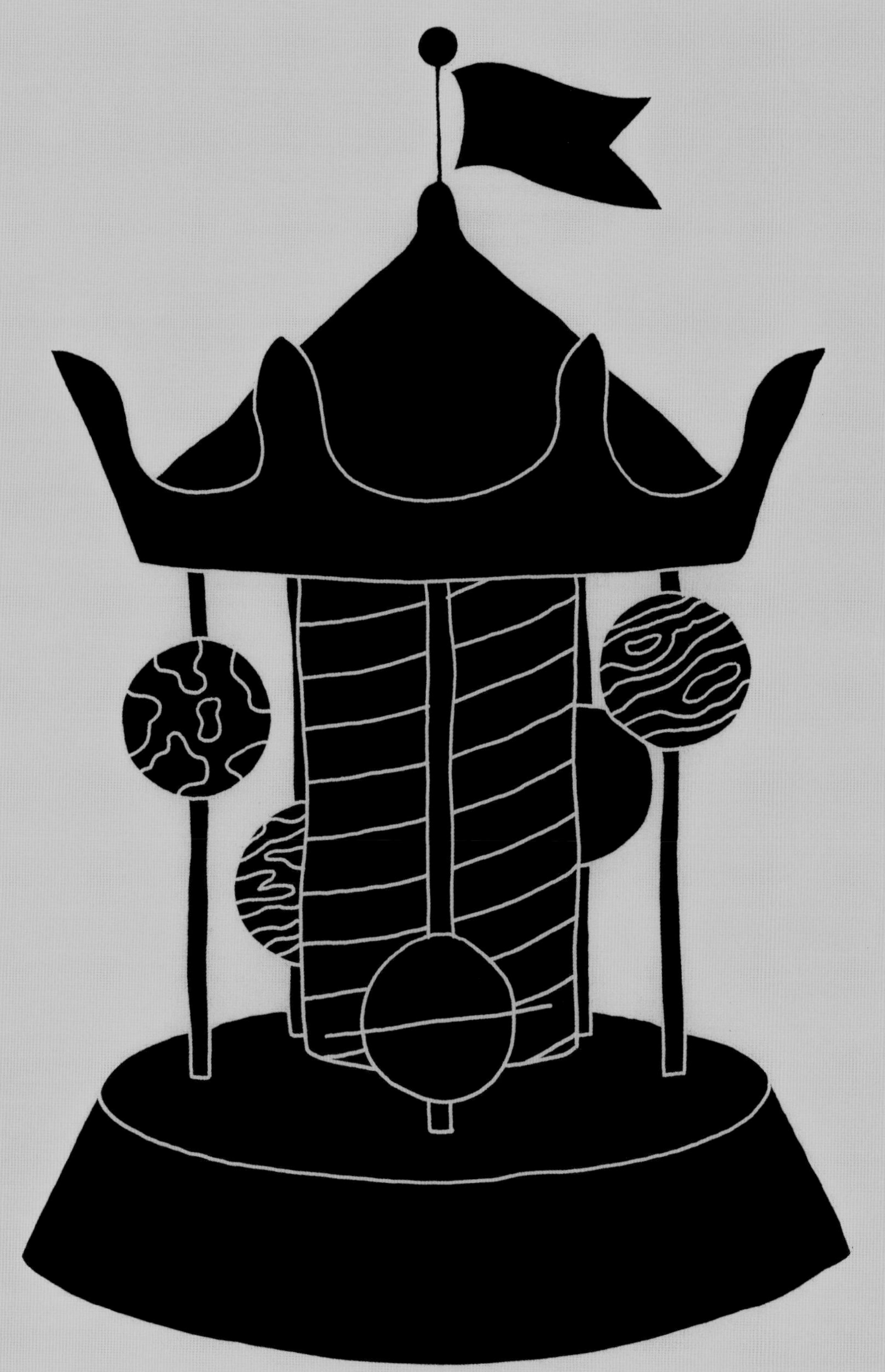

EN CONTEXTO

ASTRÓNOMO CLAVE
Isaac Newton (1642–1726)

ANTES
1609 Johannes Kepler logra demostrar que Marte describe una órbita elíptica.

DESPUÉS
1798 Henry Cavendish mide la constante de la gravitación por primera vez.

1846 El matemático francés Urbain Le Verrier usa las leyes de Newton para calcular la posición del planeta Neptuno.

1915 Albert Einstein plantea su célebre teoría de la relatividad general y explica la fuerza de la gravedad como una función de la curvatura del espacio-tiempo.

2014 Se mide la constante de la gravitación universal analizando cómo se comportan los átomos. La última cifra registrada es $6{,}6719 \times 10^{-11}\ m^3 kg^{-1} s^{-2}$, casi el 1 % menor que el valor calculado por Henry Cavendish.

El término «gravedad» designa la fuerza de atracción entre dos masas determinadas. Es la fuerza que atrae a todos los objetos hacia la Tierra y los dota de peso, porque los atrae hacia abajo y hacia el centro de la Tierra. Si un objeto estuviera en la Luna, cuya masa es mucho menor que la de la Tierra, se vería sometido a una fuerza seis veces menor y su peso sería seis veces inferior al que tendría si estuviera en la Tierra. El físico, astrónomo y matemático inglés Isaac Newton fue la primera persona en percatarse de que la gravedad es una fuerza universal que actúa sobre todos los objetos y explica el movimiento de los planetas.

Me veo como un niño jugando en la playa, mientras vastos océanos de verdad se extienden, inexplorados, ante mí.
Isaac Newton

Descripción de las órbitas

La forma de las órbitas de los planetas ya era bien conocida en la época de Newton, gracias a las tres leyes del movimiento planetario enunciadas por Johannes Kepler. La primera ley de Kepler sostenía que las órbitas eran elipses y que el Sol era uno de los focos de cada una de ellas. La segunda describía que los planetas seguían sus órbitas con mayor rapidez al estar cerca del Sol que al estar lejos de él. La tercera describía la relación entre el tiempo que se tardaba en completar una órbita y la distancia al Sol: el cuadrado del tiempo necesario para recorrer una órbita era igual al cubo de la distancia media entre el planeta y el Sol. Por ejemplo, la Tierra tarda un año en completar una vuelta al Sol, mientras que Júpiter está 5,2 veces más lejos del Sol que la Tierra. El cubo de 5,2 es 140, y la raíz cuadrada de 140 da la cifra correcta de la duración de un año joviano: 11,86 años terrestres.

Sin embargo, y aunque describió correctamente la forma y la velocidad de las órbitas planetarias, Kepler desconocía por qué los pla-

Isaac Newton

Nació el 25 de diciembre de 1642 en una granja de Woolsthorpe, en Inglaterra. Tras asistir a la escuela de Grantham, estudió en el Trinity College de Cambridge, donde más tarde fue profesor e impartió clases de física y de astronomía. Su libro *Principios* planteó el principio de la gravedad y la mecánica celeste.

Newton, uno de los fundadores del cálculo, inventó el telescopio reflector, escribió ensayos sobre óptica, prismas y el espectro de luz blanca y estudió el enfriamiento de los cuerpos. También formalizó la física de la velocidad del sonido, y explicó el achatamiento de la Tierra y qué causa la precesión de los equinoccios. Dedicó parte de su obra a la cronología bíblica y a la alquimia. Presidió la Royal Society en varias ocasiones, fue alcaide y director de la Casa de la Moneda, y miembro del Parlamento inglés por la Universidad de Cambridge. Murió en 1727.

Obras principales

1671 *Tratado de métodos de series y fluxiones.*
1687 *Principios matemáticos de la filosofía natural.*
1704 *Óptica.*

Véase también: Órbitas elípticas 50–55 ▪ El cometa Halley 74–77 ▪ El descubrimiento de Neptuno 106–107 ▪ La teoría de la relatividad 146–153 ▪ Joseph-Louis Lagrange 336

El Gran Cometa apareció en 1680 y de nuevo en 1681. John Flamsteed propuso que era el mismo. Newton discrepó, pero cambió de opinión tras examinar los datos de Flamsteed.

netas se mueven del modo en que lo hacen. En su libro *Astronomia nova*, de 1609, sugirió que Marte era arrastrado sobre su órbita por un ángel montado en un carro. Un año después cambió de opinión y planteó que los planetas eran imanes impulsados por «brazos» magnéticos que salían del Sol giratorio.

La idea de Newton

Antes que Newton, varios científicos, como el inglés Robert Hooke y el italiano Giovanni Alfonso Borelli, ya habían sugerido que existía una fuerza de atracción entre el Sol y cada uno de los planetas. También afirmaron que dicha fuerza disminuía conforme aumentaba la distancia.

El 9 de diciembre de 1679, Hooke le dijo en una carta a Newton que creía que la fuerza disminuía a la inversa del cuadrado de la distancia. Sin embargo, Hooke nunca publicó la idea y tampoco poseía los conocimientos matemáticos precisos para demostrar su teoría. Por el contrario, Newton pudo demostrar rigurosamente que una ley de la inversa del cuadrado de la fuerza de atracción daría una órbita planetaria elíptica.

Con ayuda de las matemáticas, Newton demostró que, si la fuerza de atracción (F) entre el Sol y los planetas variaba precisamente como la inversa del cuadrado de la distancia (r) entre ellos, eso explicaría plenamente las órbitas planetarias y por qué seguían las tres leyes de Kepler. Esto, en términos matemáticos, se escribe $F \propto 1/r^2$. Significa que duplicar la distancia entre objetos reduce la magnitud de la fuerza de atracción a un cuarto de la fuerza original.

El Gran Cometa

Newton, hombre tímido y solitario, se mostraba reticente a publicar su descubrimiento. Dos cosas le obligaron a divulgarlo. La primera fue el Gran Cometa de 1680, y la segunda, el astrónomo Edmond Halley.

El Gran Cometa de 1680 fue el cometa más brillante del siglo XVII: era tan luminoso que, durante un breve periodo de tiempo, pudo verse incluso de día. Se vieron dos cometas: uno que se dirigía hacia el Sol, en noviembre y diciembre de 1680, y otro que se alejaba del Sol, entre finales de diciembre de 1680 y marzo de 1681. Al igual que sucedía con todos los cometas en aquella época, su órbita era un misterio, y, al principio, los dos avistamientos no se identificaron de manera generalizada como un mismo objeto. El astrónomo John Flamsteed sugirió que podía tratarse del mismo cometa, que habría venido del borde exterior del Sistema Solar, habría dado la vuelta alrededor del Sol (demasiado cerca de este como para ser visible) y luego se habría alejado de nuevo.

Atraído por la misteriosa forma de las órbitas de los cometas, Halley se desplazó hasta Cambridge con el objetivo de discutir el problema con Newton, que era amigo suyo. Usando su ley, que relacionaba la fuerza con la aceleración, e insistiendo en que la magnitud de la fuerza variaba como la inversa del cuadrado de la distancia, Newton calculó los parámetros de la órbita del cometa al pasar por el Sistema Solar interior. »

Este descubrimiento intrigó tanto a Halley que decidió calcular las órbitas de otros 24 cometas y demostrar que uno de ellos (el cometa Halley) regresaba al Sol cada 76 años. Quizá fue aún más notable el hecho de que, impresionado por el trabajo de Newton, instó a este a que publicara sus conclusiones. Así, el 5 de julio de 1687, Newton publicó en latín sus *Principios matemáticos de la filosofía natural (Philosophiae naturalis principia mathematica)*, donde describía sus leyes del movimiento, la teoría de la gravitación universal, la demostración de las tres leyes de Kepler y el método que había usado para calcular la órbita de un cometa.

Las órbitas elípticas de los planetas se explican por una **fuerza de atracción** que disminuye en una proporción del **cuadrado de la distancia** entre ellos.

Esta fuerza es universal y se aplica a todos los cuerpos con masa y a cualquier distancia.

La gravedad explica el movimiento de los planetas, pero no qué los pone en movimiento.

Masas de los dos cuerpos (m_1 y m_2)

Constante gravitatoria (G)

$$F = \frac{Gm_1m_2}{r^2}$$

Fuerza de atracción entre los cuerpos (*F*)

Distancia entre los cuerpos (*r*)

La ley de la gravitación universal de Newton demuestra que la fuerza producida depende de la masa de los dos objetos y del cuadrado de la distancia entre ellos.

En dicho libro, Newton insistía en que su ley era universal: la gravedad afecta a todo en el universo, con independencia de la distancia. Dicha ley explicaba diversas cosas: por qué le había caído una manzana en la cabeza; las mareas oceánicas; que la Luna orbitara en torno a la Tierra y Júpiter alrededor del Sol, e incluso por qué la órbita de un cometa era elíptica. La ley física causante de que una manzana cayera era exactamente la misma que modelaba el Sistema Solar, y más adelante se descubriría que actuaba entre las estrellas y en galaxias lejanas. Abundaban las pruebas de que la ley de la gravedad de Newton funcionaba. No solo explicaba dónde habían estado los planetas, sino que también permitía predecir a dónde irían en el futuro.

La constante de proporcionalidad

Según la ley de la gravedad de Newton, la magnitud de la fuerza gravitatoria es proporcional a las masas de dos cuerpos (m_1 y m_2) multiplicadas entre sí y divididas por el cuadrado de la distancia, *r*, que las separa (izda.). Siempre atrae a las masas y actúa a lo largo de una línea recta entre ellas. Si el objeto en cuestión es esféricamente simétrico, como la Tierra, su fuerza gravitatoria puede tratarse como si procediera de un punto en su centro. Hace falta un último valor para calcular la fuerza: la constante de proporcionalidad, un número que da la magnitud de la fuerza, la constante gravitatoria (G).

Medir G

La gravedad es una fuerza débil, y eso significa que medir con precisión la constante G es muy difícil. El científico y aristócrata inglés Henry Cavendish realizó la primera prueba de laboratorio de la teoría de Newton en 1798, 71 años tras la muerte del físico. Copió un sistema experimental propuesto por el geofísico John Michell y consiguió medir la fuerza gravitatoria entre dos bolas de plomo, de 5,1 y 30 cm de diámetro (dcha.). Desde entonces, muchos han inten-

La naturaleza y sus leyes estaban en la oscuridad. Dios dijo: «¡Hágase Newton!», y se hizo la luz.
Alexander Pope

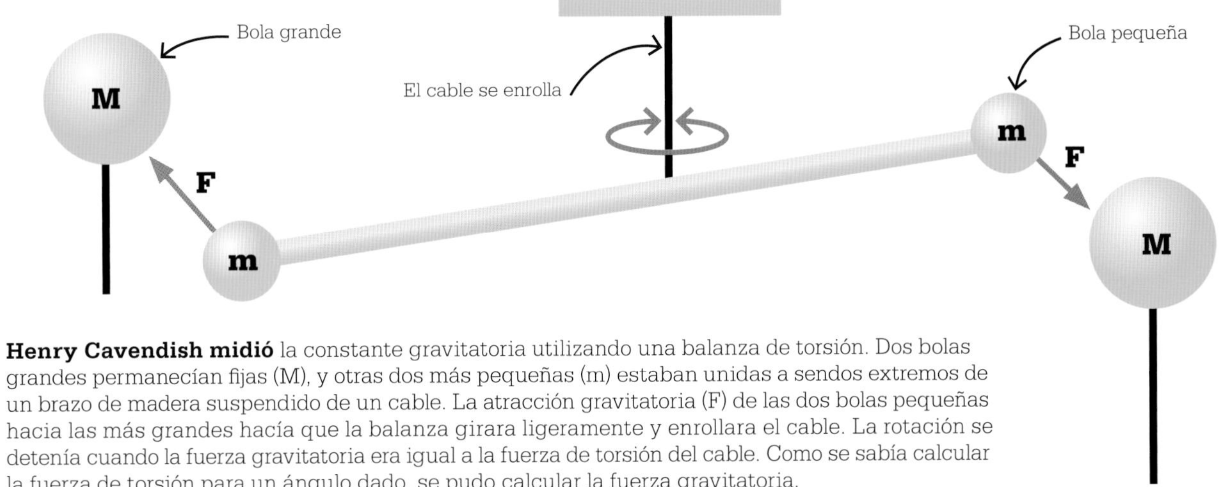

Henry Cavendish midió la constante gravitatoria utilizando una balanza de torsión. Dos bolas grandes permanecían fijas (M), y otras dos más pequeñas (m) estaban unidas a sendos extremos de un brazo de madera suspendido de un cable. La atracción gravitatoria (F) de las dos bolas pequeñas hacia las más grandes hacía que la balanza girara ligeramente y enrollara el cable. La rotación se detenía cuando la fuerza gravitatoria era igual a la fuerza de torsión del cable. Como se sabía calcular la fuerza de torsión para un ángulo dado, se pudo calcular la fuerza gravitatoria.

tado refinar y repetir el experimento. Esto ha llevado a una lenta mejoría de la precisión de G. Algunos científicos sugirieron que G variaba con el tiempo, pero análisis recientes de supernovas de tipo 1a han probado que, en los últimos 9000 millones de años, G ha cambiado menos de una parte entre 10 000 millones, si es que lo ha hecho. La luz que emitieron supernovas lejanas hace 9000 millones de años ha permitido a los científicos investigar las leyes de la física como si estuvieran en el pasado remoto.

Búsqueda de significado

Al igual que muchos científicos de la época, Newton era profundamente piadoso y trató de hallar un significado religioso a sus observaciones y leyes. El Sistema Solar no se consideraba un grupo aleatorio de planetas, y se creía que los tamaños y las formas específicas de las órbitas tenían un significado concreto. Por ejemplo, Kepler buscó ese significado mediante su concepto de «música de las esferas»: partiendo de las ideas que habían planteado por primera vez Pitágoras y Tolomeo, sugirió que cada planeta producía una nota musical inaudible con una frecuencia proporcional a la velocidad del planeta a lo largo de su órbita. Cuanto más lentamente se moviera el planeta, más grave sería la nota emitida. La diferencia entre las notas producidas por los planetas adyacentes resultaron ser intervalos musicales muy conocidos, como las terceras mayores.

La teoría de Kepler posee cierto mérito científico. El Sistema Solar tiene unos 4600 millones de años de antigüedad. Durante toda su vida, los planetas y sus satélites han ejercido influencias gravitatorias unos sobre otros y han caído en intervalos resonantes, similares al modo en que las notas musicales resuenan. Si nos fijamos en los satélites jovianos, por cada vez que Ganímedes orbita en torno a Júpiter, Europa lo ha hecho dos veces, e Ío, cuatro. Con el tiempo han ido quedando atrapados gravitatoriamente en esta resonancia.

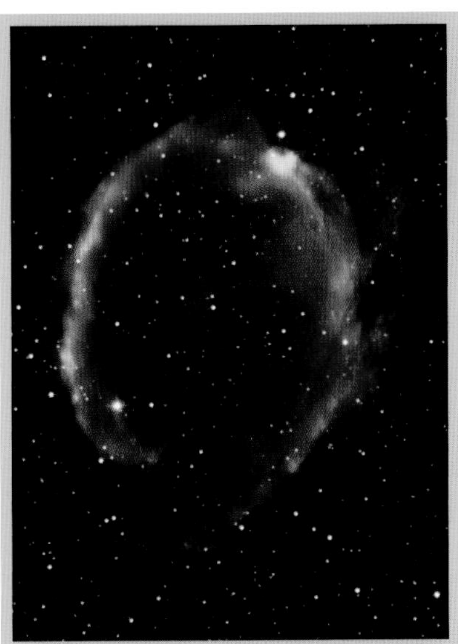

El problema de los tres cuerpos

El Sistema Solar en su conjunto ha caído en proporciones de resonancia parecidas a las de los satélites de Júpiter. En promedio, cada planeta tiene una órbita un 73 % mayor que el planeta inmediatamente más cercano al Sol. Sin embargo, aquí aparece un complejo problema matemático que Newton intentó resolver. El movimiento de un cuerpo de baja masa y sujeto a la influencia gravitatoria de un cuerpo de masa mayor puede entenderse y predecirse, pero cuando intervienen tres cuerpos, el problema matemático se complica extraordinariamente. »

Las supernovas distantes se ven hoy como eran hace miles de millones de años. Análisis estructurales demuestran que la ley de la gravedad operaba con el mismo valor de G que ahora.

La Luna, la Tierra y el Sol ejemplifican un sistema de tres cuerpos. Newton reflexionó sobre este sistema, pero las dificultades matemáticas eran insuperables, y el conocimiento acerca de dónde estará la Luna en el futuro lejano es aún muy limitado. Las variaciones de la órbita del cometa Halley son otro indicador de la influencia de los campos gravitatorios de los planetas sumada a la gravedad del Sol. Sus órbitas recientes han necesitado 76,0; 76,1; 76,3, 76,9, 77,4, 76,1, 76,5, 77,1, 77,8 y 79,1 años, respectivamente, debido a la influencia gravitatoria combinada del Sol, Júpiter, Saturno y otros planetas sobre el cometa.

No he podido descubrir la causa de estas propiedades de la gravedad a partir de los fenómenos, y no planteo ninguna hipótesis.
Isaac Newton

La forma de los planetas

Aunque Newton buscó un significado religioso a su obra científica, no lo halló en su ley de la gravedad. Sin embargo, y si bien no descubrió la mano de Dios poniendo en movimiento los planetas, encontró una fórmula que modelaba el universo.

La acción de la gravedad es la clave para entender por qué el universo es como es. Por ejemplo, la gravedad es la responsable de la forma esférica de los planetas. Si un cuerpo tiene la masa suficiente, la fuerza gravitatoria que ejerce es superior a la del material del cuerpo, que adopta una forma esférica. Los cuerpos astronómicos rocosos, como los asteroides entre las órbitas de Marte y Júpiter, son de forma irregular si su diámetro es inferior a unos 380 km (conocido como límite Hughes-Cole).

La gravedad también es responsable de la magnitud de las desviaciones de una esfera que pueden ocurrir en un planeta. En la Tierra no hay montañas que superen los 8,8 km de altitud del Everest, porque el peso gravitatorio de una montaña más elevada superaría la resistencia del manto rocoso subyacente y haría que se hundiera. En los planetas con una masa inferior, el peso de sus objetos también es menor, por lo que sus montañas pueden ser más altas. Por ejemplo, la más elevada de Marte, el Monte Olimpo, es casi tres veces más alta que el Everest. La masa de Marte es casi diez veces menor que la de la Tierra, y su diámetro, casi la mitad del terrestre. Si introducimos esos números en la fórmula de la gravedad de Newton, obtenemos un peso sobre la superficie de Marte ligeramente superior a un tercio del peso en la Tierra, lo cual explica el tamaño del Monte Olimpo.

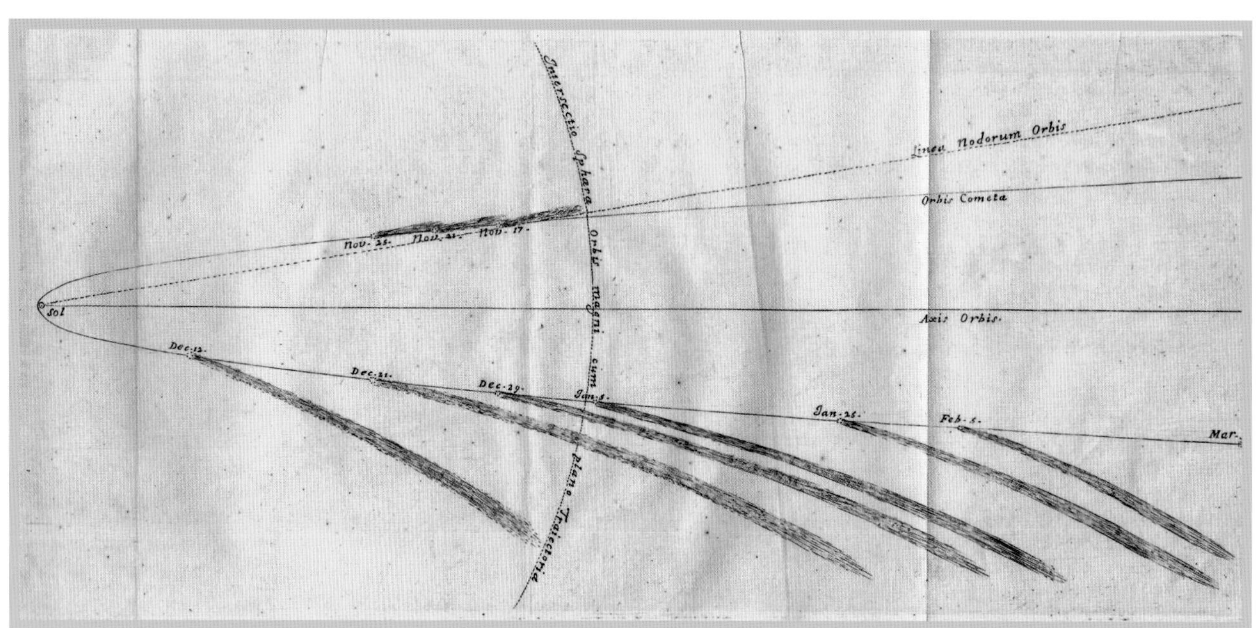

En su gran obra *Principios,* Newton determinó la trayectoria parabólica del Gran Cometa haciendo observaciones precisas y corrigiéndolas para tener en cuenta el movimiento de la Tierra.

El movimiento de los cometas es extraordinariamente regular y observa las mismas leyes que el movimiento de los planetas.
Isaac Newton

La gravedad modela también la vida terrestre limitando el tamaño de los animales. Los mayores animales de la historia fueron los dinosaurios, que podían alcanzar las 40 toneladas. Hoy, los animales más grandes, las ballenas, viven en los océanos, donde el agua soporta su peso. La gravedad también provoca las mareas, que se dan porque el agua es atraída por la Luna y el Sol en el lado de la Tierra más cercano a ellos, y se aleja en el lado opuesto, cuando su atracción gravitatoria es menor. Si el Sol y la Luna se alinean, se produce una fuerte marea viva, y si están en ángulo recto respecto a la Tierra, la llamada marea muerta es mínima.

Velocidad de escape

La gravedad afecta intensamente a la movilidad humana. La altura a la que puede saltar una persona está determinada por el campo gravitatorio al nivel del suelo. Newton se percató de que la fuerza de la gravedad afectaría a la facilidad para viajar más allá de la atmósfera. Para escapar de la atracción gravitatoria de la Tierra hay que viajar a 40 270 km/h. Es más fácil alejarse de cuerpos con menos masa, como la Luna o Marte. Si damos la vuelta al problema, la velocidad de escape también es la velocidad mínima que un asteroide o cometa pueden alcanzar al chocar con la superficie terrestre, y esto afecta al tamaño del cráter resultante.

Newton ilustró la velocidad de escape con el experimento imaginario de una bala de cañón disparada horizontalmente desde la cima de una alta montaña. A velocidades inferiores a la orbital, la bala caería sobre la Tierra (A y B); a la velocidad orbital, entraría en una órbita circular (C), y a una velocidad superior a la orbital, pero inferior a la de escape, entraría en una órbita elíptica (D). Solo la velocidad de escape le permitiría salir despedida hacia el espacio (E).

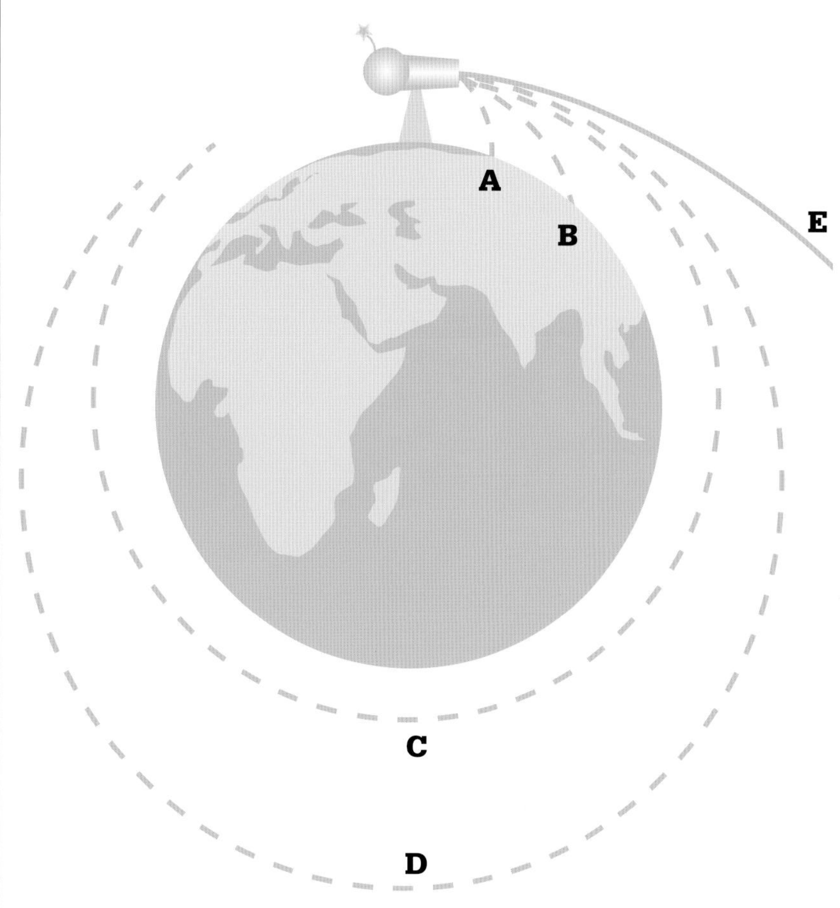

Actualmente se cree que la descripción más precisa de la gravedad es la propuesta por Albert Einstein en su teoría de la relatividad general de 1915. No describe la gravedad como una fuerza, sino como la consecuencia de la curvatura del continuo espacio-tiempo debida a la distribución desigual de la masa en su interior. Dicho esto, el concepto de Newton de fuerza de la gravedad es una aproximación excelente en la mayoría de casos. Solo es necesario invocar a la relatividad general si se requiere una enorme precisión o si el campo gravitatorio es muy fuerte, por ejemplo, cerca del Sol o de un agujero negro masivo. Los cuerpos masivos que aceleran pueden producir ondas en el espacio-tiempo que se propagan a la velocidad de la luz. La primera detección de una de estas ondas gravitatorias se anunció en febrero de 2016 (pp. 328–329). ■

ME ATREVO A PREDECIR QUE EL COMETA REGRESARÁ EL AÑO 1758

EL COMETA HALLEY

EN CONTEXTO

ASTRÓNOMO CLAVE
Edmond Halley (1656–1742)

ANTES

***C.* 350 A.C.** Aristóteles afirma que los cometas son fenómenos meteorológicos de la atmósfera terrestre.

1577 Tycho Brahe calcula que un cometa que ha observado debe existir mucho más allá de la atmósfera terrestre.

DESPUÉS

1758 El cometa que Halley predijo aparece puntualmente 76 años después de su último avistamiento.

1819 Johann Encke descubre otro cometa periódico, que reaparece cada 3,3 años.

1950 Jan Oort propone que el Sistema Solar está rodeado de una gran nube de cometas y que las estrellas podrían alterar las órbitas de estos.

Aunque durante el siglo XVI y gran parte del XVII se avanzó notablemente en la comprensión del movimiento de los planetas, la naturaleza de los cometas seguía siendo un misterio. Hasta al menos el año 1500, estos cuerpos celestes fueron considerados señales de mal agüero en Europa. Los astrónomos conocían esos brillantes puntos de luz y sus bellas y largas colas, que avanzaban despacio por el cielo durante periodos que podían ir de unas cuantas semanas a varios meses, pero no tenían la menor idea ni de dónde venían ni hacia dónde iban al desaparecer.

Las cosas cambiaron cuando, en 1577, un cometa excepcionalmente

Véase también: El modelo de Brahe 44–47 ▪ Órbitas elípticas 50–55 ▪ La teoría de la gravedad 66–73

El cometa Halley reapareció en 1066, acontecimiento recogido en el tapiz de Bayeux, que muestra a unos temerosos anglosajones apuntando al cielo. Algunos lo interpretaron como un augurio de la derrota de Inglaterra.

brillante iluminó el cielo nocturno durante meses. El astrónomo danés Tycho Brahe calculó que debía estar, como mínimo, cuatro veces más lejos que la Luna, y eso le permitió ubicar en su modelo del universo los cometas, los cuales consideró objetos que podían moverse con libertad por las mismas zonas del espacio que los planetas. No obstante, en lo que no había consenso durante la época de Brahe, ni lo hubo en las décadas siguientes, era en lo relativo a la forma de las trayectorias que los cometas seguían en el espacio. Johannes Kepler, que había sido alumno de Brahe, creía que avanzaban en línea recta. Sin embargo, el astrónomo polaco Johannes Hevelius sugirió que un cometa de 1664 había rodeado el Sol trazando una órbita curva.

Newton aborda los cometas

A partir de 1680, y estimulado por la aparición de un cometa especialmente brillante ese año, el gran científico inglés Isaac Newton empezó a estudiar las órbitas de los cometas mientras desarrollaba su teoría de la gravedad. A partir de su propia teoría, Newton analizó y predijo la trayectoria que el Gran Cometa de 1680 seguiría en el futuro, después de concluir que los cometas, al igual que los planetas, seguían órbitas elípticas, con el Sol en uno de los focos de la elipse. Sin embargo, se trataba de elipses tan alargadas que podían aproximarse a las curvas abiertas llamadas parábolas. Si Newton tenía razón, un cometa que hubiera visitado el Sistema Solar interior y dado la vuelta alrededor del Sol, o bien no regresaría jamás (si su órbita fuera parabólica), o bien regresaría miles de años después (si su órbita fuese una elipse muy alargada, pero sin llegar a ser una parábola).

En 1684, Newton recibió la visita de Edmond Halley, un joven conocido suyo interesado en discutir »

Edmond Halley

Halley nació en Londres en 1656, y en 1676 viajó a la isla de Santa Elena, situada en el Atlántico sur, donde dedicó sus esfuerzos a cartografiar las estrellas del hemisferio austral. A su regreso publicó un catálogo astronómico. En 1687 ayudó a persuadir a Isaac Newton para que publicara sus *Principios*, que incluían detalles sobre cómo calcular las órbitas de los cometas.

Nombrado astrónomo real en 1720, residió en el Real Observatorio de Greenwich hasta su fallecimiento, en 1742. Aunque se le recuerda sobre todo como astrónomo, llevó a cabo un trabajo importante en diversos ámbitos: publicó estudios sobre las variaciones del campo magnético de la Tierra; inventó y probó una campana de buceo; desarrolló diversos métodos para calcular las primas de seguros de vida, y dibujó mapas oceánicos de una precisión sin precedentes.

Obras principales

1679 *Catalogus stellarum australium.*
1705 *Astronomiae cometicae synopsis.*
1716 *An account of several nebulae.*

qué fuerza podría explicar el movimiento de los planetas y de otros cuerpos celestes, como los cometas. Newton dijo a su sorprendido visitante que había estado estudiando el problema y ya lo había resuelto (la respuesta era la gravedad), pero que aún no había publicado sus conclusiones. Esta reunión acabó llevando a que Halley editara y financiara la publicación, en 1687, del gran libro de Newton sobre la gravedad y las leyes del movimiento, *Principios matemáticos de la filosofía natural*.

Registros históricos

Halley sugirió a Newton que usara su nueva teoría para estudiar las órbitas de más cometas. Sin embargo, Newton ya había centrado su atención en otras cuestiones, de modo que, desde inicios de la década de 1690, Halley llevó a cabo su propio estudio detallado. En total, y durante más de diez años, Halley estudió las órbitas de 24 cometas; algunos de ellos los observó directamente, y otros los estudió a partir de los datos que obtuvo de registros históricos. Sospechaba que, a pesar de que algunos cometas seguían trayectorias parabólicas (curvas con un extremo abierto), como había propuesto Newton, otros seguían órbitas elípticas, lo que significaba que podían atravesar el Sistema Solar interior y ser visibles desde la Tierra más de una vez durante la vida de una persona.

Durante sus estudios, Halley se dio cuenta de algo peculiar: en general, la órbita de cada cometa presentaba ciertos rasgos que la distinguían claramente de las órbitas de otros, como su orientación en relación con las estrellas, y no obstante, tres de los cometas que había estudiado (uno que él mismo había visto en 1682 y otros dos, observados por Kepler en 1607 y por Petrus Apianus en 1531) parecían tener órbitas sorprendentemente similares. Sospechó que se trataba de reapariciones

Incluso en una era de sabios extraordinarios, Halley destaca como un hombre de un alcance y una profundidad asombrosos.

J. Donald Fernie

Profesor emérito de astronomía de la Universidad de Toronto

Tres cometas, de 1531, 1607 y 1682, tuvieron **órbitas muy parecidas**.

↓

Las **pequeñas diferencias** de sus órbitas pueden explicarse por la **atracción gravitatoria de Júpiter y Saturno**.

↓

Por lo tanto, **los tres cometas son el mismo**, que reaparece cada 75 o 76 años.

↓

El cometa reaparecerá hacia 1758.

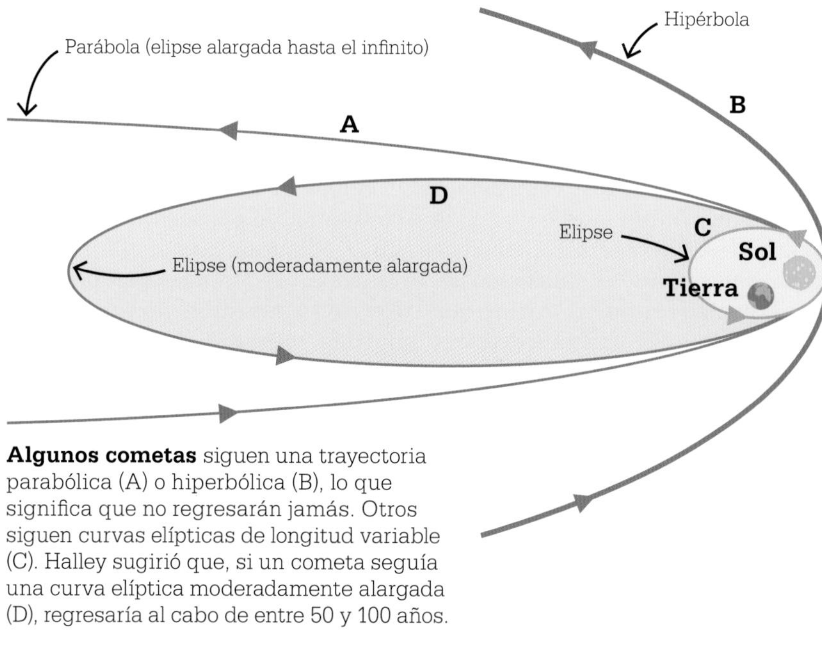

Algunos cometas siguen una trayectoria parabólica (A) o hiperbólica (B), lo que significa que no regresarán jamás. Otros siguen curvas elípticas de longitud variable (C). Halley sugirió que, si un cometa seguía una curva elíptica moderadamente alargada (D), regresaría al cabo de entre 50 y 100 años.

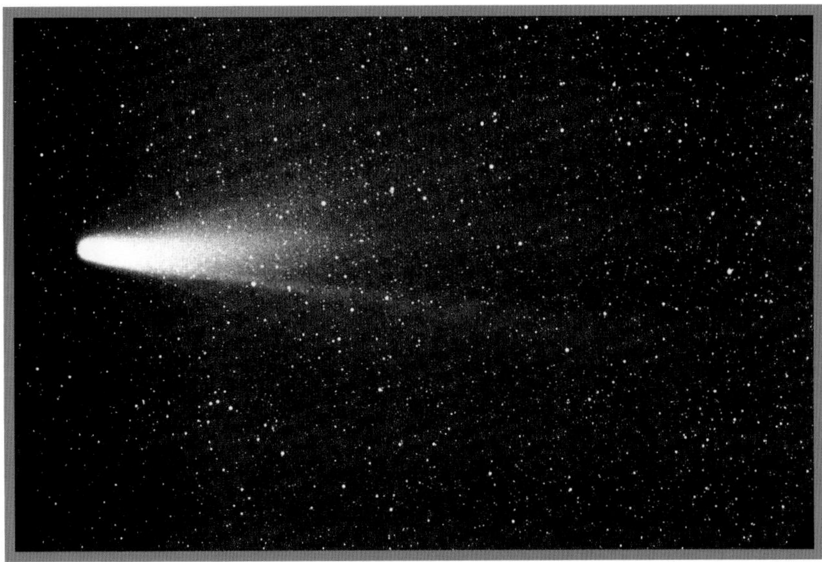

En su última aparición, en 1986, el cometa Halley pasó a unas 0,42 unidades astronómicas (UA) de la Tierra. Otras veces se ha acercado mucho más: por ejemplo, en 1066 estuvo a 0,1 UA.

sucesivas de un mismo cometa, que regresaba aproximadamente cada 75 o 76 años y que seguía una órbita elíptica cerrada. En 1705, Halley presentó sus ideas en un artículo titulado *Astronomiae cometicae synopsis (Sinopsis de la astronomía de los cometas)*, donde afirmaba lo siguiente: «Varias consideraciones me inclinan a creer que el cometa de 1531 observado por Apianus es el mismo que Kepler y Longomontanus describieron en 1607 y que yo mismo observé cuando regresó en 1682. Todos los elementos coinciden. Por lo tanto, me aventuraría con toda confianza a predecir su regreso en 1758».

Sin embargo, aún había algo que le preocupaba: el intervalo temporal entre las tres apariciones no era exactamente el mismo, sino que difería en aproximadamente un año. Halley recordó la investigación que él mismo realizara unos años antes sobre Júpiter y Saturno, y sospechó que la atracción gravitatoria de estos dos planetas gigantes podía desviar ligeramente al cometa de su trayectoria y retrasar así su aparición. Halley pidió a Newton que reflexionara sobre este problema, y Newton le presentó cálculos gravitatorios con los que pudo afinar su predicción. Una vez revisado, el pronóstico de Halley fue que el cometa reaparecería a finales de 1758 o a principios de 1759.

Halley tenía razón

El interés por la predicción de Halley se extendió por toda Europa. Estando ya próximo el año de la prevista reaparición del cometa, tres matemáticos franceses (Alexis Clairaut, Joseph Lalande y Nicole-Reine Lepaute) dedicaron varios meses de arduo trabajo a recalcular cuándo reaparecería y dónde podría verse primero en el cielo nocturno. Astrónomos profesionales y aficionados empezaron a observar el cielo en busca del cometa ya en 1757. Johann Palitzsch, un granjero y astrónomo aficionado alemán, lo avistó por fin el 25 de diciembre de 1758.

El cometa pasó por el punto de su órbita más cercano al Sol en marzo de 1759, tan solo un par de meses después de lo que Halley había predicho. Aunque Halley había muerto hacía ya 17 años, la reaparición del cometa le procuró fama póstuma. El astrónomo francés Nicolas-Louis de Lacaille decidió dar al cometa el nombre de Halley en su honor.

La opinión de Aristóteles de que los cometas no son más que vapores sublunares imperó tanto tiempo que esta sublime parte de la astronomía fue descuidada por completo.
Edmond Halley

El cometa Halley fue el primer objeto no planetario cuya órbita alrededor del Sol se había demostrado. Además aportó una de las primeras pruebas de la teoría de la gravedad de Newton y demostró que dicha teoría podía aplicarse a todos los cuerpos celestes. Ahora se entendía el comportamiento de los cometas, antaño temidos como impredecibles señales de mala suerte.

La investigación posterior descubrió que el cometa Halley reaparecía con regularidad desde al menos el año 240 a.C., con apariciones especialmente brillantes en los años 87 a.C., 12 a.C., 837 d.C., 1066, 1301 y 1456. En 1986, una nave espacial se acercó al cometa y obtuvo datos sobre la estructura del núcleo (la parte sólida) y de la cola. Se trata del único cometa de periodo corto (con una órbita inferior a 200 años) conocido que puede verse a simple vista y aparecer dos veces en el curso de una vida humana. ■

ESTOS DESCUBRIMIENTOS SON LOS MAS BRILLANTES Y UTILES DEL SIGLO

LA ABERRACIÓN ESTELAR

EN CONTEXTO

ASTRÓNOMO CLAVE
James Bradley (1693–1762)

ANTES

Siglo XVII La aceptación general de un cosmos heliocéntrico lleva a los astrónomos a investigar el paralaje estelar, o balanceo aparente de las estrellas debido al movimiento de la Tierra.

1676 El astrónomo Ole Rømer estima la velocidad de la luz a partir de observaciones de los satélites de Júpiter.

1748 El matemático Leonhard Euler explica la causa física de la nutación.

DESPUÉS

1820 El óptico alemán Joseph von Fraunhofer crea un nuevo heliómetro (un instrumento que mide el diámetro del Sol) para estudiar el paralaje estelar.

1838 Friedrich Bessel mide el paralaje de la estrella 61 Cygni. Descubre que se encuentra 600 000 veces más lejos de la Tierra que el Sol.

En la década de 1720, James Bradley quiso demostrar el movimiento de la Tierra registrando los cambios de las posiciones aparentes de las estrellas, pero descubrió otro fenómeno que también lo probaba: la aberración estelar. La aberración de la luz hace que los objetos parezcan estar inclinados en la dirección de un observador en movimiento (en este caso, en la Tierra en su avance por el espacio). Los ángulos de aberración son minúsculos: no más que el cociente entre la velocidad de la Tierra perpendicular a la dirección de la estrella y la velocidad de la luz, lo que da poco más de 20 segundos de arco como máximo. La Tierra se mueve a unos 30 km/s, pero su velocidad y dirección varían conforme orbita en torno al Sol. Así, la posición observada de una estrella traza una pequeña elipse alrededor de su posición real. Bradley lo vio en Gamma Draconis: fue la prueba irrefutable de que la Tierra se mueve.

Además, descubrió otra variación periódica y mínima de las posiciones de las estrellas, la nutación. El eje de la Tierra cambia gradualmente de orientación en el espacio. El cambio mayor es la precesión, cuyo ciclo tarda casi 26 000 años en completarse. La nutación es un ligero balanceo en la precesión, con un ciclo de 18,6 años. Ambos fenómenos son consecuencia de las interacciones gravitatorias entre la Tierra, la Luna y el Sol. Bradley publicó su hallazgo en 1748, tras 20 años de observaciones. ■

Posición observada
Posición real
Tierra
Movimiento de la Tierra

La aberración estelar se debe al movimiento de la Tierra. Los cambios de la posición de las estrellas señalan los cambios de la velocidad de la Tierra.

Véase también: Estrellas en movimiento 22 ■ El paralaje estelar 102 ■ Ole Rømer 335

UN CATALOGO DEL CIELO AUSTRAL

MAPAS ESTELARES DEL HEMISFERIO SUR

EN CONTEXTO

ASTRÓNOMO CLAVE
Nicolas-Louis de Lacaille
(1713–1762)

ANTES
150 d.C. Tolomeo enumera las 48 constelaciones visibles desde latitudes mediterráneas.

1597 El cartógrafo y astrónomo Petrus Plancius se basa en los hallazgos de los exploradores Keyser y De Houtman para agregar 12 constelaciones australes a un globo celeste.

***C.* 1690** Johannes Hevelius da nombre a siete constelaciones nuevas en la obra *Prodomus astronomiae*.

DESPUÉS
1801 En *Uranographia*, la primera guía casi completa de las estrellas visibles a simple vista, Johann E. Bode recoge 20 mapas astronómicos.

1910 El maestro de escuela Arthur Norton crea un atlas estelar que será muy popular durante un siglo.

Al astrónomo y matemático francés Nicolas-Louis de Lacaille se le ocurrió la idea de usar la trigonometría para medir la distancia a los planetas después de haberlos observado desde distintos puntos. Para contar con la línea base más larga posible para sus cálculos, Lacaille necesitaba observaciones simultáneas en París y en el cabo de Buena Esperanza. Con este objetivo viajó a Sudáfrica en 1750 y construyó un observatorio en Ciudad del Cabo. Allí, no solo observó los planetas, sino que también midió las posiciones de unas diez mil estrellas australes. Los resultados se publicaron póstumamente en 1763 en *Coelum australe stelliferum*. Fue su máximo legado a la astronomía.

Lacaille sentó las bases de la astronomía sideral exacta en el hemisferio sur.
Sir David Gill

Estrellas australes

Parte del cielo que estudió Lacaille está tan al sur que no es visible desde Europa, y muchas de las estrellas que observó no estaban asignadas a ninguna constelación. Para poder designar las estrellas en su catálogo, Lacaille introdujo 14 constelaciones nuevas que siguen siendo válidas en la actualidad, además de definir los límites entre las constelaciones australes ya existentes. Antes de abandonar Sudáfrica, también llevó a cabo un gran proyecto de exploración con el propósito de entender mejor la forma de la Tierra.

Lacaille, observador meticuloso que apreciaba el valor de la precisión de las mediciones, demostró una habilidad y energía excepcionales como pionero de la exploración minuciosa y detallada del arco celeste más meridional. ■

Véase también: Consolidar el conocimiento 24–25 ▪ El hemisferio sur 100–101

DE URA
A NEPT
1750–1850

NO UNO

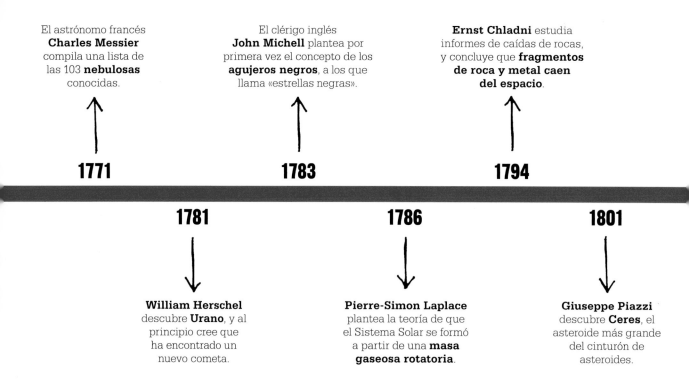

1771
El astrónomo francés **Charles Messier** compila una lista de las 103 **nebulosas** conocidas.

1781
William Herschel descubre **Urano**, y al principio cree que ha encontrado un nuevo cometa.

1783
El clérigo inglés **John Michell** plantea por primera vez el concepto de los **agujeros negros**, a los que llama «estrellas negras».

1786
Pierre-Simon Laplace plantea la teoría de que el Sistema Solar se formó a partir de una **masa gaseosa rotatoria**.

1794
Ernst Chladni estudia informes de caídas de rocas, y concluye que **fragmentos de roca y metal caen del espacio**.

1801
Giuseppe Piazzi descubre **Ceres**, el asteroide más grande del cinturón de asteroides.

En el transcurso de unos 75 años entre finales del siglo XVIII y principios del siglo XIX, se descubrieron dos planetas nuevos, con los que el número de planetas principales conocidos (incluida la Tierra) ascendió a ocho. Sin embargo, las circunstancias en que se descubrió Neptuno en 1846 fueron muy distintas de las que llevaron a la identificación accidental de Urano en 1781. Entre un hallazgo y otro se detectaron muchos otros cuerpos en el Sistema Solar, lo que demostró que contiene una cantidad y variedad de objetos mucho mayores de lo que se había imaginado.

Poder de observación

En opinión de muchos, el británico William Herschel fue el mayor astrónomo visual de la historia. Construyó telescopios mejores que los de cualquiera de sus contemporáneos y fue un observador obsesivo cuya resistencia y entusiasmo fueron, al parecer, ilimitados. Además, Herschel convenció a varios parientes para que le apoyaran en sus iniciativas, especialmente a su hermana Caroline, que llegó a ser reconocida como astrónoma por mérito propio.

Herschel no buscaba ningún planeta cuando descubrió Urano: el hallazgo se debió a su habilidad para fabricar telescopios y a sus sistemáticas observaciones, que le permitieron detectar el movimiento del planeta a lo largo del tiempo. También estudió las estrellas dobles y múltiples, catalogó nebulosas y cúmulos estelares e intentó cartografiar la estructura de la Vía Láctea. Siempre atento a lo inesperado, descubrió la radiación infrarroja por casualidad cuando estudiaba el espectro del Sol en 1800. La mejora de los telescopios permitió estudiar el cielo con mucho más detalle. John Herschel, hijo de William, heredó la aptitud de su padre para la astronomía y pasó cinco años en Sudáfrica para completar los estudios de su progenitor.

Todos los efectos de la naturaleza son solo consecuencias matemáticas de unas pocas leyes inmutables.
Pierre-Simon Laplace

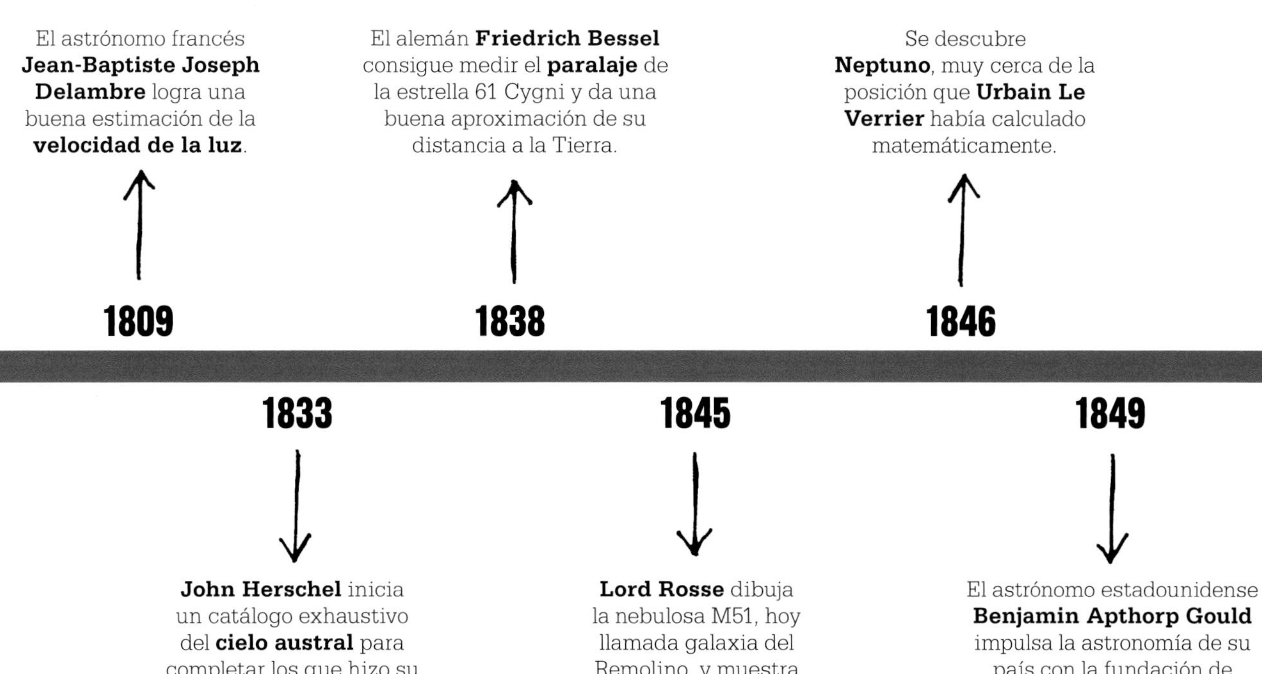

El astrónomo francés Jean-Baptiste Joseph Delambre logra una buena estimación de la velocidad de la luz.
1809
El alemán Friedrich Bessel consigue medir el paralaje de la estrella 61 Cygni y da una buena aproximación de su distancia a la Tierra.
1838
Se descubre Neptuno, muy cerca de la posición que Urbain Le Verrier había calculado matemáticamente.
1846
1833
John Herschel inicia un catálogo exhaustivo del cielo austral para completar los que hizo su padre del cielo boreal.
1845
Lord Rosse dibuja la nebulosa M51, hoy llamada galaxia del Remolino, y muestra su estructura espiral.
1849
El astrónomo estadounidense Benjamin Apthorp Gould impulsa la astronomía de su país con la fundación de The Astronomical Journal.

William Parsons, conocido como lord Rosse (tercer conde de Rosse), fue quien dio el siguiente gran paso en el estudio de las nebulosas. En la década de 1840 se propuso construir el telescopio más grande del mundo, con el cual descubrió que algunas nebulosas (que hoy sabemos que son galaxias) tienen estructura espiral.

Más planetas

El hallazgo de Urano por Herschel renovó el interés por el vasto espacio entre las órbitas de Marte y Júpiter. El espaciado regular entre los otros planetas sugería la existencia de un planeta desconocido en ese hueco. Resultó no estar ocupado por un único gran planeta, sino por varios planetas pequeños, a los que William Herschel llamó «asteroides». En 1801, el italiano Giuseppe Piazzi descubrió el primer asteroide, Ceres, mientras elaboraba un nuevo catálogo astronómico. Durante los seis años siguientes se encontraron tres más. El cuarto no se halló hasta 1845, momento a partir del cual aumentó el ritmo de los descubrimientos.

Mientras tanto, el alemán Ernst Chladni había concluido acertadamente que los meteoritos que llegaban a la Tierra eran trozos de roca y metal procedentes del espacio. Era obvio que el Sistema Solar contenía una gran variedad de cuerpos.

El poder de las matemáticas

Al contrario que el descubrimiento fortuito de Urano, el hallazgo de Neptuno fue toda una demostración del poder de las matemáticas. Mientras los astrónomos trabajaban ya con mejores telescopios, los matemáticos abordaban las dificultades prácticas de aplicar la teoría de la gravedad de Newton a la compleja interacción de fuerzas gravitatorias entre los cuerpos más grandes del Sistema Solar. Los cálculos del matemático alemán Carl Friedrich Gauss en 1801 permitieron reubicar el asteroide Ceres, mientas que, entre 1799 y 1825, el francés Pierre-Simon Laplace produjo una obra monumental y definitiva sobre la mecánica celeste.

Pronto fue evidente que Urano no seguía la trayectoria predicha, por lo que se sospechó que un planeta desconocido ejercía una fuerza de atracción sobre él. A partir de la obra de Laplace, su compatriota Urbain Le Verrier abordó el problema de predecir la posición del planeta desconocido, y Neptuno fue hallado cerca de donde él creía que estaría. Por primera vez, los astrónomos tenían una idea aproximada de la verdadera envergadura del Sistema Solar. ■

CONCLUI QUE ERA UN PLANETA PORQUE SE HABIA MOVIDO

OBSERVACIÓN DE URANO

EN CONTEXTO

ASTRÓNOMO CLAVE
William Herschel (1738–1822)

ANTES
Década de 1660 Isaac Newton y otros desarrollan telescopios reflectores con espejos.

1690 John Flamsteed observa Urano, pero cree que es una estrella.

1774 El astrónomo francés Charles Messier publica su catálogo astronómico, que inspira a Herschel a trabajar en un mapa propio.

DESPUÉS
1846 Cambios inexplicados en la órbita de Urano llevan a Urbain Le Verrier, matemático francés, a predecir la existencia y posición de un octavo planeta: Neptuno.

1930 En EE UU, el astrónomo Clyde Tombaugh descubre Plutón, un noveno planeta, más tarde reclasificado como planeta enano y miembro más brillante del cinturón de Kuiper.

Urano ha sido observado, pero **no ha sido reconocido** como planeta.

↓

Observaciones en lapsos de pocos días demuestran que **se ha movido**, así que **podría ser un cometa**.

↓

Los cálculos demuestran que **su órbita es casi circular**, por lo que **ha de ser un planeta**.

↓

Las **irregularidades de su órbita** indican que podría haber un **octavo planeta** en el Sistema Solar.

Urano es el séptimo planeta desde el Sol; es visible a simple vista, y se cree que el griego Hiparco ya lo había observado en el año 128 a.C. El desarrollo de los telescopios en el siglo XVII permitió avistarlo de nuevo, por ejemplo en 1690, cuando John Flamsteed lo registró como 34 Tauri, una estrella. El astrónomo francés Pierre Lemonier también lo vio varias veces entre 1750 y 1769. Sin embargo, ninguno de los observadores pensó que pudiera tratarse de un planeta.

El 13 de marzo de 1781, William Herschel observó Urano mientras buscaba sistemas de estrellas múltiples. Volvió a verlo cuatro noches después y, en esta segunda ocasión, se dio cuenta de que su posición

Véase también: Estrellas en movimiento 22 ▪ La teoría de la gravedad 66–73 ▪ El descubrimiento de Neptuno 106–107

Lo comparé con H Geminorum y la pequeña estrella del cuartil entre Auriga y Géminis, y vi que era mucho más grande que ambas.

William Herschel

había cambiado respecto a las estrellas que lo rodeaban. También se fijó en que, si aumentaba la potencia del telescopio que usaba, el nuevo objeto aumentaba de tamaño en mayor proporción que las estrellas fijas. Estas dos observaciones indicaban que no se trataba de una estrella, y cuando presentó su descubrimiento ante la Royal Society, anunció que había encontrado un nuevo cometa. Nevil Maskelyne, el astrónomo real, analizó el hallazgo de Herschel y decidió que el nuevo objeto tanto podía ser un planeta como un cometa. El sueco-ruso Anders Johan Lexell y el alemán Johann Elert Bode calcularon independientemente la órbita del objeto de Herschel y concluyeron que se trataba de un planeta de órbita casi circular a una distancia que aproximadamente duplicaba la de Saturno.

El nombre del planeta

El rey Jorge III elogió el descubrimiento llevado a cabo por Herschel, al que decidió nombrar «astrónomo del rey». Instado por Maskelyne para que bautizara el nuevo planeta, Herschel propuso llamarlo Georgium Sidus («Estrella de Jorge»). Se sugirieron algunos nombres más, Neptuno entre ellos, y Bode propuso llamarlo Urano. Su propuesta se hizo universal en 1850, cuando el Observatorio de Greenwich (Reino Unido) abandonó por fin el nombre de Georgium Sidus.

El estudio detallado de la órbita de Urano por astrónomos posteriores demostró que existían discrepancias entre la órbita observada y la que predecían las leyes de Newton, unas irregularidades que solamente se explicaban por la influencia gravitatoria de un octavo planeta aún más distante. Esto condujo al descubrimiento de Neptuno por Urbain Le Verrier en 1846. ■

Herschel observó Urano con un telescopio reflector de 2,1 m. Posteriormente, construyó otro de 12 m, que durante medio siglo fue el más grande del mundo.

William Herschel

Frederick William Herschel, nacido en Hanover (Alemania), emigró a Gran Bretaña a los 19 años de edad para iniciar una carrera musical. Estudió armonía y matemáticas, materias que despertaron su interés por la óptica y la astronomía, tras lo cual empezó a construir sus propios telescopios.

Tras su descubrimiento de Urano, halló dos satélites nuevos de Saturno y los dos principales de Urano. También demostró que el Sistema Solar está en movimiento respecto al resto de la galaxia, e identificó distintas nebulosas. En 1800, mientras estudiaba el Sol, descubrió una nueva forma de radiación, actualmente conocida como radiación infrarroja.

Su hermana Caroline Herschel (1750–1848) fue su colaboradora y empezó puliendo los espejos y registrando las observaciones. Después, hacia 1782, comenzó a hacer sus propias observaciones y llevó a cabo el descubrimiento de varios cometas.

Obras principales

1781 *Account of a Comet.*
1786 *Catalogue of 1000 New Nebulae and Clusters of Stars.*

EL BRILLO DE LA ESTRELLA CAMBIO

ESTRELLAS VARIABLES

EN CONTEXTO

ASTRÓNOMO CLAVE
John Goodricke (1764–1786)

ANTES

130 a.C. Hiparco define una escala de magnitud del brillo aparente de las estrellas, más tarde divulgada por Tolomeo en el *Almagesto*.

1596 David Fabricius descubre que el brillo de la estrella Mira (u Ómicron Ceti) varía con una regularidad periódica.

DESPUÉS

1912 Henrietta Swan Leavitt descubre que el periodo de algunas estrellas variables está relacionado con su brillo absoluto (verdadero).

1913 Ejnar Hertzsprung calibra esta variación de brillo y permite con ello calcular las distancias a galaxias usando las estrellas variables cefeidas como «candelas estándar».

1929 Edwin Hubble identifica la relación entre la velocidad de una galaxia y su distancia.

Los astrónomos de la antigua Grecia fueron los primeros que clasificaron las estrellas por su brillo aparente, es decir, por el brillo observado desde la Tierra. En el siglo XVIII, el astrónomo aficionado británico John Goodricke se interesó por las fluctuaciones del brillo aparente cuando su vecino, el astrónomo Edward Pigott, le dio una lista de estrellas que se sabía que variaban. Durante sus observaciones, él descubrió más.

En 1782, Goodricke observó la variación del brillo de Algol, una estrella perteneciente a la constelación de Perseus, y propuso por primera vez una causa que explicase el cambio de su brillo: sugirió que, en realidad, Algol era un par de estrellas, una de las cuales orbitaba alrededor de la otra y una era más brillante que la otra. Cuando la más tenue de las dos pasaba por delante de la más brillante, el eclipse reducía el brillo detectado por los observadores. En la actualidad, estas estrellas se conocen como estrellas binarias eclipsantes (y se sabe que Algol consta de tres estrellas).

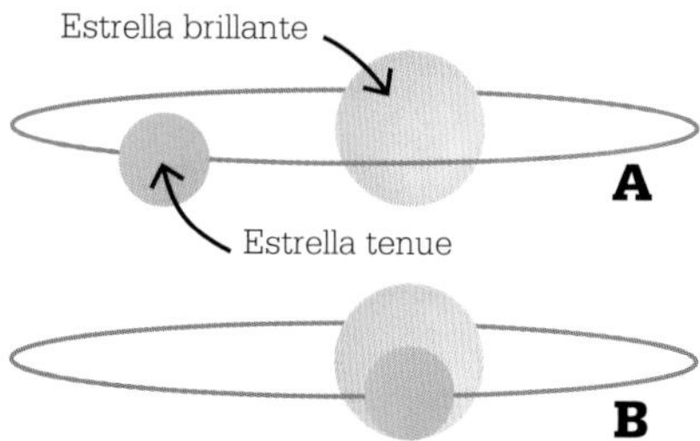

En un sistema binario eclipsante, el brillo máximo se produce cuando ambas estrellas son visibles (A); el brillo mínimo se da cuando la estrella más tenue eclipsa la más brillante (B).

Goodricke también observó que la estrella Delta Cephei, en la constelación de Cepheus, varía de brillo siguiendo un periodo regular. Ahora se sabe que es un tipo de estrella cuyo brillo aparente varía porque la estrella cambia. Las estrellas de este tipo se llaman variables cefeidas y son clave a la hora de calcular la distancia a otras galaxias.

Goodricke presentó sus conclusiones a la Royal Society en 1783. Lamentablemente, falleció poco después, de una neumonía, con tan solo 21 años de edad. ■

Véase también: Un nuevo tipo de estrella 48–49 ▪ Medir el universo 130–137 ▪ Más allá de la Vía Láctea 172–177

NUESTRA VIA LACTEA ES LA MORADA, LAS NEBULOSAS SON LAS CIUDADES

LOS OBJETOS MESSIER

EN CONTEXTO

ASTRÓNOMO CLAVE
Charles Messier (1730–1817)

ANTES
150 D.C. Tolomeo registra cinco estrellas que parecen nebulosas y una nebulosa no relacionada con ninguna estrella.

964 Abd al-Rahman al-Sufi incluye varias nebulosas en su *Libro de las estrellas fijas.*

1714 Edmond Halley publica una lista de seis nebulosas.

1715 Nicolas-Louis de Lacaille identifica 42 nebulosas.

DESPUÉS
1845 Lord Rosse descubre que algunas nebulosas tienen estructura espiral.

1864 William Huggins examina el espectro de 70 nebulosas y concluye que en una tercera parte son nubes de gas y el resto son masas de estrellas.

1917 Vesto Slipher identifica nebulosas espirales como galaxias lejanas.

En el siglo XVIII ya se creaban grandes telescopios con centenares de aumentos. Esto permitió a los astrónomos identificar varias zonas luminosas borrosas a las que llamaron nebulosas (de la palabra latina *nebula*, «niebla»).

Charles Messier era un astrónomo francés particularmente interesado en hallar cometas, los cuales parecen a menudo nebulosas. Los objetos borrosos solo podían identificarse como cometas si cambiaban de posición en relación con las estrellas a lo largo de un periodo de semanas o de meses. Por lo tanto, Messier compiló una lista de las nebulosas conocidas para descartarlas como posibles cometas. Su primera lista, publicada en 1774, identificaba 45 nebulosas. La versión final, de 1784, enumeraba 80 objetos. Estas nebulosas se conocen como objetos Messier. Otros astrónomos añadieron más nebulosas, que Messier ya había observado pero que no llegó a incluir en su catálogo, con lo que el total ascendió a 110.

Gracias a telescopios más potentes se ha podido determinar la naturaleza de los objetos Messier. Algunos son galaxias, otros, nubes de gas donde se están formando estrellas, y otros, restos de supernovas o el gas que emiten al morir estrellas del tamaño del Sol. ■

Messier 31 también se conoce como galaxia de Andrómeda. Es la galaxia espiral más cercana a la Vía Láctea.

Véase también: El cometa Halley 74–77 ▪ Examen de las nebulosas 104–105 ▪ Propiedades de las nebulosas 114–115 ▪ Galaxias espirales 156–161

LA CONSTRUCCION DE LOS CIELOS

LA VÍA LÁCTEA

EN CONTEXTO

ASTRÓNOMO CLAVE
William Herschel (1738–1822)

ANTES
1725 Publicación del catálogo astronómico del inglés John Flamsteed, con 3000 estrellas, seguida de la de su atlas astronómico, en 1729.

1750 Thomas Wright sugiere que el Sistema Solar es parte de un disco de estrellas.

1784 Charles Messier publica su último catálogo de nebulosas.

DESPUÉS
1833 John Herschel continúa la obra de su padre y publica un mapa sistemático del cielo en el que incluye observaciones desde el hemisferio sur.

1845 Lord Rosse descubre que algunas nebulosas tienen estructura espiral.

1864 William Huggins usa los espectros de emisión para concluir que algunas nebulosas son masas de estrellas.

Desde la Tierra, la Vía Láctea parece una gran franja luminosa cuyas estrellas no pueden discernirse a simple vista. La franja es la estructura de disco de la galaxia vista desde dentro.

Entre los elementos del cielo visibles a simple vista, la Vía Láctea es uno de los más espectaculares. En la actualidad, y debido a la contaminación lumínica, en muchos lugares no se puede ver su luz, emitida por miles de millones de estrellas, pero era habitual verla antes de generalizarse los sistemas de alumbrado público.

En la década de 1780, el astrónomo británico William Herschel intentó determinar la forma de la Vía Láctea y la posición que el Sol ocupaba en ella observando las estrellas. Con este propósito, desarrolló la obra de su compatriota Thomas Wright, que en 1750 había afirmado que las estrellas aparecían como una banda luminosa porque no estaban esparcidas aleatoriamente, sino que formaban un gran anillo alrededor de la Tierra, el cual se mantenía unido por la fuerza de la gravedad.

Como parecía que la Vía Láctea rodeaba la Tierra, Herschel concluyó que la galaxia tenía forma de disco. Tras estudiar las estrellas de distinta magnitud (brillo), observó que se distribuían uniformemente en todas

Véase también: Los objetos Messier 87 ▪ El hemisferio sur 100–101 ▪ Propiedades de las nebulosas 114–115 ▪ Galaxias espirales 156–161 ▪ La forma de la Vía Láctea 164–165

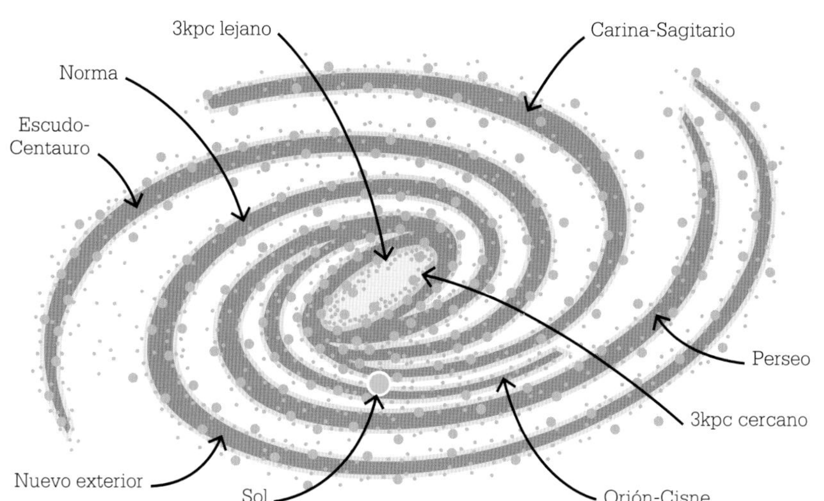

La Vía Láctea comprende unos brazos que salen en espiral de una abultada «barra» central y cuyos nombres aparecen en la ilustración. El Sol se halla en el brazo de Orión-Cisne, a 26 000 años luz del centro galáctico.

las direcciones dentro de la banda de la Vía Láctea. Esto le hizo suponer que el brillo de una estrella indicaba su distancia a la Tierra y que las más tenues eran las más lejanas. La distribución homogénea debía significar que el Sistema Solar estaba cerca del centro de la galaxia. Aunque otros astrónomos lo refinaron, el modelo de Herschel no fue sustituido hasta principios del siglo XX.

Nuevas nebulosas

Herschel no se limitó a estudiar las estrellas al investigar la forma de la galaxia: también observó nebulosas, las zonas de luz borrosas que salpicaban el firmamento. Fabricante de telescopios, además de astrónomo, Herschel usó dos potentes telescopios con aperturas de 126 cm y 47 cm. A partir de 1782 utilizó estos instrumentos para observar sistemáticamente el «espacio profundo» en busca de objetos que no fueran estrellas. Los clasificó como nebulosas o cúmulos estelares y publicó los datos de mil objetos nuevos en 1786, a lo que siguieron más catálogos en 1789 y 1802. Herschel clasificaba los objetos en ocho categorías en función de su brillo, tamaño o de si parecían ser cúmulos de estrellas densos o dispersos. También dedujo que la mayoría de las nebulosas era de una naturaleza y unas dimensiones similares a las de la Vía Láctea, décadas antes de que se confirmara que las nebulosas son galaxias.

He observado estrellas cuya luz, según puede demostrarse, ha de tardar dos millones de años en llegar a la Tierra.
William Herschel

El modelo actual de la Vía Láctea es una galaxia espiral barrada. Cerca de dos terceras partes de las galaxias espirales tienen una banda central de estrellas, como la Vía Láctea. La idea inicial de un disco de estrellas es correcta como imagen general, pero las estrellas están dispuestas en una serie de brazos espirales, con el Sol en una zona despejada del brazo de Orión-Cisne. ■

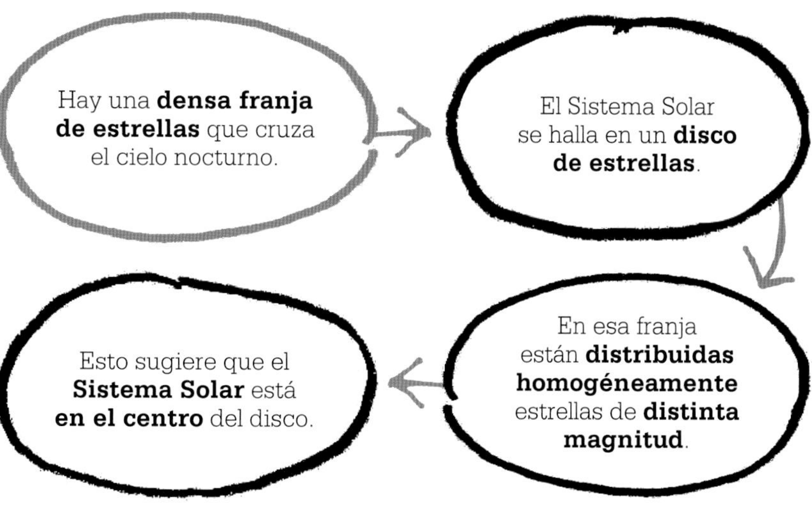

Hay una densa franja de estrellas que cruza el cielo nocturno.
El Sistema Solar se halla en un disco de estrellas.
En esa franja están distribuidas homogéneamente estrellas de distinta magnitud.
Esto sugiere que el Sistema Solar está en el centro del disco.

CAEN ROCAS DEL ESPACIO

ASTEROIDES Y METEORITOS

EN CONTEXTO

ASTRÓNOMO CLAVE
Ernst Chladni (1756–1827)

ANTES
1718 Isaac Newton considera que no puede existir nada entre los planetas.

1771 Se detecta una enorme bola de fuego que pasa sobre Sussex (en el sur de Inglaterra) y sigue hasta ser vista en el norte de Francia.

DESPUÉS
1798 El químico Edward Howard y el mineralogista Jacques-Louis de Bournon analizan distintos trozos de piedra y hierro caídos en Italia, Inglaterra e India, y encuentran unas proporciones similares de níquel en todos ellos, hecho que indicaría que están relacionados.

1801 Giuseppe Piazzi descubre Ceres, el objeto más grande del cinturón de asteroides y que en la actualidad se considera un planeta enano.

En el siglo XVIII se desconocían el origen y la naturaleza de lo que hoy llamamos meteoritos. Se creía que el espacio interplanetario estaba vacío y que los ardientes trozos de roca y hierro que caían del cielo procedían de volcanes terrestres que los habían expulsado o de polvo atmosférico incendiado, quizá por la acción de un rayo.

Esta idea puede rastrearse hasta Isaac Newton, quien escribió que era «necesario vaciar el cielo de toda materia» para que planetas y cometas pudieran moverse sin impedimentos a lo largo de sus órbitas habituales.

A inicios de la década de 1790, el físico alemán Ernst Chladni intentó resolver el misterio de esas «piedras caídas del cielo» estudiando los registros históricos. Uno de los casos que estudió fue el de una roca caída en 1768 en Francia, donde la sometieron a un análisis químico. Los resultados mostraban que se había formado a partir de un trozo de arenisca que había sido golpeado por un rayo y lanzado al aire. Luego, Chladni examinó un objeto de más de 700 kg encontrado en 1772. Tenía una superficie áspera y llena de cavidades, y no se parecía a ninguna de las rocas del lugar donde se halló. También resultaba evidente que se había fundido.

Caídos del espacio

Chladni se dio cuenta de que ni un rayo ni un incendio forestal podían producir el calor suficiente para fundir roca madre (la roca sólida que hay bajo los materiales sueltos); y, no obstante, la roca que examinó era una masa de hierro metálico. Concluyó que ese «hierro» solo podía haber venido del espacio y que se había fundido al atravesar la atmósfera.

En 1794, Chladni publicó sus hallazgos en un libro junto a sus principales conclusiones: que hay masas

Este meteorito de hierro y níquel se halló sobre el hielo del Ártico. Adquirió su peculiar forma al girar y rodar a altas temperaturas al entrar en la atmósfera.

Véase también: La teoría de la gravedad 66–73 ▪ El descubrimiento de Ceres 94–99 ▪ El estudio de los cráteres 212

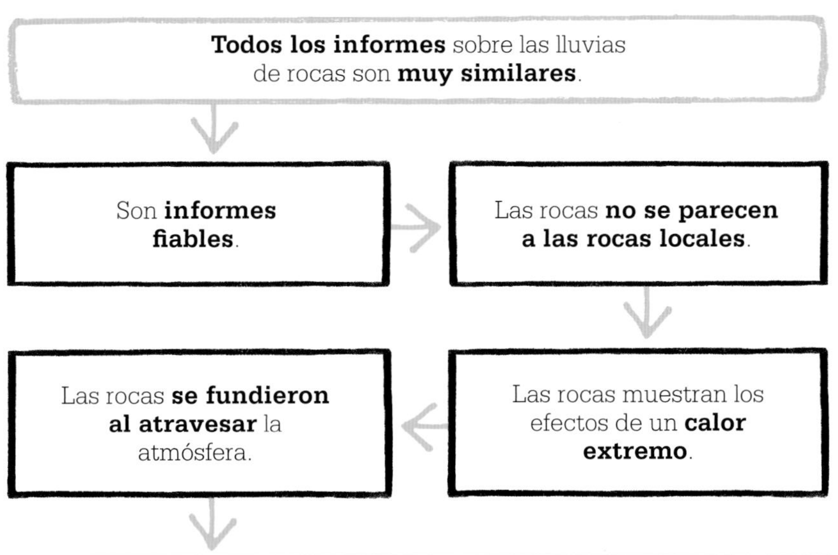

de hierro o roca que caen del cielo; que la fricción de la atmósfera las calienta y crea bolas de fuego visibles («estrellas fugaces»); que esas masas no se originan en la atmósfera terrestre, sino mucho más lejos, y que son fragmentos de cuerpos que nunca se unieron para formar planetas.

Todos los informes sobre las lluvias de rocas son **muy similares**.
Son **informes fiables**.
Las rocas **no se parecen a las rocas locales**.
Las rocas muestran los efectos de un **calor extremo**.
Las rocas **se fundieron al atravesar** la atmósfera.
Las rocas caen desde el espacio.

Aunque sus deducciones eran correctas, Chladni fue ridiculizado hasta que unas oportunas rocas caídas del cielo hicieron que cambiara la opinión general. Las primeras de esas rocas cayeron solo dos meses después de la publicación del libro de Chladni, cuando a las afueras de Siena (Italia) se produjo una intensa lluvia de piedras. Los análisis mostraron que eran muy distintas a todo lo que había sobre la Tierra. Después, en 1803, unas tres mil piedras cayeron en campos próximos a L'Aigle, en Normandía. Tras investigar esta lluvia, el físico francés Jean-Baptiste Biot concluyó que no podía haberse originado en ningún lugar cercano.

Fragmentos del Sistema Solar

Hoy, gracias a la obra de Chladni, los científicos saben que las estrellas fugaces son causadas por fragmentos de roca o metal procedentes del espacio que se calientan hasta resplandecer al atravesar la atmósfera. Los objetos causantes de esos rastros luminosos (o meteoros) se denominan meteoroides, y los fragmentos que sobreviven hasta llegar al suelo terrestre se llaman meteoritos. Los meteoroides, o bien pueden originarse en el cinturón de asteroides entre Júpiter y Marte, o bien pueden ser rocas expulsadas de Marte o la Luna. Muchos meteoritos contienen pequeñas partículas llamadas cóndrulos, que se cree son material procedente del cinturón de asteroides que nunca perteneció a cuerpos mayores. Al ser algunos de los materiales más antiguos del Sistema Solar, pueden decir mucho a los expertos sobre su composición temprana. ■

Ernst Chladni

Ernst Chladni nació en Sajonia, en el seno de una familia de prestigiosos académicos. Su padre no aprobaba su interés por la ciencia e insistió en que estudiara derecho y filosofía. Se licenció en estas materias en la Universidad de Leipzig en 1782, pero ese mismo año, y tras el fallecimiento de su padre, se dedicó a la física.

Al principio logró alcanzar cierto renombre al aplicar sus conocimientos sobre física al estudio de la acústica. Explicó cómo vibran las superficies rígidas, y sus observaciones se aplicaron al diseño de violines. Su trabajo posterior acerca de los meteoritos no fue tan bien acogido por los científicos de la época y quizá se hubiera perdido en la oscuridad de no haber sido por la popular obra de Jean-Baptiste Biot, cuyas conclusiones coincidían con las ideas de Chladni.

Obras principales

1794 *Sobre el origen de la masa de hierro encontrada por Pallas y otras similares, y algunos fenómenos naturales asociados.*
1819 *Sobre los meteoros ígneos y las masas que han caído de ellos.*

LA MECANICA CELESTE

PERTURBACIONES GRAVITATORIAS

EN CONTEXTO

ASTRÓNOMO CLAVE
Pierre-Simon Laplace
(1749–1827)

ANTES
1609 Johannes Kepler determina que los planetas se mueven en órbitas elípticas.

1687 Isaac Newton publica sus *Principios*, donde incluye su ley de la gravitación universal y una derivación matemática de las leyes del movimiento planetario de Kepler.

1734 El filósofo sueco Emanuel Swedenborg plantea la hipótesis nebular de la formación del Sistema Solar.

DESPUÉS
1831 Mary Somerville traduce al inglés el *Traité de mécanique céleste* de Laplace.

1889 El matemático francés Henri Poincaré demuestra que es imposible probar que el Sistema Solar sea estable y sienta con ello las bases de la teoría del caos.

La **mecánica celeste** presenta **perturbaciones**.
Sin intervención divina, estas perturbaciones podrían hacer que las **órbitas** de los planetas se volvieran **inestables**.
Pero dichas perturbaciones se **corrigen continuamente** con el tiempo.
La corrección es obra de la misma **fuerza de la gravedad** que ha causado la perturbación.

Hacia finales del siglo XVIII ya se conocía bien la estructura del Sistema Solar: los planetas se desplazaban en torno al Sol siguiendo órbitas elípticas, y la fuerza de la gravedad los mantenía en su sitio. Sin embargo, y aunque las leyes de Newton ofrecieron una base matemática para desarrollar este modelo del Sistema Solar, aún quedaban problemas que resolver. El propio Newton cotejó sus ideas con las observaciones, pero detectó «perturbaciones» en las órbitas de los planetas. Explicaba esas alteraciones como la consecuencia de una fuerza adicional que, de no corregirse, podía inestabilizar las órbitas. Como resultado, Newton pensó que la mano de Dios tenía que intervenir de vez en cuando para mantener la estabilidad del Sistema Solar.

La resonancia orbital

El matemático francés Pierre-Simon Laplace rechazaba la idea de la in-

Véase también: Órbitas elípticas 50–55 ▪ El telescopio de Galileo 56–63 ▪ La teoría de la gravedad 66–73 ▪ La teoría de la relatividad 146–153 ▪ Jean-Baptiste Joseph Delambre 336

tervención divina, y en 1784 se centró en una cuestión pendiente desde hacía ya mucho tiempo, conocida como la «gran desigualdad de Júpiter y Saturno». Laplace demostró que las perturbaciones de las órbitas de estos dos planetas eran consecuencia de la resonancia orbital de sus movimientos. Se trata de una situación en la que las órbitas de dos cuerpos se relacionan entre ellas en una proporción de números enteros. En el caso de Júpiter y Saturno, el primero orbita alrededor del Sol casi exactamente cinco veces por cada dos órbitas del segundo. Esto significa que sus campos gravitatorios ejercen un efecto mayor entre ellos que si sus órbitas no estuvieran en resonancia.

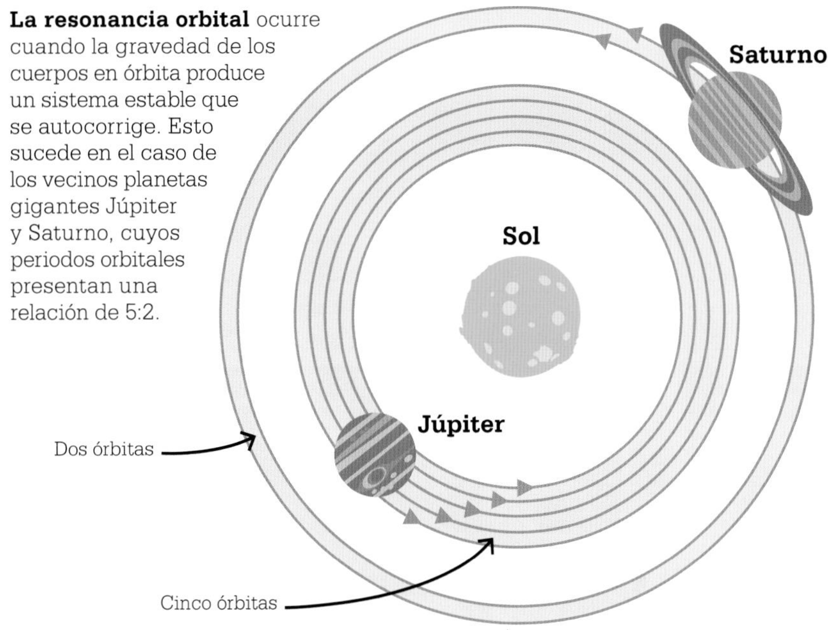

La resonancia orbital ocurre cuando la gravedad de los cuerpos en órbita produce un sistema estable que se autocorrige. Esto sucede en el caso de los vecinos planetas gigantes Júpiter y Saturno, cuyos periodos orbitales presentan una relación de 5:2.

La hipótesis nebular

Laplace publicó su trabajo sobre el Sistema Solar en dos obras muy influyentes: la popular *Exposición del sistema del mundo* y el complejo y extenso *Traité de mécanique céleste*. En la primera exploraba la idea de que el Sistema Solar pudiera haberse desarrollado a partir de una nebulosa primigenia. Laplace describió una masa giratoria de gases calientes que se enfrió y se contrajo, rompiendo así los anillos de su borde exterior. Los materiales del núcleo formaron el Sol, y la materia de los anillos se enfrió y formó los planetas.

La matemática Mary Somerville tradujo al inglés la obra de Laplace poco después de que este muriera, lo cual contribuyó a la difusión de sus ideas. El francés Jean-Baptiste Joseph Delambre utilizó los nuevos teoremas de Laplace para realizar unas tablas mucho más precisas a la hora de predecir los movimientos de Júpiter y Saturno. ■

Pierre-Simon Laplace

Pierre-Simon Laplace nació en el seno de una familia de pequeños terratenientes en Normandía (Francia). Siguiendo los deseos de su padre, estudió teología en la Universidad de Caen, donde se interesó por las matemáticas. Renunció a dedicarse al sacerdocio y se trasladó a París, donde empezó a dar clases en la École Militaire. Allí tuvo como alumno a un joven llamado Napoleón Bonaparte. El cargo le dejaba el tiempo necesario para dedicarse a la investigación, y durante la década de 1780 publicó una serie de influyentes artículos matemáticos.

En 1799, cuando Napoleón llegó al poder, pasó a ser miembro del Senado e intervino en diversas comisiones científicas. Siguió con sus investigaciones astronómicas y matemáticas hasta su muerte, y publicó un tratado sobre mecánica celeste en cinco volúmenes.

Obras principales

1784 *Théorie du mouvement et de la figure elliptique des planètes.*
1786 *Exposición del sistema del mundo.*
1799–1825 *Traité de mécanique céleste.*

PRESUMO QUE PODRIA SER ALGO MEJOR QUE UN COMETA

EL DESCUBRIMIENTO DE CERES

1
2
3

EN CONTEXTO

ASTRÓNOMO CLAVE
Giuseppe Piazzi (1746–1826)

ANTES

1596 Johannes Kepler cree que hay planetas aún no observados en el Sistema Solar.

1766 Johann D. Titius predice que existe un planeta en el espacio entre Marte y Júpiter.

1781 William Herschel descubre Urano y confirma así la pauta de órbitas propuesta por Johann E. Bode.

1794 Ernst Chladni sugiere que los meteoritos son rocas que han estado en órbita.

DESPUÉS

1906 Se encuentran asteroides troyanos en la órbita de Júpiter.

1920 Se encuentra Hidalgo, el primer asteroide de tipo centauro (con órbita inestable), entre Júpiter y Neptuno.

2006 Ceres se reclasifica como planeta enano.

Parece que **las órbitas de los planetas** siguen una **fórmula matemática**.

La fórmula predice que el **espacio vacío entre Marte y Júpiter** debería contener un cuerpo en órbita.

Ceres, detectado en ese espacio, es demasiado pequeño para ser un planeta, pero **no sigue la órbita de un cometa**.

Ceres es un **planeta menor**, o **asteroide**, entre los miles existentes en esa región del espacio.

Durante siglos, las «estrellas errantes» (o planetas) conocidas que surcaban el cielo fueron cinco. Junto al Sol y la Luna, sumaban un total de siete grandes cuerpos celestes visibles desde la Tierra, número con un fuerte significado místico. Entonces, en 1781, William Herschel detectó Urano más allá de la órbita de Saturno, lo cual hizo a los astrónomos reconsiderar la cifra. Sin embargo, cuando la órbita del nuevo planeta se trazó en un mapa actualizado del Sistema Solar, se reveló otro enigma numérico.

Hay un hueco

En 1766, el astrónomo alemán Johann Titius descubrió una relación matemática entre las distancias orbitales de los planetas al dividir la distancia orbital de Saturno por 100 para crear una unidad con la que medir el resto de órbitas. La órbita de Mercurio se hallaba a 4 unidades del Sol, y la posición del resto de los planetas a partir de ahí estaba relacionada con un múltiplo de 3, o la secuencia numérica 0, 3, 6, 12, 24, 48 y 96. Así, Mercurio estaba a 4+0 unidades del Sol; Venus, a 4+3; la Tierra, a 4+6; y Marte, a 4+12. Júpiter se hallaba a 4+48, y Saturno,

Giuseppe Piazzi

Como era habitual en los hijos pequeños de las familias italianas adineradas, ingresó en una orden religiosa y se ordenó sacerdote, pero hacia los veinticinco años de edad se hizo evidente que sus dotes le destinaban al ámbito académico. En 1781 fue nombrado profesor de matemáticas de una academia recién fundada en Palermo (Sicilia), pero pronto se pasó a la astronomía. Su primera tarea fue construir un nuevo observatorio al que dotó con el Círculo de Palermo, un telescopio montado sobre un círculo vertical erigido en Londres y con una escala de altitud de 1,5 m de diámetro, el más preciso del mundo en la época. Célebre por su diligencia, Piazzi tomaba medidas durante un mínimo de cuatro noches consecutivas, para promediar los errores. En 1806 registró el gran movimiento propio de 61 Cygni, un trabajo que permitió a varios astrónomos utilizar el paralaje de esa estrella para medir la distancia interestelar.

Obra principal

1803 *Praecipuarum stellarum inerrantium positiones* (catálogo astronómico).

Véase también: Órbitas elípticas 50–55 ▪ Observación de Urano 84–85 ▪ Asteroides y meteoritos 90–91

Desde Marte sigue un espacio de 4+24=28 de esas partes, pero de momento no se ha visto ningún planeta allí. ¿Habrá dejado vacío el Gran Arquitecto ese espacio? En absoluto.
Johann Titius

a 4+96. No había ningún planeta conocido en el punto de la secuencia 4+24=28, por lo que parecía que había un hueco en el Sistema Solar entre Marte y Júpiter. Titius propuso que en ese espacio debía haber un cuerpo desconocido. Sin embargo, sus hallazgos parecían demasiado buenos para ser verdad, y los resultados para Marte y Saturno estaban algo desviados, por lo que muy pocos astrónomos le dieron credibilidad.

Unos años después, en 1772, Johann Elert Bode publicó una versión ligeramente modificada de la obra de Titius que tuvo mejor acogida, por lo que la teoría se conoce generalmente como ley de Bode. Cuando se descubrió Urano, la ley de Bode predecía que estaría a 196 unidades del Sol. Finalmente se vio que estaba más cerca de las 192 unidades, pero parecía una aproximación bastante precisa. Ciertamente, eso tenía que significar que en ese espacio de 28 unidades había otro planeta.

En 1800, un grupo de astrónomos alemanes liderado por Franz Xaver von Zach, Heinrich Olbers y Johann Schröter decidió iniciar una búsqueda del hueco. Su plan consistía en dividir el zodiaco (la franja de la esfera celeste en la que se mueven todos los planetas) y pedir a los 24 mejores astrónomos de Europa que patrullaran una zona cada uno, en busca de movimientos planetarios. El equipo que formaron se llamó «policía celeste». Sin embargo, al final, lo que llenó el hueco no fue la eficiencia, sino un mero golpe de suerte.

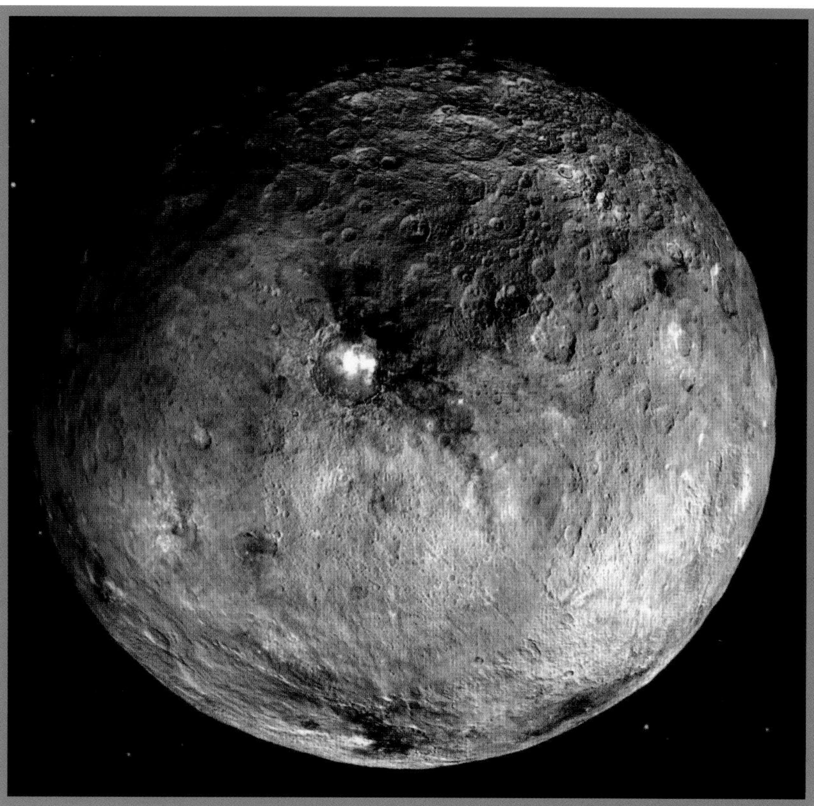

Fotografiado por la sonda Dawn de la NASA en 2015, Ceres es el mayor objeto del cinturón de asteroides y el único lo bastante grande como para que su propia gravedad lo haya hecho esférico.

Un telescopio de rastreo

Uno de los astrónomos asignados a dicha policía celeste fue Giuseppe Piazzi, que se hallaba en Palermo (Sicilia). Al igual que a la mayoría de los astrónomos de la época, a Piazzi le interesaba sobre todo crear mapas astronómicos precisos y, para ello, había adquirido un telescopio de rastreo hoy llamado Círculo de Palermo. Aunque no era el telescopio más potente de ese momento, su montura altacimutal permitía tanto el movimiento vertical como el horizontal, por lo que podía tomar mediciones muy exactas de las posiciones de las estrellas, una característica que resultó sumamente provechosa.

La noche del día de año nuevo de 1801, Piazzi aún aguardaba las instrucciones de la policía celeste, por lo que se dedicó a rastrear estrellas y registró un objeto nuevo y tenue (con una magnitud de ocho) en la » constelación de Tauro. La noche siguiente, Piazzi comprobó las mediciones y vio que el objeto se había movido. Esto suponía que, definitivamente, no se trataba de una estrella.

Piazzi observó el objeto durante 24 días antes de informar a Bode. Primero pensó que se trataba de un cometa, un descubrimiento relativamente habitual, pero muy pronto las observaciones empezaron a sugerir algo distinto. No podía ver ninguna cola o coma difusa, y, al contrario que los cometas, que aceleraban a medida que se acercaban al Sol, el objeto observado por Piazzi seguía una trayectoria circular más estable. En su carta a Bode, Piazzi le expuso con claridad sus sospechas: podía ser el planeta perdido que todo el mundo andaba buscando.

Al recibir las noticias a finales de marzo, Bode no perdió el tiempo y anunció el hallazgo de un nuevo planeta, al que llamó Juno. (Hacía poco que había elegido el nombre de Urano y debió sentirse con derecho a bautizar el nuevo planeta.) Otros preferían Hera, pero Piazzi, que seguía siendo el único que había visto el objeto, optó por Ceres, la diosa romana de la agricultura.

En junio, la órbita de Ceres lo había llevado hasta el resplandor del Sol. Piazzi, que estuvo enfermo en ese periodo, no había tenido tiempo de cartografiar nada, excepto el arco orbital más sencillo. Calculó que el objeto de su hallazgo volvería a ser visible en otoño, pero por mucho que lo intentaron, ni Piazzi ni nadie más pudo encontrar Ceres.

El telescopio de Piazzi fue creado por Jesse Ramsden. Su montaje de precisión permitía medir posiciones de estrellas con un margen de error de unos pocos segundos de arco.

Un pálpito matemático

Von Zach decidió seguir una intuición y envió al matemático Carl Friedrich Gauss los detalles de la órbita de Ceres. En menos de seis semanas, Gauss calculó todos los lugares donde era probable hallar a Ceres. Von Zach tardó casi todo diciembre en repasar las predicciones de Gauss, pero en la Nochevieja de 1801, casi un año después del primer avistamiento, encontró Ceres otra vez.

La distancia orbital de Ceres era de 27,7 unidades de Bode, lo que coincidía casi exactamente con la ubicación que se había predicho. Sin embargo, los datos orbitales mostraban que el nuevo miembro del Sistema Solar era mucho más pequeño que el resto de planetas conocidos. En una primera estimación, William Herschel calculó que el diámetro de Ceres era de solo 260 km. Unos años después, Schröter propuso un diámetro de 2613 km. El diámetro real es de 946 km, lo que significa que cabría sin problemas en la península Ibérica o el estado de Texas (EE UU).

La tercera noche, mis sospechas se convirtieron en certeza y tuve la seguridad de que no era una estrella fija. Esperé a la cuarta, cuando tuve la satisfacción de ver que se había movido al mismo ritmo que los días precedentes.
Giuseppe Piazzi

La policía celeste siguió investigando, y, en marzo de 1802, Olbers descubrió un segundo cuerpo como Ceres y a la misma distancia del Sol, al que llamó Palas. En 1804, Karl Harding descubrió un tercero, al que llamó Juno, y Olbers encontró también el cuarto, Vesta, en 1807. Más tarde se supo que todos esos cuerpos eran menores que Ceres: Vesta y Palas apenas superan los 500 km de diámetro, y el volumen de Juno es de aproximadamente la mitad.

El cinturón de asteroides

La policía celeste clasificó estos objetos como planetas menores, pero William Herschel eligió otro nombre: asteroides, es decir, «parecidos a estrellas». William Herschel razonó que, a diferencia de los verdaderos planetas, esos pequeños objetos carecían de rasgos discernibles, o al menos de ninguno que pudiera detectarse con los telescopios de la época, por lo que, de no ser porque se movían, no se diferenciarían de la luz de las estrellas. Quizá aún dolido por no haber podido bautizar el planeta que descubrió veinte años antes, Herschel matizó su sugerencia reservándose «la libertad de cambiar ese nombre si se diera otro más expresivo de su naturaleza».

No se dio nada más expresivo, y tras el desmantelamiento de la policía celeste en 1815, el goteo regular de descubrimientos de nuevos asteroides prosiguió. En 1868 ya eran 100, y en 1985 habían aumentado a 3000. La llegada de la fotografía digital y el análisis de imagen han supuesto una explosión del número de asteroides registrados, que hoy superan los 50 000 en el espacio de 28 unidades de Bode. Olbers y Herschel habían hablado de la posibilidad de que los asteroides fueran restos de un planeta que antaño hubiera orbitado en ese espacio antes de romperse en pedazos tras un cataclismo astronómico. Actualmente se cree que la perturbación gravitatoria del cercano Júpiter impidió que los asteroides se unieran para formar un planeta, ya que se han encontrado discos similares en otros puntos del Sistema Solar primitivo.

Sometidos a la influencia constante de la gravedad acumulada del resto de asteroides, cerca del 80 % de los asteroides conocidos presenta una órbita inestable. Los aproximadamente 13 000 cuerpos que se acercan más a la Tierra, conocidos como asteroides cercanos a la Tierra, o NEA *(Near Earth Asteroids)*, son monitorizados a fin de predecir e impedir posibles colisiones futuras, que serían devastadoras.

Se parecen tanto a estrellas pequeñas que cuesta diferenciarlos de ellas. Debido a ese parecido, les doy nombre y los llamo asteroides.
William Herschel

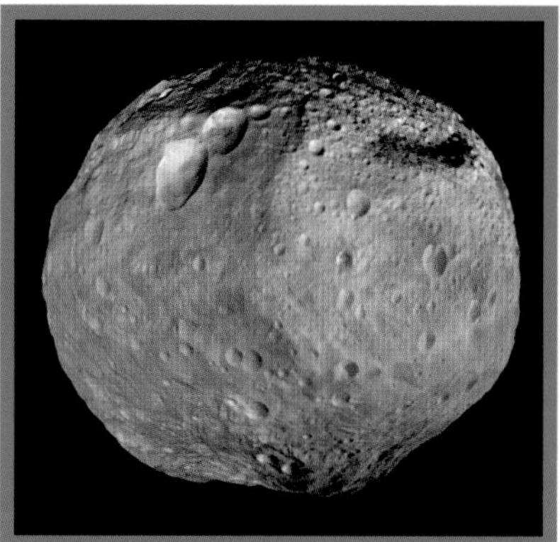

El asteroide Vesta fue visitado por la sonda Dawn en 2011–2012. Orbita cerca de Ceres y es el asteroide más brillante visto desde la Tierra.

Troyanos

También existen asteroides llamados troyanos: viajan en las mismas órbitas que los planetas y se agrupan en «puntos de libración» gravitatoriamente estables. La mayoría está en el sistema de Júpiter, donde han formado dos grupos: «el campo troyano» y «el campo griego». Marte y Neptuno también poseen troyanos, y en 2011 se descubrió el primer troyano de la Tierra.

En 2006, la Unión Astronómica Internacional concedió a Ceres la categoría de planeta enano, el único del cinturón de asteroides, y reclasificó Plutón como planeta enano. Ni la órbita de Neptuno ni la de Plutón siguen las predicciones de la ley de Bode. Pese a que fue determinante para el hallazgo de Ceres, hoy se cree que la ley de Bode es una coincidencia matemática y no una clave que permita revelar la formación del Sistema Solar. ■

UN MAPA DE LA TOTALIDAD DEL CIELO

EL HEMISFERIO SUR

EN CONTEXTO

ASTRÓNOMO CLAVE
John Herschel (1792–1871)

ANTES
1784 Charles Messier publica una lista con las 80 nebulosas conocidas.

DESPUÉS
1887 Amédée Mouchez, director del Observatorio de París, lanza el ambicioso proyecto Cartes du Ciel, con el objetivo de rastrear todo el cielo fotográficamente.

1918 El Observatorio del Harvard College publica el *Henry Draper Catalogue*, que abarca la mayor parte del cielo.

1948–1958 El Observatorio Palomar (California) completa su gran rastreo del cielo, que incluye datos de casi dos mil placas fotográficas.

1989–1993 El satélite Hipparcos recoge datos que permiten catalogar más de 2,5 millones de estrellas.

Entre 1786 y 1802, el astrónomo William Herschel publicó catálogos que comprendían más de mil objetos nuevos en el cielo nocturno. Su hijo John continuó su trabajo, pero amplió su alcance y ambición e incluyó un estudio completo del cielo nocturno. William había realizado todas sus observaciones desde el sur de Inglaterra, y, por lo tanto, estas se limitaban a los objetos situados hasta unos 33° por debajo del ecuador celeste. Si quería incluir el resto del cielo, su hijo debía hacer observaciones desde otro punto, en el hemisferio sur.

John Herschel se instaló en Sudáfrica, entonces perteneciente al Imperio británico. Se trasladó allí en 1833, llevando consigo a su esposa, sus hijos pequeños y un ayudante, además del telescopio de 6 m de distancia focal que había pertenecido a su padre. Se trataba del mismo instrumento que William había utilizado para rastrear el cielo boreal, y su hijo John lo eligió para garantizar que la nueva información que recogería en el hemisferio sur pudiera compararse con la ya disponible acerca del hemisferio norte. La familia se instaló al pie de la montaña de la Mesa, a una distancia suficiente para evitar las nubes que solían acumularse en la cima, y Herschel dedicó los cuatro años siguientes a completar su estudio.

El cielo austral

Las Nubes de Magallanes son dos galaxias enanas próximas a la Vía Láctea que solo son visibles desde el hemisferio sur. Aunque pueden

El núcleo de la Vía Láctea es más claro desde el hemisferio sur. En las regiones oscuras, el polvo interestelar intercepta la luz de las estrellas.

Véase también: Los objetos Messier 87 ▪ La Vía Láctea 88–89 ▪ Examen de las nebulosas 104–105

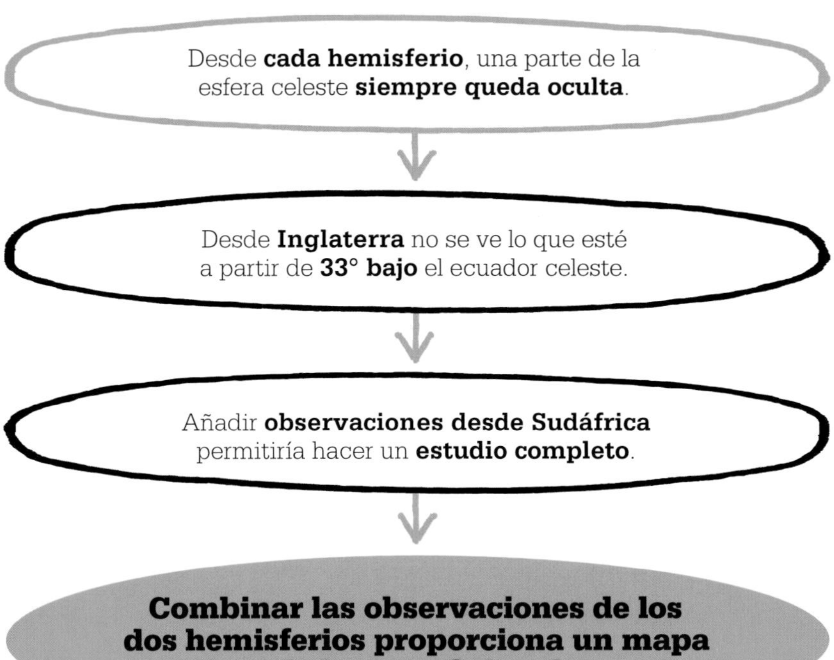

verse a simple vista, el estudio telescópico de John Herschel proporcionó las primeras observaciones detalladas disponibles para los astrónomos en una lista de más de mil estrellas, cúmulos estelares y nebulosas de esas galaxias.

Desde **cada hemisferio**, una parte de la esfera celeste **siempre queda oculta**.
Desde **Inglaterra** no se ve lo que esté a partir de **33° bajo** el ecuador celeste.
Añadir **observaciones desde Sudáfrica** permitiría hacer un **estudio completo**.
Combinar las observaciones de los dos hemisferios proporciona un mapa de toda la superficie celeste.

Herschel también realizó cuidadosas observaciones de la distribución de las estrellas en la Vía Láctea. Debido a la orientación del Sistema Solar en la galaxia, la parte más brillante de esta última (que hoy sabemos que es su núcleo) solo es visible en el hemisferio norte justo sobre el horizonte en verano, cuando las noches son más cortas. Desde el hemisferio sur, el brillante núcleo puede verse más alto y durante los meses más oscuros del año, lo cual facilita las observaciones y permite que sean más detalladas.

El resultado final de los esfuerzos de John Herschel quedó recogido en su catálogo general de nebulosas y cúmulos de estrellas: contenía más de cinco mil objetos en total. Incluía todos los observados por John y su padre, además de los muchos descubiertos por otros, como Charles Messier, y pretendía ser un catálogo de estrellas completo. ■

Las estrellas son las balizas del universo.
John Herschel

John Herschel

Ya en 1816, al acabar sus estudios en la Universidad de Cambridge, era un matemático de prestigio. Trabajó junto con su padre, William, y prosiguió su tarea cuando este murió, en 1822. Cofundador de la Royal Astronomical Society, presidió la institución en tres ocasiones. Contrajo matrimonio en 1826 y tuvo 12 hijos.

Además de la astronomía, a John Herschel le interesaban muchas otras materias. Durante sus años en Sudáfrica, elaboró junto con su esposa un porfolio de ilustraciones botánicas. También realizó importantes contribuciones al campo de la fotografía (experimentó acerca de la reproducción en color) y publicó varios artículos sobre meteorología, telescopios y otros temas.

Obras principales

1831 *A Preliminary Discourse on the Study of Natural Philosophy.*
1847 *Results of Astronomical Observations Made at the Cape of Good Hope.*
1864 *General Catalogue of Nebulae and Clusters of Stars.*
1874 *General Catalogue of 10,300 Multiple and Double Stars.*

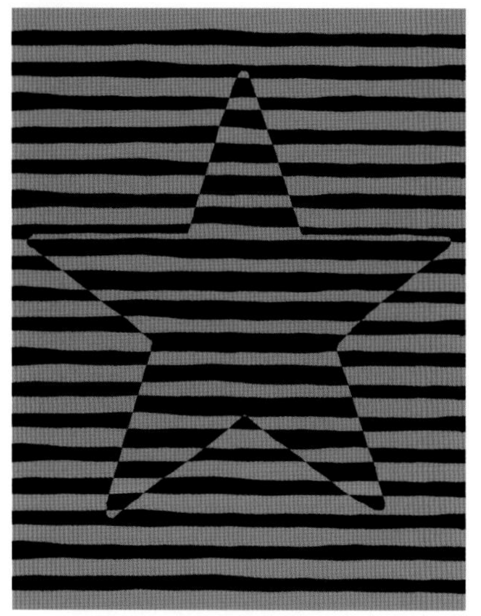

EL MOVIMIENTO APARENTE DE LAS ESTRELLAS

EL PARALAJE ESTELAR

EN CONTEXTO

ASTRÓNOMO CLAVE
Friedrich Bessel (1784–1846)

ANTES
220 a.C. Aristarco sugiere que las estrellas se hallan muy lejos, porque no se aprecia paralaje.

1600 Tycho Brahe rechaza el sistema heliocéntrico de Copérnico, en parte porque no consigue detectar el paralaje estelar.

DESPUÉS
1912 Henrietta Swan Leavitt descubre una relación entre un tipo de estrella variable y su brillo, lo que permite usar estas estrellas como «candelas estándar» para poder calcular distancias.

1929 Edwin Hubble descubre la relación entre el corrimiento al rojo de la luz de una galaxia y su distancia a la Tierra.

1938 Friedrich Georg Wilhelm Struve logra medir el paralaje de Vega, y Thomas Henderson, el de Alfa Centauri.

El paralaje es el movimiento aparente de un objeto cercano respecto a objetos lejanos como consecuencia del cambio de posición del observador. Según este fenómeno, parecería que las estrellas cercanas se mueven respecto al fondo de estrellas más lejanas a medida que la Tierra recorre su órbita. La idea de que el paralaje podría usarse para medir la distancia a las estrellas cercanas se remonta a la antigua Grecia, pero no se hizo realidad hasta el siglo XIX, debido a que las distancias eran mucho mayores de lo que nadie había previsto.

Friedrich Bessel dedicó una gran parte de su carrera a determinar con precisión las posiciones de las estrellas y a encontrar su movimiento propio (cambios de posición por el movimiento de la estrella, en lugar de cambios de la posición aparente debidos a la hora de la noche o a la estación del año). En la década de 1830, y gracias a la mejora de los telescopios, se produjo una carrera para llevar a cabo la primera medición precisa del paralaje estelar. En 1838, Bessel midió el paralaje de la estrella 61 Cygni, que resultó ser de 0,314 segundos de arco, lo que indicaba que se encontraba a 10,3 años luz de distancia. La estimación actual es de 11,4 años luz, por lo que el error de la medida de Bessel es inferior al 10 %. ■

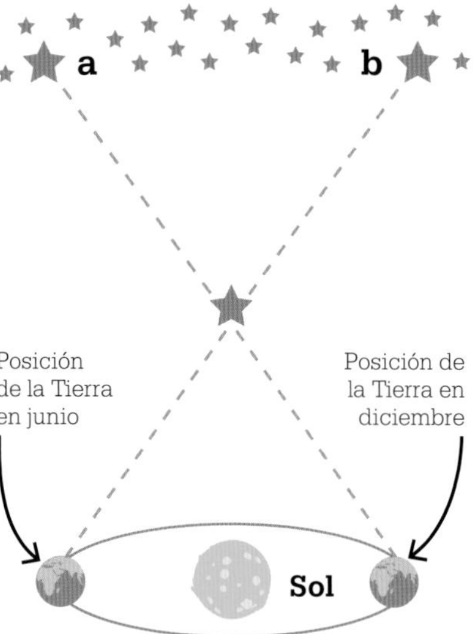

Debido al paralaje, la posición aparente de una estrella cercana respecto al fondo de estrellas lejanas se desplaza de **b** en junio a **a** en diciembre.

Véase también: El modelo de Brahe 44–47 ▪ Medir el universo 130–137 ▪ Más allá de la Vía Láctea 172–177

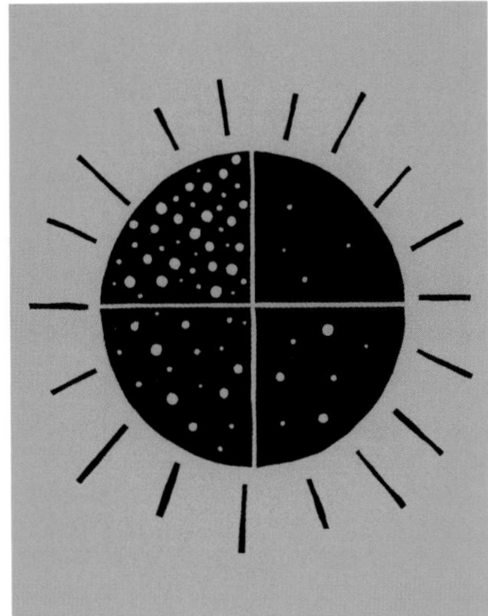

LAS MANCHAS SOLARES APARECEN EN CICLOS

LA SUPERFICIE DEL SOL

EN CONTEXTO

ASTRÓNOMO CLAVE
Samuel Heinrich Schwabe (1789–1875)

ANTES

800 A.C. En China y Corea se registran las manchas solares para predecir acontecimientos.

1128 Juan de Worcester, cronista inglés, dibuja manchas solares.

1801 W. Herschel relaciona el número de manchas solares con el precio del trigo, por el efecto de aquellas en el clima.

DESPUÉS

1845 Hippolyte Fizeau y Léon Foucault, físicos franceses, fotografían manchas solares.

1852 El astrónomo irlandés Edward Sabine demuestra la correlación entre el número de tormentas magnéticas en la Tierra y el de manchas solares.

1908 Según George Ellery Hale, astrónomo estadounidense, las manchas solares son causadas por campos magnéticos.

Las manchas solares son zonas más frías de la superficie del Sol debidas a variaciones de su campo magnético. Las primeras observaciones escritas sobre ellas datan de alrededor del año 800 a.C., en China, pero hubo que esperar a William Herschel, en 1801, para relacionar las manchas solares con los cambios del clima terrestre.

En 1826, el astrónomo alemán Samuel Schwabe comenzó a observar las manchas solares. Buscaba un planeta nuevo que se creía que orbitaba más cerca del Sol que Mercurio y al que, provisionalmente, se llamó Vulcano. Observarlo directamente habría sido muy difícil, y Schwabe pensó que podría verlo como una mancha oscura cruzando frente al Sol. No encontró Vulcano, pero descubrió que el número de manchas solares variaba en ciclos de 11 años.

Rudolf Wolf estudió las observaciones de Schwabe y otros, incluidas algunas tan antiguas como las de Galileo, y numeró los ciclos empezando por el de 1755–1766. Al final se dio cuenta de que en cada ciclo hay largos periodos durante los cuales existen pocas manchas solares. Herschel no había detectado la secuencia porque observó durante un periodo que hoy se conoce como mínimo de Dalton, cuando el número total de manchas era bajo. ■

Las manchas pueden durar desde unos días a varios meses. Las mayores pueden ser del tamaño de Júpiter.

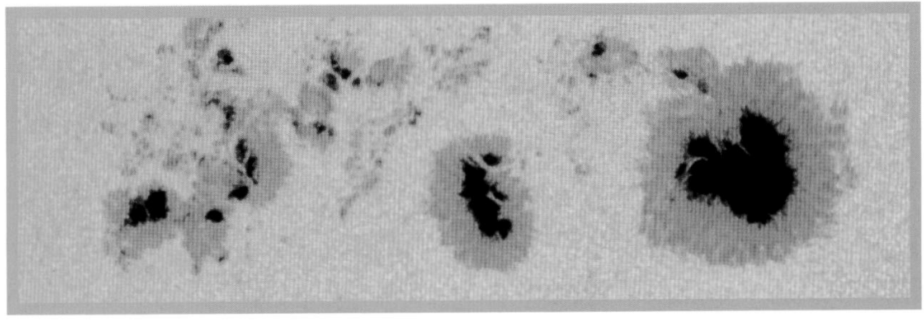

Véase también: Observación de Urano 84–85 ▪ Propiedades de las manchas solares 129 ▪ Richard Carrington 336

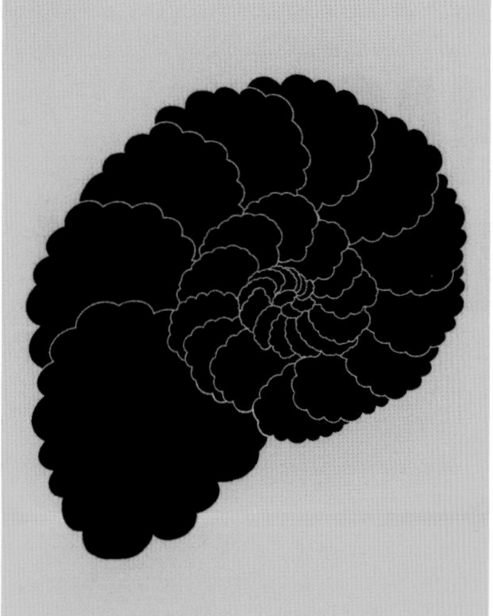

SE DETECTÓ UNA DISPOSICIÓN EN FORMA DE ESPIRAL

EXAMEN DE LAS NEBULOSAS

EN CONTEXTO

ASTRÓNOMO CLAVE
Lord Rosse (1800–1867)

ANTES
1784 Charles Messier publica un catálogo de las nebulosas visibles.

1785 William Herschel publica varios catálogos de nebulosas y especula que muchas pueden tener la misma forma que la Vía Láctea.

1833 John Herschel amplía los catálogos de su padre y añade objetos del hemisferio sur.

1864 Gracias a sus análisis y observaciones, el astrónomo británico William Huggins descubre que algunas nebulosas son nubes de gas luminoso, no acumulaciones de estrellas.

DESPUÉS
1917 Vesto Slipher concluye que las galaxias espirales son «universos isla» y que la Vía Láctea es una de esas galaxias, que vemos desde su interior.

A **simple vista**, las nebulosas son **zonas** luminosas **difusas** que podrían contener gas o estrellas.

Los **telescopios** muestran que algunas nebulosas son **cúmulos de estrellas**.

Los telescopios más grandes revelan una disposición en espiral.

En la década de 1840, el aristócrata irlandés William Parsons (tercer conde de Rosse, conocido como Lord Rosse) decidió consagrar parte de su fortuna a construir el mayor telescopio reflector del mundo. Parsons quería volver a examinar algunas de las nebulosas que John Herschel catalogó a principios del siglo XIX, sobre todo aquellas que no parecían ser cúmulos de estrellas.

Para observarlas de nuevo, Parsons debía construir un telescopio más grande y mejor que el usado por Herschel, así que experimentó durante varios años con métodos para forjar un espejo de 0,9 m. En la época, los espejos se hacían con el llamado metal de espejos, una aleación de cobre y estaño que era quebradiza y solía resquebrajarse al enfriarse.

Pese a esta dificultad, Rosse logró forjar un espejo de 1,8 metros de diámetro hacia 1845. Lo montó en su telescopio del castillo de Birr, cerca de Parsonstown (actual Birr), en Irlanda, donde el instrumento se conoció como el Leviatán de Parsonstown. Fue el telescopio reflector más grande del mundo hasta que en 1917 se construyó uno de 2,5 metros en Monte Wilson, en California (EE UU).

La Irlanda central resultó ser un emplazamiento poco idóneo para construir un telescopio, ya que las nubes o el viento solían interferir con las observaciones. Además, dicho telescopio tenía poca movilidad, por lo que solo permitía examinar una pequeña parte del cielo. Sin embargo, cuando las condiciones lo permitían, Rosse podía usar el enorme instru-

Véase también: Los objetos Messier 87 ▪ La Vía Láctea 88–89 ▪ El hemisferio sur 100–101 ▪ Propiedades de las nebulosas 114–115 ▪ Galaxias espirales 156–161

mento, con el que observó y registró por primera vez la naturaleza espiral de algunas nebulosas, que hoy se llaman galaxias espirales. La primera fue la que Rosse identificó como M51 y luego pasó a llamarse galaxia del Remolino. En la actualidad, alrededor de tres cuartas partes de las galaxias observadas son espirales. Sin embargo, se cree que al final acaban transformándose en elípticas. Las galaxias elípticas contienen estrellas más antiguas, por lo que son más tenues y difíciles de observar, pero los astrónomos creen que es muy posible que se trate del tipo de galaxia más habitual en el universo.

La hipótesis nebular

A mediados del siglo XIX, los astrónomos debatían sobre si las nebulosas estaban formadas por gas o por estrellas. En 1846, Rosse encontró numerosas estrellas en la nebulosa de Orión, y la teoría sobre las nebulosas de gas se descartó durante un tiempo. Sin embargo, y aunque las estrellas eran reales, su presencia no implicaba necesariamente la ausencia de gas. La naturaleza gaseosa de algunas nebulosas no se demostró hasta que William Huggins usó el análisis espectroscópico en 1864. ■

La luz por la que ahora reconocemos las nebulosas debe de ser la que abandonó su superficie hace un gran número de años [...] espectros de procesos que finalizaron hace mucho tiempo.
Edgar Allan Poe

El telescopio Leviatán, en Parsonstown, tenía un espejo que pesaba unas tres toneladas dentro de un tubo de 16,5 m de longitud. La estructura completa pesaba unas 12 toneladas.

Lord Rosse

William Parsons nació en Yorkshire en 1800 y se convirtió en el tercer conde de Rosse tras la muerte de su padre, en 1841. Estudió en el Trinity College de Dublín y luego en la Universidad de Oxford, donde se licenció en matemáticas. Se casó en 1836 y tuvo 13 hijos, de los cuales solo cuatro llegaron a la edad adulta. Sus propiedades se hallaban en Irlanda, y fue allí donde decidió construir sus telescopios.

En 1845, tras haber hecho públicos sus descubrimientos acerca de las nebulosas, fue objeto de las feroces críticas de John Herschel, quien estaba plenamente convencido de que las nebulosas eran gaseosas. Ambos cruzaron acusaciones sobre el uso de instrumentos inadecuados, aunque al final ninguno de los dos consiguió presentar suficientes pruebas científicas para esclarecer la cuestión de si las nebulosas estaban compuestas de gas o de estrellas.

Obras principales

1844 *On the construction of large reflecting telescopes.*
1844 *Observations on some of the Nebulae.*
1850 *Observations on the Nebulae.*

EL PLANETA CUYA POSICIÓN HABÉIS SEÑALADO EXISTE EN REALIDAD

EL DESCUBRIMIENTO DE NEPTUNO

EN CONTEXTO

ASTRÓNOMO CLAVE
Urbain Le Verrier (1811–1877)

ANTES
Marzo de 1781 William Herschel descubre Urano.

Agosto de 1781 El astrónomo sueco-ruso Anders Johan Lexell ve irregularidades en la órbita de Urano y cree que las causan planetas aún no descubiertos.

1799–1825 Pierre-Simon Laplace usa las matemáticas para explicar las perturbaciones.

1821 Alexis Bouvard, astrónomo francés, predice las posiciones de Urano. Las observaciones posteriores se desviarán de sus predicciones.

DESPUÉS
1846 El británico William Lassell descubre Tritón, el mayor satélite de Neptuno, solo 17 días tras el hallazgo de este.

1915 Einstein explica mediante la relatividad las perturbaciones de la órbita de Mercurio.

Tras el hallazgo de Urano por William Herschel en 1781, los astrónomos detectaron irregularidades, o perturbaciones, en su órbita. Casi todas las perturbaciones de las órbitas se deben a los efectos gravitatorios de otros objetos mayores, pero en el caso de Urano no había planetas conocidos que pudieran causar el movimiento observado. Esto llevó a algunos astrónomos a sugerir que tenía que haber un planeta orbitando más allá de Urano.

En busca de lo invisible

El matemático francés Urbain Le Verrier abordó el problema de las perturbaciones de Urano asumiendo la existencia de un planeta aún no descubierto y empleando la ley de la gravedad de Newton para calcular qué efecto podría ejercer sobre Urano. Comparó entonces la predicción con las observaciones de Urano y revisó la posición según los movimientos del planeta. Tras haber repetido el proceso múltiples veces, Le Verrier determinó la posición probable del planeta desconocido. Presentó sus conclusiones ante la Academia de las Ciencias francesa en 1846 y también las envió a Johann Galle (1812–1910), del Observatorio de Berlín.

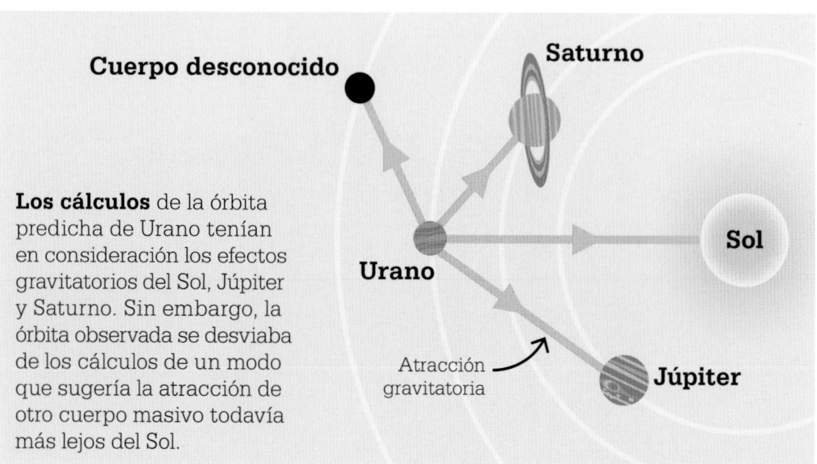

Los cálculos de la órbita predicha de Urano tenían en consideración los efectos gravitatorios del Sol, Júpiter y Saturno. Sin embargo, la órbita observada se desviaba de los cálculos de un modo que sugería la atracción de otro cuerpo masivo todavía más lejos del Sol.

Véase también: La Vía Láctea 88–89 ▪ Perturbaciones gravitatorias 92–93 ▪ La teoría de la relatividad 146–153

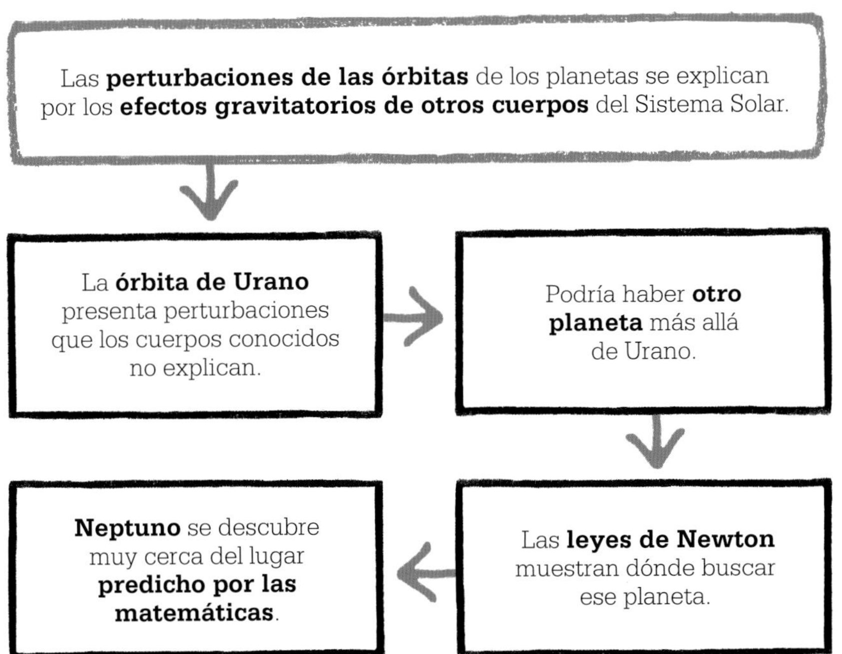

Las **perturbaciones de las órbitas** de los planetas se explican por los **efectos gravitatorios de otros cuerpos** del Sistema Solar.
La **órbita de Urano** presenta perturbaciones que los cuerpos conocidos no explican.
Podría haber **otro planeta** más allá de Urano.
Las **leyes de Newton** muestran dónde buscar ese planeta.
Neptuno se descubre muy cerca del lugar **predicho por las matemáticas**.

Galle recibió la carta de Le Verrier el 23 de septiembre de 1846 y obtuvo autorización para buscar el planeta. Junto a su ayudante, Heinrich D'Arrest, esa misma noche vio un objeto desconocido a 1° de la posición predicha. Las observaciones en noches posteriores demostraron que el objeto se movía sobre el fondo de estrellas y que, efectivamente, se trataba de un planeta, al que luego se llamó Neptuno a propuesta de Le Verrier, a quien Galle atribuyó el mérito del descubrimiento.

Un hallazgo independiente

Mientras Le Verrier calculaba la posición del planeta oculto, el astrónomo británico John Couch Adams (1819–1892) estudiaba también las posibles causas de las perturbaciones de la órbita de Urano. Su conclusión fue similar a la de Le Verrier, y lo hizo de forma independiente, pero no publicó sus resultados hasta después de que Galle hubiera observado el nuevo planeta. Aunque hubo cierta controversia sobre quién debía atribuirse el descubrimiento, Adams siempre reconoció que Le Verrier había llegado antes.

Galle no fue el primero en observar Neptuno. Tras calcular la órbita del nuevo planeta, se revisaron registros antiguos y se descubrió que otros, como Galileo o John Herschel, ya lo habían observado, pero no se percataron de que era un planeta. Posteriormente, Le Verrier usó una técnica similar para analizar la órbita de Mercurio y descubrió que la mecánica newtoniana no permitía explicar las perturbaciones de su órbita. Sugirió que podían ser consecuencia de la influencia de otro planeta más cercano al Sol y al que provisionalmente llamó Vulcano. Esta especulación terminó cuando Einstein explicó las perturbaciones con su teoría de la relatividad general. ■

Urbain Le Verrier

Urbain Le Verrier estudió en la École Polytechnique, cerca de París. Después de licenciarse, y antes de mostrar interés por la astronomía, se dedicó a la química. Su obra astronómica se centró fundamentalmente en la mecánica celeste, o la descripción matemática de los movimientos de los cuerpos del Sistema Solar. Obtuvo un cargo en el Observatorio de París, donde pasó la mayor parte de su vida y que dirigió a partir de 1854. Sin embargo, su estilo de gestión no fue muy apreciado, y en 1870 terminó siendo sustituido. Tres años más tarde recuperó el cargo, después de que su sucesor muriera ahogado, y lo ejerció hasta el final de sus días.

Dedicó los primeros años de su carrera a desarrollar las investigaciones de Pierre-Simon Laplace sobre la estabilidad del Sistema Solar. Posteriormente se interesó por el estudio de los cometas periódicos, antes de dirigir toda su atención al enigma planteado por la órbita de Urano.

Obra principal

1846 *Recherches sur les mouvements de la planète Herschel.*

EL AUGE
LA ASTR
1850–1915

DE
OFISICA

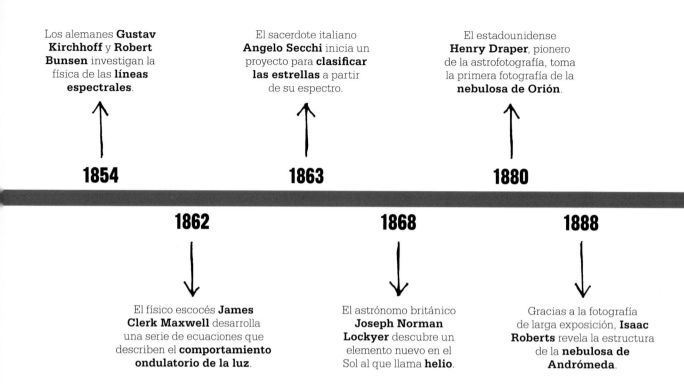

1854
Los alemanes **Gustav Kirchhoff** y **Robert Bunsen** investigan la física de las **líneas espectrales**.

1862
El físico escocés **James Clerk Maxwell** desarrolla una serie de ecuaciones que describen el **comportamiento ondulatorio de la luz**.

1863
El sacerdote italiano **Angelo Secchi** inicia un proyecto para **clasificar las estrellas** a partir de su espectro.

1868
El astrónomo británico **Joseph Norman Lockyer** descubre un elemento nuevo en el Sol al que llama **helio**.

1880
El estadounidense **Henry Draper**, pionero de la astrofotografía, toma la primera fotografía de la **nebulosa de Orión**.

1888
Gracias a la fotografía de larga exposición, **Isaac Roberts** revela la estructura de la **nebulosa de Andrómeda**.

A inicios del siglo XIX, la astronomía se ocupaba sobre todo de catalogar las posiciones de estrellas y planetas, y de entender y predecir los movimientos de estos últimos. Se seguían descubriendo cometas y cada vez se tenía más conciencia de la existencia de diversos fenómenos distantes, como estrellas variables, estrellas binarias u objetos nebulosos. Sin embargo, parecía que no había modo de saber más sobre la naturaleza de esos objetos remotos, por ejemplo, su composición química o su temperatura. La llave que abrió la puerta a la solución de esos misterios fue el análisis de la luz mediante la espectroscopia.

Descodificar la luz de las estrellas

Un objeto luminoso emite luz de distintas longitudes de onda, que percibimos como un arcoíris de colores que van de la longitud de onda más larga (rojo) a la más corta (violeta). El análisis del espectro revela una multitud de finísimas variaciones. El espectro típico de una estrella aparece atravesado por múltiples líneas oscuras, algunas finas y tenues, y otras anchas y negras. Estas líneas ya se habían detectado en el espectro del Sol en 1802, pero Gustav Kirchhoff y Robert Bunsen fueron los primeros que examinaron espectros concretos. Hacia 1860, Kirchhoff demostró que los distintos patrones de líneas espectrales oscuras son como huellas dactilares que identifican distintos elementos químicos: acababa de dar con un modo de investigar la composición del Sol y las estrellas, que incluso llevó al descubrimiento del helio, un elemento desconocido hasta entonces.

La luz es la única prueba de la existencia de esos mundos distantes.
James Clerk Maxwell

Con gran entusiasmo, William Huggins y su esposa Margaret –que introdujo la fotografía como sistema para registrar las observaciones–, emprendieron este nuevo camino de la astronomía y no se limitaron a las estrellas, sino que también estudiaron el espectro de las nebulosas.

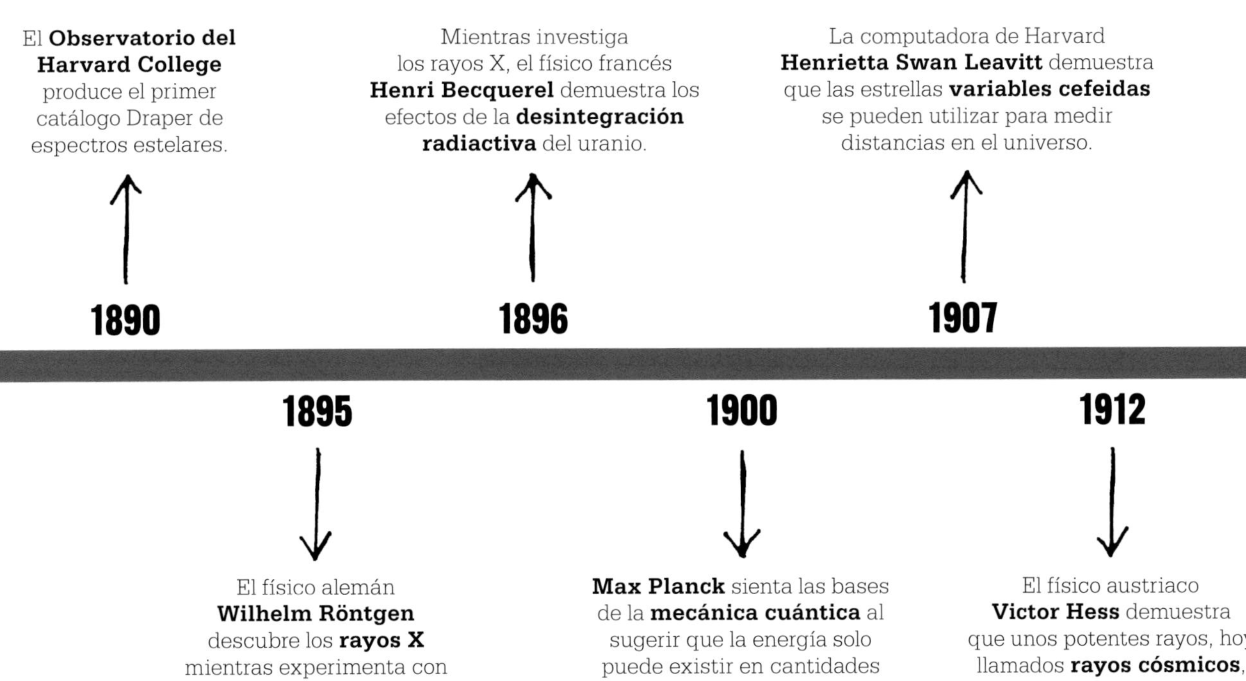

El **Observatorio del Harvard College** produce el primer catálogo Draper de espectros estelares.
1890
El físico alemán **Wilhelm Röntgen** descubre los **rayos X** mientras experimenta con tubos de rayos catódicos.
1895
Mientras investiga los rayos X, el físico francés **Henri Becquerel** demuestra los efectos de la **desintegración radiactiva** del uranio.
1896
Max Planck sienta las bases de la **mecánica cuántica** al sugerir que la energía solo puede existir en cantidades discretas de «cuantos».
1900
La computadora de Harvard **Henrietta Swan Leavitt** demuestra que las estrellas **variables cefeidas** se pueden utilizar para medir distancias en el universo.
1907
El físico austriaco **Victor Hess** demuestra que unos potentes rayos, hoy llamados **rayos cósmicos**, vienen del espacio.
1912

A finales del siglo XIX parecía que la condición necesaria para lograr entender la naturaleza de las estrellas era registrar sistemáticamente sus espectros y clasificarlos en distintos grupos.

Clasificar las estrellas

El Observatorio del Harvard College asumió esta colosal tarea, y su director, Edward Pickering, contrató a un nutrido equipo de mujeres para que llevaran a cabo el meticuloso trabajo. Allí, Annie Jump Cannon diseñó un sistema de clasificación de las estrellas basado en una secuencia de temperatura, que sigue usándose en la actualidad, y clasificó personalmente unos 500 000 espectros estelares en un catálogo que, además de la posición de la estrella, incluía información precisa acerca de su magnitud (brillo aparente) y su espectro. Esta información dio frutos muy pronto, cuando los astrónomos empezaron a analizar los nuevos datos de que disponían. Antonia Maury, colega de Cannon en Harvard, comprendió que la simple secuencia de temperatura no tenía en cuenta las sutiles variaciones dentro de cada tipo de estrella. Ejnar Hertzsprung y Henry Norris Russell desarrollaron esta idea y descubrieron que estrellas del mismo color podían ser gigantes o enanas e identificaron la primera enana blanca.

La física de las estrellas

En el intervalo de unos cincuenta años, la astronomía más avanzada cambió de foco. A principios del siglo XX, la física (el estudio de la materia, las fuerzas y la energía, así como sus interacciones) ya podía aplicarse al Sol y a las estrellas e influyó significativamente en el rumbo futuro de la astronomía. Los importantes descubrimientos realizados en el campo de la física básica tuvieron un gran impacto en la astronomía. Por ejemplo, James Clerk Maxwell publicó en 1873 su teoría del electromagnetismo y describió la radiación electromagnética en función de sus longitudes de onda, como la luz visible; en 1895 se descubrieron los rayos X, y en 1896, la radiactividad. El físico alemán Max Planck preparó el terreno para la física cuántica al afirmar que la energía electromagnética se emite en «paquetes» de un tamaño determinado, denominados cuantos. Todos estos descubrimientos llevaron a nuevas maneras de mirar al cielo y de entender los procesos que tienen lugar en las estrellas. A partir de entonces, la física y la astronomía iban a ser inseparables. ■

HAY SODIO EN LA ATMOSFERA SOLAR

EL ESPECTRO DEL SOL

EN CONTEXTO

ASTRÓNOMO CLAVE
Gustav Kirchhoff
(1824–1887)

ANTES

1802 Después de obtener una imagen del espectro del Sol al hacer pasar la luz solar por un orificio estrecho y un prisma, el químico inglés William Hyde Wollaston detecta siete líneas oscuras en él.

1814 Joseph von Fraunhofer, inventor del espectroscopio, descubre 574 líneas similares en el espectro del Sol y las registra detalladamente.

DESPUÉS

1912 El físico danés Niels Bohr presenta un modelo del átomo donde los movimientos de los electrones que cambian de nivel de energía hacen que la radiación se emita o se absorba en unas longitudes de onda concretas.

En 1814, el fabricante de instrumentos ópticos alemán Joseph von Fraunhofer inventó el espectroscopio (diagrama en p. 113), que permitía analizar y medir el espectro del Sol o de cualquier estrella con una gran precisión. Fraunhofer encontró más de 500 líneas oscuras que cruzaban el espectro del Sol, cada una de ellas en una longitud de onda (color) precisa. Estas líneas recibieron el nombre de líneas de Fraunhofer.

En la década de 1850, los científicos alemanes Gustav Kirchhoff y Robert Bunsen descubrieron que, si se calentaban distintos elementos químicos con una llama, estos emitían luz en una o más longitudes de onda que eran específicas de cada uno de ellos y que, por lo tanto, indicaban su presencia. Kirchhoff vio que las longitudes de onda que emitían algunos elementos se correspondían con las longitudes de onda de algunas líneas de Fraunhofer. En concreto, las emisiones del sodio en las longitudes de onda de 589 y 589,6 nanómetros coincidían exactamente con dos de estas líneas. Kirchhoff sugirió que un gas denso y caliente, como el Sol, emitiría luz de todas las longitudes de onda y, por lo tanto, produciría un espectro continuo. Sin embargo, si la luz pasaba por un gas menos denso y más frío, como la atmósfera del Sol, algún elemento (como el sodio) podría absorber parte de esa luz en las mismas longitudes de onda a las que el elemento emite luz cuando se calienta. La absorción de la luz crea espacios en el espectro, conocidos como líneas de absorción. ■

Se abre el camino para determinar la composición química del Sol y de las estrellas fijas.
Robert Bunsen

Véase también: Características de las estrellas 122–127 ▪ Refinar la clasificación de las estrellas 138–139 ▪ La composición de las estrellas 162–163

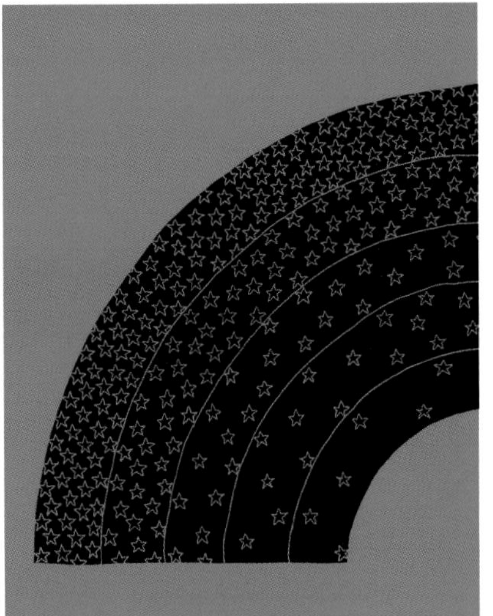

LAS ESTRELLAS PUEDEN AGRUPARSE POR SU ESPECTRO

ANÁLISIS DE LA LUZ DE LAS ESTRELLAS

EN CONTEXTO

ASTRÓNOMO CLAVE
Angelo Secchi (1818–1878)

ANTES
1802 William Hyde Wollaston detecta espacios oscuros en el espectro del Sol.

1814 Joseph von Fraunhofer, óptico alemán, logra medir las longitudes de onda de esas líneas oscuras.

1860 Gustav Kirchhoff y Robert Bunsen usan un quemador de gas para registrar de manera sistemática las longitudes de onda que producen los elementos al arder.

DESPUÉS
1868 El científico inglés Norman Lockyer identifica un nuevo elemento, el helio, a partir de las líneas de emisión de la luz del Sol.

1901 El sistema de clasificación de los espectros estelares de Harvard, ideado por Williamina Fleming y Annie Jump Cannon, sustituye al de Secchi.

Angelo Secchi fue uno de los pioneros de la astrofísica, la disciplina que estudia las propiedades de las estrellas y no solo su posición en el espacio, así como uno de los primeros en agrupar las estrellas en función de su espectro, o los colores de la luz que emiten.

Jesuita además de renombrado físico, Secchi fundó el Observatorio del Colegio Romano de la orden, donde aplicó la técnica de la espectroscopia para medir y analizar la luz de las estrellas.

Después de que Gustav Kirchhoff lograra demostrar que los espacios que aparecen en un espectro estelar se deben a la presencia de elementos concretos (p. anterior), Secchi decidió clasificar las estrellas basándose en su espectro. Al principio distinguió tres tipos: las estrellas de tipo I eran blancas o azules y presentaban grandes cantidades de hidrógeno en su espectro; las de tipo II eran amarillas, con líneas espectrales metálicas (para los astrónomos, cualquier elemento más pesado que el helio es «metálico»), y las de tipo III eran naranjas, con una compleja variedad de elementos en su espectro. En 1868 añadió el tipo IV para agrupar las estrellas más rojas con presencia de carbono, y en 1877 el tipo V, para las que presentaban líneas de emisión (no de absorción, como las de los otros cuatro tipos).

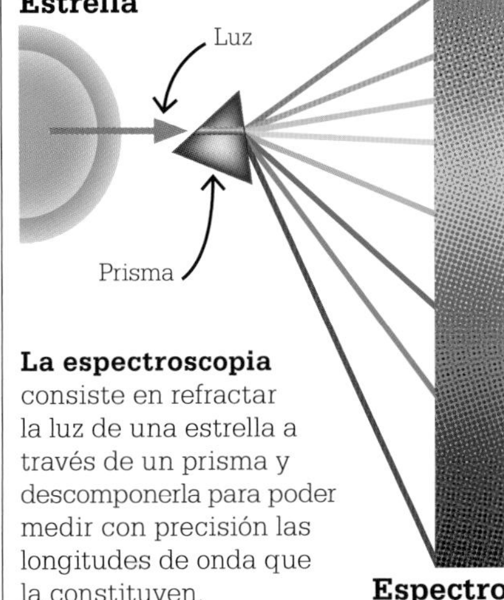

La espectroscopia consiste en refractar la luz de una estrella a través de un prisma y descomponerla para poder medir con precisión las longitudes de onda que la constituyen.

Posteriormente, otros científicos corrigieron la clasificación de Secchi, que en 1880 se convirtió en la base del sistema de Harvard que hoy se usa para clasificar las estrellas. ■

Véase también: El espectro del Sol 112 ▪ Las emisiones solares 116 ▪ El catálogo estelar 120–121 ▪ Características de las estrellas 122–127

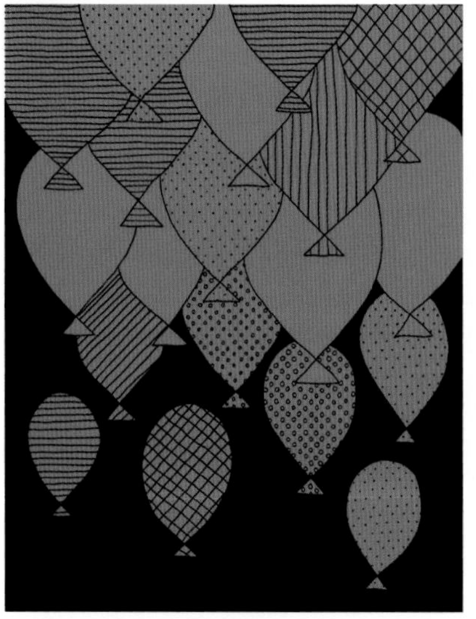

ENORMES MASAS DE GAS LUMINOSO

PROPIEDADES DE LAS NEBULOSAS

EN CONTEXTO

ASTRÓNOMO CLAVE
William Huggins (1824–1910)

ANTES
1786 William Herschel publica una lista de nebulosas.

Década de 1850 Gustav Kirchhoff y Robert Bunsen descubren que los gases calientes producen líneas de emisión claras y los fríos absorben la misma longitud de onda y producen líneas oscuras.

DESPUÉS
1892 Margaret Huggins deviene miembro honorífico de la Royal Astronomical Society.

1913 Niels Bohr describe el átomo como un núcleo central rodeado de electrones. Las líneas espectrales se producen cuando los electrones pasan de un nivel de energía a otro.

1927 Ira Bowen demuestra que las dos líneas verdes causadas por el «nebulio» son debidas a átomos de oxígeno que han perdido dos electrones.

En la década de 1860, el británico William Huggins realizó descubrimientos clave estudiando la composición de estrellas y nebulosas con un espectroscopio (un prisma unido a un telescopio que descompone la luz blanca en las longitudes de onda que la conforman y produce un espectro cromático).

Gustav Kirchhoff y Robert Bunsen ya habían determinado la composición del Sol estudiando las líneas de absorción de su espectro, puesto que los átomos de distintos elementos químicos absorben la radiación a longitudes de onda específicas. Alentado por su esposa Margaret, también astrónoma, Huggins apuntó al espacio más profundo, hacia las nebulosas, las manchas luminosas difusas que hacía tiempo intrigaban a los astrónomos, y usó la espectroscopia para clasificarlas en dos tipos.

El espectro de las nebulosas

Huggins observó que había nebulosas, como Andrómeda, cuyo espectro era similar al del Sol y otras estrellas: una amplia franja de color con líneas de absorción oscuras. La explicación (que no se descubrió hasta la década de 1920, cuando Huggins ya había fallecido) es que esas nebulosas se componen de estrellas y son galaxias de pleno derecho. Luego vio un segundo tipo de nebulosas total-

Los espectroscopios permiten medir el **espectro luminoso de las nebulosas**.

Algunas nebulosas tienen un espectro **similar al de las estrellas**.

Otras tienen un espectro que **emite energía** en **una sola longitud de onda**.

Estas nebulosas son masas gigantescas de gas luminoso.

Véase también: Observación de Urano 84–85 ▪ Los objetos Messier 87 ▪ El espectro del Sol 112

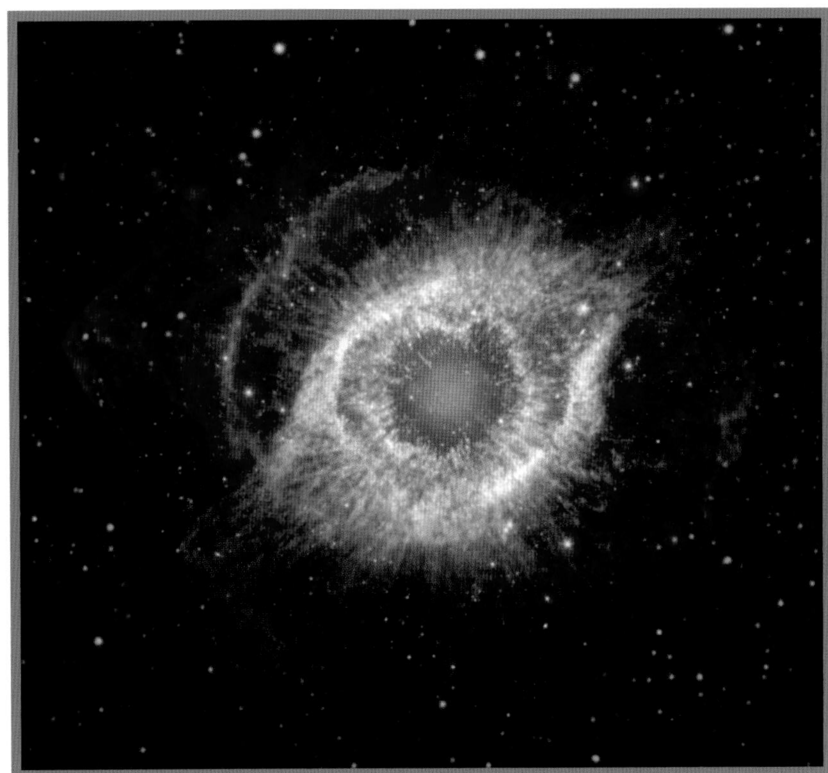

Huggins fue el primero en analizar el espectro de una nebulosa planetaria (la nebulosa Ojo de Gato); confirmó que era gaseosa y no se componía de estrellas.

mente distintas. Su espectro estaba compuesto por líneas de emisión de una sola longitud de onda: la energía se emitía como un único color y no había líneas de absorción.

Huggins vio que las nebulosas de este segundo tipo eran gigantescas nubes de gas caliente y de baja densidad. Parte de este gas podía estar en el proceso de formación de estrellas nuevas, mientras que otras nubes de gas, como las nebulosas planetarias, podían haber sido expulsadas de estrellas en evolución.

Los análisis de Huggins de la nebulosa planetaria Ojo de Gato, en la constelación de Draco, revelaron un espectro con una sola línea de absorción, producida por hidrógeno caliente. Sin embargo, la nebulosa también emitía energía en dos potentes líneas de color verde y que no se correspondían con ningún elemento conocido. Algunos astrónomos sugirieron que las producía un elemento nuevo, al que llamaron nebulio.

A partir de sus observaciones espectroscópicas, Huggins concluyó que todos los cuerpos celestes que había estudiado estaban compuestos por los mismos elementos que había en la Tierra. Sin embargo, el misterio del nebulio no se resolvió hasta después de su muerte. En 1927 se descubrió que se trataba de oxígeno doblemente ionizado, es decir, oxígeno cuyos átomos habían perdido electrones y tenían una doble carga positiva. ■

William Huggins

Además de ser un precursor del uso de la fotografía para registrar espectros de objetos astronómicos, este astrónomo británico desarrolló una técnica para investigar la velocidad radial de las estrellas usando el efecto Doppler de las líneas espectrales.

A la edad de 30 años, vendió el negocio textil familiar para erigir un observatorio privado en Tulse Hill (sur de Londres) y comprar un potente telescopio refractor de 20 cm. En 1875 se casó con Margaret Lindsey, una irlandesa 24 años más joven que él y también apasionada por la astronomía, que animó a Huggins a usar la fotografía para registrar espectros y fue una activa colaboradora en sus investigaciones posteriores, llegando incluso a coescribir varios artículos con él.

Como espectroscopista astronómico pionero, fue elegido presidente de la Royal Society, cargo que desempeñó entre 1900 y 1905. Murió en su casa de Tulse Hill a los 86 años.

Obras principales

1870 *Spectrum analysis in its application to the heavenly bodies.*
1909 *Scientific Papers.*

LA PROMINENCIA AMARILLA DEL SOL DIFIERE DE CUALQUIER LLAMA TERRESTRE

LAS EMISIONES SOLARES

EN CONTEXTO

ASTRÓNOMOS CLAVE
Jules Janssen (1824–1907)
Joseph Norman Lockyer (1836–1920)

ANTES
1863 Gustav Kirchhoff desarrolla la espectroscopia y demuestra que la luz permite identificar sustancias calientes.

1864 Según William y Margaret Huggins, los espectros de las nebulosas contienen distintas líneas de emisión, prueba de que aquellas son nubes de gas.

DESPUÉS
1920 Arthur Eddington considera que las estrellas obtienen energía fusionando hidrógeno para crear helio.

1925 Cecilia Payne-Gaposchin prueba que las estrellas constan sobre todo de hidrógeno y helio.

1946 Ralph Alpher, cosmólogo estadounidense, calcula que casi todo el helio del universo se formó durante los primeros minutos tras el Big Bang.

Pierre Jules César Janssen, astrónomo francés, viajó a India en agosto de 1868 para observar un eclipse solar total, durante el cual el disco solar queda oscurecido y solo es visible un estrecho anillo luminoso a su alrededor. Se trata de la cromosfera, la capa intermedia de las tres que componen la atmósfera solar, que normalmente queda oculta por el resplandor. Janssen descubrió que el espectro de la luz de la cromosfera contenía numerosas líneas de emisión brillantes y, gracias a los descubrimientos de Gustav Kirchhoff, pudo confirmar que la cromosfera es una capa gaseosa. También detectó una línea de emisión amarilla no observada anteriormente en el espectro del Sol. Asumió que el sodio producía esta luz desconocida y que contribuía a la tonalidad amarilla del Sol.

En octubre de ese mismo año, el astrónomo inglés Joseph Norman Lockyer desarrolló un espectroscopio con el fin de observar la cromosfera directamente. Detectó la curiosa luz amarilla y al principio también asumió que se debía al sodio, pero cambió de opinión tras consultar al químico Edward Frankland: la luz no procedía del sodio, sino de un elemento desconocido hasta entonces al que llamó helio (de *helios*, Sol en griego). Durante años se creyó que el helio solo existía en el Sol, pero en 1895, el químico escocés William Ramsay logró aislarlo de un mineral de uranio radiactivo. ■

Un eclipse de Sol total revela la cromosfera. El astrónomo británico Arthur Eddington consiguió captar esta imagen en 1919.

Véase también: El espectro del Sol 112 ▪ La fusión nuclear en las estrellas 166–167 ▪ El átomo primitivo 196–197

MARTE ESTA ATRAVESADO POR UNA DENSA RED DE CANALES

LA TOPOGRAFÍA DE MARTE

EN CONTEXTO

ASTRÓNOMO CLAVE
Giovanni Schiaparelli
(1835–1910)

ANTES
1858 Angelo Secchi usa por primera vez el término *canali* (canales) refiriéndose a Marte.

DESPUÉS
1897 El astrónomo italiano Vincenzo Cerulli sugiere que los canales de Marte son una ilusión óptica.

1906 En su libro *Mars and Its Canals*, Percival Lowell impulsa la idea de que en Marte podrían existir canales artificiales, creados por seres inteligentes.

1909 Varias fotografías de Marte tomadas desde la cúpula Baillaud del Observatorio del Pic du Midi (Francia) desacreditan la teoría de los misteriosos canales marcianos.

Década de 1960 Las misiones Mariner de la NASA no logran ninguna imagen de los canales ni hallan pruebas de ellos.

A mediados del siglo XIX, los expertos especulaban cada vez más sobre la posibilidad de que hubiera vida en Marte, un planeta con algunas similitudes con la Tierra, como la duración de sus días, casquetes polares y una inclinación axial que significaba que tenía estaciones. Sin embargo, se descubrió que en Marte no llovía.

Entre 1877 y 1890, el astrónomo italiano Giovanni Schiaparelli realizó varias observaciones detalladas de Marte con el objetivo de elaborar un mapa detallado de su superficie.

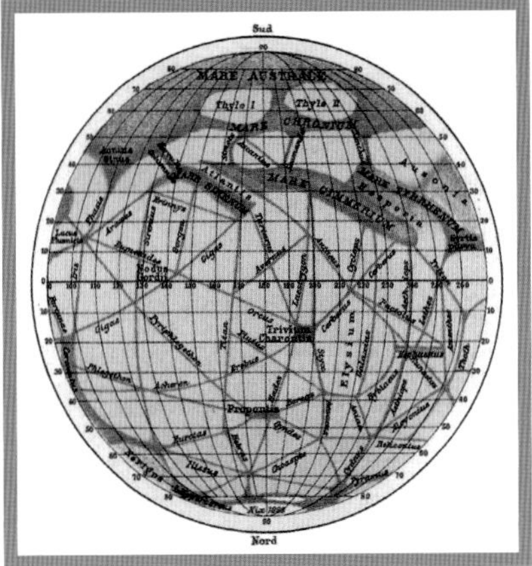

El atlas de Marte que Schiaparelli elaboró en 1888 muestra continentes, mares y una red de canales rectos. El polo Sur aparece arriba.

Schiaparelli describió algunas zonas oscuras como «mares», y otras más claras, como «continentes». También plasmó lo que le pareció una red de largas líneas rectas oscuras que se cruzaban sobre las regiones ecuatoriales de Marte. En su libro *La vida en Marte*, sugirió que, en ausencia de lluvia, esos canales podrían ser un medio para transportar el agua sobre la seca superficie del planeta y permitir que hubiera vida en él.

En los años siguientes, un importante número de científicos de gran renombre, como el astrónomo estadounidense Percival Lowell, barajaron la posibilidad de que esas líneas oscuras fueran canales de regadío construidos por seres inteligentes. Sin embargo, otros no consiguieron ver los canales en absoluto cuando los buscaron, y en 1909, las observaciones realizadas con telescopios de mayor resolución confirmaron que los canales de Marte no existían. ■

Véase también: Observación de los anillos de Saturno 65 ▪ Análisis de la luz de las estrellas 113 ▪ La vida en otros planetas 228–235

FOTOGRAFIAR LAS ESTRELLAS

LA ASTROFOTOGRAFÍA

EN CONTEXTO

ASTRÓNOMO CLAVE
David Gill (1843–1914)

ANTES
1840 John Draper toma la primera fotografía clara de la Luna con 20 minutos de exposición.

1880 Henry Draper, hijo de John, fotografía la nebulosa de Orión con 51 minutos de exposición. También logra tomar la primera fotografía con gran angular de la cola de un cometa.

DESPUÉS
1930 Clyde Tombaugh, astrónomo estadounidense, descubre Plutón al detectar un objeto en movimiento en placas fotográficas.

Década de 1970 La fotografía digital sustituye a las placas y películas fotográficas.

1998 El Sloan Digital Sky Survey inicia un mapa en 3D de las galaxias.

Fotografiar estrellas permite elaborar **mapas astronómicos** muy precisos.

Fotografiar estrellas exige **exposiciones largas**.

La **rotación de la Tierra** desenfoca las imágenes. Hace falta un **mecanismo de seguimiento preciso** para mover la cámara.

Los mapas revelan que las estrellas se mueven a **distinta velocidad** y en **distintas direcciones**.

Como muchos de los avances de la revolución científica (pp. 42–43), la teoría de la gravedad de Newton se basaba en la creencia de que el universo funcionaba como un mecanismo de relojería. En la década de 1880, David Gill, maestro relojero de Aberdeen (Escocia), aplicó la maquinaria de precisión con que fabricaba sus relojes a los telescopios astronómicos y, paradójicamente, demostró que las estrellas no se movían en absoluto con la exactitud esperada.

Gill fue uno de los pioneros de la astrofotografía. A mediados de la década de 1860, siendo todavía un astrónomo aficionado que trabajaba en el patio trasero de su padre, construyó una montura o trípode de seguimiento para su telescopio reflector de 30 cm, que utilizó para fotografiar la Luna con una claridad sin precedentes. Las fotografías le valieron el ingreso en la Royal Astronomical Society y, en 1872, su primer trabajo como astrónomo profesional en el Observatorio Dunecht de Aberdeen.

Véase también: El modelo de Brahe 44–47 ▪ Mapas estelares del hemisferio sur 79 ▪ Los objetos Messier 87 ▪ Telescopios espaciales 188–195 ▪ Un panorama digital del cielo 296 ▪ Isaac Roberts 336 ▪ Jacobus Kapteyn 337 ▪ E. E. Barnard 337

Gill acopló mecanismos de seguimiento a las monturas de los telescopios para que estos pudieran moverse en armonía casi perfecta con la rotación de la Tierra. Esto permitía que el instrumento permaneciera fijo y enfocado en un único punto del cielo. Gill no fue el primero que intentó fotografiar el cielo con telescopio, pero captar la tenue luz celeste requería varios minutos de exposición como mínimo, y el deficiente seguimiento de los primeros intentos hizo que las primeras fotografías de estrellas fueran, por lo general, borrones incomprensibles.

El cielo austral

En 1879, Gill se convirtió en el astrónomo jefe del Real Observatorio del Cabo de Buena Esperanza (Sudáfrica). Por entonces ya usaba el sistema de placa seca (una placa fotográfica recubierta de sustancias fotosensibles) más moderno, que empleó para captar el «Gran Cometa» que surcó el cielo del hemisferio sur en 1882.

Junto con el neerlandés Jacobus Kapteyn, Gill dedicó casi la totalidad de las dos décadas siguientes a crear un registro fotográfico del cielo austral. El resultado fue el *Cape Photographic Durchmusterung*, un catálogo que recogía la posición y la magnitud de casi medio millón de estrellas. Gill también fue una figura clave del proyecto *Carte du ciel* (Mapa del cielo), en el que colaboraban observatorios de todo el mundo, iniciado en 1887 con el objetivo de elaborar un mapa fotográfico de las estrellas definitivo. En este ambicioso y costoso proyecto, de varias décadas de duración, participaron equipos de computadores humanos que medían las placas a mano. Sin embargo, nuevos métodos y tecnologías lo dejaron desfasado antes de que pudiera completarse.

Frank McLean, un astrónomo amigo de David Gill, donó el telescopio McLean al Real Observatorio del Cabo en 1897. David Gill lo utilizó profusamente.

Aunque los mapas obtenidos con las técnicas fotográficas de Gill puedan no parecer gran cosa en la actualidad, a principios del siglo XX se convirtieron en el primer medio fiable de mostrar el movimiento propio de las estrellas cercanas en relación con las más distantes. Esta información resultó de un valor incalculable para medir las distancias estelares a gran escala y empezó a revelar a los expertos la verdadera escala de nuestra galaxia y del universo. ■

David Gill

Primogénito de un prestigioso relojero de Aberdeen, su destino era heredar el oficio paterno. Sin embargo, en la universidad de su ciudad fue alumno del gran físico James Clerk Maxwell, cuyas clases despertaron en él la pasión por la astronomía. Cuando le propusieron un empleo de astrónomo profesional en 1872, vendió el negocio familiar y se incorporó al Observatorio Dunecht (Aberdeen).

Además de su obra pionera en el campo de la astrofotografía, se le debe el perfeccionamiento del uso del heliómetro, un instrumento que permitía medir el paralaje estelar (p. 102). Sus mediciones, junto con los mapas astronómicos que confeccionó, ayudaron en gran medida a revelar las distancias entre las estrellas. Cuando dejó el Real Observatorio del Cabo en 1906, Gill ya era un astrónomo reconocido. Uno de sus últimos trabajos fue asesorar al gobierno sobre la aplicación de horarios para aprovechar la luz del día.

Obra principal

1896–1900 *Cape Photographic Durchmusterung* (con Jacobus Kapteyn).

MEDIR LAS ESTRELLAS CON PRECISION

EL CATÁLOGO ESTELAR

EN CONTEXTO

ASTRÓNOMO CLAVE
Edward C. Pickering
(1846–1919)

ANTES
1863 Angelo Secchi clasifica las estrellas según su espectro.

1872 El astrónomo aficionado estadounidense Henry Draper fotografía las líneas espectrales de Vega.

1882 David Gill empieza a explorar fotográficamente el cielo austral.

DESPUÉS
1901 Annie Jump Cannon crea, junto con Pickering, el esquema de clasificación de Harvard, base de la clasificación estelar.

1912 Henrietta Swan Leavitt establece una relación entre el periodo de las variables cefeidas y su distancia.

1929 Edwin Hubble mide la distancia a las galaxias cercanas utilizando las variables cefeidas.

Edward C. Pickering, director del Observatorio del Harvard College entre 1877 y 1906, sentó los cimientos de la astronomía estelar de precisión. Los estudios de las estrellas llevados a cabo por su equipo permitieron empezar a aprehender la verdadera escala del universo. Pickering combinó las técnicas más modernas de la astrofotografía con la espectroscopia (descomposición de la luz en las longitudes de onda que la componen) y la fotometría (medición del brillo de las estrellas) para recopilar un catálogo de estrellas que recogía tanto su ubicación como su magnitud y su tipo espectral. Para ello contó con la ayuda de las llamadas «computadoras» de Harvard, un grupo de mujeres con gran talento matemático a las que confió el procesamiento de la ingente cantidad de datos requerida por su ambicioso proyecto.

Una mujer no podía dedicarse a la astronomía, a no ser en Harvard en las décadas de 1880 y 1890. Y también allí era complicado.
William Wilson Morgan
Astrónomo estadounidense

En el Observatorio de Harvard trabajaron más de 80 computadoras, apodadas en la época «el harén de Pickering». La primera de ellas fue Williamina Fleming, que había sido criada de Pickering. Cuando asumió la dirección del observatorio, Pickering despidió a su ayudante, al que calificó de «ineficiente», y contrató a Fleming en su lugar. Otras notables computadoras fueron Antonia Maury, Henrietta Swan Leavitt y Annie Jump Cannon.

Color y brillo

Pickering contribuyó al catálogo estelar por partida doble. En 1882 desarrolló un innovador método que permitía fotografiar de manera simultánea varios espectros de estrellas haciendo pasar la luz de estas por un gran prisma que la proyectaba sobre placas fotográficas, y en 1886 diseñó un fotómetro meridiano, un instrumento que medía la magnitud aparente de las estrellas. Hasta

Véase también: El espectro del Sol 112 ▪ Características de las estrellas 122–127 ▪ Análisis de las líneas de absorción 128 ▪ Medir el universo 130–137

entonces, las magnitudes se habían registrado psicométricamente, es decir, comparando a simple vista el brillo de dos estrellas. Sin embargo, el fotómetro meridiano era mucho más preciso: el observador miraba la estrella objetivo junto a una de las varias estrellas con una luminosidad establecida e insertaba una cuña de calcita frente a la estrella conocida con objeto de reducir su magnitud hasta que ambas estrellas parecían tener el mismo brillo.

En 1886, Mary Draper, la viuda del pionero de la fotografía espectral Henry Draper, accedió a financiar la obra de Pickering en nombre de su marido, y en 1890 se publicó el catálogo Draper de espectros estelares. A continuación, Pickering inauguró un observatorio en Arequipa (Perú), para explorar el cielo austral y realizar el primer mapa fotográfico del cielo en su totalidad.

Junto con el trabajo realizado por las computadoras de Harvard, los datos de Pickering fueron la base del *Henry Draper Catalogue*, publicado en 1918, que contenía la clasificación espectral de 225 300 estrellas de todo el firmamento. ■

No sé si Dios es matemático, pero las matemáticas son el telar en el que Dios teje el universo.
Edward C. Pickering

Si bien muchas de las computadoras de Harvard poseían conocimientos de astronomía, no podían acceder a puestos académicos por ser mujeres. Cobraban como un trabajador no especializado.

Edward C. Pickering

Fue la figura dominante de la astronomía estadounidense a inicios del siglo XX. Muchos de los primeros pasos que llevaron al desarrollo de la astrofísica y la cosmología actuales se deben a las personas que contrató en el Observatorio de Harvard. Su actitud progresista respecto a la educación de la mujer y de su papel en la investigación no le impedía ejercer una rígida autoridad sobre su equipo. En más de una ocasión expulsó a investigadoras con las que no estaba de acuerdo y que luego se demostró que tenían razón, tal y como le sucedió a Antonia Maury, cuyo trabajo sobre los espectros estelares rechazó.

Al margen de su férrea dedicación profesional al ámbito académico, Pickering también era aficionado a las actividades al aire libre y fue uno de los fundadores del Appalachian Mountain Club, que se convirtió en una de las principales voces del movimiento de defensa de la naturaleza.

Obras principales

1886 *An Investigation in Stellar Photography.*
1890 *Draper Catalogue of Stellar Spectra.*
1918 *Henry Draper Catalogue.*

CLASIFICAR LAS ESTRELLAS POR SU ESPECTRO REVELA SU EDAD Y SU TAMAÑO

CARACTERÍSTICAS DE LAS ESTRELLAS

EN CONTEXTO

ASTRÓNOMO CLAVE
Annie Jump Cannon
(1863–1941)

ANTES
1860 Gustav Kirchhoff prueba que la espectroscopia permite identificar los elementos de las estrellas.

1863 Angelo Secchi clasifica las estrellas según su espectro.

1868 Pierre Janssen y Joseph Norman Lockyer descubren helio en el espectro solar.

1886 Edward Pickering empieza a compilar el catálogo Henry Draper con un fotómetro.

DESPUÉS
1910 El diagrama de Hertzsprung-Russell revela los tamaños de las estrellas.

1914 Walter Adams registra una enana blanca.

1925 Cecilia Payne Gaposchkin deduce que las estrellas constan sobre todo de hidrógeno y helio.

La astrónoma estadounidense Annie Jump Cannon fue la máxima autoridad en materia de espectros estelares a principios del siglo xx, y a su muerte, en 1941, fue calificada como «la astrónoma más notable del mundo». Su gran aportación fue la creación de la base del sistema de clasificación de los espectros estelares que aún hoy se utiliza.

En el Observatorio del Harvard College formó parte del equipo de «computadoras», un grupo de mujeres a las que Edward C. Pickering contrató para que colaboraran en la compilación de un nuevo catálogo estelar. El catálogo de Harvard, iniciado en la década de 1880 con la financiación de la viuda del astrofotógrafo Henry Draper, aspiraba a obtener el espectro de tantas estrellas como fuera posible, recurriendo a nuevas técnicas para recoger datos de todas las estrellas más brillantes que una magnitud concreta. Ya en la década de 1860, Angelo Secchi había presentado un sistema provisional para clasificar las estrellas a partir de su espectro. El equipo de Pickering modificó este sistema, y en 1924 el catálogo de Harvard contenía 225 000 estrellas.

> Cada sustancia emite sus propias vibraciones de longitudes de onda concretas, como si cantara su propia melodía.
> **Annie Jump Cannon**

Primeras propuestas

Williamina Fleming, la primera de las computadoras de Pickering, hizo el primer intento de clasificación más detallada y subdividió los tipos de Secchi en 13 grupos que etiquetó con las letras A a N (excluyendo la I), a las que luego añadió O, P y Q. En la siguiente fase, Antonia Maury, que trabajaba con datos de mejor calidad

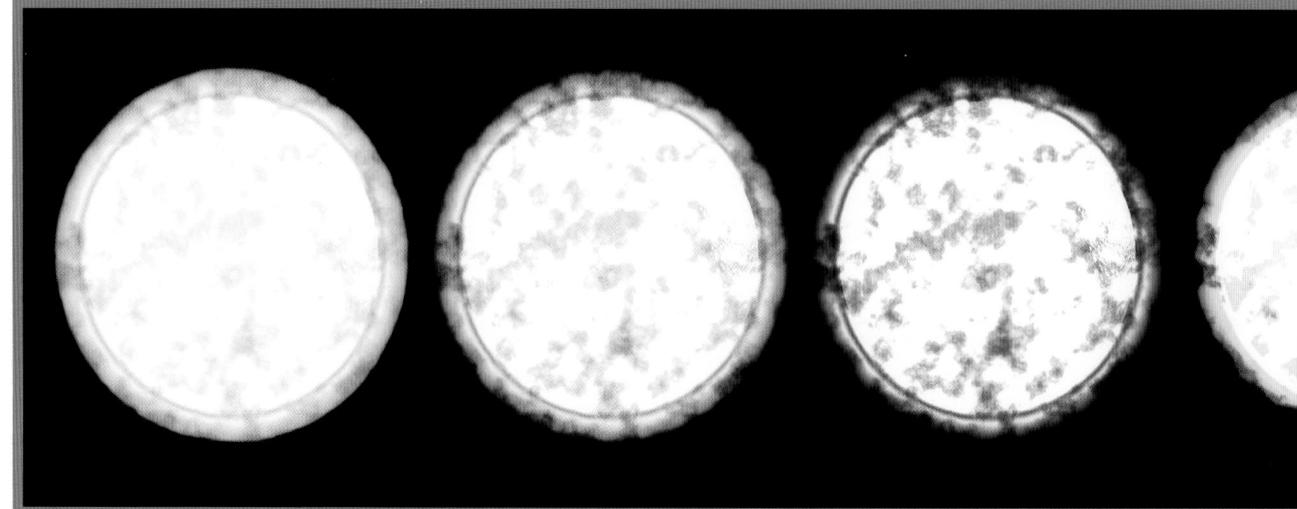

Los siete principales tipos de estrellas, categorizadas por su espectro y su temperatura, son, de izquierda a derecha y de más caliente a más fría: O, B, A, F, G, K y M.

Véase también: El espectro del Sol 112 ▪ Análisis de la luz de las estrellas 113 ▪ El catálogo estelar 120–121 ▪ Análisis de las líneas de absorción 128 ▪ Refinar la clasificación de las estrellas 138–139 ▪ La composición de las estrellas 162–163

obtenidos en observatorios de todo el mundo, detectó más variedad y diseñó un sistema más complejo, con 22 grupos designados con números romanos y subdivididos en tres grupos. Aunque a Pickering le preocupaba que un sistema tan detallado retrasara la compilación del catálogo, el enfoque de Maury fue crucial para el desarrollo del diagrama de Hertzsprung-Russell en 1910 y para los posteriores hallazgos sobre la evolución de las estrellas.

Cannon se incorporó al equipo en 1896 y empezó a trabajar en la siguiente parte del catálogo, que se publicó en 1901. Con la aprobación de Pickering y para simplificar, recuperó los tipos espectrales designados por letras, pero con otro orden.

Maury había observado que las estrellas de color similar presentan las mismas líneas de absorción en su espectro. También dedujo que la temperatura de una estrella es el principal factor que determina el aspecto de su espectro y ordenó sus tipos en una secuencia de mayor a menor temperatura. Cannon siguió la idea de Maury y abandonó algunas de las letras de Fleming, que resultaban innecesarias: la secuencia final fue O, B, A, F, G, K y M, basada en la presencia y la intensidad de líneas espectrales concretas, sobre todo las debidas al hidrógeno y al helio. Los estudiantes de astronomía anglófonos aún aprenden la secuencia con la regla mnemotécnica *«Oh, Be A Fine Girl, Kiss Me»* (Oh, sé buena chica y bésame), atribuida a Henry Norris Russell. En castellano se suele utilizar la menos frívola «Otros Buenos Astrónomos Fueron Galileo, Kepler, Messier».

Los **espectros** estelares abarcan una **amplia variedad** de tipos de estrellas.

El espectro de una estrella puede revelar su **temperatura**, **luminosidad** y **composición**.

Clasificar las estrellas por su espectro revela su edad y su tamaño.

El sistema de Harvard

El sistema de Cannon de 1901 sentó las bases de la clasificación espectral de Harvard. En 1912 lo amplió e introdujo varios subtipos más precisos, que llevaban un dígito del 0 al 9 tras la letra, siendo 0 el más caliente y 9 el más frío. Desde entonces se han añadido varios tipos más.

El sistema de Harvard clasifica las estrellas por su temperatura y no contempla ni la luminosidad ni el tamaño. En 1943, la clasificación de Yerkes, o MKK (por William Morgan, Philip Keenan y Edith Kellman, los »

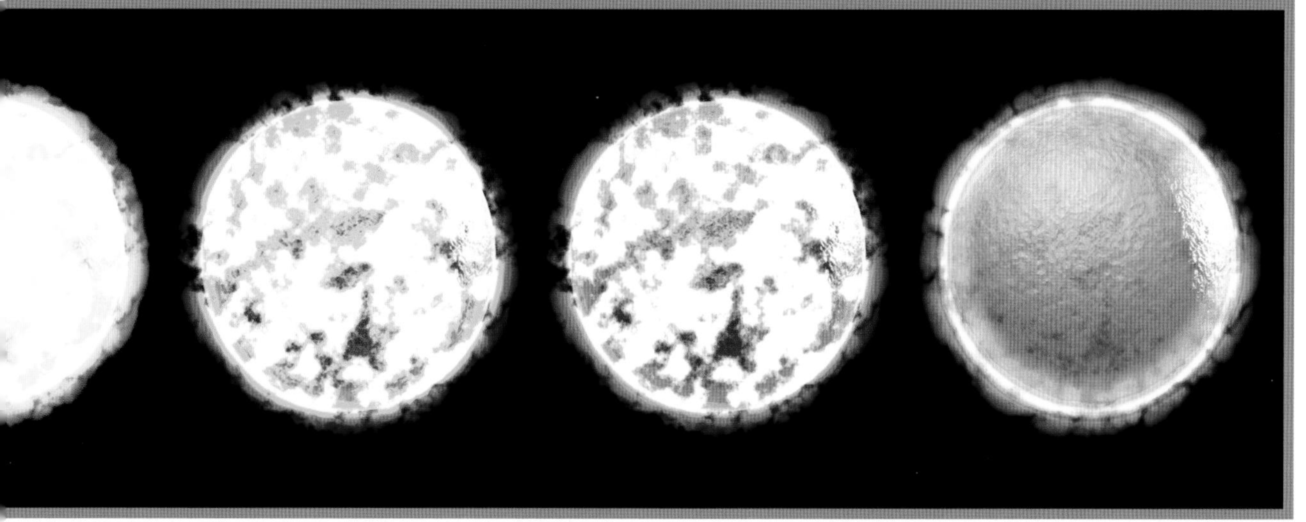

astrónomos del Observatorio Yerkes [Wisconsin] que la formularon), agregó la dimensión de la luminosidad denotada con números romanos, aunque también se emplean algunas letras.

La ventaja del sistema MKK es que indica el tamaño de una estrella además de su temperatura, por lo que permite describirla con términos más coloquiales, como enana blanca, gigante roja o supergigante azul. Las estrellas de la secuencia principal, incluido el Sol, son lo bastante pequeñas como para poder llamarlas enanas. El Sol es una estrella G2V: una enana amarilla cuya temperatura superficial ronda los 5800 K.

La intensidad de las líneas de absorción de cada elemento varía según la temperatura superficial de la estrella. Las líneas de los elementos más pesados son más prominentes en el espectro de las estrellas más frías.

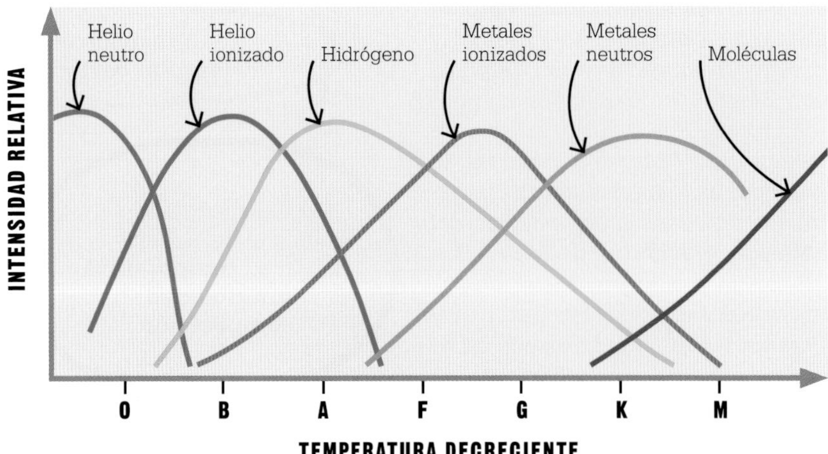

Tipos y características

Las estrellas más calientes, las de tipo O, tienen una temperatura superficial superior a 30 000 K. Gran parte de la radiación que emiten está en la parte ultravioleta del espectro y parece azul cuando se observa con luz visible. Son mayoritariamente gigantes, unas veinte veces más masivas que el Sol y con un diámetro unas diez veces mayor. Solo el 0,00003 % de las estrellas de la secuencia principal son tan calientes. Queman su combustible muy rápido y liberan enormes cantidades de energía. Como resultado, su esperanza de vida es corta y se mide en decenas de millones de años, frente a los miles de millones de las estrellas más frías. Las estrellas que integran este tipo tienen débiles líneas de hidrógeno en su espectro y una fuerte evidencia de helio ionizado, presente debido a las elevadas temperaturas.

El prisma nos ha revelado parte de la naturaleza de los cuerpos celestes, y la placa fotográfica ha registrado permanentemente la situación del cielo.
Williamina Fleming

Las estrellas de tipo B, cuya temperatura superficial se halla entre 10 000 y 30 000 K, son más brillantes en luz visible que las de tipo O, a pesar de ser más frías, debido a que una proporción mayor de su radiación se emite en forma de luz visible, lo que las hace «blanquiazules». Las estrellas enanas de tipo B son raras y suponen menos del 0,1 % de las estrellas de la secuencia principal. Cuando aparecen, las estrellas de tipo B son unas quince veces más masivas que el Sol. Cuentan con helio no ionizado en su espectro y más evidencias de hidrógeno. Como viven poco tiempo, se encuentran en nubes moleculares o en regiones de formación estelar, ya que no han tenido tiempo de alejarse mucho del lugar donde se formaron.

Las estrellas de tipo A de la secuencia principal son casi el doble de grandes que el Sol, y su temperatura superficial está entre 7500 y 10 000 K. Presentan líneas de hidrógeno intensas en su espectro y emiten un amplio espectro de luz visible, lo que las hace parecer blancas (con un matiz azulado). Por ello son fáciles de ver en el cielo nocturno. Algunas de ellas son Vega (en Lira), Gamma Ursae Mayoris (en la Osa Mayor) y Deneb (en Cisne). Solo el 0,625 % de las estrellas de la secuencia principal son de tipo A.

Estrellas que se enfrían

A medida que las estrellas enanas se enfrían, el hidrógeno de su espectro pierde intensidad. También presentan más líneas de absorción debidas a metales (en astronomía, todo elemento más pesado que el helio es un metal). No es que su composición sea distinta a la de estrellas más calientes, sino que el gas próximo a la superficie está más frío. En las más calientes, los átomos están demasiado ionizados para crear líneas de absorción. La temperatura superficial de las estrellas de tipo F es de entre

6000 y 7500 K. Algo mayores que el Sol, son enanas blanquiamarillas y suponen un 3 % de la secuencia principal. Su espectro contiene líneas de hidrógeno de intensidad media y líneas más intensas de hierro y calcio.

El tipo del Sol

Las estrellas enanas amarillas de tipo G, como el Sol, suponen el 8 % de la secuencia principal. Su temperatura superficial es de entre 5200 y 6000 K, y su espectro tiene líneas de hidrógeno débiles, con líneas metálicas más prominentes. Las enanas de tipo K son de color naranja y suponen el 12 % de la secuencia principal. Tienen una temperatura superficial de entre 3700 y 5200 K, y líneas de absorción de hidrógeno muy débiles, pero líneas metálicas muy intensas, por ejemplo, de manganeso, hierro y silicio. Las estrellas de tipo M son enanas rojas, las más abundantes en la secuencia principal (76 % del total), pero no son visibles a simple vista. Su temperatura superficial es de tan solo 2400 a 3700 K y su espectro contiene bandas de absorción de óxidos. Se cree que la mayoría de las enanas amarillas, naranjas y rojas tiene sistema planetario.

Clasificación ampliada

Hoy se distinguen más tipos de estrellas. Se cree que las de tipo W son supergigantes moribundas. Las de tipo C, o de carbono, son gigantes rojas en declive. Los tipos L, Y y T son objetos más fríos en una escala decreciente, desde las enanas rojas más frías hasta las enanas marrones, no lo bastante grandes ni calientes para ser consideradas estrellas. Finalmente, las enanas blancas son de tipo D. Se trata de los núcleos calientes de gigantes rojas que ya no realizan la fusión y se enfrían gradualmente. Deberían acabar desvaneciéndose convertidas en enanas negras, pero se cree que aún faltan mil billones de años para ello. ■

Una enana blanca en el centro de la nebulosa de la Hélice. Cuando agote su combustible, el Sol será una enana blanca.

Annie Jump Cannon

Nacida en Delaware (EE UU), Annie Jump Cannon era hija de un senador estatal, y fue su madre quien le infundió el amor por la astronomía. Estudió tanto física como astronomía en el Wellesley College, una universidad femenina. En 1884 se licenció y regresó al hogar familiar, donde permaneció durante diez años. Cuando su madre falleció en 1894, empezó a impartir clases en Wellesley y, dos años después, se unió al equipo de computadoras de Edward C. Pickering en el Observatorio de Harvard.

Las dificultades sociales que entrañaba su sordera la llevaron a sumergirse en su trabajo científico. Permaneció en Harvard durante el resto de su carrera, y se dice que clasificó 350 000 estrellas a lo largo de 44 años. A pesar de los muchos impedimentos con los que tuvo que lidiar debido a su condición de mujer, en 1938 finalmente fue nombrada profesora de Harvard. Unos años antes, en 1925, Cannon se convirtió en la primera doctora *honoris causa* por la Universidad de Oxford.

Obra principal

1918–1924 *Henry Draper Catalogue.*

HAY DOS TIPOS DE ESTRELLAS ROJAS

ANÁLISIS DE LAS LÍNEAS DE ABSORCIÓN

EN CONTEXTO

ASTRÓNOMO CLAVE
Ejnar Hertzsprung
(1873–1967)

ANTES
1866 Angelo Secchi crea la primera clasificación de estrellas en función de sus características espectrales.

Década de 1880 En Harvard, Edward Pickering y Williamina Fleming establecen un sistema de clasificación más detallado.

Década de 1890 Antonia Maury desarrolla su propio sistema teniendo en cuenta las diferencias de amplitud y definición de las líneas espectrales.

DESPUÉS
1913 Henry Norris Russell crea un diagrama, parecido al de Hertzsprung, que contrapone la magnitud absoluta (brillo intrínseco) de las estrellas y su tipo espectral. Más tarde se conocerá como diagrama de Hertzsprung-Russell.

A finales del siglo XIX y principios del XX, Edward Pickering y sus colaboradores llevaron a cabo un extenso trabajo de clasificación de los espectros estelares. Catalogaron el rango de las longitudes de onda de la luz procedente de las estrellas que, entre otra información, contiene líneas de absorción oscuras que indican la presencia de elementos concretos en la atmósfera de una estrella.

Antonia Maury, ayudante de Pickering, desarrolló su propio sistema de clasificación, que contemplaba las diferencias de amplitud de las líneas de absorción de los espectros de las estrellas, y vio que algunos de estos, a los que denominó «c», tenían líneas nítidas y estrechas. El astrónomo danés Ejnar Hertzsprung usó el sistema de Maury y vio que las estrellas con espectro de «tipo c» eran mucho más luminosas que el resto.

Estrellas rojas brillantes y tenues

Hertzsprung descubrió que las estrellas que Maury había identificado como «tipo c» eran radicalmente distintas de otras de la misma categoría. Por ejemplo, entre las de tipo M (estrellas rojas), las de «tipo c» eran muy luminosas, de masa elevada y relativamente raras: hoy se les llama gigantes o supergigantes rojas, según su tamaño. Casi todas las restantes de tipo M «no c» eran estrellas tenues con poca masa, hoy llamadas enanas rojas. Una distinción similar se aplicó a las estrellas de tipo K (naranjas). ■

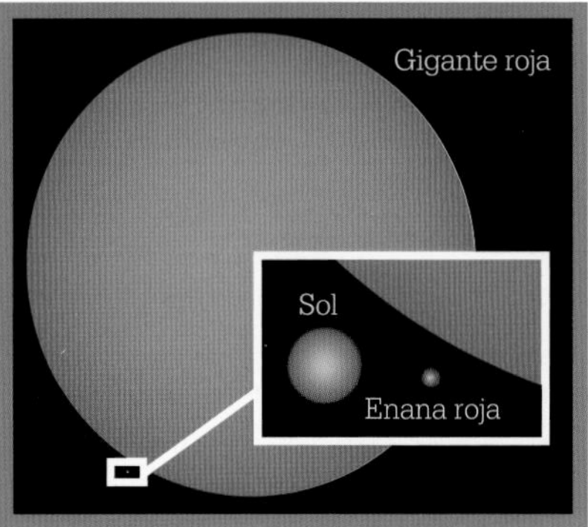

El diámetro de una gigante roja típica es unas 50 veces mayor que el del Sol y 150 veces mayor que el de una enana roja típica. Sin embargo, solo es unas 8 o 10 veces más masiva que una enana roja.

Véase también: Análisis de la luz de las estrellas 113 ▪ El catálogo estelar 120–121 ▪ Características de las estrellas 122–127 ▪ Refinar la clasificación de las estrellas 138–139

LAS MANCHAS SOLARES SON MAGNETICAS

PROPIEDADES DE LAS MANCHAS SOLARES

EN CONTEXTO

ASTRÓNOMO CLAVE
George Ellery Hale
(1868–1938)

ANTES
800 A.C. En China, la aparición de manchas oscuras en el Sol queda registrada en el *Libro de las mutaciones (I Qing).*

1600 El inglés William Gilbert descubre que la Tierra tiene campo magnético.

1613 Galileo demuestra que las manchas son características de la superficie solar.

1838 Samuel Heinrich Schwabe detecta que el número de manchas solares vistas cada año sigue un ciclo.

1904 Edward y Annie Maunder publican pruebas de un ciclo de manchas solares de 11 años.

DESPUÉS
1960 Robert Leighton introduce la heliosismología, el estudio del movimiento de la superficie solar.

El joven estadounidense George Hale tenía solo 14 años cuando su padre le compró su primer telescopio y 20 cuando le construyó un observatorio en la finca familiar. Dos años después, en el MIT, Hale diseñó un nuevo espectroheliógrafo, un instrumento que permite ver la superficie del Sol, longitud de onda a longitud de onda, y que usó para investigar las líneas espectrales de las manchas solares.

Años después organizó la construcción de algunos de los mayores telescopios del mundo en la época, como el telescopio Hale de 150 cm en el Observatorio de Monte Wilson (California) en 1908, financiado con una donación de su padre. Ese mismo año, en Monte Wilson, tomó imágenes nítidas de manchas solares en una longitud de onda de color rojo oscuro emitida por hidrógeno. Las imágenes moteadas le recordaron el dibujo del campo de fuerza que trazan las limaduras en torno a un imán y eso le llevó a buscar indicios del efecto Zeeman en la luz procedente de las manchas solares.

Este efecto, que el físico neerlandés Pieter Zeeman vio por primera vez en 1896, consiste en la división de las líneas espectrales causada por la presencia de un campo magnético. Las líneas espectrales de la luz de las manchas solares estaban divididas, lo que hizo pensar a Hale que estas eran tormentas magnéticas giratorias sobre la superficie del Sol. ■

En este magnetograma, obtenido usando el efecto Zeeman, se muestran las variaciones de intensidad del campo magnético del Sol. Las distintas marcas corresponden a manchas solares.

Véase también: El telescopio de Galileo 56–63 ■ La superficie del Sol 103 ■ Las vibraciones del Sol 213 ■ Annie Scott Dill Maunder 337

LA CLAVE PARA UNA ESCALA DE DISTANCIAS COSMICAS

MEDIR EL UNIVERSO

EN CONTEXTO

ASTRÓNOMO CLAVE
Henrietta Swan Leavitt
(1868–1921)

ANTES

1609 El pastor luterano alemán David Fabricius descubre la estrella variable pulsante Mira.

1638 El astrónomo neerlandés Johannes Holwarda observa la variación del brillo de Mira en un periodo regular de 11 meses.

1784 John Goodricke descubre una variación periódica en la estrella Delta Cephei, prototipo de variable cefeida.

1838 Friedrich Bessel mide la distancia a la estrella 61 Cygni con el método del paralaje.

DESPUÉS

1916 Arthur Eddignton estudia por qué pulsan las cefeidas.

1924 Edwin Hubble utiliza las observaciones de una cefeida en Andrómeda para calcular su distancia.

Una de las mediciones más importantes y, con frecuencia, más difíciles, que realizan los astrónomos es la de la distancia a objetos increíblemente remotos, es decir, la mayoría de los objetos celestes aparte de la Luna, el Sol y otros planetas del Sistema Solar interior. La dificultad de dichas mediciones radica en que no existe nada en la luz procedente de las estrellas y las galaxias lejanas que indique directamente la distancia que ha recorrido a través del espacio hasta llegar a nuestro planeta.

Durante cientos de años, los expertos supieron que debía ser posible medir la distancia a estrellas relativamente cercanas mediante el método del paralaje. Este procedimiento se basa en comparar la posición de una estrella cercana respecto al fondo de estrellas más lejanas desde dos puntos de observación, por lo general las posiciones que ocupa la Tierra en su órbita en torno al Sol con seis meses de diferencia. Aunque muchos lo habían intentado (sin éxito) antes que él, el primer astrónomo que consiguió medir con precisión la distancia a una estrella siguiendo este método fue Friedrich Bessel, en 1838. Sin embargo, incluso con unos telescopios cada vez más potentes, medir la distancia a las estrellas utilizando el paralaje seguía resultando muy complicado, y en 1900 únicamente se había podido medir la distancia a unas 60. Es más, el método del paralaje solo podía aplicarse a las estrellas más cercanas. En el caso de las más distantes, la diferencia de perspectiva a lo largo de un año era tan pequeña que resultaba imposible llevar a cabo una medición precisa. Por lo tanto, era de vital importancia encontrar nuevos métodos para medir grandes distancias espaciales.

Se detectará una relación significativa entre el brillo de estas variables (cefeidas) y la longitud de sus periodos.
Henrietta Swan Leavitt

Henrietta Swan Leavitt

Henrietta Swan Leavitt empezó a mostrar un vivo interés por la astronomía mientas estudiaba en el Radcliffe College de Cambridge (Massachusetts). Tras licenciarse contrajo una grave enfermedad que le provocó una sordera progresiva. Entre 1894 y 1896, y de nuevo a partir de 1902, Leavitt trabajó en el Observatorio del Harvard College. Logró descubrir más de 2400 estrellas variables y cuatro novas. Además de su destacado trabajo sobre las variables cefeidas, desarrolló el estándar de medidas fotográficas hoy conocido como estándar de Harvard.

A pesar de que, debido a los prejuicios de la época, nunca tuvo la oportunidad de utilizar plenamente su extraordinaria inteligencia, uno de sus colegas dijo de ella que «poseía la mejor mente del Observatorio».

Recordada como seria, muy trabajadora y «poco dada a la frivolidad», Leavitt trabajó en el Observatorio hasta que, en 1921, falleció víctima del cáncer.

Obra principal

1908 *1777 Variables in the Magellanic Clouds.*

Véase también: Un nuevo tipo de estrella 48–49 ▪ El paralaje estelar 102 ▪ El catálogo estelar 120–121 ▪ Análisis de las líneas de absorción 128 ▪ La fusión nuclear en las estrellas 166–167 ▪ Más allá de la Vía Láctea 172–177 ▪ Telescopios espaciales 188–195

Las variables cefeidas investigadas por Leavitt están en las Nubes de Magallanes, que actualmente se sabe que son galaxias y se encuentran fuera de la Vía Láctea. La Gran Nube de Magallanes se halla a unos 160 000 años luz, y la Pequeña Nube de Magallanes, a unos 200 000. Al igual que la Vía Láctea, ambas pertenecen al cúmulo galáctico llamado Grupo Local.

Medir el brillo

A lo largo de la década de 1890 y principios de la de 1900, el Observatorio del Harvard College, en Massachusetts, era uno de los centros de investigación astronómica más importantes del mundo. Bajo la supervisión de su director, Edward C. Pickering, el Observatorio empleó a muchos hombres para que construyeran instrumentos y fotografiaran el cielo nocturno, y a varias mujeres cuya labor era examinar las placas fotográficas obtenidas por telescopios de todo el mundo, medir el brillo de los objetos captados y realizar cálculos a partir de su evaluación de las placas. Pese a que estas mujeres apenas tenían oportunidades para llevar a cabo un trabajo teórico en el Observatorio, algunas de ellas –entre las que destacan Williamina Fleming, Henrietta Swan Leavitt, Antonia Maury y Annie Jump Cannon– dejaron un importante legado.

Henrietta Swan Leavitt, que se incorporó al Observatorio como voluntaria no remunerada en 1894, terminó convirtiéndose en la directora del departamento de fotometría fotográfica. Aunque la labor de Leawitt consistía básicamente en medir el brillo de las estrellas, un aspecto específico de su trabajo era identificar estrellas cuyo brillo fluctuaba, llamadas estrellas variables. Para ello comparaba placas fotográficas de la misma parte del cielo tomadas en distintas fechas. De vez en cuando encontraba una estrella que brillaba más en unas placas que en otras, lo que indicaba que era una variable.

Cúmulos variables

Una de las tareas encomendadas a Leavitt fue el examen de algunas placas fotográficas de las estrellas de la Pequeña Nube de Magallanes (PNM) y de la Gran Nube de Magallanes (GNM). En aquella época se creía que tanto la PNM como la GNM eran grandes cúmulos de estrellas de la Vía Láctea, de la que, además, se pensaba que comprendía todo el universo. Actualmente se sabe que son galaxias independientes y relativamente pequeñas. Las Nubes de Magallanes son visibles a simple vista en el cielo nocturno del hemisferio sur, pero no pueden verse jamás desde Massachusetts, donde Leavitt vivía y trabajaba. Por lo tanto, aunque examinó múltiples placas fotográficas de la GNM y la PNM obtenidas por los astrónomos de un observatorio de Perú, resulta muy poco probable que las viera nunca en el cielo.

Tras varios años de trabajo, Leavitt había logrado encontrar 1777 variables en la GNM y la PNM. Entre ellas se hallaba un tipo que le llamó la atención y que representaba una »

El descubrimiento de 1777 estrellas variables en las Nubes de Magallanes fue uno de los mayores logros de Henrietta Leavitt.

Solon I. Bailey

Colega de Leavitt

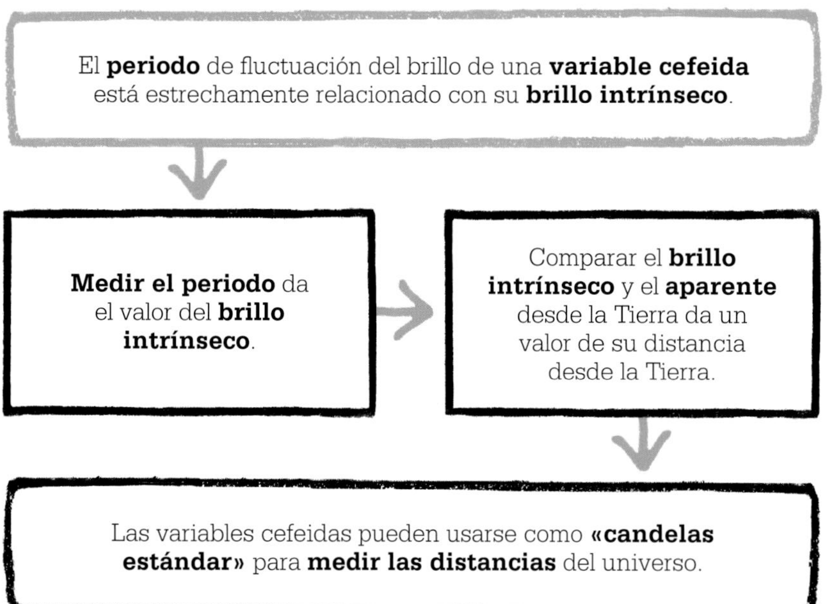
El **periodo** de fluctuación del brillo de una **variable cefeida** está estrechamente relacionado con su **brillo intrínseco**.
Medir el periodo da el valor del **brillo intrínseco**.
Comparar el **brillo intrínseco** y el **aparente** desde la Tierra da un valor de su distancia desde la Tierra.
Las variables cefeidas pueden usarse como **«candelas estándar»** para **medir las distancias** del universo.

pequeña proporción del total (47 de las 1777): las variables cefeidas, a las que Leavitt dio el nombre de «variables cumulares». Son estrellas cuyo brillo varía regularmente con una periodicidad (longitud del ciclo) que puede ir desde un día hasta más de 120. Reconocerlas es relativamente sencillo, porque se trata de unas de las variables más brillantes y tienen una curva de luz característica, que muestra un aumento del brillo bastante rápido seguido de una atenuación más lenta. Actualmente, se sabe que son gigantes amarillas que «pulsan» (a lo largo del periodo no solo varía su brillo, sino también su diámetro) y que son bastante raras. También presentan un brillo medio excepcionalmente elevado, lo que significa que destacan incluso entre otras galaxias. Leavitt examinó sus registros de variables cefeidas tanto de la GNM como de la PNM y detectó algo que le pareció importante. Las cefeidas con periodos más largos parecían tener un brillo medio superior al de las que tenían periodos más cortos. En otras palabras, existía una relación entre el ritmo al que las cefeidas «parpadeaban» y su brillo. Leavitt dedujo correctamente que, como las cefeidas que estaba comparando se encontraban en la misma nebulosa distante (ya fuera la GNM o la PNM), tenían que estar más o menos a la misma distancia de la Tierra. Por lo tanto, cualquier diferencia de su brillo visto desde la Tierra (su magnitud aparente) estaba directamente relacionada con diferencias de su brillo verdadero o intrínseco (su magnitud absoluta). Esto significaba que existía una relación definitiva entre el periodo de las variables cefeidas y su brillo intrínseco promedio, o su luminosidad óptica (el ritmo al que emiten energía luminosa).

Se puede trazar una línea recta entre cada una de las dos series de puntos que corresponden a los máximos y los mínimos, lo que demuestra que hay una relación simple entre el brillo de las variables y sus periodos.

Henrietta Swan Leavitt

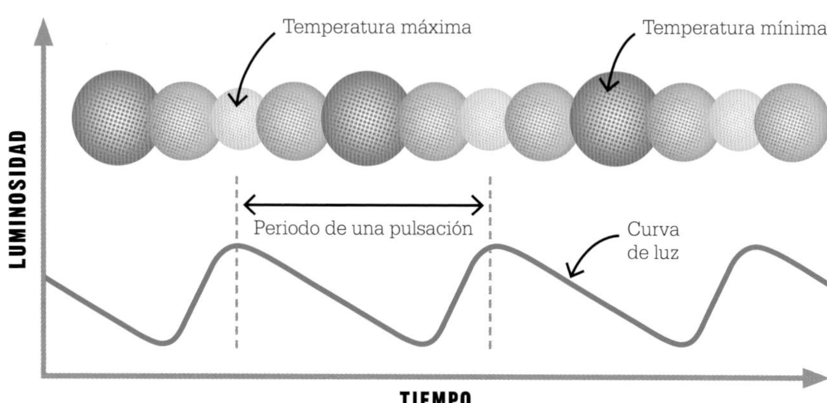
Temperatura máxima
Temperatura mínima
LUMINOSIDAD
Periodo de una pulsación
Curva de luz
TIEMPO

Las variables cefeidas pertenecen a un grupo de estrellas llamadas variables pulsantes, que se expanden y se contraen siguiendo un ciclo regular durante el cual su brillo varía también con regularidad. Alcanzan la temperatura y el brillo máximos poco después de llegar a la fase de mayor contracción. El gráfico de las variaciones de la luminosidad de la estrella a lo largo del tiempo se llama curva de luz.

Brillo y magnitud de las estrellas

Magnitud aparente. Se trata del brillo de una estrella vista desde la Tierra.

Magnitud visual absoluta. Es el brillo de una estrella vista desde una distancia determinada e indica su brillo verdadero o intrínseco.

Luminosidad óptica. Es el ritmo al que una estrella emite energía luminosa desde su superficie y se relaciona estrechamente con su magnitud visual absoluta.

Leavitt publicó sus conclusiones iniciales en un artículo que apareció por primera vez en los *Anales del Observatorio astronómico del Harvard College* en 1908. Posteriormente, en 1912 y tras haber llevado a cabo más estudios que incluían gráficos de los periodos de las variables cefeidas de la PNM comparados con los valores de sus brillos máximo y mínimo, confirmó con mayor detalle su descubrimiento, conocido como relación periodo-luminosidad: el logaritmo del periodo de una variable cefeida está linealmente (directamente) relacionado con el brillo promedio de la estrella.

Desarrollo del trabajo de Leavitt

Aunque es posible que inicialmente Leavitt no fuera consciente de todas las implicaciones que su hallazgo suponía, acababa de descubrir una herramienta extraordinariamente valiosa para medir las distancias del universo y que superaba las limitaciones del paralaje. Las variables cefeidas se convirtieron en las primeras «candelas estándar», objetos celestes cuya luminosidad se conoce y que, por lo tanto, pueden servir para medir grandes distancias en el espacio.

El danés Ejnar Hertzsprung fue uno de los primeros astrónomos en comprender la enorme importancia del descubrimiento realizado por Leavitt. Entendió que, midiendo su periodo, se podría determinar la luminosidad y el brillo intrínseco de cualquier variable cefeida; a partir de ahí, la comparación del brillo intrínseco y la magnitud aparente (el brillo promedio medido desde la Tierra) debería permitir calcular a qué distancia de la Tierra se encuentra. Mediante este proceso también se podría determinar la distancia a cualquier otro objeto que contuviera una o más variables cefeidas.

Sin embargo, todavía quedaba un problema por resolver: aunque Leavitt había establecido la importante relación periodo-luminosidad, al principio esto solo prometía la posibilidad de desarrollar un sistema para medir la distancia a objetos remotos relativa a la de la PNM. Esto se debía a que Leavitt no disponía de información precisa sobre la distancia a la PNM ni de datos precisos sobre el brillo intrínseco de cualquier variable cefeida.

Calibrar las variables

Para convertir el descubrimiento de Leavitt en un sistema que sirviera para determinar distancias absolutas, y no solo relativas, había que calibrarlo de algún modo. Para ello era preciso medir con precisión la distancia a varias variables cefeidas, así como su brillo intrínseco. Hertzsprung se propuso determinar la distancia a una serie de cefeidas de la Vía Láctea por medio de un complejo método conocido como paralaje estadístico, que consiste en calcular el movimiento promedio de un grupo de estrellas que se asume que se encuentran a una distancia del Sol similar.

Una vez obtenidas las distancias, calcular el brillo intrínseco de las variables cefeidas cercanas resultaba un paso sencillo. A continuación, Herztsprung utilizó esos valores para calibrar la escala, que a su vez le permitió también calcular la distancia a la PNM y el brillo intrínseco de todas las cefeidas de Leavitt que contiene. »

Por la calidad de su trabajo, estaría dispuesto a pagarle la hora a 30 centavos, aunque nuestro precio habitual en estos casos es de 25 centavos.
Edward C. Pickering

Leavitt dejó un legado de grandes descubrimientos astronómicos.
Solon I. Bailey

Tras estas calibraciones, Hertzsprung pudo establecer un sistema para determinar la distancia a cualquier variable cefeida a partir de tan solo dos datos: su periodo y su magnitud aparente.

Más aplicaciones

No hubo que esperar mucho tiempo para que los descubrimientos de Leavitt, posteriormente refinados por Hertzsprung, condujeran a resultados importantes para la comprensión de la escala del universo. Entre 1914 y 1918, el astrónomo estadounidense Harlow Shapley (que también demostró que las cefeidas son estrellas pulsantes) fue uno de los primeros en utilizar el recién desarrollado concepto de que conocer el periodo y el brillo aparente de una estrella variable permitía calcular la distancia a la que esta se encuentra. Shapley descubrió que unos objetos denominados cúmulos globulares (todos pertenecientes a la Vía Láctea) se hallaban distribuidos formando aproximadamente una esfera cuyo centro estaba en dirección a la constelación de Sagitario. El hallazgo le permitió concluir que el centro de la Vía Láctea está a una distancia considerable (decenas de miles de años luz) en dirección a Sagitario y que el Sol no se encuentra, como se suponía hasta ese momento, en el centro de la galaxia. Las investigaciones llevadas a cabo por Shapley condujeron a la primera estimación realista del verdadero tamaño de la Vía Láctea, un hito fundamental en la astronomía galáctica.

La estrella RS Puppis es una de las variables cefeidas más brillantes de la Vía Láctea. Se encuentra a unos 6500 años luz de la Tierra, y su periodo de variabilidad es de 41,4 días.

Hasta la década de 1920, un importante número de científicos (incluido Harlow Shapley) consideraban que la Vía Láctea era todo el universo. Había quien creía lo contrario, pero nadie había conseguido demostrar de manera concluyente cuál de las dos posturas era la correcta. En 1923, el astrónomo estadounidense Edwin Hubble, que disponía de la tecnología telescópica más avanzada de la época, encontró en la nebulosa de Andrómeda una variable cefeida que le permitió medir su distancia. Esto llevó directamente a la confirmación de que dicha nebulosa era una gran galaxia situada más allá de la Vía Láctea. Más tarde se utilizaron cefeidas de un modo similar con objeto de demostrar que la Vía Láctea tan solo es una de las innumerables galaxias que contiene el universo. El estudio de las cefeidas también permitió a Hubble descubrir la relación existente entre la distancia y la velocidad de recesión de las galaxias, que llevó a la confirmación de que el universo está en expansión.

Revisión de la escala

En la década de 1940, cuando trabajaba en el Observatorio de Monte Wilson, en California, el astrónomo alemán Walter Baade pudo observar las estrellas del centro de la galaxia de Andrómeda en condiciones de visibilidad mejoradas gracias a los cortes de electricidad durante la Segunda Guerra Mundial. Distinguió dos poblaciones, o grupos, de variables cefeidas que tenían relaciones de periodo-luminosidad distintas. El hallazgo hizo que se revisara drásticamente la escala de distancias extragalácticas. Por ejemplo, se descubrió que la distancia entre la galaxia de Andrómeda y la Vía Láctea era en realidad el doble de la que había calculado Hubble. Baade anunció sus conclusiones en la Unión Astronómica Internacional en 1952. Los dos grupos de cefeidas recibieron el nombre de clásicas y de tipo II, respectivamente, y comenzaron a usarse de manera diferente en la medición de distancias.

En la actualidad, las cefeidas clásicas se utilizan para determinar la distancia de galaxias que se encuentran hasta unos cien millones de años luz, mucho más allá del grupo de galaxias local. También se han utilizado para aclarar muchas características de la Vía Láctea, como su estructura espiral y la distancia entre el Sol y el plano de la galaxia. Las de tipo II se han utilizado para medir la distancia al centro galáctico y a cúmulos globulares.

La medición de la distancia a variables cefeidas a fin de calibrar con mayor precisión las relaciones periodo-luminosidad sigue siendo sumamente importante a día de hoy, y fue una de las misiones principales del proyecto del telescopio espacial Hubble cuando se lanzó, en 1990. Entre otras cuestiones, mejorar la calibración es crucial para el cálculo de la edad del universo. Más de un siglo después, el trabajo desarrollado por Leavitt sigue teniendo sustanciales repercusiones para la astronomía a la hora de comprender la verdadera escala del cosmos. ■

La escasa consideración de su trabajo por Hubble es un ejemplo de la indiferencia y la falta de reconocimiento profesional y público que sufrió Leavitt pese a su crucial descubrimiento.

Pangratios Papacosta
Historiador de la ciencia

Versión simplificada de los mecanismos que causan la fluctuación de tamaño de las variables cefeidas: las fuerzas de presión dentro de una estrella son la presión del gas, mantenida por la producción de calor desde el núcleo, y la presión de radiación. Otro mecanismo posible es el cambio cíclico de opacidad (resistencia a la transmisión de radiación) del gas de las capas más externas de la estrella.

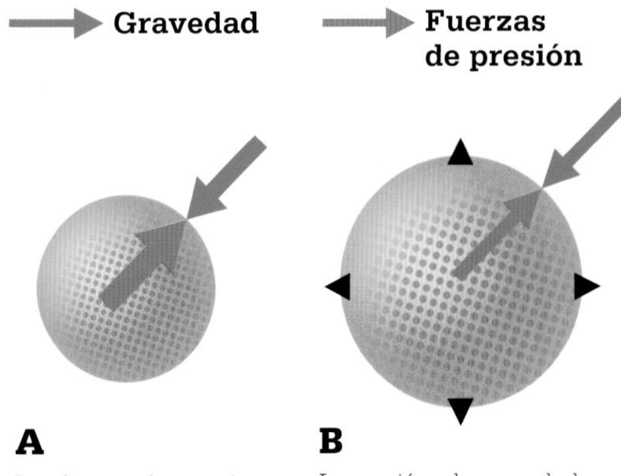

A
Las fuerzas de presión superan la gravedad. La estrella comienza a expandirse.

B
La presión y la gravedad están equilibradas, pero la inercia hace que la estrella siga expandiéndose.

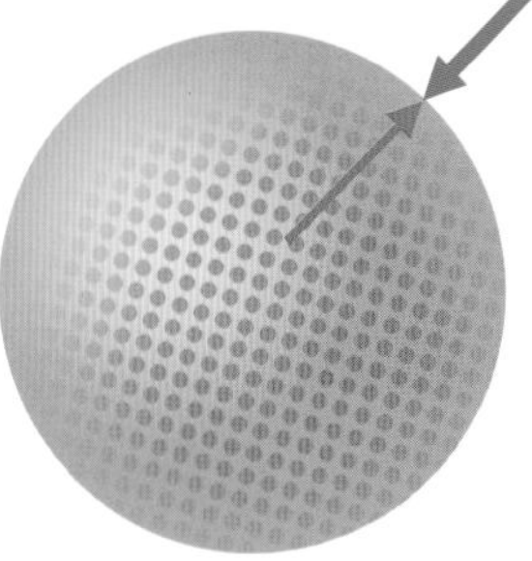

C
La expansión continua hace que las fuerzas de presión disminuyan, al igual que la gravedad (en menor medida). Al final, la gravedad supera las fuerzas de presión, y la estrella deja de expandirse y empieza a contraerse.

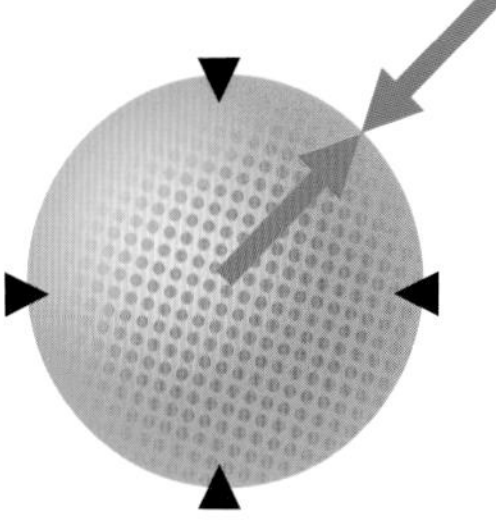

D
La presión y la gravedad vuelven a estar equilibradas, pero la inercia hace que la estrella siga contrayéndose.

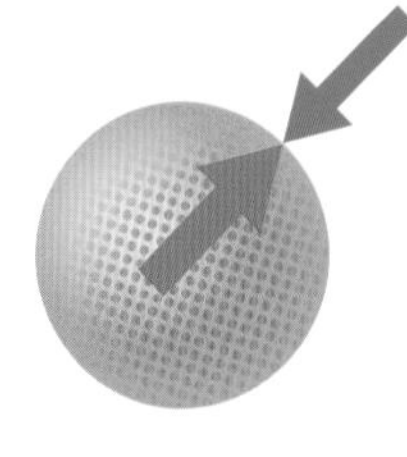

E
A medida que la estrella se contrae, las fuerzas de presión aumentan hasta que superan la gravedad. La estrella deja de contraerse, vuelve a expandirse e inicia otro ciclo de pulsación.

LAS ESTRELLAS SON GIGANTES O ENANAS

REFINAR LA CLASIFICACIÓN DE LAS ESTRELLAS

EN CONTEXTO

ASTRÓNOMO CLAVE
Henry Norris Russell
(1877–1957)

ANTES
1901 Annie Jump Cannon introduce los tipos espectrales O, B, A, F, G, K y M a partir de la temperatura superficial de las estrellas.

1905 Ejnar Hertzsprung analiza espectros estelares y concluye que algunos tipos espectrales comprenden dos tipos de estrellas fundamentalmente distintas, unas mucho más luminosas que las otras.

DESPUÉS
1914 Walter Adams descubre estrellas enanas blancas, muy calientes, pero relativamente tenues.

1933 El astrónomo danés Bengt Strömgren denomina al gráfico que relaciona magnitudes absolutas y tipos espectrales de las estrellas «diagrama de Hertzsprung-Russell».

Las estrellas azules son más brillantes que las amarillas, que son más brillantes que las naranjas/rojas. Todas son **estrellas enanas**.

Algunas estrellas **excepcionalmente brillantes** no siguen esta norma. Son las **estrellas gigantes**.

Las estrellas aparecen en **dos grupos** en un diagrama de **su luminosidad y su temperatura**.

Las estrellas son gigantes o enanas.

Hacia 1912, Henry Russell comenzó a comparar la magnitud absoluta (brillo verdadero) de las estrellas y su color (tipo espectral). Hasta principios del siglo XX, nadie pensó que los distintos tipos de estrellas pudieran relacionarse en un esquema general, aunque diferían en ciertas propiedades, como el color. Algunas brillan con luz blanca y otras tienen colores definidos: muchas son rojizas o azules, y otras, como el Sol, amarillas. En 1900, Max Planck describió matemáticamente y con precisión cómo la combinación de las longitudes de onda de la luz emitida por objetos calientes, y por tanto, su color, varía en función de la temperatura. Es decir, el color de una estrella tiene que ver con su temperatura superficial: las estrellas rojas tienen la superficie más fría, y las azules, la más caliente. En 1910 se creía que las estrellas correspondían a tipos espectrales determinados en función de su color y su temperatura superficial.

La otra característica obvia que diferencia las estrellas es su brillo, que ha permitido clasificarlas desde la Antigüedad. Las clasificaciones iniciales se convirtieron en la escala de magnitud aparente, que puntuaba las estrellas en función de su as-

Véase también: Análisis de la luz de las estrellas 113 ▪ Características de las estrellas 122–127 ▪ Análisis de las líneas de absorción 128 ▪ Medir el universo 130–137 ▪ Descubrimiento de las enanas blancas 141 ▪ La composición de las estrellas 162–163

pecto desde la Tierra. Sin embargo, se sabía que para conocer el brillo absoluto de una estrella debía considerarse la distancia: cuanto más lejos esté de la Tierra, más tenue parecerá. A partir de mediados del siglo XIX empezaron a calcularse distancias razonablemente precisas a algunas estrellas, cuya magnitud absoluta pudo determinarse.

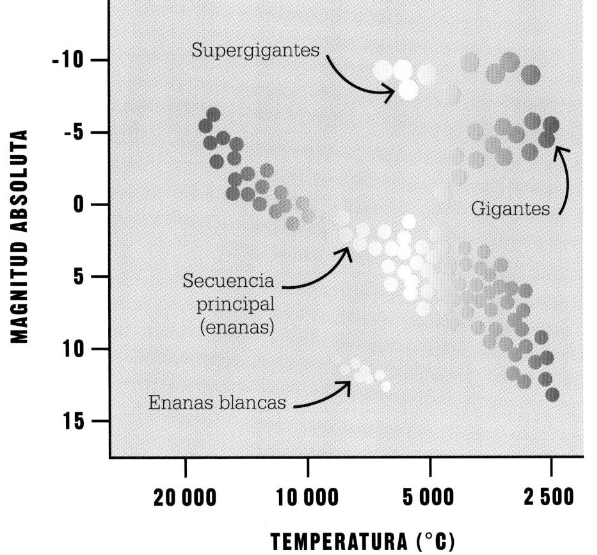

El diagrama de Hertzsprung-Russell muestra la distribución de las estrellas por magnitud absoluta y tipo espectral. El diagrama fue la base de las teorías sobre la evolución de las estrellas. (En la escala de magnitud absoluta, cuanto menor es la cifra mayor es la magnitud.)

El hallazgo de Russell

Russell halló una relación clara entre la mayoría de las estrellas. Las calientes azules y blancas (tipos B y A) suelen tener magnitudes absolutas superiores a las de las blancas y amarillas, más frías (tipos F y G), mientras que las blancas y amarillas poseen magnitudes absolutas superiores a las de las naranjas y rojas (clases K y M). Sin embargo, algunas estrellas rojas, naranjas y amarillas excepcionalmente brillantes incumplían esta norma. Eran las estrellas «gigantes».

Russell contrapuso las magnitudes absolutas de las estrellas y sus tipos espectrales en un diagrama de dispersión que publicó en 1913. Desconocía que, un par de años antes, el químico y astrónomo danés Ejnar Hertzsprung realizó un ejercicio similar, y hoy el diagrama se denomina diagrama de Hertzsprung-Russell. Este divide en dos grupos las estrellas: uno de brillantes estrellas gigantes y otro mucho mayor de estrellas normales a lo largo de una franja diagonal. Russell llamó a estas últimas «enanas», mientras que Hertzsprung se había referido a ellas como estrellas de la secuencia principal. Las recién descubiertas enanas blancas, calientes pero tenues, se añadieron al diagrama luego y formaron un tercer grupo. Hoy se sabe que la mayoría de las estrellas pasa gran parte de su vida en la secuencia principal y que algunas evolucionan y se convierten en gigantes o en supergigantes. ■

Henry Norris Russell

H. N. Russell nació en Oyster Bay (Long Island, Nueva York) en 1877. Con tan solo cinco años de edad, sus padres le sugirieron que observara el tránsito de Venus sobre el disco solar, y el fenómeno hizo nacer en él un vivo interés por la astronomía. Se doctoró en astronomía en la Universidad de Princeton con un brillante análisis de cómo Marte altera la órbita del asteroide Eros. Entre 1903 y 1905 trabajó para el Observatorio de Cambridge (Inglaterra) y se centró en la fotografía de las estrellas, las estrellas binarias y el paralaje estelar. En 1905 fue nombrado instructor de astronomía en la Universidad de Princeton, y en 1911 pasó a ser profesor. Solo un año más tarde, Russell comenzó a dirigir el observatorio de dicha universidad, cargo que ejerció hasta 1947.

Obras principales

1927 *Astronomy: A Revision of Young's Manual of Astronomy* (Volumen 1: *The Solar System;* Volumen 2: *Astrophysics and Stellar Astronomy*).
1929 *On the Composition of the Sun's Atmosphere.*

UNA RADIACION PENETRANTE LLEGA DEL ESPACIO

RAYOS CÓSMICOS

EN CONTEXTO

ASTRÓNOMO CLAVE
Victor Hess (1883–1964)

ANTES

1896 Henri Becquerel, físico francés, detecta la radiactividad.

1909 Theodor Wulf, científico alemán, mide la ionización del aire cerca de la cima de la torre Eiffel y halla niveles superiores a los esperados.

DESPUÉS

Década de 1920 El físico estadounidense Robert Milkian acuña el término «rayo cósmico».

1932 Carl Anderson, físico estadounidense, descubre el positrón (la antipartícula del electrón) en rayos cósmicos.

1934 Walter Baade y Fritz Zwicky proponen que los rayos cósmicos proceden de supernovas.

2013 Los datos del telescopio espacial Fermi sugieren que algunos rayos cósmicos proceden de supernovas.

Durante 1911 y 1912, el físico austriaco Victor Hess llevó a cabo varias ascensiones en globo de hidrógeno a altitudes peligrosamente elevadas en el este de Alemania a fin de medir la ionización del aire a 5000 metros de altura.

La ionización es un proceso por el que los electrones son arrancados de los átomos. Durante los primeros años del siglo XX, los expertos no pudieron explicar los niveles de ionización de la atmósfera terrestre. Tras el descubrimiento de la radiactividad en 1896, se sugirió que la ionización se debía a la radiación emitida por sustancias presentes en el suelo, por lo cual debería disminuir con la altitud. Sin embargo, las mediciones desde la cima de la torre Eiffel en París en 1909 indicaban un nivel de ionización superior al esperado.

Los resultados de Hess demostraban que la ionización descendía hasta llegar a unos mil metros de altura y volvía a aumentar a partir de ese punto. Hess concluyó que una potente radiación espacial penetraba en la atmósfera y la ionizaba. Esa radiación recibió luego el nombre de rayos cósmicos.

Por fin, en 1950 se descubrió que los rayos cósmicos se componían de partículas cargadas, algunas con niveles de energía muy elevados. Al chocar con los átomos de la atmósfera crean nuevas partículas subatómicas que a su vez crean colisiones que desencadenan una cascada de colisiones conocida como chaparrón de rayos cósmicos. ■

En 1951 se descubrió que la nebulosa del Cangrejo es una gran fuente de rayos cósmicos. Actualmente se sabe que las supernovas y los cuásares también lo son.

Véase también: Supernovas 180–181

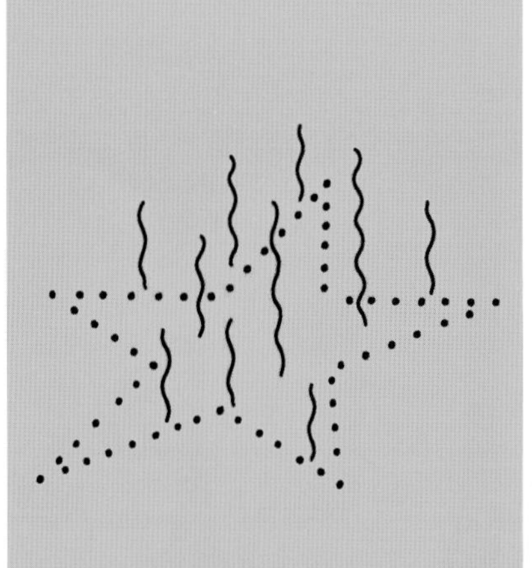

UNA ESTRELLA BLANCA Y CALIENTE DEMASIADO TENUE

DESCUBRIMIENTO DE LAS ENANAS BLANCAS

EN CONTEXTO

ASTRÓNOMO CLAVE
Walter Adams (1876–1956)

ANTES
1783 William Herschel descubre 40 Eridani B y C.

1910 Williamina Fleming responde una pregunta de Henry Norris Russell acerca del espectro de 40 Eridani B y confirma que se trata de una estrella de tipo A.

DESPUÉS
1926 Ralph Fowler, astrónomo británico, explica mediante la física cuántica la naturaleza del material sumamente denso de las enanas blancas.

1931 Subrahmanyan Chandrasekhar calcula que las enanas blancas no pueden tener más de 1,4 veces la masa del Sol.

1934 Según Walter Baade y Fritz Zwicky, las estrellas que son demasiado masivas para convertirse en enanas blancas forman estrellas de neutrones.

En las primeras décadas del siglo xx, Walter Adams desarrolló un nuevo método para calcular la magnitud absoluta de las estrellas a partir de la intensidad relativa de longitudes de onda concretas de su espectro. Adams, uno de los miembros del equipo original del Observatorio de Monte Wilson (California), usó su método para investigar el sistema estelar triple 40 Eridani, que contenía una misteriosa estrella que parecía muy tenue, pero también muy caliente.

Enana blanca

En torno a la más brillante de las tres estrellas, 40 Eridani A, orbitaba un par binario mucho más tenue, 40 Eridani B y C. Era de esperar que estrellas tan tenues pertenecieran al tipo espectral M, lo que supone que emiten luz roja, indicativa de una frialdad relativa. 40 Eridani C encajaba con este perfil, pero 40 Eridani B era blanca y caliente. Cuando Adams publicó sus datos en 1914, los astrónomos se encontraron ante un enigma: una estrella tan caliente debía obtener su energía de algún sitio.

La respuesta solo podía ser que, pese a tratarse de una estrella pequeña (casi del tamaño de la Tierra), tenía una densidad inmensa (unas 25 000 veces la del Sol). Eridani B fue la primera enana blanca descubierta. Luego se vio que las enanas blancas eran los calientes núcleos estelares que quedan cuando las estrellas de la secuencia principal agotan el combustible para la fusión nuclear. ■

Se componen de un material 3000 veces más denso de lo que se haya visto jamás, una tonelada del cual [...] cabría en una caja de cerillas.
Arthur Eddington
en una descripción de las enanas blancas

Véase también: Observación de Urano 84–85 ▪ Refinar la clasificación de las estrellas 138–139 ▪ Ciclos de vida de las estrellas 178 ▪ Generación de energía 182–183

ATOMOS ESTRELL Y GALAX 1915–1950

AS

AS

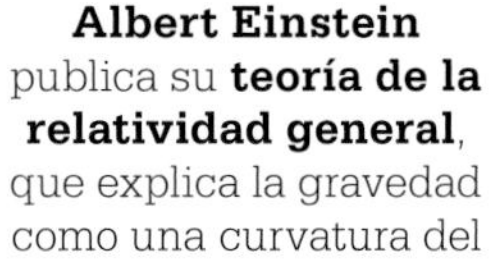

1916

Albert Einstein publica su **teoría de la relatividad general**, que explica la gravedad como una curvatura del espacio-tiempo.

1917

Vesto Slipher demuestra que muchas nebulosas presentan un gran **corrimiento al rojo**, lo que significa que se alejan de nosotros a gran velocidad.

1919

A partir de la observación de un eclipse solar, **Arthur Eddington** demuestra que la gravedad del Sol **curva la luz de las estrellas**, tal como predice la relatividad.

1920

El Museo Smithsonian acoge un **«Gran Debate»** sobre si **las nebulosas espirales son o no son galaxias**.

1924

Edwin Hubble encuentra una relación entre el corrimiento al rojo y la distancia de las nebulosas y demuestra que **las nebulosas espirales son galaxias**.

1926

Erwin Schrödinger formaliza la ecuación que describe la **mecánica cuántica**, que a su vez describe el peculiar comportamiento a escala cuántica.

Los átomos, las estrellas y las galaxias tienen algo en común: en su escala respectiva son unidades fundamentales de la estructura del cosmos. Las galaxias definen la distribución de la materia en el universo a la máxima escala; las estrellas son un elemento definitorio de las galaxias (que también pueden contener gas, polvo y la misteriosa materia oscura); y los átomos son las unidades de materia que componen el gas caliente de las estrellas (con algunas moléculas simples en las estrellas más frías). Si las galaxias fueran ciudades, las estrellas serían los edificios, y los átomos, los ladrillos con que estos se construyen.

En tan solo treinta años de la primera mitad del siglo XX, la astronomía avanzó a pasos agigantados en lo que respecta a la comprensión de la jerarquía de la materia en el universo, sustentándose en la teoría de la relatividad general de Einstein, en la que los conceptos de masa y de energía son inseparables en el tejido del espacio-tiempo.

El interior de las estrellas

Entre 1916 y 1925, Arthur Eddington estudió la naturaleza física de estrellas ordinarias, como el Sol, y elaboró una detallada descripción física de una esfera de gas caliente donde la energía avanza desde una fuente central hasta la superficie y desde aquí irradia al espacio. Eddington también contribuyó a convencer a los astrónomos de que las estrellas obtienen su energía mediante procesos subatómicos, o lo que hoy llamaríamos energía nuclear.

En 1919, Ernest Rutherford transformó átomos de nitrógeno en átomos de oxígeno disparándoles partículas de un elemento radiactivo. Esto se sumó a las múltiples evidencias de que los procesos nucleares podían producir elementos nuevos y liberar cantidades inimaginables de energía. Por si alguien seguía dudando, Eddington reflexionó sobre los experimentos realizados en la Universidad de Cambridge y afirmó que «lo que es posible en el Laboratorio Cavendish no debería ser muy difícil en el Sol».

Cuando la astrónoma británica Cecilia Payne-Gaposchkin, que trabajaba en EE UU, concluyó en 1925 que las estrellas se componen básicamente de átomos de hidrógeno, los astrónomos pudieron hacerse una idea de la verdadera naturaleza de las estrellas «ordinarias».

Sin embargo, no todas las estrellas son tan ordinarias. Las enanas

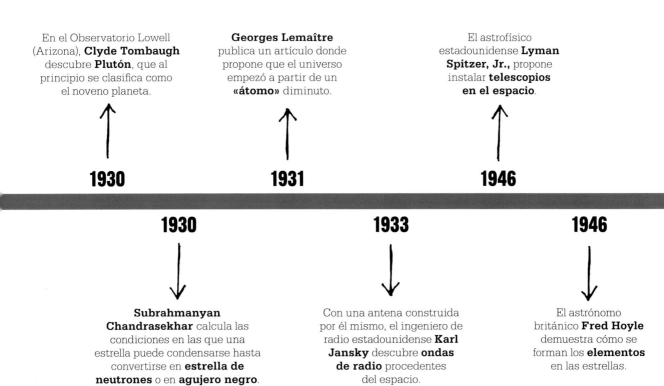

1930

En el Observatorio Lowell (Arizona), **Clyde Tombaugh** descubre **Plutón**, que al principio se clasifica como el noveno planeta.

1930

Subrahmanyan Chandrasekhar calcula las condiciones en las que una estrella puede condensarse hasta convertirse en **estrella de neutrones** o en **agujero negro**.

1931

Georges Lemaître publica un artículo donde propone que el universo empezó a partir de un **«átomo»** diminuto.

1933

Con una antena construida por él mismo, el ingeniero de radio estadounidense **Karl Jansky** descubre **ondas de radio** procedentes del espacio.

1946

El astrofísico estadounidense **Lyman Spitzer, Jr.,** propone instalar **telescopios en el espacio**.

1946

El astrónomo británico **Fred Hoyle** demuestra cómo se forman los **elementos** en las estrellas.

blancas, por ejemplo, son extraordinariamente densas. En la década de 1930, las herramientas que ofrecía la física cuántica permitieron explicar cómo podía una estrella llegar a ser tan compacta y predijeron tipos aún más exóticos de estrellas colapsadas. Se descubrió que el límite superior de las enanas blancas era de 1,46 veces la masa del Sol, pero nada impedía que estrellas más masivas se condensaran hasta formar una estrella de neutrones, mucho más densa, o incluso un agujero negro.

Los agujeros negros podrían ser reales

Walter Baade y Fritz Zwicky sugirieron que los restos del núcleo de una supernova se convertían en estrellas de neutrones, y la obra de Subrahmanyan Chandrasekhar y otros dio origen al concepto teórico de agujero negro, aunque a muchos astrónomos les costaba creer que existieran en realidad. Pasaron casi cuatro décadas antes de que se detectaran las primeras estrellas de neutrones y posibles agujeros negros.

Un universo de galaxias

Mientras, el propio concepto de universo evolucionaba muy deprisa. En 1917, Vesto Slipher reconoció que muchas de las supuestas «nebulosas» eran galaxias parecidas a la Vía Láctea que se movían rápidamente. Unos diez años después, Georges Lemaître dedujo que un universo en expansión era congruente con la teoría de la relatividad de Einstein. Edwin Hubble descubrió que cuanto más lejana era una galaxia, más rápido se alejaba de nosotros, y Lemaître sugirió que el universo surgió de la explosión de un diminuto «átomo primitivo», como un castillo de fuegos artificiales. En solo unos años, los astrónomos descubrieron que el universo era mucho más grande y complejo de lo que habían imaginado jamás. ■

Pensábamos que si conocíamos el uno, conoceríamos el dos, porque uno y uno son dos. Ahora descubrimos que necesitamos saber mucho más sobre ese «y».

Arthur Eddington

EL TIEMPO, EL ESPACIO Y LA GRAVEDAD NO EXISTEN INDEPENDIENTEMENTE DE LA MATERIA

LA TEORÍA DE LA RELATIVIDAD

EN CONTEXTO

ASTRÓNOMO CLAVE
Albert Einstein (1879–1955)

ANTES
1676 Ole Rømer demuestra que la velocidad de la luz es finita.

1687 Newton publica sus leyes del movimiento y la ley de la gravitación universal.

1865 James Clerk Maxwell demuestra que la luz es una onda que avanza a velocidad constante por un campo electromagnético.

DESPUÉS
1916 Karl Schwarzschild usa las ecuaciones de Einstein para calcular cuánto se curva la materia en el espacio.

1919 Arthur Eddington demuestra la curvatura del espacio-tiempo.

1927 Georges Lemaître demuestra que un universo relativista puede ser dinámico y propone la teoría del Big Bang.

La **velocidad de la luz permanece constante** incluso cuando los observadores se mueven.

Esto significa que **moverse** en el espacio hace que el **tiempo se ralentice**.

La **ralentización del tiempo** hace que la **masa** de un objeto **aumente**.

Una persona sometida a **aceleración** no puede saber si se debe a la **gravedad** o a **otra fuerza**. Podría pensar que su cuerpo se mueve o que el universo a su alrededor está cambiando.

La **masa existe**, no en el espacio, sino en el **espacio-tiempo**, al que distorsiona.

La **gravedad** se describe como el resultado de la **curvatura del espacio-tiempo** por la masa.

El tiempo, el espacio y la gravedad no existen independientemente de la materia.

De la teoría de la relatividad general de Albert Einstein se ha dicho que es el mayor ejercicio de reflexión sobre la naturaleza jamás llevado a cabo por la mente de una persona: explica la gravedad, el movimiento, la materia, la energía, el espacio y el tiempo, la formación de los agujeros negros, el Big Bang y, posiblemente, la energía oscura. Einstein la desarrolló a lo largo de más de una década a principios del siglo XX e inspiró a Georges Lemaître, a Stephen Hawking y al equipo del LIGO, que buscó las ondas gravitatorias que predecía.

La teoría de la relatividad surgió a partir de una contradicción entre las leyes del movimiento de Isaac Newton y las leyes del electromagnetismo del científico escocés James Clerk Maxwell. Newton había descrito la naturaleza en función de la materia en movimiento, regida por fuerzas que actúan entre los objetos. Maxwell abordó el comportamiento de los campos eléctricos y magnéticos, y dijo que la luz era una oscilación que atravesaba esos campos a una velocidad constante, independientemente de la velocidad a la que se moviera la fuente de luz.

Medir la velocidad de la luz no es tarea fácil. El astrónomo danés Ole Rømer lo había intentado en 1676 a partir del tiempo que la luz de los satélites de Júpiter tarda en llegar a la Tierra. Aunque su cálculo resultó ser un 25 % demasiado lento, demostró que la velocidad de la luz es finita. Sin embargo, en un universo newtoniano, la velocidad de la luz tenía que cambiar a causa del movimiento relativo entre el punto de origen y el observador, pero, por mucho que las buscaron, los investigadores no pudieron encontrar diferencias en sus mediciones.

Véase también: La teoría de la gravedad 66–73 ▪ Curvas en el espacio-tiempo 154–155 ▪ El nacimiento del universo 168–171 ▪ La energía oscura 298–303 ▪ Ondas gravitatorias 328–331

A finales del siglo XIX, muchos creían que los físicos habían descubierto todas las leyes del universo y que lo único que quedaba era hacer mediciones más precisas. Pero ya de niño, Einstein no estaba convencido de que la cuestión física estuviera resuelta. A los 16 años de edad se preguntó: «¿Qué vería si estuviera sentado sobre un rayo de luz?». En un contexto newtoniano, habría viajado a la velocidad de la luz. La luz que viniera de frente llegaría a sus ojos al doble de la velocidad de la luz y, al mirar hacia atrás, no vería nada. Aunque la luz procedente de atrás viajara a la velocidad de la luz, jamás lo alcanzaría.

Annus mirabilis

El primer empleo de Einstein en la oficina de patentes de Berna (Suiza) le dejaba tiempo para estudiar. Fruto de ese trabajo en solitario fue el *annus mirabilis* (año maravilloso o milagroso) de 1905, en el que presentó cuatro artículos que incluían dos descubrimientos relacionados: la relatividad especial y la equivalencia de la masa y la energía, expresada con la ecuación $E = mc^2$ (p. 150).

La relatividad especial

Einstein desarrolló sus ideas mediante experimentos imaginarios. El más importante estaba protagonizado por dos hombres: uno en un tren a toda velocidad y el otro en el andén. En una versión (abajo), Bob, dentro del tren, enciende una linterna, apunta a un espejo que tiene directamente encima en el techo del vagón y mide el tiempo que tarda la luz en llegar al espejo y volver. Simultáneamente, el tren pasa junto al andén a casi la velocidad de la luz. Desde el andén, Pat, el observador estacionario, ve el haz de luz que llega al espejo y vuelve a bajar, pero el tren se ha movido durante el tiempo que la luz ha empleado en hacer ese recorrido, lo cual significa que, en lugar de desplazarse en línea recta hacia arriba y hacia abajo, ha viajado en diagonal. Para Pat, en el andén, el haz de luz ha hecho un recorrido mayor y, como la luz siempre viaja a la misma velocidad, tiene que haber pasado más tiempo.

Si no puedes explicárselo a un niño de seis años, es que tú no lo entiendes.
Albert Einstein

La explicación de esto por Einstein se convirtió en la base de la relatividad especial. La velocidad es una medida de unidades de distancia por unidades de tiempo. Por tanto, la »

En el tren en marcha, Bob enfoca un haz de luz en línea recta de abajo arriba, y mide el tiempo que tarda la luz en volver reflejada como la distancia recta de arriba abajo dividida por *c* (la velocidad de la luz).

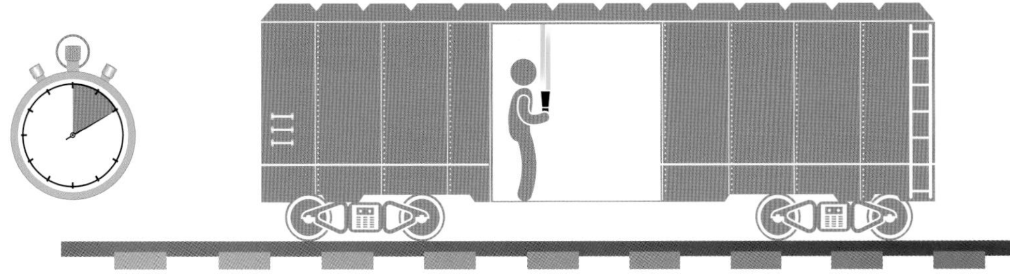

En el andén, Pat ve que el haz de luz se desplaza en diagonal. Como el haz también viaja a la velocidad *c*, tiene que haber pasado más tiempo que para Bob, ya que el haz ha recorrido una distancia mayor.

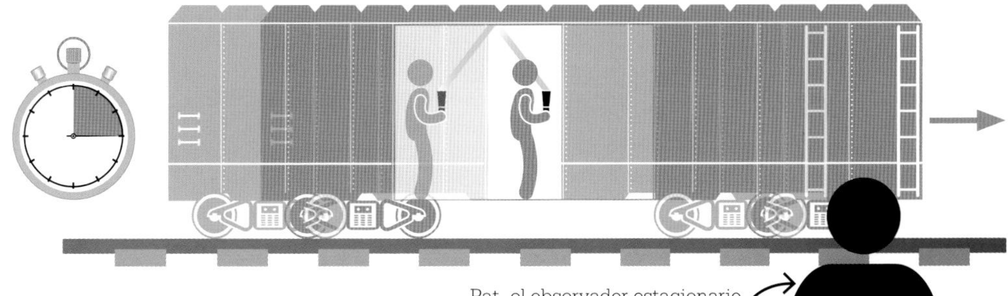

A medida que la velocidad *(v)* de un objeto se acerca a la de la luz *(c)*, el objeto se aplasta cada vez más en la dirección de la marcha visto por un observador estacionario. No se trata de una mera ilusión óptica. En el marco de referencia del observador, la forma del objeto cambia realmente.

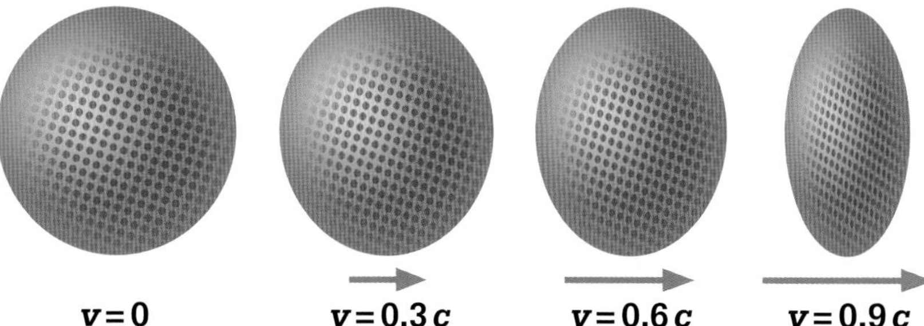

constancia de la velocidad de la luz ha de explicarse por una inconstancia en el flujo de tiempo. Los objetos que se desplazan rápidamente por el espacio se mueven más despacio en el tiempo. El reloj del tren y el de la estación avanzan a ritmos distintos en función del marco de referencia desde el que se observen. Bob ve que el reloj del tren en marcha avanza con normalidad, pero para Pat ese reloj avanza muy despacio.

El pasajero del tren veloz no percibirá la ralentización del tiempo. Los mecanismos que miden el tiempo (la oscilación de un péndulo, la vibración de un cristal de cuarzo o el comportamiento de un átomo) son fenómenos físicos que obedecen a leyes universales. Según la relatividad especial, estas leyes permanecen inmutables dentro del marco de referencia, ya sea el tren en movimiento o cualquier otro grupo de objetos que se mueven al mismo tiempo.

La energía es masa

El impacto de la dilatación del tiempo tiene efectos de largo alcance, que Einstein reunió en una única teoría de la relatividad general en 1915. Uno de los primeros avances fue el hallazgo de la ecuación $E= mc^2$, que establece que E (la energía) es igual a la masa *(m)* multiplicada por el cuadrado de la velocidad de la luz *(c)*. El *número* c^2 es enorme, unos 90 000 billones, por lo que una pequeña cantidad de masa contiene una enorme cantidad de energía. Esto es evidente en una explosión nuclear, donde la masa se convierte en energía libre.

Volviendo al experimento del tren, luego, los dos observadores se lanzan pelotas de tenis el uno al otro. Las pelotas chocan y vuelven a cada lanzador (tanto Pat como Bob tienen una puntería increíble). Si ambos observadores estuvieran en el mismo marco de referencia, el movimiento de las pelotas que hemos descrito habría ocurrido porque estas tendrían la misma masa y se lanzaron con la misma fuerza. Pero en este experimento, las pelotas están en distintos marcos de referencia: uno es estacionario y el otro se mueve a prácticamente la velocidad de la luz. Como consecuencia de la dilatación del tiempo, Pat vería la pelota de Bob moverse con mucha más lentitud que la suya, y sin embargo, al chocar, las pelotas volverían a sus lanzadores respectivos. El único modo de que esto suceda es que la pelota de Bob, más lenta, sea también más pesada, o contenga más masa, que la de Pat.

Por tanto, según la relatividad especial, cuando la materia se mueve,

Albert Einstein

Nació en Alemania y pasó sus años de formación en Suiza. Fue un estudiante corriente y le costó encontrar trabajo como profesor, por lo que acabó en la oficina de patentes de Berna. Tras el éxito de sus artículos de 1905, ocupó puestos universitarios en Berna, Zúrich y Berlín, donde presentó su teoría de la relatividad general en 1915. En 1933 se trasladó a EE UU a causa del auge del nazismo y se instaló en la Universidad de Princeton, donde pasó el resto de su vida intentando relacionar la relatividad y la mecánica cuántica. No lo consiguió, y tampoco lo ha conseguido nadie después. Pacifista militante durante muchos años, en 1939 fue clave para avisar a los aliados de la posibilidad de que Alemania estuviera construyendo un arma nuclear y rechazó participar en el Proyecto Manhattan, que construyó las primeras bombas atómicas. Era un gran violinista y afirmó que sus pensamientos solían adoptar forma musical.

Obra principal

1915 *Sobre la teoría de la relatividad especial y general.*

Todo rayo de luz se mueve en el sistema de coordenadas «en reposo» con una velocidad definida, constante e independiente de si lo emite un cuerpo inmóvil o en movimiento.
Albert Einstein

se vuelve más masiva. Los incrementos de masa podrían medirse en la escala humana cotidiana, pero son insignificantes. Por el contrario, tienen un efecto muy marcado cuando los objetos se mueven a gran velocidad. Por ejemplo, los protones acelerados por el Gran Colisionador de Hadrones (GCH) viajan a un 99,999 % de la velocidad de la luz. La energía adicional aporta muy poco a la velocidad y, por el contrario, aumenta la masa. A plena potencia, los protones del GCH son casi 7500 veces más masivos que cuando están estacionarios.

Límite de velocidad

Con la relación entre la velocidad y la masa, la relatividad subraya otro principio básico: la velocidad de la luz es el límite superior del movimiento en el espacio. Es imposible que un objeto con masa (ya sea una partícula nuclear, una nave espacial, un planeta o una estrella) viaje a la velocidad de la luz. Al acercarse a la velocidad de la luz, la masa del objeto se vuelve casi infinita y el tiempo se ralentiza hasta casi detenerse, por lo que haría falta una cantidad de energía infinita para impulsar el objeto hasta la velocidad de la luz.

Para generalizar su teoría, Einstein relacionó la gravedad con sus ideas acerca de la energía y el movimiento. Si nos fijamos en un objeto en el espacio y eliminamos los puntos de referencia, es imposible saber si se mueve o no. No hay prueba alguna que permita determinarlo. Por tanto, desde el punto de vista de cualquier objeto, o marco de referencia, este permanece inmóvil mientras el resto del universo se mueve en torno a él.

La idea más feliz de Einstein

Esto resulta más fácil de imaginar si todo se mueve a una velocidad constante. Según la primera ley del movimiento de Newton, un objeto permanece en movimiento constante a no ser que una fuerza actúe para acelerarlo (cambiar su velocidad o su dirección). Cuando Einstein incluyó los efectos de la aceleración en su teoría, llegó a lo que llamó su «idea más feliz»: es imposible determinar por qué ha acelerado un objeto; puede haber sido por la gravedad o por cualquier otra fuerza. El efecto de ambas posibilidades era el mismo y podía describirse por cómo se movía el resto del universo alrededor del marco de referencia.

La teoría de la relatividad ha de considerarse una magnífica obra de arte.
Ernest Rutherford
Físico neozelandés

Einstein había descrito el movimiento en función de la relación entre la masa, la energía y el tiempo, pero añadió el espacio para lograr una teoría general. No era posible entender la trayectoria de un objeto a través del espacio sin tener en cuenta su trayectoria a través del tiempo. El resultado fue que la masa se mueve por el espacio-tiempo, que tiene cuatro dimensiones, en vez de las tres (anchura, altura y profundidad) del »

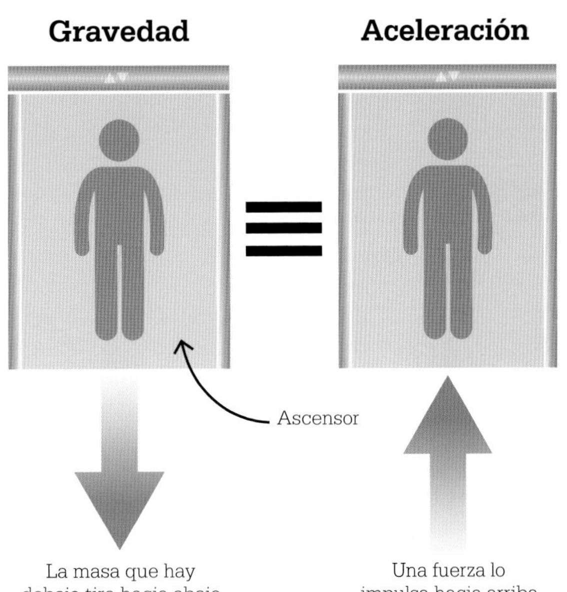

Dentro de un ascensor, una persona desconoce si acelera hacia arriba empujada por una fuerza que impulsa al ascensor desde abajo o si es empujada hacia abajo por la gravedad de una masa situada bajo el ascensor. En ambos casos percibe una sensación de peso cuando el suelo empuja hacia él, y los objetos que caen desde una altura aceleran hacia el suelo. Se trata del principio de equivalencia de Einstein, su «idea más feliz».

concepto de espacio habitual. Cuando un objeto avanza por el espacio-tiempo, la dimensión temporal se dilata y las dimensiones espaciales se contraen. Desde el punto de vista de Pat, en la estación, la longitud del tren a toda velocidad se comprime, por lo que parece más corto y grueso. Sin embargo, para Bob todo sigue dentro de la normalidad. Todo lo que mida a bordo del tren en marcha seguirá teniendo la misma longitud que cuando está parado. Esto es porque su instrumento de medición, por ejemplo una regla, se habrá contraído junto con el espacio.

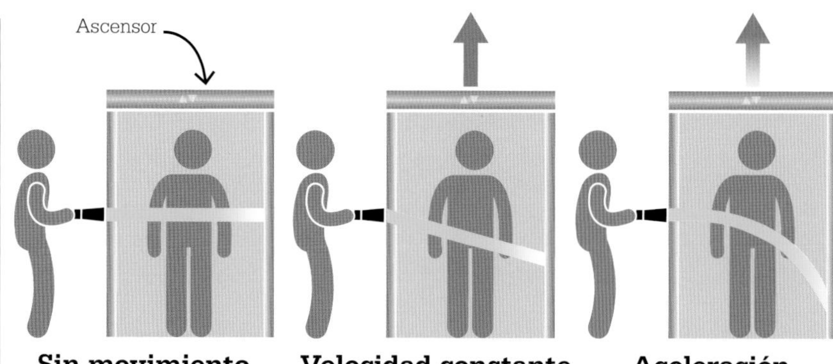

Un haz de luz entra en un ascensor, enfocado por un observador desde el exterior con una linterna. Las trayectorias del haz de luz se muestran tal como se verían desde el interior. Si el ascensor acelera, el haz se curvará hacia abajo. La luz se curva de un modo similar hacia una fuente de gravedad.

Espacio-tiempo curvado

En el universo de Einstein, la gravedad se reformula, no como una fuerza, sino como el efecto de la curvatura que crea en el espacio-tiempo la masa. Una masa grande, como un planeta, curva el espacio, por lo que un objeto más pequeño, como un meteoroide, que avance en línea recta por el espacio cercano se desviará hacia el planeta. No es que la trayectoria del meteoroide haya cambiado (sigue moviéndose en línea recta): lo que sucede es que el planeta ha transformado esa línea recta en una curva.

Las curvas del espacio-tiempo se pueden visualizar imaginando unas pelotas que deforman una lámina de goma y provocan depresiones o «pozos de gravedad». Una pelota «planeta» grande forma un pozo, y una pelota «meteoroide» más pequeña rodará hacia él. Según su trayectoria, velocidad y masa, el meteoroide chocará con el planeta, o seguirá rodando, ascenderá y saldrá del pozo por el otro lado. Si la trayectoria es la adecuada, el meteoroide empezará a orbitar en círculos alrededor del planeta.

Las curvas creadas por la materia también curvan el tiempo. Dos objetos lejanos (como una estrella roja y una estrella azul) no se mueven en relación el uno con el otro. Están en distintos puntos del espacio, pero en el mismo punto temporal, el mismo «ahora». Pero si la estrella roja se aleja directamente de la azul, su paso por el tiempo se ralentizará en comparación con el de la estrella azul. Eso significa que la estrella roja comparte un «ahora» con la azul en el pasado. Si la estrella roja viaja hacia la azul, su «ahora» estará orientado hacia el futuro de la azul. Por tanto, puede parecer que acontecimientos simultáneos observados desde un marco de referencia ocurren en momentos distintos observados desde otro.

La relatividad resolvió el misterio de las perturbaciones de la órbita de Mercurio (en la imagen) detectadas ya en 1859 y que la física newtoniana no podía explicar.

La prueba de la relatividad

La mayoría de la comunidad científica recibió con estupefacción la física de Einstein. Sin embargo, en 1919, Arthur Eddington demostró que esa nueva descripción del universo era correcta tras viajar a la isla Príncipe, en el Atlántico, para observar un eclipse solar total y, específicamente, el fondo de estrellas cerca del Sol. La luz de las estrellas viaja hasta la Tierra por la ruta más directa, o geodésica. En la geometría euclidiana (la de la física newtoniana), es una

Todo ha de ser tan sencillo como sea posible. Pero no más.
Albert Einstein

línea recta, pero en la geometría del espacio-tiempo, una línea geodésica puede ser curva. Por lo tanto, la luz de las estrellas muy cercanas al borde del Sol pasa por la ondulación creada por la masa solar y sigue una trayectoria curva. Eddington fotografió las estrellas reveladas gracias a la ausencia de luz solar, y las imágenes mostraron que su posición aparente había cambiado como consecuencia de la curvatura del espacio, un efecto que hoy se llama lente gravitatoria. Einstein estaba en lo cierto.

La teoría de la relatividad general de Einstein permite a los astrónomos entender lo que observan, desde cualquier punto del borde del universo visible hasta el horizonte de sucesos de un agujero negro. La tecnología GPS tiene en cuenta la dilatación temporal de la relatividad, y el experimento del LIGO ha descubierto recientemente las contracciones ondulatorias del espacio que predecía la relatividad. Otras ideas de la relatividad se usan también en la búsqueda de posibles respuestas al enigma de la energía oscura. ■

El tiempo es una ilusión.
Albert Einstein

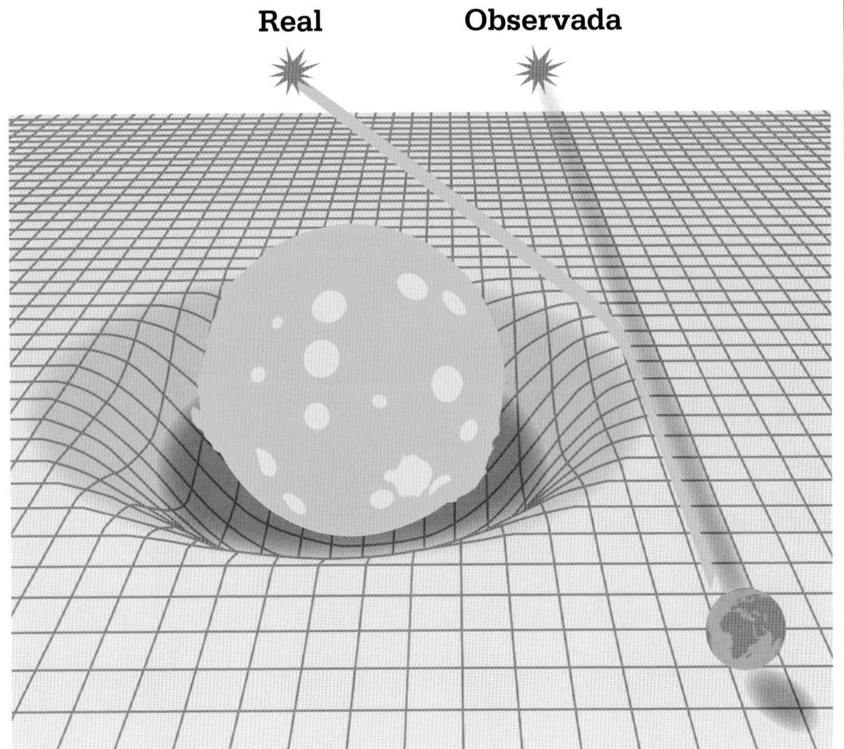

La masa crea un pozo de gravedad que causa un efecto llamado lente gravitatoria y que Arthur Eddington observó por primera vez en 1919. La posición observada de una estrella cambia como consecuencia del efecto de la gravedad del Sol, que curva la trayectoria de la luz de la estrella cuando pasa junto a él.

La paradoja de los gemelos

Una de las paradojas más conocidas de la relatividad general se ilustra mediante la historia de unos gemelos recién nacidos. Uno permanece en la Tierra y el otro viaja en una nave espacial hasta una estrella a cuatro años luz de distancia, a una velocidad media de 0,8 *c*, lo que significa que regresará de su viaje de ocho años luz el día en que su hermano cumpla diez años. No obstante, él solo cumple seis años según el reloj de la nave, que al estar en un marco temporal en movimiento, se ha movido más despacio.

La relatividad insiste en que el gemelo del cohete también puede considerarse en reposo, lo que llevaría a una paradoja: desde su punto de vista, el que se ha movido es el gemelo que ha permanecido en la Tierra. La explicación es que solo el gemelo de la nave se ha visto sometido a la aceleración, con la consiguiente dilatación del tiempo, tanto a la ida como al cambiar de dirección y a la vuelta. El de la Tierra ha permanecido en un solo marco de referencia, mientras que el otro ha estado en dos: al ir y al volver. Por tanto, las situaciones de ambos no han sido simétricas, y el que se ha quedado en casa es ahora cuatro años mayor que su hermano.

La paradoja de los gemelos ha sido muy explotada por la ciencia ficción. En la película *El planeta de los simios*, a su regreso a la Tierra, los astronautas descubren que han pasado miles de años. En *Interstellar* se contrató a físicos para garantizar que el tiempo transcurrido para cada personaje fuera correcto según la relatividad.

UNA SOLUCION EXACTA A LA RELATIVIDAD PREDICE LOS AGUJEROS NEGROS

CURVAS EN EL ESPACIO-TIEMPO

EN CONTEXTO

ASTRÓNOMO CLAVE
Karl Schwarzschild
(1873–1916)

ANTES
1799 Pierre-Simon Laplace desarrolla una teoría sobre los agujeros negros, a los que llama cuerpos oscuros.

1915 La teoría de la relatividad general demuestra que la fuerza de la gravedad se debe a la curvatura del espacio-tiempo.

DESPUÉS
1931 Subrahmanyan Chandrasekhar calcula la masa de los núcleos estelares que se convierten en estrellas de neutrones y agujeros negros.

1979 Stephen Hawking propone que los agujeros negros emiten radiación como resultado de fluctuaciones cuánticas.

1998 Andrea Ghez demuestra que hay un agujero negro supermasivo en el centro de la Vía Láctea.

El **campo gravitatorio** de una masa es una **curvatura del espacio-tiempo**.

La **solución de Schwarzschild** permite describir matemáticamente esa curvatura.

La solución de Schwarzschild es una solución exacta a la relatividad y predice los agujeros negros.

Los agujeros negros tienen un **horizonte de sucesos**, el límite más allá del cual no es posible observar nada.

En 1916, el matemático alemán Karl Schwarzschild consiguió algo que ni siquiera Albert Einstein había logrado: hallar una solución a las ecuaciones de campo de la relatividad general que pudiera proporcionar respuestas precisas. Las ecuaciones de campo de Einstein son un complejo grupo de fórmulas que relacionan el espacio y el tiempo (o espacio-tiempo) y la acción de la gravedad. El logro de Schwarzschild, conocido como solución de Schwarzschild, fue resolver las ecuaciones para que mostraran exactamente cómo se curvaba el espacio en presencia de masa. Esta solución mostraba que la gravedad de objetos como el Sol y la Tierra combaba el espacio-tiempo según las teorías de la relatividad. Una generación después, estos cálculos se usaron para arrojar luz sobre los objetos más oscuros del universo: los agujeros negros.

Sin salida

En los primeros días de la relatividad, los agujeros negros aún eran

Véase también: Perturbaciones gravitatorias 92–93 ▪ La teoría de la relatividad 146–153 ▪ Radiación de Hawking 255 ▪ El centro de la Vía Láctea 297

meramente teóricos, aunque se habían predicho hacía un siglo. El astrónomo francés Pierre-Simon Laplace ya había teorizado acerca de los *corps obscures* (cuerpos oscuros), objetos tan densos que la velocidad necesaria para escapar de su gravedad superaría la velocidad de la luz. La definición moderna de agujero negro es parecida: un objeto del espacio con una gravedad tan enorme que nada puede escapar de él.

Horizonte de sucesos

La solución de Schwarzschild puede usarse para calcular el tamaño de un agujero negro para una masa dada. Para crear un agujero negro, la masa debe estar comprimida en un volumen con un radio inferior al predicho por la solución de Schwarzschild. Un objeto tan denso que su radio sea menor que el radio de Schwarzschild para su masa, curvará el espacio-tiempo hasta tal punto que resistir su atracción gravitatoria será imposible: creará un agujero negro. Cualquier masa o la luz que se acerque más allá del radio de Schwarzschild caerá en el agujero negro. Los puntos del espacio que rodean un agujero negro a la distancia del radio de Schwarzschild forman su «horizonte de sucesos», que debe su nombre a que es imposible observar nada que ocurra más allá de él. De un agujero negro no puede salir nada: ni masa, ni luz, ni información de lo que hay en su interior.

La solución de Schwarzschild permite estimar la masa de agujeros negros reales, aunque es imposible ser exactos, porque los agujeros negros rotan y tienen carga eléctrica, factores que las matemáticas no tienen en cuenta. Si el Sol se convirtiera en un agujero negro, su horizonte de sucesos estaría a 3 km del centro, y un agujero negro de la masa de la Tierra tendría un radio de 9 mm. Sin embargo, es imposible que cuerpos tan pequeños se conviertan en agujeros negros: se cree que estos se forman a partir de estrellas de tres masas solares como mínimo. ■

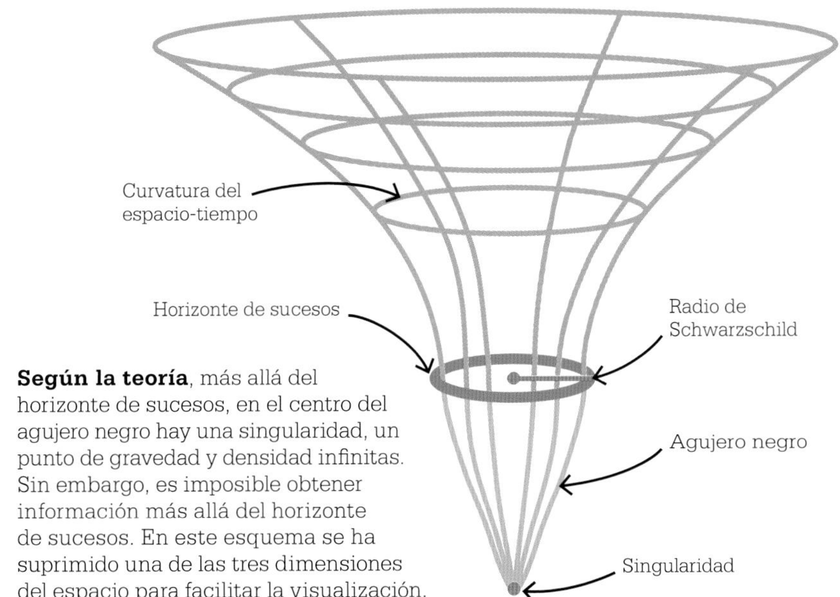

Según la teoría, más allá del horizonte de sucesos, en el centro del agujero negro hay una singularidad, un punto de gravedad y densidad infinitas. Sin embargo, es imposible obtener información más allá del horizonte de sucesos. En este esquema se ha suprimido una de las tres dimensiones del espacio para facilitar la visualización.

Karl Schwarzschild

Su prodigioso talento matemático se hizo evidente muy pronto. A los 16 años de edad ya había publicado su primer artículo sobre la mecánica de las órbitas binarias y a los 28 era profesor de la Universidad de Gotinga (Baja Sajonia).

Realizó aportaciones a los ámbitos científicos más importantes de la época: radiactividad, teoría atómica y espectroscopia. En 1914 se alistó para combatir en la Primera Guerra Mundial, pero aun así tuvo tiempo para las matemáticas. A finales de 1915 envió a Albert Einstein unos primeros cálculos, diciendo: «Como puedes ver, la guerra me ha tratado amablemente y, a pesar de los disparos, me ha permitido alejarme de todo y pasear por el campo de tus ideas». Un año después presentó la solución completa que lleva su nombre. En el frente ruso contrajo una enfermedad autoinmune y murió en mayo de 1916.

Obra principal

1916 *Sobre el campo gravitatorio de una esfera de fluido incompresible según la teoría de Einstein.*

LAS NEBULOSAS ESPIRALES SON SISTEMAS ESTELARES

GALAXIAS ESPIRALES

EN CONTEXTO

ASTRÓNOMO CLAVE
Vesto Slipher (1875–1969)

ANTES
1842 El físico austriaco Christian Doppler propone el efecto que lleva su nombre: el cambio de la frecuencia percibida de las ondas que proceden de un objeto en movimiento respecto al observador.

1868 William Huggins determina mediante el efecto Doppler la velocidad de una estrella que se aleja de la Tierra.

DESPUÉS
1929 Edwin Hubble encuentra una relación entre la velocidad de recesión de las galaxias espirales y su distancia.

1998 Saul Perlmutter y sus colegas descubren que la expansión del universo se ha acelerado durante los últimos 5000 millones de años.

En las décadas de 1780 y 1790, el astrónomo británico William Herschel catalogó un gran número de nebulosas y especuló sobre la posibilidad de que algunas pudieran ser similares a la Vía Láctea por su tamaño y naturaleza. En sus conjeturas, Herschel seguía la sugerencia del filósofo alemán Immanuel Kant de que las nebulosas podrían ser grandes discos de estrellas, «universos isla» independientes de la Vía Láctea y a una gran distancia de esta. En el siglo XIX, y gracias a la mejora de los telescopios, el astrónomo británico Lord Rosse descubrió que algunas nebulosas tenían «brazos» dispuestos en espiral, y su compatriota William Huggins descubrió que muchas nebulosas consistían en masas de estrellas. Sin embargo, aparte del hecho de que podían contener estrellas, a principios del siglo XX apenas se sabía nada acerca de las nebulosas. Entonces, Vesto Slipher, un joven científico de Indiana (EE UU), empezó a estudiarlas.

El Observatorio Lowell

A partir de 1901, Slipher trabajó en el Observatorio Lowell de Flagstaff (Arizona). El astrónomo estadounidense Percival Lowell que lo había fundado en 1894 había elegido ese lugar por su altitud (superior a los 2100 m), su escasa nubosidad y su lejanía de las luces de la ciudad, por lo que la buena visibilidad estaba garantizada casi cada noche. Este fue el primer observatorio construido deliberadamente en un lugar remoto y elevado para conseguir observaciones óptimas.

Me parece que, con este descubrimiento, la gran pregunta de si las espirales pertenecen o no a la Vía Láctea tiene una respuesta clara: no.
Ejnar Hertzsprung
en una carta a Vesto Slipher

Aunque había sido contratado para un proyecto a corto plazo, Slipher acabó pasando allí toda su vida profesional. Lowell y Slipher trabajaban bien juntos y, como el segundo era de naturaleza discreta, no tenía inconveniente en dejar que su flamante jefe acaparara toda la atención. Slipher era un gran matemático y tenía conocimientos de mecánica, que le sirvieron para instalar material espectrográfico nuevo con el fin de desarrollar técnicas mejoradas de espectroscopia (separación de la luz procedente de objetos celestes en

Slipher observó las nebulosas espirales con el telescopio Alvan Clark de 61 cm del Observatorio Lowell. Hoy, los visitantes pueden usar el telescopio original en el centro de visitas del observatorio.

Véase también: La Vía Láctea 88–89 ▪ Examen de las nebulosas 104–105 ▪ Propiedades de las nebulosas 114–115 ▪ Medir el universo 130–137 ▪ La forma de la Vía Láctea 164–165 ▪ El nacimiento del universo 168–171 ▪ Más allá de la Vía Láctea 172–177

Las mediciones de los **corrimientos al azul y al rojo** de las **nebulosas espirales** demuestran que algunas se acercan a la Tierra y otras se alejan.

Si las nebulosas espirales **están en la Vía Láctea**, se mueven a tal velocidad respecto al resto de la galaxia que **no pueden permanecer en ella durante mucho tiempo**.

Las nebulosas espirales podrían ser **galaxias independientes** de la Vía Láctea.

las longitudes de onda que la constituyen, y medición y análisis de dichas longitudes de onda; p. 113).

Estudio de las nebulosas

Al principio, Slipher centró su trabajo y su investigación en los planetas, pero a partir de 1912, y a petición de Lowell, empezó a estudiar las misteriosas nebulosas espirales. Lowell tenía la teoría de que eran espirales de gas que se estaban fusionando en nuevos sistemas solares y pidió a Slipher que registrara los espectros de la luz procedente del borde exterior de las nebulosas para determinar si su composición química se asemejaba a la de los planetas gigantes gaseosos del Sistema Solar.

Slipher realizó pequeños ajustes en el mecanismo del espectrógrafo de Lowell, un instrumento complejo de 200 kg de peso fijado al ocular del telescopio refractor de 61 cm del observatorio, y así consiguió aumentar su sensibilidad. Durante el otoño y el invierno de 1912, obtuvo una serie de espectrogramas de la nebulosa espiral más grande, situada en la constelación de Andrómeda y conocida entonces como nebulosa de Andrómeda.

La pauta de líneas espectrales de la nebulosa (semejante a una huella digital de su composición) indicaba un «corrimiento al azul», es decir, las líneas aparecían desplazadas hacia el extremo azul del espectro (de longitud de onda corta y alta frecuencia) a causa de lo que se conoce como efecto Doppler (izda.). Eso solo podía significar que las ondas de la luz procedente de la nebulosa de Andrómeda se acortaban, o se comprimían, y que su frecuencia aumentaba porque la nebulosa avanzaba en dirección a la Tierra a una velocidad considerable. Los cálculos de Slipher revelaron que se acercaba a 300 km por segundo. El efecto Doppler ya se había medido antes en cuerpos astronómicos, pero no »

Los espectros de las galaxias que se acercan a la Tierra muestran corrimiento al azul, y los de las que se alejan, corrimiento al rojo, porque las ondas luminosas se contraen o se expanden vistas desde la Tierra. Esto se conoce como efecto Doppler, por el físico Christian Doppler, el primero que explicó estos fenómenos.

Esta galaxia no se mueve respecto a la Tierra. Las ondas luminosas que se detectan en la Tierra llegan a su frecuencia normal.

Las líneas de emisión del espectro de una galaxia estacionaria coinciden con las longitudes de onda de los gases que la componen.

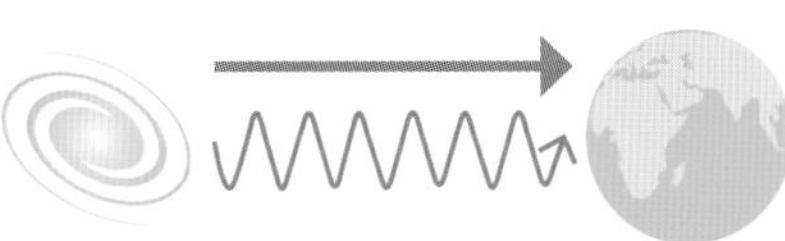

Esta galaxia se acerca a la Tierra. Las ondas luminosas que se detectan en la Tierra están acortadas (tienen una frecuencia mayor).

Las líneas de emisión del espectro se desplazan hacia las longitudes de onda azules, más cortas: se trata del corrimiento al azul.

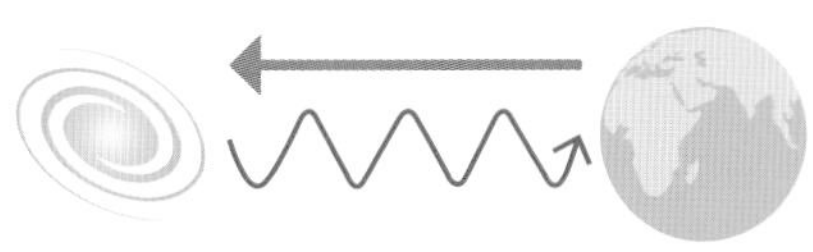

Esta galaxia se aleja de la Tierra. Las ondas luminosas que se detectan en la Terra están alargadas (tienen una frecuencia menor).

Las líneas de emisión del espectro se desplazan hacia las longitudes de onda rojas, más largas: se trata del corrimiento al rojo.

La galaxia NGC 4565, que Slipher determinó que se alejaba a 1100 km/s, también se conoce como galaxia de la Aguja por su forma estrecha vista desde la Tierra.

había precedentes de un efecto de esta magnitud. Slipher afirmó que «por ahora no contamos con otra interpretación de ello. Podemos concluir que la nebulosa de Andrómeda se está acercando al Sistema Solar».

Descubrimiento de efectos Doppler

Durante los años siguientes, Slipher estudió otras 14 nebulosas espirales y descubrió que casi todas viajaban a una velocidad asombrosa respecto a la Tierra. Lo más extraordinario era que, aunque algunas avanzaban hacia la Tierra, la mayoría presentaba espectros con corrimiento al rojo, donde las longitudes de onda se habían alargado, lo que significaba que se alejaban de la Tierra. La nebulosa M104 (o NGC 4594), por ejemplo, se alejaba a la impresionante velocidad de casi 1000 km por segundo, y otra, llamada M77 (o NGC 1068), lo hacía a 1100 km por segundo. En total, de las 15 observadas, 11 presentaban un corrimiento al rojo significativo. En 1914, cuando Slipher presentó sus resultados a la Sociedad Astronómica Estadounidense, fue recibido con una ovación.

En 1917, cuando Slipher presentó su siguiente artículo sobre las nebulosas espirales, la proporción de nebulosas con corrimiento al rojo y corrimiento al azul había ascendido a 21:4. En ese artículo, Slipher explicaba que la velocidad media a la que se acercaban o se alejaban (su velocidad radial) era de 700 km por segundo, muy superior a la de cualquier estrella cuyo movimiento relativo a la Tierra se hubiera medido hasta entonces. A Slipher le parecía casi inconcebible que las nebulosas espirales pudieran atravesar la Vía Láctea a esas velocidades y empezó a sospechar que quizá no la cruzaban en absoluto. Slipher afirmó que «durante mucho tiempo se ha sugerido que las nebulosas son sistemas estelares vistos a gran distancia [...]. Esta teoría, en mi opinión, gana peso

Vesto Slipher

Nacido en una granja de Mulberry (Indiana) en 1875, poco después de licenciarse empezó a trabajar en el Observatorio Lowell de Arizona, donde permaneció más de cincuenta años. Hizo sus mayores descubrimientos durante la primera parte de su carrera. Empezó por investigar los periodos de rotación de los planetas y descubrió, por ejemplo, que Venus rota muy lentamente. Entre 1912 y 1914 llevó a cabo su descubrimiento más importante: algunas nebulosas espirales se mueven a gran velocidad. En 1914 descubrió la rotación de las galaxias espirales y midió velocidades de giro de cientos de kilómetros por segundo. También demostró que hay gas y polvo en el espacio interestelar. Dirigió el Observatorio Lowell entre 1916 y 1952, periodo durante el cual supervisó una búsqueda de planetas transneptunianos que llevó al descubrimiento de Plutón por Clyde Tombaugh en 1930.

Obra principal

1915 *Spectrographic Observations of Nebulae.*

a raíz de estas observaciones», con lo cual se hacía eco de la sugerencia de Kant de que algunas nebulosas, y en concreto las espirales, podían ser galaxias independientes de la Vía Láctea.

En 1920, y en parte como consecuencia de los hallazgos de Slipher, se celebró en Washington un debate formal sobre la posibilidad de que las nebulosas espirales fueran galaxias independientes situadas fuera de la Vía Láctea. En el que se conoció como Gran Debate, dos astrónomos estadounidenses mantuvieron posturas opuestas. Harlow Shapley defendía que las nebulosas espirales formaban parte de la Vía Láctea, y Heber D. Curtis sostenía que estaban muy lejos de ella. Ninguno de los dos cambió de postura a raíz del debate, pero muchos astrónomos ya habían empezado a concluir que las nebulosas espirales tenían que estar fuera de la Vía Láctea.

En la gran mayoría de casos, las nebulosas se alejan, y las velocidades más altas son positivas. La asombrosa preponderancia de estas [velocidades positivas] indica una huida general de nosotros o de la Vía Láctea.

Vesto Slipher

El legado de Slipher

A pesar de la respuesta entusiasta de muchos integrantes de la comunidad astronómica, había quien seguía cuestionando los hallazgos de Slipher. Durante más de una década, y hasta que otros empezaron a creer en sus ideas y a comprender lo que implicaban, Slipher fue casi el único que investigó el efecto Doppler en las nebulosas espirales.

En 1924, un artículo de Edwin Hubble zanjó el debate sobre la naturaleza de las nebulosas espirales. Tras detectar un tipo de estrellas llamadas variables cefeidas en algunas nebulosas, como la de Andrómeda, Hubble pudo anunciar que la «nebulosa» de Andrómeda y otras similares estaban tan lejos que no podían formar parte de la Vía Láctea y, por tanto, debían ser galaxias ajenas a ella. Se demostraba así que las sospechas de Slipher, que se remontaban a 1917, eran ciertas. Cuando Hubble publicó su artículo, Slipher había medido la velocidad radial de 39 nebulosas espirales, la mayoría de las cuales mostraba una velocidad de recesión elevada (hasta 1125 km por segundo). Hubble usó las mediciones de Slipher del corrimiento al rojo del espectro de galaxias que él había demostrado que estaban fuera de la Vía Láctea y encontró una relación entre su corrimiento al rojo y su distancia.

A finales de la década de 1920, Hubble utilizó este resultado para confirmar que el universo se expande. Así, el trabajo de Slipher entre 1912 y 1925 tuvo un papel crucial en el que hoy se considera el mayor hallazgo astronómico del siglo XX y allanó el camino para investigaciones posteriores sobre el movimiento de las galaxias y para teorías cosmológicas basadas en un universo en expansión. En cuanto a la galaxia de Andrómeda, se prevé que colisionará con la Vía Láctea dentro de unos 4000 millones de años y formará con ella una nueva galaxia elíptica. ■

Dentro de unos 4000 millones de años, cuando la galaxia de Andrómeda colisione con la Vía Láctea, el cielo nocturno tendrá este aspecto.

EN LAS ESTRELLAS PREDOMINAN EL HIDROGENO Y EL HELIO

LA COMPOSICIÓN DE LAS ESTRELLAS

EN CONTEXTO

ASTRÓNOMO CLAVE
Cecilia Payne-Gaposchkin (1900–1979)

ANTES
Década de 1850 Gustav Kirchhoff demuestra que las líneas espectrales oscuras del Sol se deben a la absorción de la luz por elementos.

1901 Annie Jump Cannon clasifica las estrellas según sus líneas espectrales oscuras.

1920 Meghnad Saha demuestra la relación entre temperatura, presión e ionización en una estrella.

DESPUÉS
1928–1929 Albrecht Unsöld y William McCrea descubren por separado que, en la atmósfera solar, el hidrógeno es un millón de veces más abundante que cualquier otro elemento.

1933 Bengt Strömgren prueba que las estrellas se componen casi totalmente de hidrógeno, y no solo su atmósfera.

Hasta 1923, se aceptaba que la composición química del Sol y del resto de estrellas era similar a la de la Tierra. Esto se fundamentaba en el análisis de las líneas oscuras (de Fraunhofer) de los espectros estelares, que aparecen debido a que los elementos químicos presentes en la atmósfera de la estrella absorben luz. Los espectros contienen líneas intensas correspondientes a elementos habituales en la Tierra, como el oxígeno y el hidrógeno, y a metales como el magnesio, el sodio y el hierro; por eso se asumió que la Tierra y las estrellas estaban compuestas por los mismos elementos más o menos en las mismas proporciones. En 1923, Cecilia Payne llegó al Observatorio del Harvard College (Massachusetts) y echó por tierra la teoría establecida.

La recompensa del científico es presenciar la transformación de un esbozo borroso en una obra maestra.
Cecilia Payne-Gaposchkin

Los espectros estelares

Payne empezó a analizar la colección de espectros estelares del observatorio para determinar la relación entre el espectro y la temperatura de las estrellas. Además, como la pauta de las líneas de absorción parecía variar entre los espectros de estrellas de distintos tipos, quería averiguar si había diferencias en su composición química.

Desde 1901, los astrónomos del observatorio habían clasificado las estrellas en siete tipos espectrales básicos que creían relacionados con la temperatura superficial de las estrellas. Sin embargo, en su tesis doctoral, Payne aplicó una ecuación que el físico indio Meghnad Saha había formulado en 1920 y que relacionaba el espectro de una estrella con la ionización (separación de la carga eléctrica) de los elementos químicos de su atmósfera y la temperatura de su superficie. Payne demostró que existía una relación entre el tipo espectral de las estrellas y su temperatura superficial. También demostró que la variación de las líneas de

Véase también: El espectro del Sol 112 ▪ Características de las estrellas 122–127 ▪ La fusión nuclear en las estrellas 166–167 ▪ Generación de energía 182–183

absorción de los espectros estelares se debía a distintos niveles de ionización a diferentes temperaturas, no a un cambio de la proporción de los elementos químicos.

Payne sabía que la intensidad de las líneas de absorción de los espectros estelares solo podía proporcionar estimaciones aproximadas de elementos químicos, por lo que había que tener en cuenta otros factores, como el estado de ionización de los átomos de distintos elementos. Gracias a sus conocimientos de física atómica, determinó la cantidad de 18 elementos presentes en los espectros de muchas estrellas y concluyó que el helio y el hidrógeno eran muchísimo más abundantes que en la Tierra y que suponían casi la totalidad de la materia estelar.

La reacción de los astrónomos

En 1925, Payne envió su tesis al astrónomo Henry Russell para que la evaluara, y este dijo que sus resultados eran «evidentemente imposibles», y la presionó para que añadiera una nota afirmando que los niveles de hidrógeno y de helio que había hallado eran «casi con toda seguridad irreales». Cuatro años después, Russell aceptó que Payne tenía razón.

Los hallazgos de Payne supusieron una revolución. Demostró que la composición química de la mayoría de las estrellas es similar; averiguó cómo determinar la temperatura de cualquier estrella a partir de su espectro y, finalmente, demostró que el hidrógeno y el helio son los elementos predominantes en el universo: un paso clave hacia la teoría del Big Bang. ■

Si estás segura de tus datos, debes defender tu postura.
Cecilia Payne-Gaposchkin

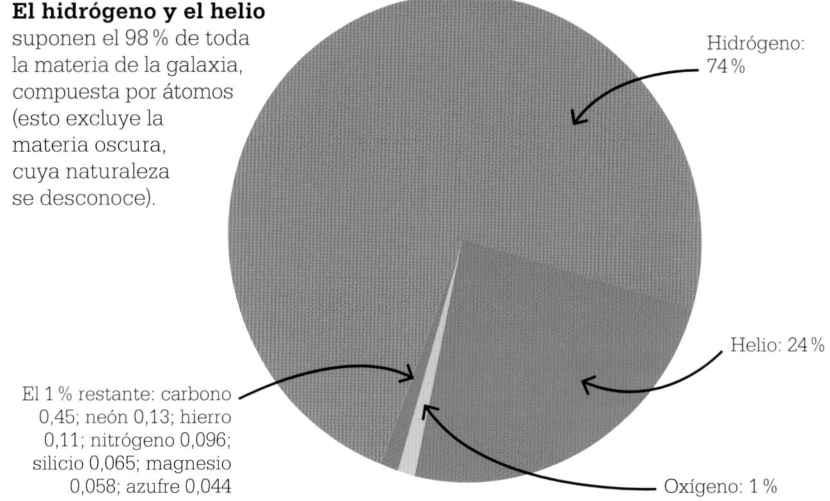

El hidrógeno y el helio suponen el 98 % de toda la materia de la galaxia, compuesta por átomos (esto excluye la materia oscura, cuya naturaleza se desconoce).

Cecilia Payne-Gaposchkin

Nacida en Wendover (Inglaterra), a los 19 años obtuvo una beca para estudiar en el Newnham College de Cambridge, donde estudió botánica, física y química. Tras asistir a una conferencia de Arthur Eddington, se decantó por la astronomía. En 1923 se trasladó a EE UU para incorporarse a un nuevo programa de posgrado de astronomía en el Observatorio del Harvard College. Al cabo de dos años había acabado su revolucionaria tesis doctoral, *Stellar Atmospheres*. Gran parte de su trabajo se centró en las estrellas variables y en las novas (enanas blancas que explotan). Su obra contribuyó a explicar la estructura de la Vía Láctea y la evolución de las estrellas. En 1931 obtuvo la nacionalidad estadounidense, y tres años más tarde se casó con el astrónomo ruso Serguéi I. Gaposchkin. En 1956 se convirtió en la primera mujer en alcanzar un puesto de profesora en Harvard.

Obras principales

1925 *Stellar Atmospheres.*
1938 *Variable Stars.*
1957 *Galactic Novae.*

NUESTRA GALAXIA GIRA

LA FORMA DE LA VÍA LÁCTEA

EN CONTEXTO

ASTRÓNOMO CLAVE
Bertil Lindblad (1895–1965)

ANTES
1904 Jacobus C. Kapteyn demuestra que las estrellas avanzan en dos corrientes en dirección opuesta.

1917 Vesto Slipher demuestra que las nebulosas espirales se mueven más rápido que cualquier estrella.

1920 Harlow Shapley predice que el centro de la galaxia está en Sagitario y a unos 50 000 años luz (en realidad, 26 100).

DESPUÉS
1927 Jan Oort confirma que la galaxia gira y propone que una gran masa de estrellas forma un abultamiento en su núcleo.

1929 Edwin Hubble demuestra que hay galaxias mucho más allá de la Vía Láctea.

1979 A partir de la rotación de las galaxias, Vera Rubin demuestra que estas contienen materia oscura invisible.

El Sistema Solar orbita en torno al centro de la Vía Láctea a 230 km/s. Las estrellas más cercanas al centro orbitan a mayor velocidad.

En la década de 1920 existían dos visiones opuestas del universo. Algunos astrónomos creían que la Vía Láctea era todo el universo. Otros afirmaban que las nebulosas espirales no eran masas difusas situadas en el borde de la Vía Láctea, sino galaxias muy distantes de la nuestra.

En 1926, el sueco Bertil Lindblad reflexionó sobre la forma que debería tener la Vía Láctea y concluyó que era una espiral en rotación. Lindblad llegó a esta conclusión a partir del trabajo de otros dos astrónomos. Uno era el estadounidense Harlow Shapley, que creía que la Vía Láctea comprendía todo el universo y había sugerido la posibilidad de trazar su límite a partir de los abundantes cúmulos estelares globulares observados. También creía que el centro de la galaxia estaba en Sagitario. El segundo era el neerlandés Jacobus C. Kapteyn, que había descrito un fenó-

Véase también: Galaxias espirales 156–161 ▪ Más allá de la Vía Láctea 172–177 ▪ La nube de Oort 206 ▪ Materia oscura 268–271

meno al que había llamado corriente estelar. Sostenía que las estrellas no se movían aleatoriamente, sino que parecían hacerlo en grupos, bien en una dirección, bien en la opuesta. Lindblad era experto en medir la magnitud absoluta de las estrellas a partir de su espectro y pudo calcular sus distancias desde la Tierra. Cuando combinó estos datos con sus observaciones del movimiento de los cúmulos globulares, descubrió algo interesante.

Las estrellas de un **mismo subsistema** se mueven en la **misma dirección** y a la **misma velocidad**.

Si parece que las estrellas de otros subsistemas se mueven en **dirección opuesta** es porque van por detrás, pero en realidad todas van en la **misma dirección**.

La galaxia es un **disco giratorio**, y las regiones exteriores se mueven más despacio que las interiores.

Giros en subsistemas

Lindblad observó que las estrellas formaban subsistemas, y que cada subsistema se movía a una velocidad propia. De ello dedujo que las corrientes estelares de Kapteyn eran la prueba de que la galaxia giraba, lo cual significaba que todas las estrellas de la Vía Láctea se movían en la misma dirección alrededor de un punto central: las que iban por delante del Sistema Solar estaban más cerca del centro, y las más lejanas parecían desplazarse en dirección contraria porque iban por detrás. Tal y como había predicho Shapley, Lindblad situó el centro de la galaxia en Sagitario y supuso que los subsistemas más alejados de él orbitaban más despacio que los que estaban más cerca. En 1927, las observaciones de Jan Oort, alumno de Kapteyn, lo confirmaron.

Se vio que la Vía Láctea era un disco que giraba, aunque muy lentamente: tardaba 225 millones de años en completar una órbita. A pesar de que Lindblad no había aportado pruebas de que hubiera cuerpos fuera de la Vía Láctea, su modelo de galaxia con forma de disco y con un centro protuberante daba peso a la posibilidad de que objetos de aspecto similar fueran también galaxias. Sin embargo, las observaciones de Oort plantearon un nuevo enigma. Parecía que la galaxia rotaba a una velocidad mayor de la que podía explicarse por la masa de su materia visible. Este fue el primer atisbo de un misterio que perdura en la actualidad: la materia oscura. ■

Bertil Lindblad

Nacido en Örebro (Suecia), se licenció en la Universidad de Uppsala, al norte de Estocolmo, donde trabajó como ayudante en el observatorio. Mientras trabajaba en Uppsala hizo las observaciones del movimiento de los cúmulos globulares que le llevaron a desarrollar la teoría de la rotación galáctica, que se publicó en 1926. Un año después le ofrecieron dirigir el Observatorio de Estocolmo y se convirtió en astrónomo de la Real Academia de las Ciencias de Suecia. Mantuvo el cargo hasta que falleció, y supervisó muchas mejoras en la institución. En sus últimos años fue uno de los principales organizadores del Observatorio Europeo Austral (ESO), instalado en el desierto de Atacama (Chile) desde 1962, y presidió la Unión Astronómica Internacional.

Obras principales

1925 *Star-Streaming and the Structure of the Stellar System.*
1930 *The Velocity Ellipsoid, Galactic Rotation, and the Dimensions of the Stellar System.*

UN LENTO PROCESO DE ANIQUILACION DE MATERIA

LA FUSIÓN NUCLEAR EN LAS ESTRELLAS

EN CONTEXTO

ASTRÓNOMO CLAVE
Arthur Eddington
(1882–1944)

ANTES
Década de 1890 Lord Kelvin y Hermann von Helmholz sugieren que el Sol obtiene su energía contrayéndose.

1896 Henri Becquerel descubre la radiactividad.

1906 Karl Schwarzschild demuestra que la energía atraviesa las estrellas por radiación.

DESPUÉS
1931 Robert Atkinson descubre el proceso por el que los protones se combinan, liberan energía y forman elementos.

1938 Carl von Weizsäcker descubre que en las estrellas se genera helio a través del ciclo carbono-nitrógeno-oxígeno (CNO).

1939 Hans Bethe explica cómo funcionan la cadena protón-protón y el ciclo CNO.

El Sol se compone fundamentalmente de **hidrógeno gaseoso**.

El **centro** del Sol es **caliente y denso**.

Estas condiciones son adecuadas para la **fusión nuclear**, que transforma lentamente la **masa en energía** según la ecuación $E = mc^2$.

Las estrellas se alimentan de una lenta aniquilación de materia.

En la década de 1920, el británico Arthur Eddington fue el primero en explicar los procesos que tienen lugar dentro de las estrellas, y defendió la idea de que su fuente de energía es la fusión nuclear.

Un Sol estable

Al mirar el Sol, lo que vemos es la capa superficial gaseosa correspondiente a los 500 km superiores y que alcanza una temperatura de unos 5500 °C. El Sol parece estar en equilibrio, es decir, que durante los siglos que llevamos observándolo (una minúscula fracción de tiempo de su vida), su tamaño y su luminosidad no parecen haber cambiado. Eddington dedujo que la fuerza gravitatoria que ejerce una atracción hacia el interior estaría equilibrada no solo por la tendencia del gas a expandirse hacia fuera; también por la presión derivada de la radiación emitida por la estrella.

Eddington demostró que todas las estrellas son bolas de gas caliente. Calculó cuán luminosas parecerían estrellas de distinta masa si el gas de su núcleo, donde la temperatura y la densidad son muy altas, siguieran las mismas leyes físicas que el gas más frío y menos denso. Sus resultados coincidían con las observaciones de estrellas gigantes y enanas.

Véase también: La teoría de la relatividad 146–153 ▪ La composición de las estrellas 162–163 ▪ Generación de energía 182–183 ▪ Nucleosíntesis 198–199

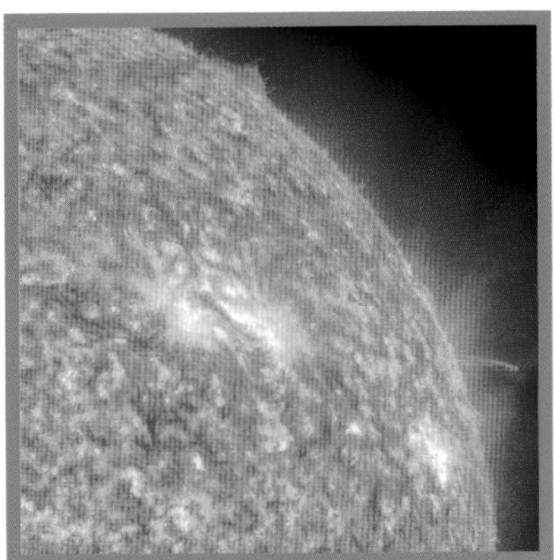

Como todos los gases se rigen por las mismas leyes, asumir que el Sol no es gaseoso solo en la superficie, sino en su totalidad, permite calcular la temperatura y la presión en el centro.

Las leyes de los gases y la relatividad

Las leyes físicas que rigen las relaciones entre la presión, el volumen y la temperatura de los gases ya se conocían, y, como en todos los gases las moléculas están muy separadas, todos se comportan de forma parecida. Por ejemplo, según la ley de Boyle (formulada por el químico irlandés Robert Boyle), a una temperatura constante, el producto de la presión y el volumen de una masa de gas determinada también es constante.

Aplicando estas leyes, Eddington calculó que en el centro del Sol la temperatura es de, aproximadamente, 16 000 000 °C, y la densidad, 150 veces superior a la del agua.

Para entender lo que sucedía en el centro del Sol, Eddington necesitaba la ecuación de Einstein $E = mc^2$ (pp. 149–150). Esta ecuación establece que la energía es igual a la masa multiplicada por el cuadrado de la velocidad de la luz y fue clave para desentrañar el misterio del origen de la energía del Sol, ya que demostraba que la masa podía transformarse en energía. Las condiciones de temperatura y densidad en el centro del Sol eran suficientes para que se desencadenaran reacciones nucleares y la masa se destruyera y produjera la energía que predecía la ecuación de Einstein.

Al principio, los físicos sugirieron que la masa de la ecuación de Einstein podría consistir en electrones o en átomos de hidrógeno. En 1931, el astrofísico Robert Atkinson demostró que un proceso por el que cuatro átomos de hidrógeno se fusionaban para crear un átomo de helio ligeramente menos masivo coincidiría con los datos obtenidos del Sol. Se trata de un proceso muy lento que genera energía suficiente para alimentar al Sol durante miles de millones de años. Este proceso también demostraba la transmutación de los elementos y que la composición del universo cambia con el tiempo. ■

Cabe esperar que, en un futuro no muy lejano, podamos entender algo tan sencillo como una estrella.
Arthur Eddington

Arthur Eddington

Nacido en el seno de una familia de cuáqueros, estudió matemáticas y física en las universidades de Manchester y Cambridge. En 1905 se incorporó al Real Observatorio de Greenwich, pero varios años después volvió al Trinity College de Cambridge. En 1913 obtuvo la cátedra Plumian de astronomía, y en 1914 fue nombrado director del Observatorio de la Universidad de Cambridge, donde vivió el resto de su vida.

En 1919 zarpó hacia la isla Príncipe (África occidental) para observar un eclipse de Sol total y poner a prueba la predicción de Einstein acerca de la curvatura de la luz de las estrellas por la masa del Sol. Fue un gran astrónomo y matemático, capaz de explicar el concepto físico más complejo de un modo sencillo y atractivo. Esto hizo que sus libros fueran muy populares, sobre todo los que explicaban la relatividad y la mecánica cuántica.

Obras principales

1923 *The Mathematical Theory of Relativity.*
1926 *The Internal Constitution of the Stars.*

UN DIA SIN AYER

EL NACIMIENTO DEL UNIVERSO

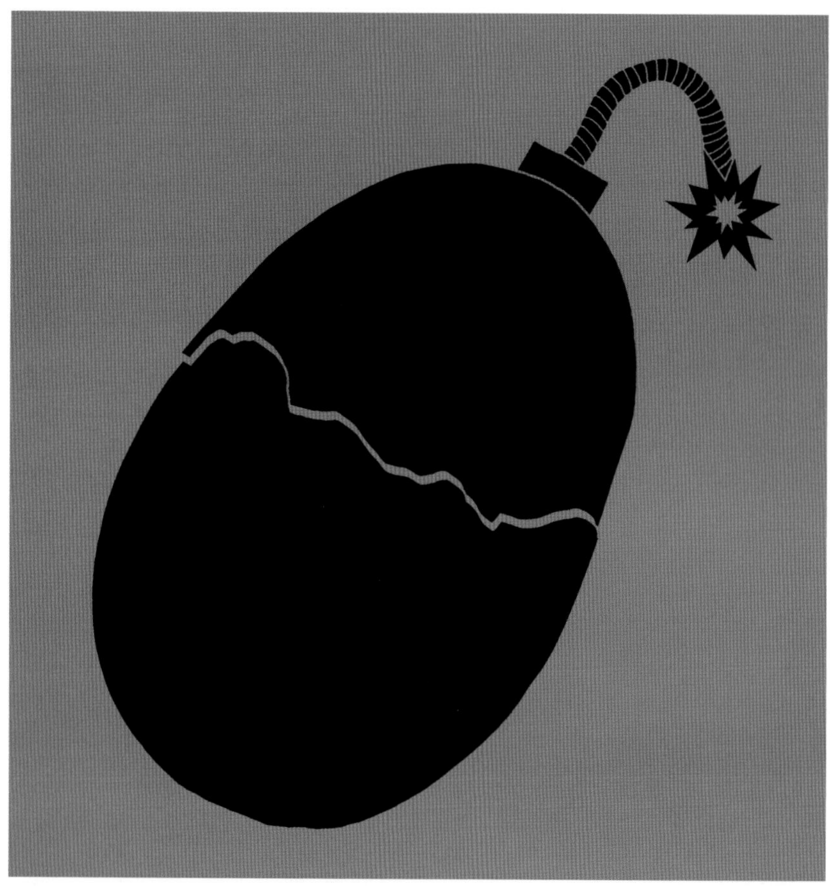

EN CONTEXTO

ASTRÓNOMO CLAVE
Georges Lemaître
(1894–1966)

ANTES
1915 Einstein publica su teoría de la relatividad general, que incluye ecuaciones que definen varios universos posibles.

1922 Alexander Friedmann encuentra soluciones a las ecuaciones de Einstein que indican que el universo podría estar en expansión o en contracción, o ser estático.

DESPUÉS
1929 Edwin Hubble observa que las galaxias distantes se alejan de la Tierra a una velocidad proporcional a su distancia.

1949 Fred Hoyle acuña la denominación de «Big Bang» para la teoría de Lemaître.

La idea de que el universo se originó a partir de un objeto diminuto con forma de huevo aparece en el *Rigveda*, una colección de himnos hindúes del siglo XII a.C. Sin embargo, apenas hubo indicios científicos del verdadero origen del universo hasta que Einstein abrió las puertas a una nueva manera de concebir el tiempo y el espacio con su teoría de la relatividad general en 1915. Su aportación hizo que muchos recuperaran la idea de que el universo había empezado como algo pequeño, entre ellos el sacerdote belga Georges Lemaître, cuya propuesta de 1931 contenía ecos del *Rigveda*.

En el siglo XVII, Johannes Kepler había argumentado que, puesto que el cielo nocturno es oscuro, el universo no podía ser infinito tanto en

Véase también: La teoría de la gravedad 66–73 ▪ La teoría de la relatividad 146–153 ▪ Más allá de la Vía Láctea 172–177 ▪ El átomo primitivo 196–197

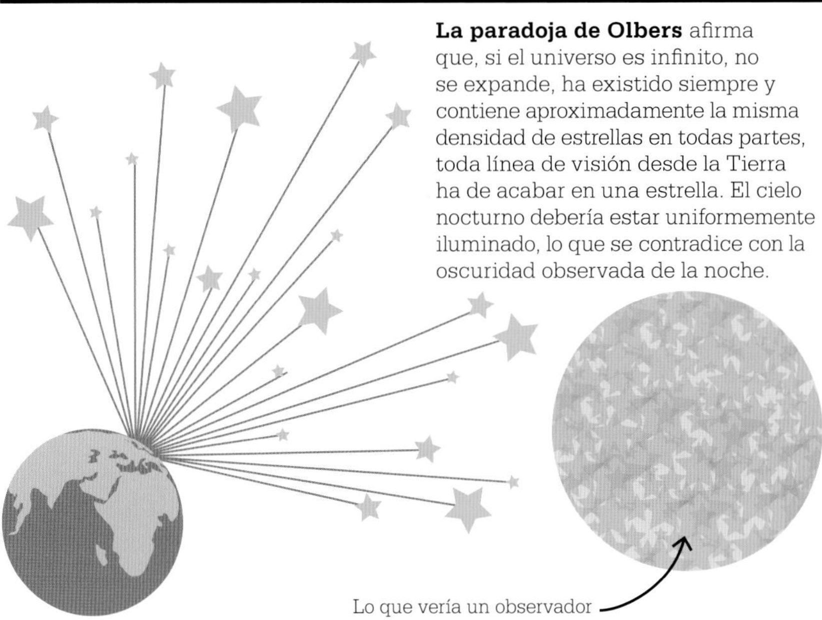

La paradoja de Olbers afirma que, si el universo es infinito, no se expande, ha existido siempre y contiene aproximadamente la misma densidad de estrellas en todas partes, toda línea de visión desde la Tierra ha de acabar en una estrella. El cielo nocturno debería estar uniformemente iluminado, lo que se contradice con la oscuridad observada de la noche.

Lo que vería un observador

tiempo como en espacio; de ser así, las estrellas brillarían en todas direcciones e iluminarían el cielo por completo. En 1823, el astrónomo alemán Wilhelm Olbers recuperó este argumento, que pasó a conocerse como la paradoja de Olbers. A pesar de este problema, Isaac Newton afirmó que el universo era estático (ni se expandía ni se contraía) e infinito en el tiempo y en el espacio, con la materia distribuida de un modo relativamente uniforme a gran escala. A finales del siglo XIX, esta seguía siendo la postura imperante, y el propio Einstein la mantuvo al principio.

¿Un universo inmutable?

La teoría de la relatividad general de Einstein explica cómo funciona la gravedad a las mayores escalas. Einstein observó que podía usarla para comprobar si el modelo newtoniano del universo podía existir a largo plazo sin volverse inestable y para explorar qué otros tipos de universo podrían ser viables. La relación exacta entre la masa, el espacio y el tiempo se explicaba en una serie de 10 ecuaciones complejas, hoy llamadas ecuaciones de campo de Einstein, a las que encontró una solución inicial que sugería que el universo se contrae. Como no podía creerlo, introdujo un «corrector» (un factor inductor de la expansión llamado constante cosmológica) para equilibrar la atracción de la gravedad. Esto permitía pensar en un universo estático.

En 1922, el ruso Alexander Friedmann intentó hallar soluciones a las ecuaciones de campo de Einstein. Asumió que el universo es homogéneo (que está compuesto por aproximadamente el mismo material en todas partes) y que se extiende de forma regular en todas direcciones, y encontró varias soluciones. Estas explicaban modelos en los que el universo se expandía, se contraía o permanecía estático. Puede que Friedmann fuera la primera persona que usó la expresión «universo en expansión». Al principio, Einstein »

Georges Lemaître

Nació en 1894 en Charleroi (Bélgica) y, en 1920, después de servir en el ejército durante la Primera Guerra Mundial, se doctoró en ingeniería civil. Luego ingresó en un seminario, donde leía sobre matemáticas y ciencia en su tiempo libre.

Tras ordenarse en 1923, cursó estudios de matemáticas y física solar en la Universidad de Cambridge, donde Arthur Eddington fue su profesor. En 1927 fue nombrado profesor de astrofísica de la Universidad de Lovaina (Bélgica) y publicó su primer artículo importante acerca de la expansión del universo. En 1931 presentó su teoría del átomo primitivo en un informe de la revista *Nature* y pronto se hizo famoso. Murió en 1966, poco después de conocer el descubrimiento de una radiación de fondo de microondas que demostraba la existencia del Big Bang.

Obras principales

1931 «The Beginning of the World from the Point of View of Quantum Theory» (en *Nature*).
1946 *La hipótesis del átomo primitivo.*

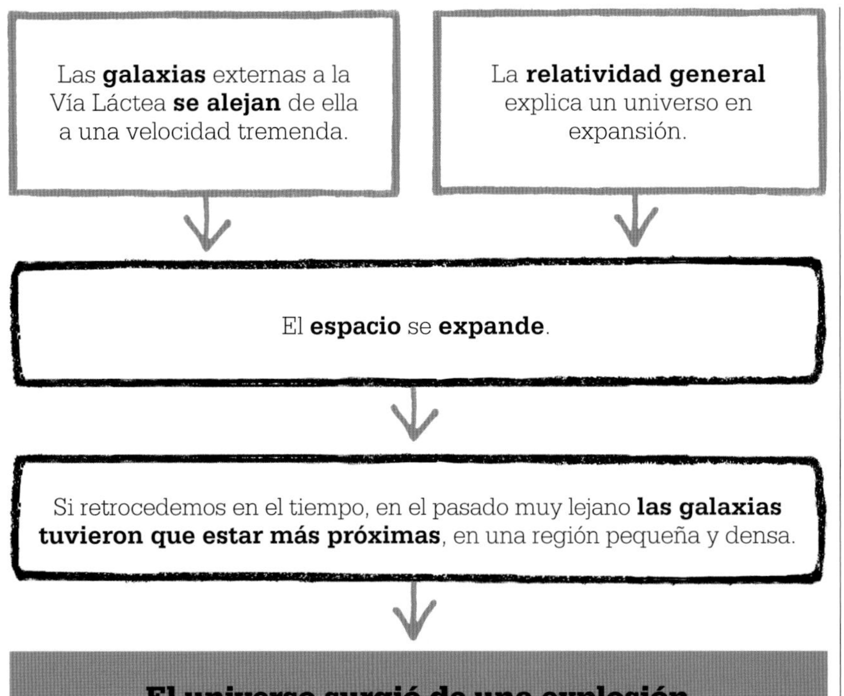

calificó de «dudoso» su trabajo, pero seis meses después aceptó que los resultados eran correctos. No obstante, esa fue la última aportación de Friedmann, que murió dos años después. En 1924, Edwin Hubble demostró que muchas nebulosas eran galaxias ajenas a la Vía Láctea. De repente, el universo se había vuelto mucho más grande.

Las **galaxias** externas a la Vía Láctea **se alejan** de ella a una velocidad tremenda.
La **relatividad general** explica un universo en expansión.
El **espacio** se **expande**.
Si retrocedemos en el tiempo, en el pasado muy lejano **las galaxias tuvieron que estar más próximas**, en una región pequeña y densa.
El universo surgió de una explosión de materia en «un día sin ayer».

Un universo en expansión

Más tarde, en la misma década de 1920, Lemaître se sumó al debate sobre la organización del universo a gran escala. Había trabajado en instituciones de EE UU y conocía tanto el trabajo de Slipher sobre las galaxias en recesión como las mediciones de la distancia a las galaxias de Hubble. Era un matemático competente y también había estudiado las ecuaciones de campo de Einstein, para las que halló una solución posible que explicaba un universo en expansión. En 1927, Lemaître ató todos estos cabos sueltos y publicó un artículo en el que proponía que todo el universo se expande y aleja las galaxias unas de otras y de la Tierra. También predijo que las galaxias más lejanas de nosotros se alejarían a mayor velocidad que las más próximas.

El artículo de Lemaître apareció en una publicación belga poco conocida, por lo que al principio su hipótesis tuvo escasa resonancia. Sin embargo, comunicó sus conclusiones a Einstein y le explicó la solución que había encontrado para las ecuaciones de campo y que explicaba un universo en expansión. A su vez, Einstein le habló del trabajo de Friedmann, pero mantuvo cierta ambivalencia respecto a la idea de Lemaître. Se dice que comentó: «Sus cálculos son correctos, pero sus conocimientos de física son abominables». Por el contrario, el astrónomo británico Arthur Eddington publicó un largo comentario sobre el artículo de Lemaître de 1927, al que describió como una «solución brillante».

En 1929, Hubble publicó conclusiones que demostraban que existe una relación entre la distancia de una galaxia y su velocidad de recesión, lo que para muchos astrónomos supuso la confirmación de que el universo se expande y de que el artículo de Lemaître era correcto. Aunque durante muchos años se atribuyó a Hubble el mérito del descubrimiento de la expansión del universo, en la actualidad, la mayoría de los astrónomos coincide en que debería compartirlo con Lemaître y, posiblemente, también con Alexander Friedmann.

El átomo primitivo

Lemaître razonó que si el universo se expande y fuera posible retroceder en el tiempo, en un pasado muy lejano, toda la materia del universo tenía que haber estado mucho más junta. En 1931 sugirió que el universo había surgido de una partícula extraordinariamente densa que contenía toda su materia y energía, un «átomo primitivo», como lo llamó, de unas treinta

El radio del espacio empezó de cero, y las primeras etapas de la expansión consistieron en una rápida expansión determinada por la masa del átomo inicial.
Georges Lemaître

veces el tamaño del Sol. Esta partícula se desintegró y originó el espacio y el tiempo en «un día sin ayer». Lemaître describió el principio del universo como un castillo de fuegos artificiales y comparó las galaxias con brasas ardientes que se desprendían del centro de la explosión.

Al principio, la propuesta fue recibida con escepticismo. Einstein no estaba seguro, pero tampoco la rechazó. En enero de 1933, Lemaître y Einstein viajaron juntos a California para asistir a unos seminarios. Para entonces, Einstein (que había eliminado la constante cosmológica de la teoría de la relatividad general, porque ya no era necesaria) ya estaba de acuerdo con la teoría de Lemaître, de la que dijo que era «la explicación más bella y satisfactoria de la creación que haya escuchado jamás».

El modelo de Lemaître también ofrecía una solución para el problema de la paradoja de Olbers. En su modelo, el universo tiene una edad finita y, como la velocidad de la luz también lo es, solo un número finito de estrellas puede ser observado en el volumen de espacio visible desde la Tierra. La densidad de estrellas en ese volumen es tan baja que hay muy pocas probabilidades de que cualquier línea de visión desde la Tierra pueda llegar a una estrella.

Refinar la idea

El universo comprimido en una partícula diminuta sería extraordinariamente caliente. Durante la década de 1940, el físico ruso-estadounidense George Gamow y sus colegas calcularon detalles de lo que podría haber sucedido durante los primeros momentos extremadamente calientes del universo de Lemaître. Sus conclusiones demostraban que un universo inicial muy caliente y que había evolucionado hasta lo que observamos hoy era viable en teoría. En una entrevista radiofónica de 1949, el astrónomo británico Fred Hoyle usó la expresión de «Big Bang» (gran explosión) para referirse al modelo de universo que Lemaître y Gamow habían ido desarrollando. La hipótesis de Lemaître ya tenía nombre.

Hoy, la idea de Lemaître acerca del tamaño original del universo se considera incorrecta. Se cree que empezó desde un punto infinitesimalmente pequeño y de densidad infinita llamado singularidad. ■

Existe cierto paralelismo entre el Big Bang y el concepto cristiano de la creación desde la nada.

George Smoot

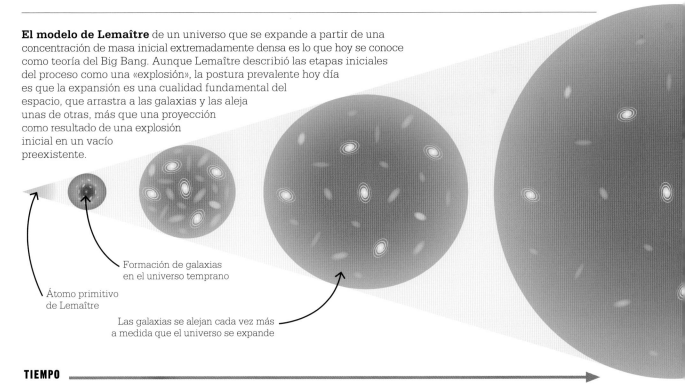

El modelo de Lemaître de un universo que se expande a partir de una concentración de masa inicial extremadamente densa es lo que hoy se conoce como teoría del Big Bang. Aunque Lemaître describió las etapas iniciales del proceso como una «explosión», la postura prevalente hoy día es que la expansión es una cualidad fundamental del espacio, que arrastra a las galaxias y las aleja unas de otras, más que una proyección como resultado de una explosión inicial en un vacío preexistente.

Formación de galaxias en el universo temprano

Átomo primitivo de Lemaître

Las galaxias se alejan cada vez más a medida que el universo se expande

TIEMPO

EL UNIVERSO SE EXPANDE EN TODAS DIRECCIONES

MÁS ALLÁ DE LA VÍA LÁCTEA

EN CONTEXTO

ASTRÓNOMO CLAVE
Edwin Hubble (1889–1953)

ANTES

1907 Henrietta Leavitt muestra la relación entre periodo y luminosidad de las cefeidas.

1917 Vesto Slipher publica una tabla con 25 corrimientos al rojo de galaxias.

1924 Hubble demuestra que la galaxia de Andrómeda está muy lejos de la Vía Láctea.

1927 Lemaître propone que el universo se expande.

DESPUÉS

1998 El Supernova Cosmology Project y el High-Z Supernova Search Team demuestran que la expansión cósmica se acelera.

2001 El telescopio Hubble mide la constante de Hubble con un margen de error del 10 %.

2015 El Observatorio espacial Planck estima que el universo tiene 13 799 millones de años.

A principios de la década de 1920, Edwin Hubble logró demostrar la verdadera envergadura del universo y zanjar el debate astronómico más encendido de la época. Sus observaciones llevadas a cabo en el Observatorio de Monte Wilson, cerca de Pasadena, con el recién construido telescopio Hooker de 2,5 m, entonces el mayor del mundo, llevaron a la sorprendente revelación de que el universo no solo es mucho más grande de lo que se había pensado hasta aquel momento, sino que, además, se expande.

Las observaciones indican que el universo se expande a un ritmo acelerado. Lo hará eternamente y será cada vez más vacío y oscuro.
Stephen Hawking

Fin de la controversia

En esa época, la cuestión de si las nebulosas espirales eran galaxias independientes de la Vía Láctea o nebulosas de un tipo especial era objeto de lo que se conocía como el Gran Debate. En 1920 se celebró una reunión en el Museo Smithsonian (Washington D.C.) con la intención de acabar con la controversia. Harlow Shapley, astrónomo de Princeton, defendía la idea de un «universo pequeño» y afirmaba que la Vía Láctea comprendía todo el cosmos. Como pruebas, Shapley citó informes que revelaban que las nebulosas rotaban y razonó que eso debía significar que eran relativamente pequeñas, ya que, de otro modo, las regiones exteriores girarían a una velocidad superior a la de la luz (posteriormente se demostró que esos informes estaban equivocados). Heber D. Curtis sostenía la idea contraria: todas las nebulosas estaban mucho más allá de la Vía Láctea. Curtis aportó como prueba el descubrimiento de Vesto Slipher de que la luz de la mayoría de las galaxias «nebulosas espirales» presentaba un corrimiento al rojo del espectro electromagnético que indicaba que se estaban alejando de

Edwin Hubble

Nació en 1889 en Misuri. Fue capitán del equipo de baloncesto de la Universidad de Chicago, donde se licenció en ciencias. Después estudió derecho en la Universidad de Oxford. Cuando volvió de Inglaterra ataviado con una capa y comportándose como un aristócrata, Harlow Shapley dijo de él que era «absurdamente vano y pomposo».

A pesar de su tendencia a ser el centro de la atención, fue un científico cauteloso. Se describía como observador y se reservaba la opinión hasta que contaba con pruebas suficientes. Le enfurecía que alguien se entrometiera en su ámbito de investigación, por lo que no dice mucho en su favor que no reconociera que había sido Vesto Slipher, y no él, quien había medido 41 de los 46 corrimientos al rojo que usó para formular su famosa ley. Durante sus últimos años abogó por la concesión de un premio Nobel específico de astronomía. Murió en 1953.

Obra principal

1929 *A Relation between Distance and Radial Velocity among Extra-Galactic Nebulae.*

Véase también: Medir el universo 130–137 ▪ La teoría de la relatividad 146–153 ▪ Galaxias espirales 156–161 ▪ El nacimiento del universo 168–171 ▪ Telescopios espaciales 188–195 ▪ Heber D. Curtis 337 ▪ Halton Arp 339

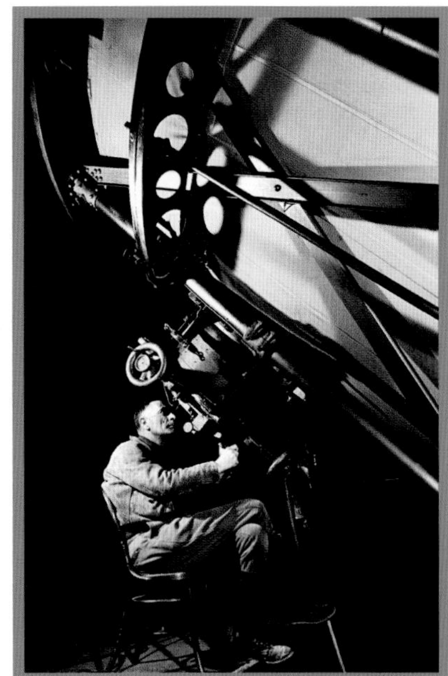

Hubble mirando por el ocular del telescopio Hooker de Monte Wilson, desde donde calculó las distancias galácticas y el valor de la expansión del universo.

la Tierra a velocidades gigantescas, tan elevadas que era imposible que permanecieran en la Vía Láctea.

Hubble se propuso determinar si existía relación entre la distancia de las nebulosas espirales y su velocidad. Su estrategia consistió en buscar en las nebulosas estrellas variables cefeidas (p. 138), cuya luminosidad varía de un modo predecible, y medir su distancia a la Tierra. De este modo hizo su primer gran descubrimiento en el invierno de 1923.

Empezó por examinar las placas fotográficas de las nebulosas más cercanas y nítidas, y encontró una variable cefeida en una de las primeras. Las distancias que calculó, incluso en el caso de nebulosas relativamente cercanas, eran tan enormes que zanjaron el Gran Debate de un plumazo: la NGC 6822 estaba a 700 000 años luz, y las M33 y M31, a 850 000 años luz. Sin duda, el universo se extendía mucho más allá de la Vía Láctea. Curtis estaba en lo cierto al sostener que las nebulosas espirales eran «universos isla», o «nebulosas extragalácticas», como las denominó Hubble. Con el tiempo, el nombre de «nebulosas espirales» cayó en desuso, y hoy se conocen simplemente como galaxias.

En el reino de las nebulosas

Hubble siguió midiendo las distancias a las galaxias más allá de la Vía Láctea. Sin embargo, le fue imposible detectar variables cefeidas en las galaxias más distantes y difusas, por lo que se vio obligado a recurrir a métodos indirectos, como el de la «regla estándar»: asumir que todas las galaxias de un tipo parecido tienen el mismo tamaño le permitió estimar la distancia a una galaxia midiendo su tamaño aparente y comparándolo con el tamaño «verdadero» esperado. Gracias a las mediciones de Slipher, Hubble ya sabía que la luz de la mayoría de las nebulosas espirales presentaba corrimiento al rojo. Además, las más tenues tenían valores superiores de corrimiento al rojo, lo que demostraba que se movían más rápido por el espacio. Hubble se dio cuenta de que si, como creía, había una relación entre la distancia de una galaxia respecto a la Tierra y su velocidad de recesión, el corrimiento al rojo podría servir de vara de medir cósmica, lo que permitiría calcular la distancia de las galaxias más lejanas y tenues, además de la envergadura aproximada del conjunto del universo. Mientras tanto, Milton Humason, auxiliar de astronomía de Monte Wilson, comprobaba los corrimientos al rojo de Slipher y recogía nuevos espectros de galaxias lejanas. Era un trabajo agotador, y él y Hubble pasaron muchas noches gélidas en la cabina de observación del extremo del tubo del telescopio en la montaña californiana.

En 1929, Hubble publicó su artículo «A relationship between distance and radial velocity among extra-galactic nebulae» en la revista estadounidense *Proceedings of the National Academy of Science*, con »

Todas **las galaxias distantes se alejan** de nosotros.
Cuanto más lejos está una galaxia, **mayor es su velocidad**.
Existe una **relación lineal** entre su **velocidad** y su **distancia**.
El universo se expande en todas direcciones.

un gráfico en el que contraponía 46 galaxias y sus respectivos corrimientos al rojo en orden de distancia creciente. Aunque la dispersión era considerable, Hubble consiguió trazar una línea recta que seguía la trayectoria de la mayoría. Este gráfico demuestra que, excepto las galaxias más cercanas (Andrómeda y el Triángulo), que avanzan hacia la Vía Láctea, todas las demás se alejan de ella. Es más, cuanto más lejos están, más rápido se mueven.

En busca de una interpretación

Si, desde la perspectiva de la Tierra, todas las galaxias parecen estar alejándose, las dos explicaciones posibles son: (a) que la Tierra se halla en el centro del universo, y (b) que el universo se originó a partir de un punto concreto y todo él se expande.

La objetividad (una ley fundacional de la ciencia) establece que no hay motivo para asumir que la Tierra ocupe una posición única. Por otra parte, la luz de las nebulosas lejanas demostraba que el universo no era

El hombre explora con sus cinco sentidos el universo que le rodea y llama ciencia a esa aventura.
Edwin Hubble

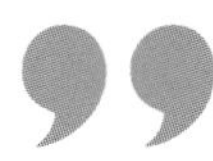

estático. Muchos astrónomos llegaron rápidamente a la conclusión de que esto se debía a la expansión del universo, aunque Hubble no lo dijera explícitamente.

En realidad, Vesto Slipher había señalado la tendencia en 1919, cuatro años antes de las observaciones de Hubble, y Georges Lemaître había propuesto la idea de la expansión del universo a partir de un «átomo primitivo» en 1927. Sin embargo, los resultados de Hubble al relacionar la velocidad medida por el corrimiento al rojo y la distancia de las galaxias aportaron la prueba convincente que necesitaba la comunidad científica. La «ley de Hubble», que afirma que el corrimiento al rojo de las galaxias es proporcional a su distancia a la Tierra, se aceptó casi con unanimidad.

Aquí, las galaxias del universo aparecen como puntos sobre un globo que se infla (las tres dimensiones del espacio se han reducido a las dos del globo para facilitar la visualización). Cuando el diámetro del globo se duplica, la distancia entre los puntos se duplica también. Cuanto más lejos esté un punto de otro, más se alejará y, por tanto, más rápido. C se ha alejado 2 cm de A, pero B solo se ha alejado 1 cm.

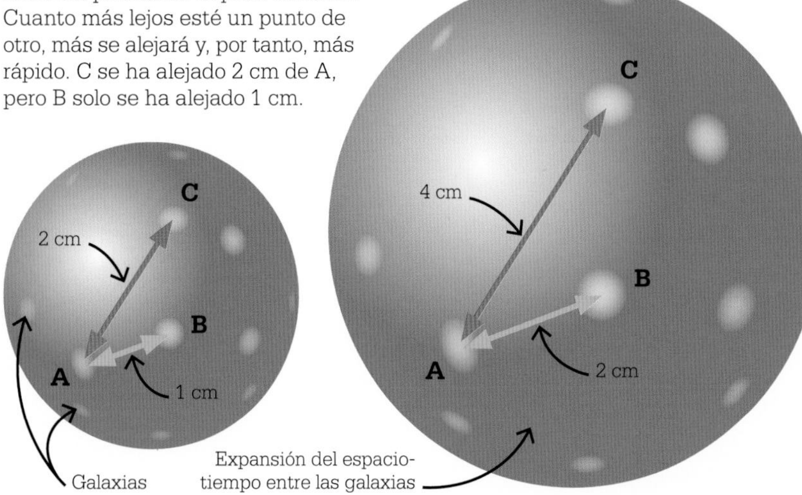

El error de Einstein

La revelación de que el universo podía estar expandiéndose causó sensación en todo el mundo, entre otras cosas porque contradecía una de las teorías de Albert Einstein. Este había deducido que la gravedad podía hacer que el universo acabara comprimiéndose por su propio peso y utilizó un valor al que llamó constante cosmológica (una especie de presión negativa) para impedir que eso ocurriera en las ecuaciones de campo de la relatividad general. Tras el descubrimiento de Hubble, abandonó esta idea.

Einstein y otros asumieron que las velocidades observadas eran efectos Doppler debidos a la velocidad de recesión de las galaxias, pero no faltaron voces discordantes. El astrónomo suizo Fritz Zwicky sugirió que el corrimiento al rojo podía deberse a que lo que llegaba a la Tierra era «luz cansada», como consecuencia de la interacción de los fotones con la materia que encontraban por el camino. Al propio Hubble le costaba creer que las velocidades que indicaban los corrimientos al rojo fueran reales, y se contentó con utilizarlas únicamente como indicadores de distancia. En realidad, las velocidades de las galaxias observadas por Hubble se deben a la expansión del propio espacio-tiempo.

El factor K

Hubble mostró la celeridad con que se expande el universo en un gráfico con una línea recta a la que llamó

El Observatorio Planck de la ESA operó entre 2009 y 2013. Los datos que obtuvo se utilizaron para medir muchos parámetros cosmológicos, como la constante de Hubble.

grandilocuentemente «factor K». El gradiente se describe matemáticamente con un valor que hoy en día se conoce como constante de Hubble (H_0). Se trata de un número importante porque, además del tamaño del universo observable, determina su edad. La constante de Hubble permitió a los astrónomos retroceder en el tiempo y calcular el momento del Big Bang, cuando el radio del universo era cero.

El cálculo inicial de H_0 fue de 500 km por segundo y por megaparsec (un megaparsec equivale a unos 3,26 millones de años luz). Esto planteaba un problema, porque daba la cifra de 2000 millones de años para la edad del universo, menos de la mitad de la edad aceptada de la Tierra. Se descubrió que la discrepancia se debía a errores sistemáticos en las mediciones de Hubble achacables a su método de detectar la estrella más brillante de cualquier galaxia (o incluso la luminosidad de la propia galaxia) y asumir que era una variable cefeida. Por suerte para Hubble, los errores eran bastante constantes en el conjunto de los datos, por lo que pudo determinar la tendencia a pesar de ellos.

El proyecto clave del Hubble

Calcular la velocidad de la expansión cósmica fue la aspiración que impulsó la decisión de desarrollar el telescopio espacial Hubble desde sus inicios, en la década de 1970, hasta su lanzamiento en 1990. La NASA se propuso que uno de los «proyectos clave» del telescopio sería determinar la constante de Hubble con un error máximo del 10 %. Tras años de medición de las curvas de luz de variables cefeidas, el resultado final, obtenido en 2001, dio una edad del universo de 13 700 millones de años. Esta cifra se ajustó a 13 799 millones de años (con un error de 21 millones de años más o menos) gracias a los datos recogidos por el Observatorio espacial Planck en 2015. Sin embargo, la revisión más drástica de la ley de Hubble se produjo en 1998, cuando se descubrió que la expansión del universo se acelera a causa de un misterioso agente desconocido al que se llama materia oscura y que ha renovado el interés por el supuesto error de Einstein: la constante cosmológica (pp. 298–303). ■

LAS ENANAS BLANCAS TIENEN UNA MASA MAXIMA

CICLOS DE VIDA DE LAS ESTRELLAS

EN CONTEXTO

ASTRÓNOMO CLAVE
Subrahmanyan Chandrasekhar (1910–1995)

ANTES
1914 Walter Adams detalla el espectro de 40 Eridani B, una estrella blanca muy tenue.

1922 El astrónomo neerlandés Willem Luyten llama «enanas blancas» a restos estelares blancos de masa reducida.

1925 Wolfgang Pauli, físico austriaco, formula el principio de exclusión, que afirma que dos electrones no pueden ocupar el mismo estado cuántico. Esto lleva a la identificación del fenómeno de la presión de degeneración electrónica.

DESPUÉS
1937 Fritz Zwicky caracteriza una supernova de tipo 1a como la explosión de una enana blanca que ha superado su límite de Chandrasekhar.

1972 Se detecta el primer posible agujero negro estelar.

En 1930, Subrahmanyan Chandrasekhar calculó que las estrellas que mueren con una masa ligeramente superior a la del Sol no pueden resistir la atracción de su propia gravedad. Esto fue clave para entender los ciclos de vida de las estrellas y, en concreto, las estrellas tenues y muy calientes llamadas enanas blancas. Se sabía que estas eran muy densas y estaban constituidas por una materia «degenerada» compacta, compuesta por núcleos atómicos y electrones libres. Las enanas blancas no se contraían gracias a un fenómeno llamado presión de degeneración electrónica. Así, cuando los electrones estaban muy juntos, su movimiento se veía limitado y generaban presión hacia el exterior.

Los agujeros negros [...] son los objetos macroscópicos más perfectos del universo: sus únicos materiales de construcción son nuestros conceptos de espacio y tiempo.
Subrahmanyan Chandrasekhar

El límite de Chandrasekhar

Chandrasekhar descubrió que la presión de degeneración electrónica puede impedir que una enana blanca se contraiga solo hasta que su masa alcance un límite máximo, que es de unas 1,4 veces la masa del Sol. Hoy se sabe que el núcleo de una estrella gigante al final de su vida se contraerá y se convertirá en enana blanca si su masa es inferior al límite de Chandrasekhar, pero se convertirá en un objeto aún más denso (una estrella de neutrones o un agujero negro) si su masa supera ese límite. Los científicos apenas prestaron atención a este hallazgo porque entonces estrellas de neutrones y agujeros negros aún eran objetos meramente teóricos. ■

Véase también: Descubrimiento de las enanas blancas 141 ▪ La fusión nuclear en las estrellas 166–167 ▪ Supernovas 180–181

SEÑALES DE RADIO DEL UNIVERSO

LA RADIOASTRONOMÍA

EN CONTEXTO

ASTRÓNOMO CLAVE
Karl Jansky (1905–1950)

ANTES

1887 El físico alemán Heinrich Hertz demuestra la existencia de las ondas de radio.

1901 Guglielmo Marconi envía a través del Atlántico una señal de radio cuyas ondas rebotan en la ionosfera.

DESPUÉS

1937 El astrónomo aficionado Grote Reber crea el primer mapa celeste de radiofrecuencias.

1965 James Peebles propone que la radiación de fondo de microondas es el último vestigio del Big Bang.

1967 Anthony Hewish y Jocelyn Bell detectan una señal de radio estelar a intervalos regulares: el primer púlsar.

1998 Sagitario A* resulta ser un agujero negro supermasivo situado en el centro de la Vía Láctea.

En la década de 1930, cuando trabajaba para los Laboratorios Bell Telephone, el ingeniero de radiocomunicaciones Karl Jansky recibió el encargo de registrar las fuentes naturales de electricidad estática que podrían interferir con las transmisiones de voz por radio de onda larga. Para ello, Jansky construyó una antena de radio direccional de 30 m de ancho y 6 m de alto que rotaba sobre cuatro neumáticos de un antiguo Ford T. Sus colegas la llamaron «el tiovivo de Jansky» porque este la hacía girar sistemáticamente para que apuntara a las fuentes de ondas de radio atmosféricas.

Jansky fotografiado con su antena. En 1933 publicó un artículo sobre su hallazgo, pero los Laboratorios Bell lo trasladaron poco después y no pudo proseguir su trabajo astronómico.

La radioastronomía

Jansky logró atribuir la mayoría de las fuentes de ondas de radio a tormentas que se acercaban, pero detectó un zumbido que no pudo identificar y cuya intensidad crecía y decrecía una vez al día. Al principio, pensó que estaba detectando ondas de radio procedentes del Sol. Pero el punto más «brillante» de ondas de radio se movía por el cielo siguiendo el día sideral (relativo a las estrellas), no el día solar, y descubrió que procedían de la constelación de Sagitario, situada en el centro de la Vía Láctea: las ondas de radio «brillaban» en el espacio como si fueran luz visible.

La prensa informó del hallazgo de «ondas de radio extraterrestres», y los astrónomos empezaron a copiar el instrumento de Jansky, que podría considerarse el primer radiotelescopio. Esto abrió las puertas a la posibilidad de observar el universo de una forma nueva: no a partir de la luz, sino de las ondas de radio que envía. ■

Véase también: En busca del Big Bang 222–227 ▪ Cuásares y púlsares 236–239 ▪ Grote Reber 338 ▪ Martin Ryle 338–339

UNA TRANSICION EXPLOSIVA A ESTRELLA DE NEUTRONES

SUPERNOVAS

EN CONTEXTO

ASTRÓNOMOS CLAVE
Walter Baade (1893–1960)
Fritz Zwicky (1898–1974)

ANTES
1914 Walter Adams describe por primera vez las estrellas enanas blancas, que hoy se sabe que intervienen en las novas.

1931 Subrahmanyan Chandrasekhar calcula la masa máxima que puede alcanzar una enana blanca.

DESPUÉS
1967 Anthony Hewish y Jocelyn Bell Burnell descubren los púlsares, estrellas de neutrones que giran a gran velocidad.

1999 Un análisis de la luz de supernovas de tipo 1a muestra que la expansión del universo se acelera debido a una entidad desconocida que recibe el nombre de materia oscura.

En 185 d.C., unos astrónomos chinos registraron la que llamaron «estrella invitada»: apareció en la dirección de Alfa Centauri, el sistema estelar más próximo a la Tierra, y brilló intensamente durante ocho meses antes de desaparecer. Probablemente este fue el primer registro de una supernova.

A lo largo de los siglos han aparecido varias estrellas misteriosas. En 1572, Tycho Brahe llamó «nova» (nueva) a una de ellas. Cuando los telescopios permitieron observar las novas más de cerca se descubrió que eran estrellas tenues que brillaban intensamente durante un breve tiempo. Hubo que esperar a la década de 1930 para que Walter Baade y Fritz Zwicky calcularan que algunas liberaban mucha más energía que otras. Por ejemplo, S Andromedae, una nova vista en 1885, había liberado de golpe el equivalente a diez millones de años de energía solar. Baade y Zwicky llamaron «supernovas» a estos fenómenos increíblemente energéticos.

Contracción nuclear

En 1934, Baade y Zwicky sugirieron que una supernova era el núcleo de una estrella grande que se había contraído por efecto de su propia gravedad tras quedarse sin combustible.

La contracción era tan potente que aniquilaba la materia y libera-

Algunas **estrellas tenues** pueden brillar mucho durante breve tiempo y formar **novas**.

Algunas novas liberan **muchísima más energía que otras**.

Algunas de estas **supernovas** se forman tras la **contracción de una estrella** que aniquila su propia materia.

El núcleo de la estrella contraída se compacta hasta formar una **estrella de neutrones**, compuesta solo de neutrones.

Véase también: El modelo de Brahe 44–47 ▪ Cuásares y púlsares 236–239 ▪ Materia oscura 268–271 ▪ La energía oscura 298–303

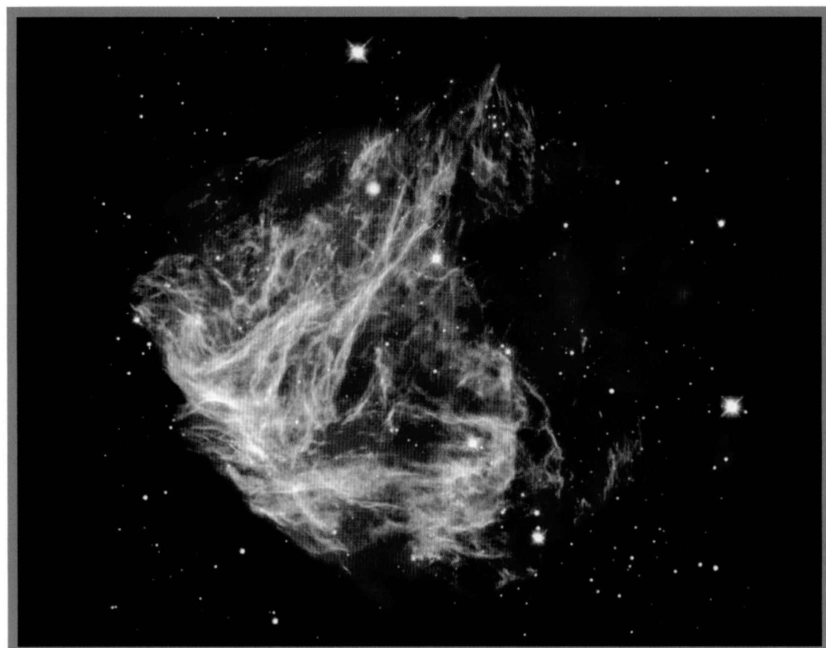

Una supernova en la Gran Nube de Magallanes expulsó esta nube de material captada por el Observatorio de rayos X Chandra. La explosión fue provocada por la contracción de una estrella masiva.

ba una ingente cantidad de energía, según la ecuación de Einstein $E = mc^2$ (p. 149). Lo que quedaba era una estrella de neutrones, compuesta íntegramente por neutrones agrupados muy juntos. Una estrella de este tipo mide solo 11 km de diámetro, pero su densidad y atracción gravitatoria son enormes. Los neutrones pueden apretarse mucho: una cucharadita de una estrella de neutrones pesa diez millones de toneladas. La velocidad de escape de la estrella (la velocidad necesaria para escapar de su gravedad) es casi la mitad de la velocidad de la luz.

Primera detección

La estrella de neutrones fue un concepto hipotético hasta 1967, cuando se descubrieron los púlsares y se vio que eran estrellas de neutrones que giraban a gran velocidad. En 1979 se detectó una potente explosión de rayos gamma que luego se atribuyó a una «magnetoestrella», una estrella de neutrones con un campo magnético miles de millones de veces más potente que el de la Tierra.

Las estrellas que se contraen aún guardan muchos misterios. Las únicas que se convierten en supernovas y forman estrellas de neutrones son las que superan el límite de Chandrasekhar de 1,4 masas solares (p. 178). Las que superan las 3 masas solares van aún más allá y se convierten en agujeros negros, pero se cree que quizá existe un estadio intermedio en el que la materia de los neutrones degenera aún más y se convierte en quarks, las partículas que componen los neutrones y los protones. Aunque las estrellas de quarks siguen siendo teóricas, su búsqueda prosigue. ▪

Fritz Zwicky

Nacido en Bulgaria, hijo de padre suizo y madre checa, emigró a EE UU en 1925 para estudiar en el Caltech con Robert Millikan, un importante físico de partículas. En 1931 comenzó a colaborar con el astrónomo alemán Walter Baade, recién llegado de Europa, en el Observatorio de Monte Wilson, cerca de Los Ángeles. Esta colaboración llevó al descubrimiento de las supernovas y las estrellas de neutrones, pero el trabajo de Zwicky también fue clave para otro gran hallazgo. Zwicky calculó que la masa de las galaxias, indicada por sus efectos gravitatorios, era mucho mayor que la materia que podía medirse mediante las observaciones y llamó al material ausente *dunkle Materie*, materia enigmática u oscura, como se conoce en la actualidad. Al margen de su obra teórica, trabajó en el desarrollo de los motores a reacción y registró más de 50 patentes de sus inventos.

Obras principales

1934 *On Supernovae* (con Walter Baade).
1957 *Morphological Astronomy.*

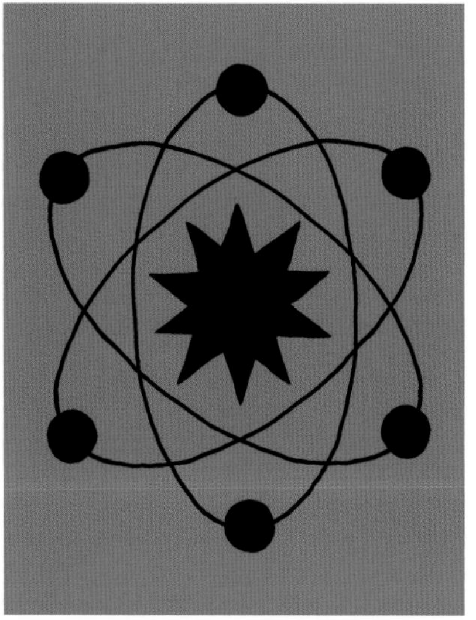

LA FUENTE DE ENERGIA DE LAS ESTRELLAS ES LA FUSION NUCLEAR

GENERACIÓN DE ENERGÍA

EN CONTEXTO

ASTRÓNOMO CLAVE
Hans Bethe (1906–2005)

ANTES
1919 Francis Aston descubre que cuatro núcleos de hidrógeno (protones) tienen más masa que un núcleo de helio.

1929 El astrónomo británico Robert Atkinson y el físico neerlandés Fritz Houtermans calculan que la fusión de núcleos ligeros en las estrellas podría liberar energía según la equivalencia masa-energía.

DESPUÉS
1946 Ralph Alpher y George Gamow describen cómo pudieron haberse sintetizado los núcleos de helio y de otros elementos durante el Big Bang.

1951 Ernst Öpik describe el proceso triple alfa, que convierte núcleos de helio-4 en carbono-12 en el núcleo de las estrellas gigantes rojas.

Hasta que Hans Bethe lo descubrió en 1938, nadie sabía por qué el Sol y otras estrellas emiten tanta luz, calor y otros tipos de radiación ni de dónde obtienen su energía. En 1905, Einstein dio un paso en la dirección correcta al formular la teoría de la relatividad especial, que proponía la equivalencia de la masa y la energía. La importancia de este hallazgo radica en que explicaba que una pequeña pérdida de masa podía ir acompañada de una gran liberación de energía.

En 1919, el químico británico Francis Aston descubrió que la masa de un átomo de helio (el segundo elemento más ligero) era un poco inferior a la de cuatro átomos de hidrógeno (el elemento más ligero). Poco después, Arthur Eddington y el astrofísico francés Jean Baptiste Perrin propusieron por separado la posibilidad de que las estrellas obtuvieran su energía combinando cuatro núcleos de hidrógeno para formar un núcleo de helio, con cierta pérdida de masa que se transformaría en

La **cadena protón-protón** convierte el hidrógeno en helio y alimenta a las estrellas de masa baja y media.

El **ciclo CNO**, que convierte el hidrógeno en helio en presencia de carbono y nitrógeno, alimenta a las estrellas de masa más elevada.

Cuando los **núcleos de hidrógeno se fusionan** y forman helio, transforman la **masa en energía**.

La fuente de energía de las estrellas es la fusión nuclear.

Véase también: La teoría de la relatividad 146–153 ▪ La fusión nuclear en las estrellas 166–167 ▪ El átomo primitivo 196–197

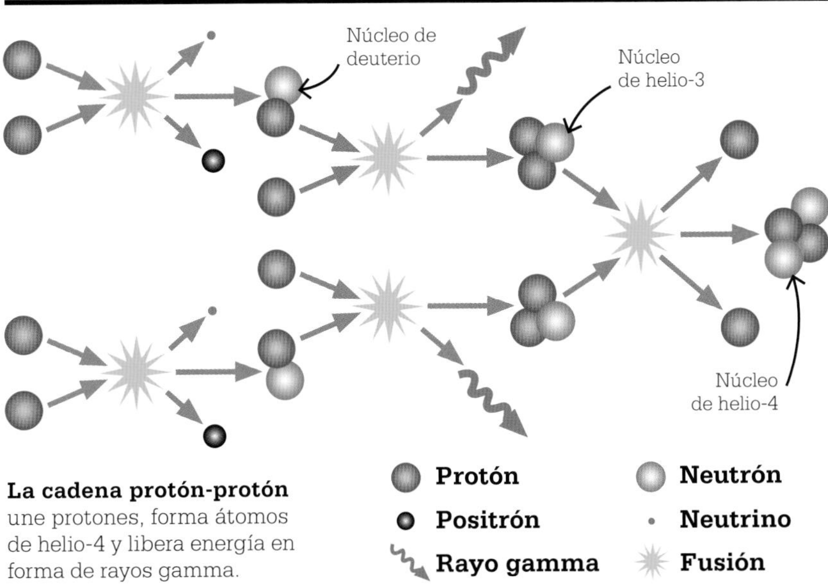

La cadena protón-protón une protones, forma átomos de helio-4 y libera energía en forma de rayos gamma.

Hans Bethe

Nació en 1906 en Estrasburgo, entonces ciudad del Imperio alemán. Desde pequeño demostró una gran habilidad matemática, y en 1928 ya se había doctorado en física. El auge del nazismo le llevó a emigrar a Reino Unido primero y luego a EE UU. Su trabajo durante la Segunda Guerra Mundial incluyó tres años en el Laboratorio Nacional de Los Álamos (Nuevo México), donde intervino en la fabricación de la primera bomba atómica (de fisión). Después de la guerra tuvo un papel destacado en el desarrollo de la bomba de hidrógeno (de fusión). Luego hizo campaña en contra de las pruebas nucleares y de la carrera armamentística. Además de su trabajo en astrofísica y física nuclear, hizo aportaciones relevantes a otras ramas de la física, como la electrodinámica cuántica. Continuó trabajando en todas esas áreas hasta su muerte, en 2005, a los 98 años de edad.

Obras principales

1936–1937 *Nuclear Physics* (con Robert Bacher y Stanley Livingston).
1939 *Energy Production in Stars.*

energía. Eddington pensó que este proceso permitiría que el Sol brillara durante decenas de miles de millones de años. En 1929, Robert Atkinson y Fritz Houtermans calcularon que la fusión de núcleos ligeros, no de átomos, podría generar energía en las estrellas, pero se desconocían las reacciones implicadas.

La cadena protón-protón

En 1938, Bethe asistió a una conferencia en Washington D.C. para hablar de la generación de energía en las estrellas. Durante la misma, pensó que, dada la abundancia de hidrógeno en las estrellas, el primer paso más probable para la generación de energía sería que dos núcleos de hidrógeno (que son protones individuales) se unieran para formar el núcleo de un átomo de deuterio (hidrógeno pesado), una reacción que sabía que generaba energía, y que dos pasos más podrían producir un núcleo de helio-4 (la forma más común de helio). Dedujo que la secuencia completa de reacciones, la cadena protón-protón, era la principal fuente de producción de energía en las estrellas de hasta el tamaño aproximado del Sol.

El ciclo CNO

A medida que el tamaño de una estrella aumenta, la temperatura del núcleo se eleva lentamente, pero la cantidad de energía que produce asciende con mucha rapidez. La cadena protón-protón no podía explicarlo, así que Bethe investigó reacciones en las que intervenían núcleos atómicos más pesados. Tras el hidrógeno y el helio, el carbono es el siguiente elemento más pesado presente en cantidades apreciables en las estrellas con más masa, así que Bethe estudió las posibles reacciones entre núcleos de carbono y protones, y halló un ciclo de reacciones, llamado ciclo CNO (carbono-nitrógeno-oxígeno), durante el cual los núcleos de hidrógeno se fusionan y forman helio en presencia de elementos pesados, que parecía encajar con lo que buscaba. Sus conclusiones no tardaron en ser aceptadas. ■

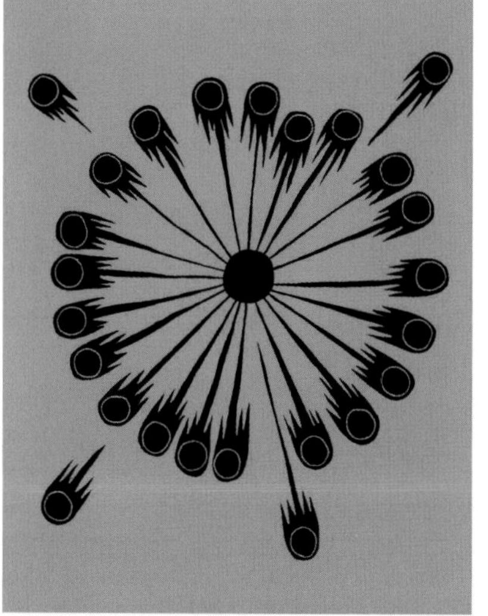

MAS ALLA DE LOS PLANETAS EXISTE UNA RESERVA DE COMETAS

EL CINTURÓN DE KUIPER

EN CONTEXTO

ASTRÓNOMO CLAVE
Kenneth Edgeworth (1880–1972)

ANTES
1781 y 1846 El hallazgo de Urano y Neptuno abre el debate sobre el límite exterior del Sistema Solar.

1930 Descubrimiento de Plutón. Frederick C. Leonard y Armin O. Leuschner sugieren que puede haber más cuerpos similares.

DESPUÉS
1977 Charles Kowal descubre Quirón, un centauro (planeta menor) helado más allá de Saturno.

1992 David Jewitt y Jane Luu descubren un objeto transneptuniano (OTN), cuerpo en órbita más allá de Neptuno.

2005 El descubrimiento de los OTN Eris (de tamaño parecido al de Plutón), Haumea y Makemake lleva a reclasificar a Plutón como planeta enano.

En 1943, el astrónomo irlandés Kenneth Edgeworth sugirió que más allá de Neptuno y Plutón había un disco de cuerpos helados formados en los inicios del Sistema Solar, pero demasiado pequeños y alejados en el espacio para poder formar planetas por acreción. De vez en cuando, alguno entraba en el Sistema Solar interior, donde adquiría el aspecto de cometa. Edgeworth publicó su idea en el *Journal of the British Astronomical Association*, publicación de escasa difusión en EE UU.

El cinturón de Kuiper

En 1951, en la más prestigiosa *Astrophysical Journal*, el astrónomo neerlandés-estadounidense Gerard Kuiper sugirió que ese disco había existido, pero que se había dispersado hacía tiempo por efecto de la gravedad de Plutón. El disco recibió el nombre de cinturón de Kuiper, aunque hoy algunos astrónomos lo llaman «cinturón de Edgeworth-Kuiper».

En 1980, el astrónomo uruguayo Julio Fernández concluyó que tenía que haber un cinturón de núcleos de cometas más allá de Neptuno, de donde saldrían los numerosos cometas de periodo corto que se ven en el Sistema Solar interior. Se tomaron fotografías de esa región con horas de diferencia para ver si alguno de los objetos se había movido, lo cual indicaría que estaban mucho más cerca que las estrellas. Hasta hoy se han hallado más de mil objetos en el cinturón de Kuiper, la mayoría de un diámetro superior a los 100 km, ya que los más pequeños son tan tenues que no son detectables. ■

Los cometas son lo que eran al principio: puñados de grava astronómica sin cohesión alguna.
Kenneth Edgeworth

Véase también: La nube de Oort 206 ■ Exploración más allá de Neptuno 286–287

ALGUNAS GALAXIAS TIENEN REGIONES ACTIVAS EN EL CENTRO

NÚCLEOS Y RADIACIÓN

EN CONTEXTO

ASTRÓNOMO CLAVE
Carl Seyfert (1911–1960)

ANTES
1908 Edward Fath y Vesto Slipher observan peculiaridades en el espectro de la nebulosa NGC 1068 (hoy reconocida como una galaxia Seyfert típica).

1936 Edwin Hubble clasifica las formas de las galaxias.

DESPUÉS
1951 Se identifica la primera radiogalaxia, Cygnus A, una de las radiofuentes más potentes.

1963 El astrónomo neerlandés Maarten Schmidt denomina radiofuente cuasiestelar (luego cuásar) a un objeto con aspecto de estrella, pero que en realidad es una fuente distante y muy luminosa de ondas de radio.

1967 El astrofísico armenio Benjamin Markarian empieza a publicar una lista de galaxias con potentes emisiones ultravioletas: muchas son galaxias Seyfert.

Entre 1940 y 1942, el astrónomo estadounidense Carl Seyfert estudió varias galaxias espirales que tenían un centro compacto especialmente luminoso y, a menudo, de color azulado. Sus investigaciones revelaron líneas de emisión características en el espectro de esas galaxias, que describió en un artículo y que después se llamaron galaxias Seyfert. Suelen ser galaxias espirales cuyo núcleo emite una gran cantidad de radiación en un amplio rango de longitudes de onda, a menudo más intensa en la región del infrarrojo, pero que también suele incluir luz visible, ondas de radio, radiación ultravioleta, y rayos X y gamma.

La galaxia espiral NGC 1068 (M 77) es el arquetipo de galaxia Seyfert. Tiene un centro activo intensamente luminoso rodeado de remolinos de gas ionizado.

Centros violentos

Las galaxias Seyfert son una variedad de un tipo de galaxias llamadas activas, que poseen una región central, o núcleo galáctico activo (NGA), donde tiene lugar una actividad extraordinariamente violenta. Los cuásares son otro tipo de NGA. Siempre están a una distancia enorme y producen tanta energía que brillan más que las galaxias que los albergan y que, por lo tanto, quedan ocultas. Se cree que los NGA obtienen su energía de la materia que gira en espiral al caer en un agujero negro masivo que hay en su centro. Además de emitir radiación, muchos NGA también lanzan al espacio potentes chorros de partículas procedentes de las cercanías del agujero negro central. Algunos se asocian a vastos lóbulos de material que emiten ondas de radio: las galaxias activas que cuentan con esos «radiolóbulos» se llaman radiogalaxias. ■

Véase también: Galaxias espirales 156–161 ▪ Más allá de la Vía Láctea 172–177 ▪ Cuásares y agujeros negros 218–221

EL MATERIAL LUNAR Y EL TERRESTRE SON MUY PARECIDOS

EL ORIGEN DE LA LUNA

EN CONTEXTO

ASTRÓNOMO CLAVE
Reginald Daly (1871–1957)

ANTES
1913 El geólogo británico Arthur Holmes crea la primera escala temporal geológica moderna, que sugiere que la Tierra tiene al menos 1500 millones de años.

DESPUÉS
1969–1972 Las misiones Apolo traen rocas de la Luna para su análisis en la Tierra.

1975 Tras el análisis de rocas lunares, el astrónomo estadounidense William Hartmann y otros recuperan la teoría del gran impacto para explicar las nuevas pruebas.

2011 El científico planetario noruego-estadounidense Erik Asphaug y el astrofísico suizo Martin Jutzi sugieren que la Luna se formó junto con otro satélite diminuto y que después los dos colisionaron.

A principios del siglo xx, los geólogos ya habían compuesto un relato general de lo ocurrido en los miles de millones de años de existencia de la Tierra; pero el origen de la Luna seguía siendo objeto de especulación. Hasta la década de 1940, la mayoría de astrónomos suscribía la teoría de Georges Darwin, que en 1898 había propuesto que la Luna se formó cuando una Tierra caliente y que giraba a gran velocidad expulsó roca fundida que se fusionó y empezó a orbitar a su alrededor. También sugirió que la Luna había estado mucho más cerca de la Tierra y que se alejaba de ella poco a poco. Esto último fue confirmado por mediciones que demuestran que la Luna se aleja unos 3,5 cm cada año.

Se han hallado pruebas de que dos pequeños planetas en órbita en torno a la estrella HD 172555 chocaron hace miles de años. Puede que una colisión similar en la que intervino la Tierra formara la Luna.

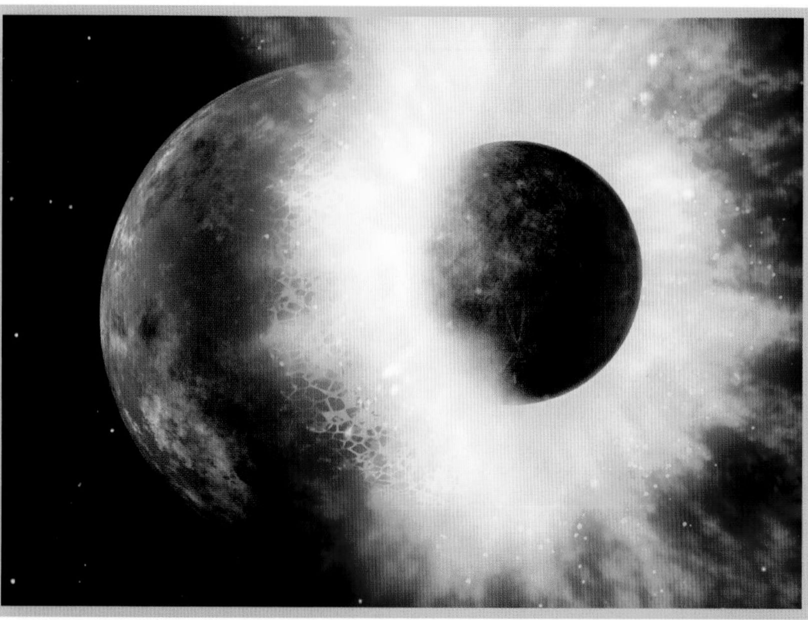

Véase también: El descubrimiento de Ceres 94–99 ▪ La composición de los cometas 207 ▪ El estudio de los cráteres 212 ▪ La carrera espacial 242–249

Las rocas lunares son muy parecidas al material del manto terrestre.

Es posible que la Luna se formara tras un **gran impacto** que puso en órbita magma terrestre.

Los modelos informáticos sugieren que **un planeta más pequeño** chocó con la Tierra hace unos 4300 millones de años y que la colisión **originó la Luna**.

Todas la ciencias «exactas» son, y deben ser, especulativas. La principal herramienta de investigación, rara vez utilizada con valor y criterio, es la imaginación regulada.

Reginald Daly

Otra teoría, que el químico estadounidense Harold Urey defendió en la década de 1940, fue la de la captura: la Luna se habría formado en otro lugar del Sistema Solar y habría sido atrapada por la gravedad terrestre. Sin embargo, la Luna es tan grande en comparación con la Tierra que la mayoría lo creyó poco probable.

En 1946, Reginald Daly propuso una tercera idea. Aunque coincidía con Darwin en que la Luna y la Tierra se habían formado a partir del mismo material, sugirió que la fuerza generatriz había sido la colisión de la Tierra con otro cuerpo que hizo que se desprendiera y saliera despedido al espacio material terrestre que entró en órbita.

Rocas similares

La idea de Daly quedó relegada hasta la década de 1970, cuando el análisis de las rocas lunares demostró que su contenido mineral es muy parecido al del manto de la Tierra. Ambos son ricos en silicatos y pobres en metales. Si la Luna se hubiera formado en otro lugar, sus rocas serían muy distintas de las terrestres. Si se hubiera formado a partir de las mismas materias primas fundidas que la Tierra, debería ser una versión en miniatura del planeta y tener un núcleo metálico más grande. Sin embargo, las rocas analizadas apuntan a que se formó a partir de material que se separó de la superficie de la Tierra cuando esta ya se había solidificado.

La teoría del gran impacto

En la última década, los modelos informáticos han sugerido que se formó a raíz de un acontecimiento llamado «gran impacto». Un planeta del tamaño de Marte, Tea (nombre de la madre de Selene, la Luna en la mitología griega), habría chocado con la Tierra hace 4300 millones de años, 200 millones de años tras su formación. La colisión convirtió a ambos cuerpos en bolas de magma incandescente. La mayor parte de Tea se fusionó con la Tierra (lo que explicaría por qué esta tiene un núcleo metálico tan grande), y el material que salió despedido al espacio (sobre todo de la región rocosa externa del planeta) entró en órbita y formó la Luna. Aunque esta teoría es aún una hipótesis, es la que parece más fiable. ■

Reginald Daly

Las aportaciones de este geólogo canadiense a las teorías de la deriva continental, la tectónica de placas y el ciclo de las rocas fueron esenciales para entender las similitudes y diferencias entre la Tierra y otros cuerpos rocosos del Sistema Solar.

Las muestras que recogió durante su estudio de la frontera sur de Canadá, desde la costa del Pacífico hasta las Grandes Llanuras, pasando por las Montañas Rocosas, hicieron de él una autoridad sobre el origen de los distintos tipos de rocas. A principios de la década de 1920 propuso que el material expulsado de la Tierra y que formó la Luna era la causa principal del dinamismo de la corteza terrestre. Añadió la teoría del gran impacto posteriormente, cuando ya se había jubilado como director del departamento de geología de la Universidad de Harvard.

Obra principal

1946 *Origin of the Moon and its Topography.*

CON TELESCOPIOS VOLANTES PODREMOS HACER GRANDES DESCUBRIMIENTOS

TELESCOPIOS ESPACIALES

EN CONTEXTO

ASTRÓNOMO CLAVE
Lyman Spitzer, Jr. (1914–1997)

ANTES

1935 Karl Jansky revela que los objetos celestes emiten ondas de radio y abre así las puertas a nuevas maneras de observar el universo.

1970 La NASA pone en órbita el Observatorio de rayos X Uhuru.

1978 Se lanza el Explorador Internacional del Ultravioleta, el primer telescopio controlado en tiempo real.

DESPUÉS

1990 Se lanza el telescopio espacial Hubble.

2003 Se lanza el telescopio espacial de infrarrojos Spitzer.

2009 Se lanza el telescopio Kepler.

2018 Fecha prevista para el lanzamiento del telescopio espacial de infrarrojos James Webb.

En 1946, cuando aún faltaban 11 años para el lanzamiento del Sputnik 1, el primer satélite artificial, un astrofísico estadounidense de 32 años llamado Lyman Strong Spitzer Jr. concibió un telescopio que no funcionaría en la superficie de la Tierra, sino en órbita. Muy por encima de la atmósfera opaca y de la contaminación lumínica, este telescopio espacial tendría una visión del universo despejada y sin precedentes. Pasaron más de 40 años antes de que el sueño de Spitzer se hiciera realidad, pero su paciencia y su tesón acabaron dando fruto.

Las observaciones desde el exterior de la atmósfera revolucionarán la astronomía más que cualquier otra ciencia de campo. Es una nueva aventura de descubrimiento y nadie puede predecir qué encontraremos.
Lyman Spitzer, Jr.

Más que luz

El hallazgo de fuentes de radio extraterrestres por Karl Jansky en 1935 reveló que la luz visible no era el único medio para observar el universo. En 1939, el estallido de la Segunda Guerra Mundial interrumpió la investigación en el apasionante campo que acababa de abrirse, y fue un astrónomo aficionado, Grote Reber, quien dio los primeros pasos en la radioastronomía. En 1937, Reber ya había realizado su primera exploración del universo de las ondas de radio con antenas que él mismo había construido en su patio trasero. Poco después, los investigadores bélicos descubrieron que los meteoros y las manchas solares producían ondas de radio propias, en este caso en la banda de microondas utilizada por los radares. Si la radio permitía descubrir nuevos objetos, parecía lógico que también otras formas de radiación electromagnética, como la infrarroja, la ultravioleta (UV) o los rayos X, pudieran utilizarse como herramientas de observación.

Sin embargo, había un problema. La atmósfera terrestre es transparente para la luz visible, pero opaca

Lyman Spitzer, Jr.

Nació en Toledo (Ohio) en 1914 y se doctoró en astrofísica en Princeton bajo la supervisión de Henry Norris Russell. Después de la Segunda Guerra Mundial, y al frente del departamento de astrofísica de la universidad, inició sus 50 años de dedicación a los telescopios espaciales.

Experto en plasma, en 1950 inventó el *stellarator*, instrumento que contenía plasma caliente en un campo magnético y con el que se inició la búsqueda de la energía de fusión, que aún sigue. En 1965 se incorporó a la NASA para desarrollar observatorios espaciales, y ese año triunfó en un ámbito distinto: junto con su amigo Donald Morton, fue el primero en escalar el monte Thor, un pico de 1675 m del Ártico canadiense. En 1977, su campaña a favor de un telescopio espacial dio fruto, y le concedieron fondos para construir el Hubble. Vivió lo suficiente para ver cómo su sueño se hacía realidad en 1990.

Obra principal

1946 *Astronomical Advantages of an Extra-terrestrial Observatory.*

Véase también: Más allá de la Vía Láctea 172–177 ▪ La radioastronomía 179 ▪ El estudio de estrellas lejanas 304–305 ▪ Ondas gravitatorias 328–331

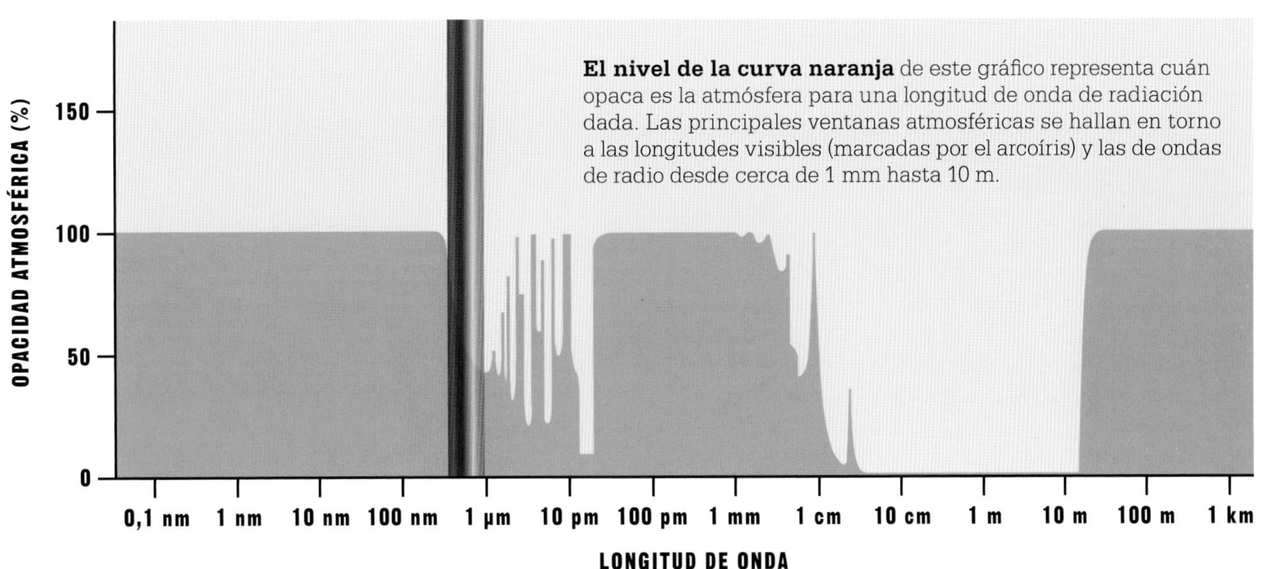
OPACIDAD ATMOSFÉRICA (%)
150
100
50
0
0,1 nm
1 nm
10 nm
100 nm
1 µm
10 pm
100 pm
1 mm
1 cm
10 cm
1 m
10 m
100 m
1 km
LONGITUD DE ONDA

El nivel de la curva naranja de este gráfico representa cuán opaca es la atmósfera para una longitud de onda de radiación dada. Las principales ventanas atmosféricas se hallan en torno a las longitudes visibles (marcadas por el arcoíris) y las de ondas de radio desde cerca de 1 mm hasta 10 m.

para muchas de esas otras formas de radiación. Las moléculas del aire absorben las ondas y las reflejan hacia el espacio o las dispersan en todas direcciones, convirtiéndolas en un batiburrillo sin sentido. En consecuencia, desde observatorios terrestres resulta casi imposible recoger información sobre la mayoría de las formas de radiación no visible. Para solucionar este problema, en su artículo de 1946 «Astronomical Advantages of an Extra-terrestrial Observatory» («Ventajas astronómicas de un observatorio extraterrestre»), Spitzer proponía instalar un telescopio en el espacio, pero también ponía de relieve los obstáculos que esta propuesta debía salvar: en primer lugar, el reto tecnológico que suponía el viaje espacial, y en segundo lugar, el de diseñar un instrumento capaz de funcionar en el espacio por control remoto desde tierra.

«Brilla, brilla, estrellita»

El resto del artículo se centraba en resolver un antiguo problema: el cielo mismo. Vistas desde la Tierra, da la impresión de que las estrellas parpadean. Este efecto se debe a la ligera desviación de la luz de las estrellas y al aumento y la disminución de su luminosidad al atravesar la espesa atmósfera terrestre, y se hace más evidente a medida que se incrementa la amplificación de la imagen, por lo que los objetos aparecen temblorosos y difuminados en el ocular del telescopio o como manchas de luz borrosas en las fotografías.

El término científico con que se conoce este parpadeo o centelleo es escintilación. La causa es el paso de la luz a través de las distintas capas de aire turbulento de la atmósfera terrestre. Las turbulencias por sí mismas no afectan a la luz, pero sí los cambios de densidad y temperatura que provocan los giros y las corrientes de aire. Cuando la luz de una estrella atraviesa una bolsa de aire y entra en otra de distinta densidad »

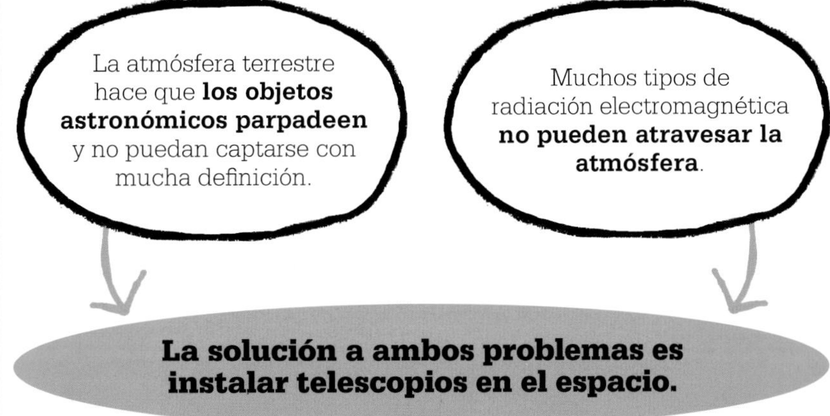
La atmósfera terrestre hace que **los objetos astronómicos parpadeen** y no puedan captarse con mucha definición.
Muchos tipos de radiación electromagnética **no pueden atravesar la atmósfera**.
La solución a ambos problemas es instalar telescopios en el espacio.

se refracta ligeramente, y unas longitudes de onda se doblan más que otras. Como resultado, el rayo de luz que ha viajado hasta la Tierra a través del cosmos totalmente recto empieza a seguir una trayectoria zigzagueante. A través del telescopio o a simple vista se verá que la luminosidad fluctúa a medida que la luz entra y sale de la línea de visión.

El impacto del parpadeo a la hora de captar imágenes astronómicas enfocadas se llama visibilidad astronómica. Cuando la atmósfera está en calma y la visibilidad es buena, la imagen de una estrella distante en el telescopio es un pequeño disco estático. Cuando hay mala visibilidad, la imagen se descompone en un conjunto de puntos temblorosos, y si se toma con una exposición larga, se difumina y se convierte en un disco más grande. Es como si el telescopio estuviera desenfocado.

La óptica adaptativa requiere una estrella clara como punto de referencia. Como una estrella así es difícil de hallar, un láser de sodio la crea iluminando polvo de la atmósfera superior.

Mejorar la imagen

Las condiciones de observación cambian constantemente con la atmósfera. Hasta la década de 1990, lo único que se podía hacer era esperar a que las distorsiones se redujeran al mínimo. Por ejemplo, los vientos fuertes despejan la turbulencia y crean condiciones de observación casi perfectas. A finales de la década de 1940 se empezaron a usar cámaras de cine para filmar el cielo, con la esperanza de que, entre los miles de fotogramas obtenidos a lo largo del tiempo, hubiera alguna «imagen afortunada» que lo captara con claridad cristalina. Otra solución era subir a las alturas. En la actualidad, los observatorios terrestres más efectivos del mundo están en la cima de montañas elevadas y áridas, donde la nubosidad es mínima, y el aire, por lo general, tranquilo.

Nuestro conocimiento de las estrellas y la materia interestelar debe basarse ante todo en la radiación electromagnética que nos llega.

Lyman Spitzer, Jr.

Con la llegada de potentes ordenadores en la década de 1990, los astrónomos de tierra empezaron a usar la óptica adaptativa (OA) para corregir los problemas de visibilidad astronómica. La OA mide las distorsiones de la luz recibida y las compensa, del mismo modo que un espejo deformado puede corregir una imagen distorsionada y hacer que sea similar a la original, anterior a la distorsión. Los sistemas de OA comprenden espejos minuciosamente ajustables y otros instrumentos ópticos, pero dependen en gran medida de los ordenadores, para filtrar el «ruido» atmosférico de las imágenes. Pese a las mejoras conseguidas gracias a la OA, la gran aspiración de la astronomía era poner en órbita un gran telescopio capaz de ver en distintas longitudes de onda del espectro, incluida la luz visible.

El camino al Hubble

Como figura líder en este campo, Spitzer fue nombrado director del grupo de trabajo de la NASA encargado de desarrollar el programa Gran Telescopio Espacial (LST, por sus siglas en inglés) en 1965. En 1968, la NASA consiguió su primer éxito al

Una máquina pule el espejo del Hubble, cuya apertura de 2,4 m puede parecer pequeña hoy en día, pero es igual que la del telescopio Hooker, que fue el mayor del mundo hasta 1948.

respecto, con el Observatorio Astronómico Orbital (OAO-2), que tomó imágenes en luz UV de alta calidad y contribuyó a confirmar las ventajas de la astronomía desde el espacio.

El LST de Spitzer aspiraba a conseguir resultados aún más espectaculares que los del OAO-2, mediante la observación de objetos próximos y lejanos en el espectro de luz visible. El equipo se decidió por un telescopio reflector de 3 m, cuyo lanzamiento se programó para 1979. Sin embargo, resultaba muy caro para el presupuesto con que contaba, por lo que la apertura se redujo a 2,4 m, y el lanzamiento se pospuso hasta 1983. El año llegó y se fue sin lanzamiento alguno, pero Spitzer persistió y el proyecto siguió adelante. Entre tanto, el LST fue rebautizado como telescopio espacial Hubble, en honor de Edwin Hubble, el primer astrónomo en comprender la verdadera escala del universo (pp. 172–177). Para entonces ya se habían construido los espejos del telescopio. Para reducir el peso, una última capa de vidrio de baja expansión descansaba sobre un soporte con forma de panal. La forma de los espejos era crucial. Durante su construcción se mantuvieron sobre un soporte que emulaba las condiciones de ausencia de gravedad para garantizar que no se combaran en el espacio, y se tuvo que pulir el vidrio en una curva con una precisión de 10 nanómetros. Así, el Hubble podría ver todo, desde la luz UV hasta el extremo superior del espectro infrarrojo.

Otros retrasos obligaron a posponer el lanzamiento del Hubble hasta 1986, pero la explosión del transbordador espacial *Challenger* el 28 de enero de ese año hizo que la flota de transbordadores de la NASA permaneciera en tierra durante dos años.

Por fin, el 24 de abril de 1990, el transbordador espacial *Discovery* remolcó las 11 toneladas del Hubble hasta su órbita a 540 km de la superficie de la Tierra. Spitzer había hecho realidad el sueño de su carrera: un telescopio en el espacio ajeno a los problemas de la mala visibilidad y de una atmósfera parcialmente opaca a los rayos UV e infrarrojos.

Los problemas del Hubble

Sin embargo, los problemas que habían perseguido a la misión en tierra prosiguieron en el espacio. Las primeras imágenes que envió el Hubble estaban tan distorsionadas que »

El telescopio espacial Hubble materializó el sueño de Spitzer. Es uno de los instrumentos científicos más extraordinarios que se han construido.

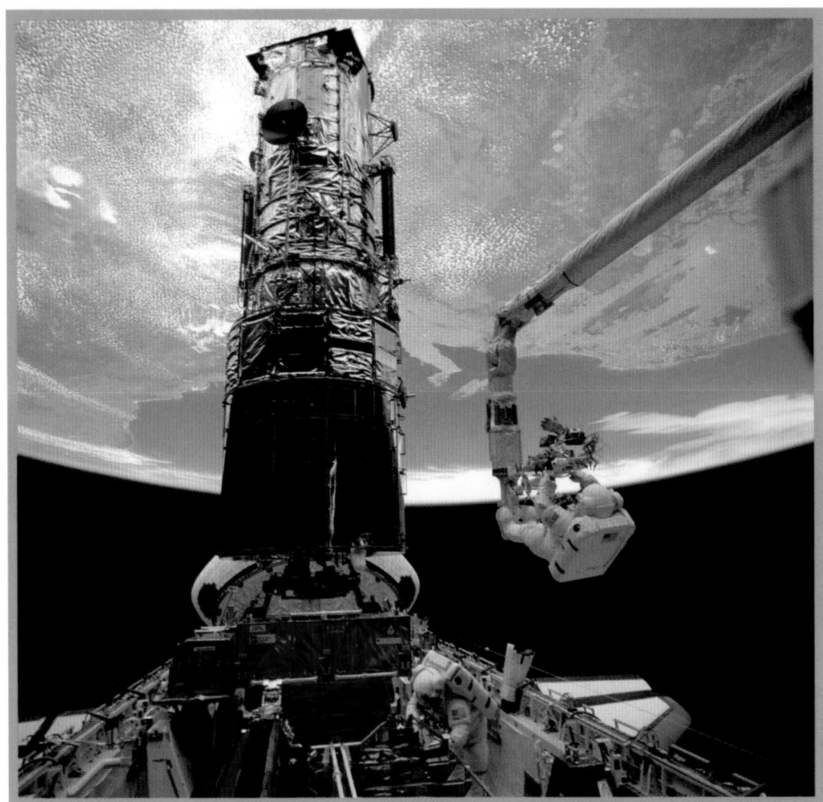

El astronauta estadounidense Andrew Feustel repara el telescopio espacial Hubble durante una misión de mantenimiento en 2009.

no servían para nada. ¿Acaso el Hubble iba a ser peor que un telescopio terrestre?

Los análisis de las imágenes revelaron que el borde del espejo tenía una forma incorrecta. El error era minúsculo (unas dos millonésimas de metro), pero suficiente para enviar la luz captada por la parte exterior del espejo primario a la zona equivocada del secundario y crear graves aberraciones en las imágenes. Fue un momento de gran tensión para Spitzer y su equipo, pues parecía que el Hubble iba a convertirse en un fracaso.

Corregir la visión

Para que el Hubble pudiera cumplir sus expectativas había que añadir elementos correctores a su sistema óptico. En otras palabras: necesitaba gafas. A partir del análisis meticuloso de las imágenes del telescopio se determinó con precisión el problema del espejo primario y se añadieron espejos cuidadosamente diseñados frente a los instrumentos, de modo que la luz que llegara desde el espejo primario se enfocara correctamente. En 1993 se instalaron dos juegos de estos espejos durante una crucial misión de mantenimiento. Funcionaron a la perfección, y por fin el Hubble pudo empezar a trabajar con resultados extraordinarios.

Se realizaron labores de mantenimiento en el Hubble cuatro veces más, la última en 2009. Esta fue una de las últimas misiones de los transbordadores, cuya retirada en 2011 significaba que ya no sería posible revisar el Hubble. De todos modos, en la última revisión se le añadieron mejoras importantes, por lo que podría seguir operativo hasta 2040.

Ver más lejos y más claro

Pese a los problemas iniciales, el Hubble ha superado todas las expectativas. Ha realizado 1,2 millones de observaciones durante su viaje de 5000 millones de km en torno a la Tierra. A pesar de que se desplaza a 27 000 km/h, puede enfocar un punto en el espacio con una precisión de 0,007 segundos de arco (que es como dar a una moneda de dos céntimos desde 300 km) y resuelve objetos de 0,05 segundos de arco. La NASA lo comparó con ver desde Maryland (EE UU) dos libélulas en Tokio. Astrónomos de todo el mundo reservan tiempo del Hubble para poder observar objetos de interés. El archivo de todo lo que ha visto el telescopio (100 terabytes, y subiendo) está disponible en un sitio web público.

Muchas de estas observaciones han apuntado al espacio profundo, a un pasado cada vez más lejano. En 1995, la imagen del Campo Profundo se centró en una zona vacía del espacio, una 24 millonésima parte de la totalidad del cielo. La combinación de 32 exposiciones largas reveló ga-

> La naturaleza nos ha dado un universo donde una energía radiante de casi todas las longitudes de onda viaja en línea recta a distancias enormes y con una absorción por lo general insignificante.
>
> **Lyman Spitzer, Jr.**

Captada en 2004, la imagen del Campo Ultra Profundo del Hubble revela miles de galaxias brillantes como gemas de distintos colores, formas y edades. Las rojas son las más lejanas.

laxias desconocidas a 12 000 millones de años luz, una luz que habría iniciado su viaje unos 1500 millones de años tras el Big Bang. En 2004, la imagen del Campo Ultra Profundo reveló objetos a 13 000 millones de años luz, y en 2010, el Hubble usó radiación infrarroja para componer la del Campo Profundo Extremo, con objetos que existían cuando el universo solo tenía 480 millones de años. Para ver más allá habrá que esperar a 2018 y al telescopio espacial de infrarrojos James Webb.

Spitzer en el espacio

El Hubble es el más famoso de los cuatro observatorios que constituyen el legado de Lyman Spitzer, Jr. Entre 1991 y 2000, el Observatorio de rayos gamma Compton vio estallidos de rayos gamma, emisiones energéticas que se producen en el límite del universo visible. El Observatorio de rayos X Chandra se lanzó en 1999 en busca de agujeros negros, sistemas solares jóvenes y supernovas. El último es el telescopio espacial Spitzer, lanzado en 2003. Una de sus tareas era observar las nebulosas y detectar las zonas calientes donde se forman estrellas, pero en 2009 se agotó el helio líquido que refrigeraba sus detectores sensibles al calor.

También se pueden poner observatorios en órbita alrededor del Sol en vez de en torno a la Tierra, donde es más fácil protegerlos del calor y la luz solares, y desde donde tienen una visión amplia y despejada del cielo. Hoy, unos treinta observatorios en órbita envían imágenes a la Tierra. El Kepler, de la NASA, que busca imágenes de planetas extrasolares, y el Herschel y el Planck, de la ESA, se lanzaron en 2009. El Herschel fue el mayor telescopio de infrarrojos lanzado al espacio y el Planck estudió la radiación de fondo de microondas del cosmos. En 2015, la ESA lanzó el LISA Pathfinder para poner a prueba la tecnología de un observatorio espacial que no detectaría ondas electromagnéticas, sino gravitatorias, algo que ni siquiera Lyman Spitzer, Jr. habría podido predecir. ■

El telescopio Spitzer, bautizado así por la NASA para rendir homenaje a la visión y las aportaciones de Lyman Spitzer, Jr., se llamó primero Instalación del Telescopio de Infrarrojos Espacial.

LOS NUCLEOS ATOMICOS SE FORMARON EN MENOS DE UNA HORA

EL ÁTOMO PRIMITIVO

EN CONTEXTO

ASTRÓNOMOS CLAVE
George Gamow (1904–1968)
Ralph Alpher (1921–2007)

ANTES
1939 Hans Bethe describe dos procesos de creación de helio a partir de hidrógeno en las estrellas.

DESPUÉS
1957 Fred Hoyle y sus colegas definen ocho procesos que permiten sintetizar elementos químicos a partir de otros elementos en las estrellas.

1964 Arno Penzias y Robert Wilson descubren la radiación de fondo de microondas.

Década de 1970 Se descubre que la masa de la materia constituida por átomos (compuesta por protones y neutrones) calculada a partir de la nucleosíntesis del Big Bang es mucho menor que la masa observada del universo. La existencia de materia oscura resolvería este enigma.

Si la teoría del Big Bang es correcta, en los **primeros instantes del universo** las temperaturas fueron **extremadamente elevadas**.

↓

Durante un **breve espacio de tiempo** se dieron las condiciones para que protones y neutrones **formaran núcleos atómicos**.

↓

Los núcleos atómicos se formaron en menos de una hora.

En 1931, Georges Lemaître sugirió que el universo se originó a partir de la explosión de un «átomo primitivo» extremadamente denso y que se ha estado expandiendo desde entonces. Esta idea se conoce hoy como teoría del Big Bang. Sin embargo, a mediados de la década de 1940 hacían falta pruebas adicionales que sustentaran su credibilidad.

George Gamow decidió estudiar las condiciones iniciales del universo propuesto por Lemaître, y muy pronto vio que este tuvo que ser inimaginablemente caliente. La materia habría consistido en un torbellino de partículas elementales (que no pueden descomponerse en otras más pequeñas), que en la época se consideraba que comprendían protones, neutrones y electrones. Las temperaturas habrían sido tan elevadas que habrían impedido que las partículas se unieran, excepto durante periodos de tiempo brevísimos. Sin embargo, al cabo de varios segundos de existencia, el universo se habría expandido y enfriado hasta un punto en que los proto-

Véase también: El nacimiento del universo 168–171 ▪ Generación de energía 182–183 ▪ Nucleosíntesis 198–199

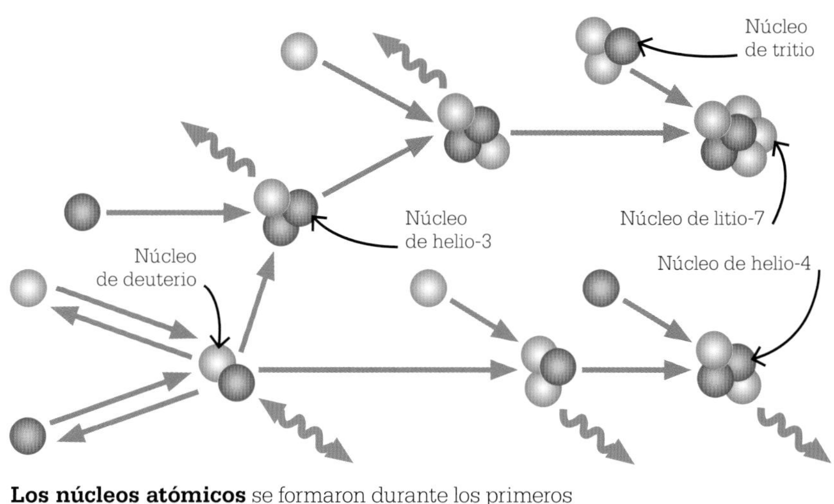

Los núcleos atómicos se formaron durante los primeros minutos del universo a partir de protones y neutrones. La mayoría de los neutrones acabó en núcleos de helio-4. También se formaron pequeñas cantidades de helio-3 y deuterio (un isótopo del hidrógeno) y algo de litio-7. El tritio, otro isótopo del hidrógeno, se desintegró para dar helio-3. En el proceso se liberó energía en forma de rayos gamma.

Protón
Neutrón
Rayo gamma

nes y los neutrones habrían podido mantenerse unidos por una fuerza llamada interacción o fuerza nuclear fuerte y crear diversos núcleos atómicos. Gamow creía que, una vez formados unos cuantos núcleos «simiente» a partir de los protones y los neutrones, la adición sucesiva de neutrones y cierta desintegración de los protones podrían haber formado otros núcleos. Posteriormente, todos los núcleos habrían capturado electrones para crear los átomos de los elementos químicos.

Hacer números

Gamow pidió a un estudiante de doctorado llamado Ralph Alpher que calculara los detalles de su idea. Alpher y su colega Robert Herman concluyeron que las condiciones idóneas para que los protones y los neutrones se unieran solo se habrían dado durante unos minutos. Sus cálculos demostraban que casi todos los neutrones del universo acabaron combinados con protones en un isótopo (una de las formas alternativas posibles) del helio, el helio-4, y que solo unos pocos se habrían transformado en otros núcleos atómicos pequeños. Al final del proceso habría quedado una gran cantidad de protones libres (núcleos de hidrógeno) y algunos núcleos inestables, que se habrían desintegrado rápidamente.

Los cálculos revelaban que el universo habría consistido en un 25 % de helio y que el resto habría sido fundamentalmente hidrógeno. En el artículo que Alpher y Gamow publicaron también afirmaban que tras el Big Bang podrían haberse creado otros núcleos más pesados mediante la adición sucesiva de neutrones.

Predicciones acertadas

A partir del trabajo de científicos como Fred Hoyle se comprobó que los elementos más pesados, como el carbono, se creaban en estrellas y supernovas. No obstante, al explicar correctamente la proporción relativa de hidrógeno y helio, la hipótesis de Alpher-Gamow supuso un apoyo considerable para la teoría de que el universo empezó con un Big Bang. También predijo correctamente la existencia del fondo de radiación de microondas, que se descubrió en 1964 (pp. 222–227). ▪

George Gamow

Nació en Odessa (Ucrania) en 1904, y a partir de 1923 estudió en la Universidad de Leningrado, donde Alexander Friedmann fue uno de sus profesores.
En 1928 pasó un breve tiempo en la Universidad de Gotinga (Alemania), donde desarrolló una teoría llamada efecto túnel cuántico, que otros científicos usaron para explicar cómo podía crear energía la fusión de núcleos atómicos ligeros en el interior de las estrellas. En 1933 desertó de la URSS aprovechando un permiso para asistir a una conferencia en Bruselas. Ya en la Universidad George Washington (EE UU), centró su atención en la evolución de las estrellas. A partir de 1954 se interesó por la genética y la bioquímica. Fue un prolífico autor de libros de divulgación científica y novelas de ciencia ficción.

Obras principales

1948 «The Origin of Chemical Elements» (conocido como Alpher-Bethe-Gamow).
1952 *La creación del universo.*

LAS ESTRELLAS SON FABRICAS DE ELEMENTOS QUIMICOS

NUCLEOSÍNTESIS

EN CONTEXTO

ASTRÓNOMO CLAVE
Fred Hoyle (1915–2001)

ANTES
1928 George Gamow desarrolla una fórmula basada en la teoría cuántica que se puede utilizar para calcular cómo se unen varios núcleos atómicos.

1929 Robert Atkinson y Fritz Houtermans calculan cómo podrían unirse núcleos de elementos ligeros sometidos a las temperaturas del interior de las estrellas y, al mismo tiempo, liberar energía.

DESPUÉS
1979 Se descubre que casi todos los núcleos de los elementos ligeros litio, berilio y boro del universo se forman por el impacto de rayos cósmicos (partículas de alta energía) sobre otros núcleos en el espacio, y no en las estrellas.

Para crear **elementos más pesados** se necesitan **temperaturas elevadas**.

Las condiciones para la creación de muchos elementos se dan durante la evolución de las **estrellas gigantes**.

Las condiciones para otros se dan cuando las estrellas gigantes se desintegran al estallar como **supernovas**.

En estrellas pueden crearse casi todos los elementos mediante **ocho procesos**.

Las estrellas son fábricas de elementos químicos.

Hasta finales de la década de 1940 no se supo de dónde procedían los átomos de la mayoría de los elementos químicos del universo, como el carbono, el oxígeno o el hierro, ni cómo se habían formado. En la década de 1920 se había determinado que los dos elementos más ligeros, el hidrógeno y el helio, constituían la mayor parte de la materia del universo, y, en 1948, George Gamow y Ralph Alpher explicaron cómo se habrían formado todo el hidrógeno, la mayor parte del helio y pequeñas cantidades de litio tras el Big Bang. Sin embargo, el origen del resto de los elementos seguía siendo un misterio.

Paso a paso hasta el hierro

El descubrimiento de su origen se debe sobre todo al astrónomo británico Fred Hoyle. A partir de conversaciones informales con astrónomos estadounidenses durante una gira académica en 1944, Hoyle desarrolló la idea de que la mayoría de los elementos químicos podrían haberse formado paso a paso mediante reacciones nucleares en las estrellas, en un proceso llamado nucleosíntesis. Hans Bethe ya había demostrado en 1939 que el hidrógeno podía combinarse para formar helio en el núcleo

Véase también: Generación de energía 182–183 ▪ El átomo primitivo 196–197

de las estrellas, pero no había explicado cómo habrían podido formarse elementos más pesados, como el hierro o el carbono. Se creía que los núcleos de las estrellas no eran lo bastante calientes para que esos elementos pudieran formarse mediante la fusión nuclear, pero Hoyle pensó que podría haber procesos que lograran que la temperatura del núcleo de una estrella lo suficientemente grande subiera lo necesario para ello.

En 1946, Hoyle demostró que en el núcleo de las estrellas masivas, donde la temperatura alcanza miles de millones de grados, podrían formarse elementos más pesados en condiciones de equilibrio térmico nuclear. La estrella acabaría explotando convertida en una supernova y expulsaría los elementos pesados. En 1954, Hoyle describió cómo el núcleo de una estrella masiva que hubiera agotado el hidrógeno, su combustible, se contraería y se calentaría antes de explotar, y los átomos de helio empezarían a fusionarse y a formar carbono. Al final de esta fase, los átomos de carbono se fusionarían y formarían elementos más estables y pesados. Esto explicaría la creación de varios elementos hasta el hierro, cuyo núcleo atómico es el más estable de todos. La formación de elementos más pesados que el hierro sería más problemática, pues es un proceso que consume energía, mientras que la creación de elementos más ligeros que el hierro la libera.

Más avances

El proceso de formación de elementos en las estrellas de Hoyle tenía un fallo: uno de los pasos clave, el proceso triple alfa, resultaba demasiado lento. Hoyle insistió en que tenía que haber un mecanismo que lo acelerara, y en 1953 se descubrió una propiedad del carbono que lo explicaba.

Hoyle también exploró otros procesos por los que podrían formarse otros elementos en las estrellas, algunos solo ocurrirían tras la explosión de una estrella gigante (pp. 180–181) al final de su vida. Hoyle no solo explicó de dónde venían los elementos químicos, sino también cómo se dispersaron por el universo. ■

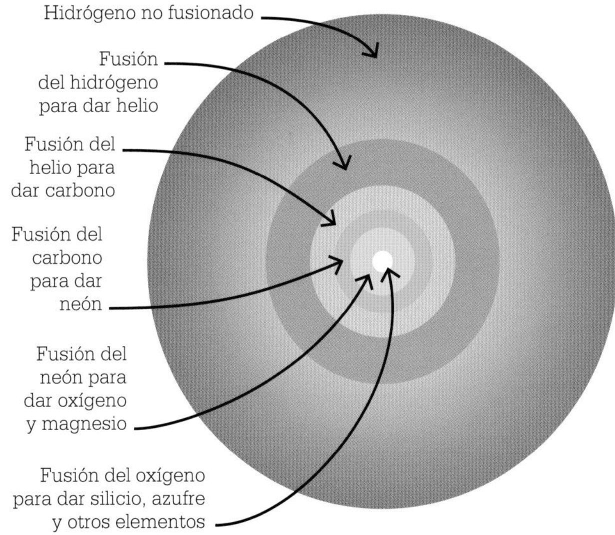

Hoyle explicó cómo se forman varios elementos de masa creciente, del carbono al hierro, mediante reacciones de fusión simultáneas en capas en torno al núcleo en estrellas de alta masa. El número de capas aumenta con la edad de la estrella. Aquí se muestra la formación de elementos en una supergigante roja envejecida.

Fred Hoyle

Nació en Yorkshire (Inglaterra) en 1915 y se licenció en matemáticas en Cambridge. Durante la Segunda Guerra Mundial trabajó en sistemas de radar para el Almirantazgo británico. En 1957 se incorporó al Observatorio Hale (California) y después pasó a ser profesor de astrofísica en la Universidad de Cambridge. Además de por su trabajo sobre el origen de los elementos en las estrellas, es conocido por haber propuesto la teoría del estado estacionario, que sostiene que la densidad media del universo permanece constante a medida que este se expande porque se crea materia nueva de forma continua. Esta teoría fue perdiendo fuerza a partir de la década de 1960. Fue él quien acuñó la denominación de la principal teoría rival al aludir irónicamente a ella con la expresión «Big Bang» durante un programa de radio. Al final de su vida se interesó por la presencia de moléculas orgánicas en los cometas, que creía que habían traído la vida a la Tierra.

Obras principales

1946 *The Synthesis of the Elements from Hydrogen.*
1950 *The Nature of the Universe.*

DONDE NACEN LAS ESTRELLAS

NUBES MOLECULARES DENSAS

EN CONTEXTO

ASTRÓNOMO CLAVE
Bart Bok (1906–1983)

ANTES
1927 Edward Barnard cataloga 350 misteriosas nebulosas oscuras.

1941 Lyman Spitzer, Jr. propone que las estrellas se forman a partir de materia interestelar.

DESPUÉS
Década de 1980 Los objetos Herbig-Haro se identifican como chorros de plasma emitidos por estrellas muy jóvenes en regiones de formación estelar.

1993 Se observan protoestrellas en glóbulos de Bok.

2010 El telescopio Spitzer toma imágenes infrarrojas de 32 glóbulos de Bok que muestran núcleos cálidos en 26 glóbulos y revelan que en casi dos tercios de ellos hay estrellas en distinta etapa de formación.

Bart Bok fue un astrónomo observacional poco corriente, ya que no estudió lo que veía, sino lo que no podía ver. En la década de 1940, mientas observaba nebulosas luminosas en busca de indicios de estrellas en formación, detectó muchas pequeñas regiones en completa oscuridad: estaban rodeadas de estrellas, pero parecían agujeros en el espacio. En 1947, junto con la astrónoma estadounidense Edith Reilly, Bok propuso que esos cuerpos eran densas nubes de gas y polvo en proceso de contracción por su propia gravedad y que en su interior se estaba formando una nueva estrella. El polvo, compuesto por motas de silicio, hielo y gases congelados, era tan denso que bloqueaba la luz de las estrellas. En consecuencia, de la nube no salía luz alguna, y la procedente de las estrellas que estaban detrás (desde la perspectiva de la Tierra) tampoco podía atravesarla. Bok y Reilly compararon esas nubes con el capullo de una oruga, del que un día saldrá una nueva y resplandeciente estrella.

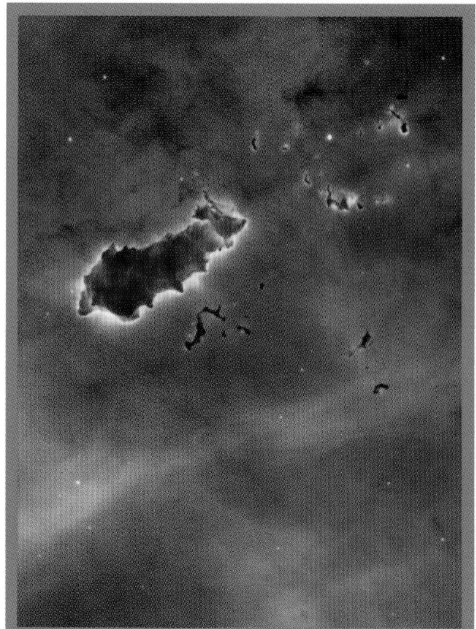

Glóbulo de Bok de la Oruga, en la nebulosa de Carina, en una fotografía tomada por el telescopio espacial Hubble. Tras los densos velos de polvo y gas se están formando estrellas.

Nebulosas oscuras

Esas nubes densas recibieron el nombre de «glóbulos de Bok». Con luz visible aparecían solo como una silueta sobre el fondo de estrellas, con algo de luz en torno a su difuso borde externo, y durante muchos años fue muy difícil estudiarlos en detalle. Por ello, la propuesta de Bok y Reilly se quedó en hipótesis durante varias décadas. Ya en la década de 1990, unos años después de la muerte de Bok, la radioastronomía y la astronomía de infrarrojos lograron atisbar el interior de las nubes de polvo y seleccionar áreas de calor. Esas áreas

Véase también: Telescopios espaciales 188–195 ▪ El interior de las nubes moleculares gigantes 276–279 ▪ Víctor Ambartsumian 338

indicaron que la hipótesis de Bok era correcta: dentro se estaban formando nuevas estrellas.

Las estrellas están hechas de un material que estuvo **disperso por el espacio**.
Este material forma **nubes de gas y polvo**.
Las nubes contienen **regiones oscuras** donde el material se condensa y forma **glóbulos densos**.
En esos glóbulos es donde nacen las estrellas.

Hoy, los glóbulos de Bok se entienden como un tipo de «nube molecular oscura» pequeña y densa que se encuentra sobre todo en los brazos espirales de la Vía Láctea. Miden alrededor de un año luz de ancho y se encuentran en las regiones H II (vastos espacios interestelares llenos de átomos de hidrógeno ionizados de baja densidad). Estas regiones se forman cuando las emisiones ultravioletas de estrellas supergigantes azules ionizan el medio que las rodea (la materia del espacio interestelar), arrancando electrones a sus átomos para crear iones con carga positiva.

Nubes frías

Los glóbulos de Bok tienen unas 50 veces la masa del Sol. Se componen sobre todo de hidrógeno molecular (H_2), pero contienen cerca del 1 % de un polvo formado por partículas compuestas por múltiples moléculas y muy concentrado. La oscuridad que provoca este polvo impide que el calor penetre en los glóbulos, en cuyo interior se dan unas de las temperaturas más frías que hayan podido medirse en el universo: unos 10 K. La presión hacia el exterior del gas frío es más débil que la atracción de la gravedad hacia el interior, y la onda de choque de una supernova cercana puede hacer que las nubes frías se contraigan. Entonces se vuelven cada vez más densas, hasta que se forma un núcleo estelar caliente. ■

Durante muchos años he sido el vigilante nocturno de la Vía Láctea.
Bart Bok

Bart Bok

Bartholomeus Jan Bok nació cerca de Ámsterdam en 1906. Su interés por la astronomía se despertó en campamentos de escoltas, donde pudo observar las estrellas en cielos despejados lejos de la ciudad. Inició sus estudios universitarios en dos universidades holandesas, primero en la de Leiden y, luego, como estudiante de doctorado, en la de Groninga. En 1929 se trasladó a Harvard (EE UU), y allí trabajó bajo la supervisión de Harlow Shapley. Se había enamorado de Priscilla Fairfield, una investigadora de Shapley, y se casó con ella dos días después de su llegada a EE UU. Desde entonces trabajaron juntos, aunque Shapley solo pagó a Bok, que adoptó el nombre americanizado de Bart. Los Bok trabajaron en Harvard durante 30 años, hasta que les invitaron a instalar un observatorio en Canberra (Australia) en 1957. En 1966 volvieron a EE UU para dirigir observatorios en el suroeste del país. Priscilla falleció en 1975, y Bart siguió trabajando hasta su muerte, en 1983.

Obra principal

1941 *La Vía Láctea* (con Priscilla Fairfield Bok).

NUEVAS VENTANA AL UNIVE

1950–1975

S

RSO

El astrónomo neerlandés **Jan Oort** afirma que una **nube de cometas** orbita alrededor del Sol en los márgenes del Sistema Solar.

1950

1959

Giuseppe Cocconi y **Philip Morrison** proponen una región del espectro electromagnético para buscar **mensajes extraterrestres**.

En un discurso ante el Congreso de EE UU, el presidente **John F. Kennedy** anuncia el propósito de llevar un **hombre a la Luna** antes del final de la década.

1961

1962

En su libro *Universo, vida, intelecto*, el astrónomo soviético **Iósif Shklovski** especula sobre la **vida extraterrestre**.

El astrónomo neerlandés **Maarten Schmidt** demuestra que los **cuásares**, descubiertos por los radioastrónomos en 1960, son galaxias lejanas.

1963

1964

Los astrónomos estadounidenses **Arno Penzias** y **Robert Wilson** descubren la **radiación de fondo de microondas**, prueba del Big Bang.

El lanzamiento en 1957 del primer satélite artificial de la Tierra, el Sputnik 1, por la URSS, marcó un punto de inflexión en la historia, tanto en lo político como en lo científico. En lo político, desencadenó la carrera espacial, una batalla por la supremacía en el espacio entre la URSS y EE UU. En lo científico, abrió nuevas posibilidades para la astronomía: ya se podía instalar telescopios en órbita, libres de la interferencia de la atmósfera terrestre, y enviar exploradores robóticos al Sistema Solar a estudiar planetas y otros cuerpos de cerca. La sonda Mariner 2 de la NASA, la primera misión con éxito a otro planeta, partió hacia Venus en 1962. Entre tanto continuaron los ambiciosos proyectos para enviar seres humanos al espacio. En 1961, el cosmonauta Yuri Gagarin fue el primer hombre en orbitar alrededor de la Tierra, y tan solo ocho años después, los estadounidenses lograron llevar hombres a la Luna. Los fragmentos de nuestro satélite que trajeron consigo arrojaron nueva luz sobre la formación del Sistema Solar.

Observar desde el espacio

Hasta mediados del siglo XX, los astrónomos escudriñaban el espacio a través de una ventana atmosférica muy estrecha, observando solo la luz visible. La atmósfera terrestre solo es transparente para dos partes del espectro electromagnético: la estrecha banda de longitudes de onda a la que llamamos luz visible (con algo de ultravioleta e infrarrojo en cada extremo) y la de ondas de radio. Los astrónomos no tenían medio alguno para saber de la intensa emisión de rayos ultravioletas, X y gamma de fuentes cósmicas calientes de alta energía, que son absorbidos por la atmósfera terrestre. Componentes fríos y ocultos del universo, como estrellas jóvenes, seguían a la espera de que se pudiera detectar su radiación infrarroja.

Radioastronomía

El principal medio de «astronomía invisible» a disposición de los observadores desde tierra, la radioastronomía, se desarrolló rápidamente en la década de 1950, tras unos inicios vacilantes en la de 1930. Los científicos que habían trabajado en el campo de las ondas de radio durante la Segunda Guerra Mundial fundaron grupos de investigación astronómica, como los de Cambridge y Manchester en Reino Unido. En esta época, unos astrónomos de Harvard (EE UU) identificaron emisiones de

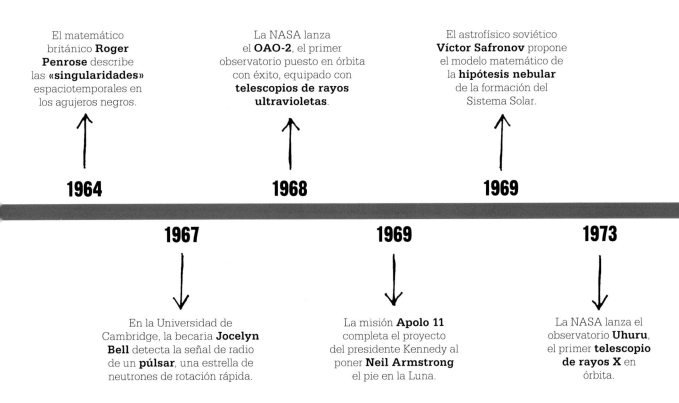

1964

El matemático británico **Roger Penrose** describe las **«singularidades»** espaciotemporales en los agujeros negros.

1967

En la Universidad de Cambridge, la becaria **Jocelyn Bell** detecta la señal de radio de un **púlsar**, una estrella de neutrones de rotación rápida.

1968

La NASA lanza el **OAO-2**, el primer observatorio puesto en órbita con éxito, equipado con **telescopios de rayos ultravioletas**.

1969

La misión **Apolo 11** completa el proyecto del presidente Kennedy al poner **Neil Armstrong** el pie en la Luna.

1969

El astrofísico soviético **Víctor Safronov** propone el modelo matemático de la **hipótesis nebular** de la formación del Sistema Solar.

1973

La NASA lanza el observatorio **Uhuru**, el primer **telescopio de rayos X** en órbita.

radio del hidrógeno gaseoso presente en el espacio interestelar, descubrimiento que permitió trazar el primer mapa de la estructura espiral de nuestra galaxia.

En la década de 1960, los radioastrónomos descubrieron fenómenos nuevos, los cuásares y púlsares. Hoy se sabe que las «radiofuentes cuasiestelares» (los cuásares) son galaxias lejanas con un inmenso agujero negro en su núcleo que producen cantidades prodigiosas de energía. Los púlsares son estrellas de neutrones (extrañas esferas de materia densa) que giran a gran velocidad. Tal hallazgo confirmó predicciones teóricas formuladas décadas antes.

Se abren todas las ventanas

A principios de la década de 1970 estaban operativos los primeros observatorios orbitales, que exploraron la radiación ultravioleta, X y gamma en el cielo. Se habían lanzado varias series de satélites en programas como el Small Astronomy Satellites (SAS) y el Orbiting Astronomical Observatories (OAO). Entre ellos figuraban el SAS-1 de 1970 para astronomía de rayos X (llamado Uhuru, «libertad» en suajili, en honor de Kenia, desde donde fue lanzado) y el OAO-3 (llamado Copérnico por el 500.º aniversario del nacimiento del astrónomo, en 1473). La astronomía de infrarrojos en órbita tardó más tiempo en ponerse en marcha, por la necesidad de mantener el telescopio muy frío, pero se hicieron los primeros sondeos de infrarrojos del cielo desde tierra.

Es muy improbable que haya dos grupos de hombrecillos verdes en lados opuestos del universo y que ambos hayan decidido enviar señales a un planeta Tierra más bien insignificante.
Jocelyn Bell Burnell

Así quedaban abiertas a la investigación todas las franjas del espectro electromagnético y se iniciaba la caza de partículas tan escurridizas como los neutrinos. Otros mundos del Sistema Solar pasaban a ser objetivo de futuras misiones. En tres décadas, la nueva tecnología había transformado el modo en que los astrónomos conciben el universo. ■

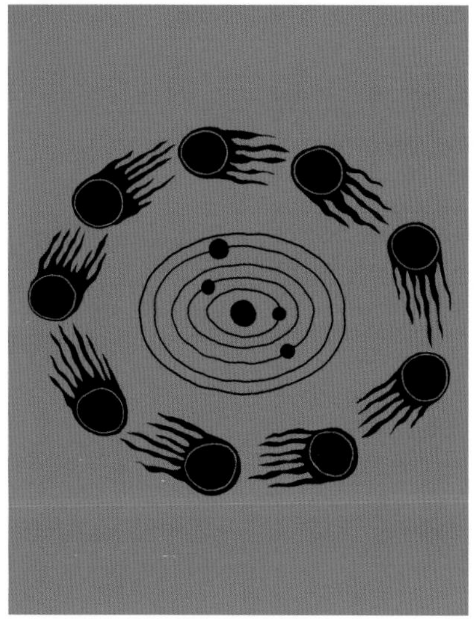

UNA VASTA NUBE RODEA EL SISTEMA SOLAR

LA NUBE DE OORT

EN CONTEXTO

ASTRÓNOMO CLAVE
Jan Oort (1900–1992)

ANTES
1705 Edmond Halley predice correctamente el regreso de un cometa.

1932 Ernst Öpik propone que los cometas de periodo largo proceden de una nube en órbita al borde del Sistema Solar.

1943 Kenneth Edgeworth sugiere que más allá de la órbita de Neptuno hay muchos cuerpos pequeños, algunos de ellos posibles cometas.

1950 Fred Whipple propone que los cometas están compuestos por hielo y roca.

DESPUÉS
1992 David Jewitt y Jane Luu descubren el primer objeto del cinturón de Kuiper tras Plutón.

2014 El módulo Philae de la sonda Rosetta se posa en el cometa 67P/Churiúmov–Guerasimenko.

En 1950, y tras recuperar una teoría del astrofísico estonio Ernst Öpik, el astrónomo neerlandés Jan Oort postuló que existe una reserva de cometas en los márgenes del Sistema Solar. Por entonces se sabía que dos tipos principales de cometas visitan el Sistema Solar interior, la región en la que orbitan los cuatro planetas rocosos. Los cometas de periodo corto vuelven en intervalos de menos de 200 años y orbitan en el mismo plano que los planetas; los de periodo largo vuelven en intervalos superiores a los 200 años y tienen órbitas inclinadas en todas las direcciones y ángulos respecto al plano del Sistema Solar. El origen de ambos era objeto de especulación.

Cometas de periodo largo

La idea de Oort ofrecía una solución al origen de los cometas de periodo largo. Un cometa que visite periódicamente el Sistema Solar interior acabará chocando con el Sol o un planeta, o será expulsado del sistema al pasar cerca de un planeta y alterarse su órbita. Esto implica que los cometas no pueden haber estado en órbita desde la formación del Sistema Solar. Oort propuso que los cometas de periodo largo que llegan al Sistema Solar interior son solo un pequeño subgrupo de todos los cometas en órbita alrededor del Sol. Los que se ven desde la Tierra han sido expulsados de la remota reserva de cometas, quizá por una estrella al pasar, y se han precipitado hacia el Sol en órbitas alargadas y elípticas.

Nube esférica

Examinando las órbitas de numerosos cometas de periodo largo y la mayor distancia del Sol que alcanzan, Oort concluyó que la reserva de cometas de periodo largo es una región esférica a modo de cáscara, a una distancia de entre 7,5 y 30 billones de kilómetros del Sol. Esta región, que contendría miles de millones o hasta billones de cometas, se conoce hoy como nube de Oort. Sin embargo, se ha establecido que los cometas de periodo corto proceden probablemente de una región con forma de disco mucho más próxima al Sol: el cinturón de Kuiper. ■

Véase también: El cometa Halley 74–77 ▪ El cinturón de Kuiper 184 ▪ La composición de los cometas 207 ▪ Exploración más allá de Neptuno 286–287

LOS COMETAS SON BOLAS DE NIEVE SUCIA

LA COMPOSICIÓN DE LOS COMETAS

EN CONTEXTO

ASTRÓNOMO CLAVE
Fred Whipple (1906–2004)

ANTES
1680 Gottfried Kirch, astrónomo alemán, es el primero en ver un cometa con un telescopio.

1705 Edmond Halley muestra que el cometa de 1682 es el mismo objeto observado en 1531 y 1607.

DESPUÉS
2003 Un estudio de *The Astrophysical Journal* halla que, a lo largo de 50 años, los trabajos de 1950 y 1951 de Whipple fueron los más citados por astrónomos.

2014 Rosetta llega al cometa 67P/Churiúmov-Guerasimenko y envía el módulo de aterrizaje Philae a su superficie.

2015 Nuevos estudios apuntan a que los cometas son como un «helado frito», con una corteza helada, un interior más poroso y frío, y compuestos orgánicos como remate.

La llegada de un cometa puede ser espectacular (los cometas más brillantes son visibles incluso de día). Fue el astrónomo estadounidense Fred Whipple quien mostró que estos deslumbrantes visitantes astrales son, en realidad, objetos extremadamente oscuros.

En 1950, Whipple propuso que el núcleo de los cometas –el «cuerpo» de estos antiguos restos del Sistema Solar, oculto por las brillantes colas gaseosas– es una mezcla irregular de materiales meteóricos y hielos volátiles. Estos últimos son básicamente agua helada, junto con gases congelados como dióxido y monóxido de carbono, metano y amoniaco. El resto es roca y polvo. Una corteza negra de compuestos orgánicos alquitranados, similar al petróleo crudo, recubre la superficie. El núcleo de un cometa es uno de los objetos más oscuros del Sistema Solar: solo refleja el 4 % de la luz que recibe, mientras que, por ejemplo, el asfalto recién extendido refleja el doble.

El concepto de «conglomerados helados» de Whipple explicaba cómo los cometas podían dejar repetidamente rastros de vapor al pasar cerca del Sol. La idea fue aceptada, aunque con el más sugestivo nombre de «bolas de nieve sucia» (luego «bolas de polvo helado», al saberse que contienen más polvo que hielo). Sin embargo, Whipple tuvo que esperar a 1986 para ver confirmadas sus ideas. Ese año, la sonda Giotto se aproximó al cometa Halley y obtuvo imágenes de cerca de su núcleo oscuro, oculto tras la brillante coma o cabellera. ■

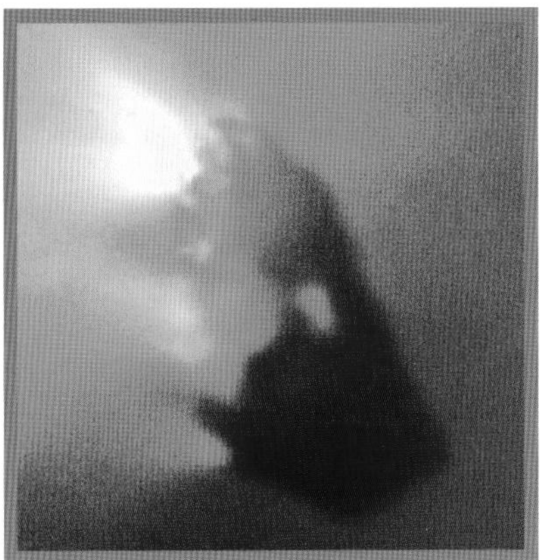

Las imágenes de la Giotto revelaron que el núcleo del cometa Halley es un cuerpo con forma de cacahuete del que salen dos chorros luminosos de material.

Véase también: El cometa Halley 74–77 ■ Asteroides y meteoritos 90–91 ■ La astrofotografía 118–119 ■ El cinturón de Kuiper 184

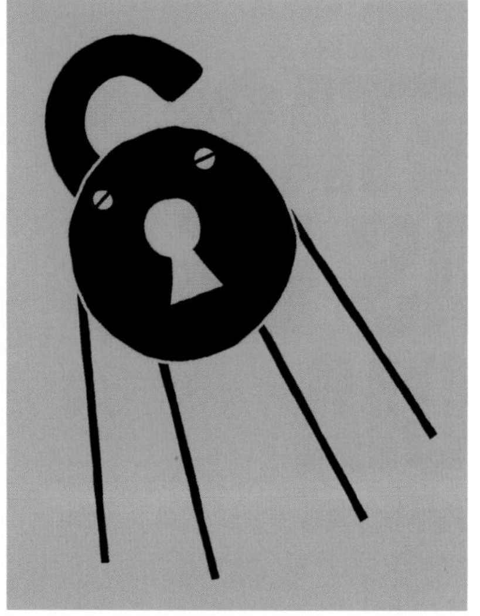

EL CAMINO A LAS ESTRELLAS QUEDA ABIERTO

EL LANZAMIENTO DEL SPUTNIK

EN CONTEXTO

ASTRÓNOMO CLAVE
Serguéi Korolev (1907–1966)

ANTES
1955 EE UU revela sus planes de lanzar un satélite con motivo del Año Geofísico Internacional.

1955–1957 Wernher von Braun, diseñador de cohetes nazi antes de trabajar para EE UU, lanza el Jupiter-C, capaz de poner un satélite en órbita.

DESPUÉS
1957 A bordo del Sputnik 2, la perra Laika es el primer animal lanzado al espacio.

1958 El Juno 1 lanza el primer satélite de EE UU, el Explorer 1.

1961 Yuri Gagarin orbita en torno a la Tierra en el *Vostok 1.*

1963 Valentina Tereshkova es la primera mujer y primera civil en viajar al espacio.

1965 El *Vosjod 2* lleva la primera tripulación de dos al espacio; primer paseo espacial, por Alexéi Leonov.

El *Vostok 1*, diseñado por Korolev, lanzó a Yuri Gagarin desde el cosmódromo de Baikonur el 12 de abril de 1961. Durante el vuelo, Gagarin dijo: «No veo a ningún Dios aquí arriba».

Con el lanzamiento del primer satélite artificial, el Sputnik 1, en 1957, la URSS ganó la primera manga de la carrera espacial entre las superpotencias. Este trascendental logro se alcanzó sobre todo gracias a la determinación y el genio de un solo hombre, el duro y pragmático «Diseñador Jefe» Serguéi Korolev, el cerebro del ultrasecreto programa espacial. Hasta la disolución de la URSS en 1991, en Occidente poco se sabía de Korolev. Los soviéticos se referían a él solo como Diseñador Jefe, por temor a que los estadounidenses lo asesinaran.

Korolev se había formado como diseñador aeronáutico, pero mostró su verdadero talento en la planificación estratégica de proyectos vastos y complejos bajo una presión política extrema. En 1957 contaba ya con un notable «estreno» en su haber: el lanzamiento del primer misil balístico intercontinental del mundo, en 1953. A lo largo de una extraordinaria ca-

Véase también: La carrera espacial 242–249 ▪ Exploración del Sistema Solar 260–267 ▪ Exploración de Marte 318–325

Llegará el momento en que una nave espacial partirá de la Tierra llevando a seres humanos en un viaje a planetas lejanos, a mundos remotos.
Serguéi Korolev

rrera profesional logró varias hazañas más, siempre tomando la delantera a EE UU por sorpresa. (A ello contribuyó el hecho de que la agencia espacial soviética mantuviera secretos sus planes, mientras que los de sus rivales estadounidenses se anunciaban en ruedas de prensa.)

En 1957, Korolev puso en órbita a la perra Laika, lo cual despejó el camino para enviar al primer hombre al espacio, en 1961, y a la primera mujer, en 1963. Dos años después siguieron la primera misión de dos tripulantes y el primer paseo espacial.

La carrera espacial

Sin embargo, fue el lanzamiento del Sputnik 1, el 4 de octubre de 1957, lo que tuvo mayor impacto en la opinión pública estadounidense. En los medios de EE UU se caricaturizaba habitualmente a Rusia como un país atrasado, pero ese lanzamiento era una prueba innegable de la superioridad tecnológica soviética y alimentó de inmediato la paranoia de la Guerra Fría. El «satélite rojo» en órbita hacía pensar en bombas nucleares lloviendo sobre las ciudades de EE UU, y el temor que despertó fue aprovechado por los adversarios políticos del presidente Eisenhower.

Cuando los soviéticos llevaron al primer hombre al espacio en 1961, el encargado de prensa de la NASA recibió una llamada a las 4.30. «Aquí estamos todos durmiendo», respondió. Al día siguiente se leían los titulares: «Los soviéticos lanzan a un hombre al espacio. EE UU duerme, según un portavoz». La brecha tecnológica percibida espoleó el programa espacial estadounidense, y el resultado fueron las misiones Apolo.

Con la muerte repentina de Korolev en 1966, la racha ganadora soviética tocó a su fin. El programa espacial perdió a la personalidad magnética que había mantenido la cohesión de una empresa tan vasta y compleja, y quedó empantanado en la política y la burocracia. Cabe preguntarse si la URSS podría haber llevado al primer hombre a la Luna con Korolev al timón. La iniciativa quedó en manos de EE UU, que en julio de 1969 logró el objetivo. ■

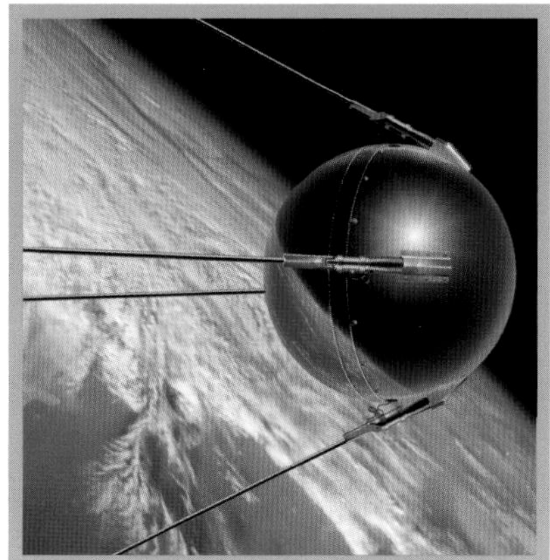

El Sputnik 1 era un artefacto relativamente sencillo, una esfera de metal que contenía una radio, pilas y un termómetro. Su impacto psicológico en EE UU fue inmenso.

Serguéi Korolev

Nacido en 1906, Serguéi Pavlóvich Korolev fue alumno de Andréi Túpolev, pionero del diseño aeronáutico, y llegó a ingeniero jefe del Instituto de Investigación de Propulsión a Reacción a mediados de la década de 1930. En 1938 fue víctima de las purgas de Stalin. Denunciado por sus colegas, fue torturado y enviado al gulag en el este de Siberia, donde trabajó en una mina de oro y enfermó de escorbuto.

Liberado en 1944, fue puesto al frente del Instituto Científico de Investigación n.º 88 (el programa espacial soviético). Consiguió ganarse el favor político gracias a su idea del Sputnik 1, un satélite artificial más pesado de lo que por aquel entonces podían lanzar los estadounidenses. Era un hombre de carácter temperamental y exigente con su equipo, pero a pesar de su constitución robusta y energía ilimitada, estaba más débil de lo que parecía. Había sufrido un ataque al corazón durante su estancia en el gulag, no podía mover el cuello, y le habían roto la mandíbula de tal modo que reír le dolía. Murió durante una operación rutinaria de colon en 1966.

LA BUSQUEDA DE COMUNICACIONES INTERESTELARES

RADIOTELESCOPIOS

EN CONTEXTO

ASTRÓNOMOS CLAVE
Giuseppe Cocconi (1914–2008)
Philip Morrison (1915–2005)

ANTES
1924 EE UU declara un «día nacional de silencio de radio» para poder escuchar posibles mensajes de Marte.

1951 Harold Ewen y E. M. Purcell detectan la línea del hidrógeno de 21 cm.

DESPUÉS
1961 Frank Drake formula una ecuación para estimar cuántas civilizaciones inteligentes podría haber más allá del Sistema Solar.

1977 En la Universidad de Ohio, Jerry Ehman capta una señal 30 veces más intensa que el ruido de fondo. Esta señal *Wow!* no se ha vuelto a detectar.

1999 La red SETI@Home usa la capacidad combinada de millones de ordenadores de voluntarios.

En septiembre de 1959, la revista científica *Nature* publicó un artículo breve pero enormemente influyente. «La búsqueda de comunicaciones interestelares», por Giuseppe Cocconi y Philip Morrison, presentaba un campo enteramente nuevo a la ciencia, el de la especulación sobre la naturaleza de la vida extraterrestre y sobre la posibilidad de que existan seres inteligentes fuera de la Tierra. Por primera vez en la historia de la ciencia, la caza de alienígenas se recogía en una propuesta seria.

Al completarse en 1957 el radiotelescopio de 76 m Mk 1 en Jodrell Bank (Inglaterra), justo a tiempo de rastrear el primer satélite artificial del mundo, el Sputnik 1, se plantearon nítidamente nuevas posibilidades. Equipado con un transmisor potente, un telescopio así podía comunicarse a través de distancias interestelares con cualquier civilización que hubiera desarrollado la tecnología correspondiente. En su artículo, Cocconi y Morrison argumentaban que, en algún planeta en órbita en torno a alguna estrella leja-

Si hay más **vida inteligente** en el universo, podría estar **intentando comunicarse**.

Los nuevos **radiotelescopios** permiten **buscar mensajes** en el espectro de radio.

La **onda de 21 cm** emitida por los **átomos de hidrógeno** en la región de radio es la misma en todo el universo.

Que empiece la búsqueda de comunicaciones interestelares en esta longitud de onda.

Véase también: La vida en otros planetas 228–235 ▪ Planetas extrasolares 288–295

La modulación es un método para transmitir información en una señal de onda. La amplitud se mantiene constante, mientras que la frecuencia varía.

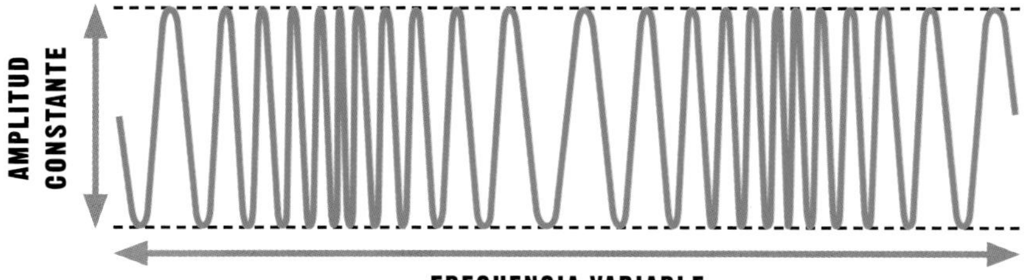

na podría haber ya sociedades avanzadas tratando de entrar en contacto. Proponían buscar señales en el espectro de microondas e identificar frecuencias probables e incluso lugares potenciales para iniciar la búsqueda de vida inteligente.

Un lugar donde buscar

Cocconi y Morrison se centraron en la «línea de 21 cm», una línea de emisión de radiación (o longitud de onda característica) de un átomo de hidrógeno. En la banda de altas frecuencias (microondas), esta radiación de 1420 Mhz se emite cuando cambia el estado energético de los protones y electrones de los átomos de hidrógeno. Su hallazgo en 1951 permitió mapear la distribución del hidrógeno en la galaxia usando ondas de radio, que a diferencia de la luz visible, las nubes de polvo no bloquean.

Dado que esta línea es universal, Cocconi y Morrison creían que sería conocida por todas las civilizaciones inteligentes y que toda búsqueda debía empezar por la de transmisiones en torno a dicha banda de frecuencias. Predijeron la forma más probable de transmisión: una modulación por ancho de pulsos, como una señal de radio FM, en un bucle, como una llamada de emergencia *mayday*. La onda modulada tendría una amplitud constante, pero produciría pulsos regulares de frecuencia más alta. Las señales podrían tener ciclos largos, quizá de años.

Búsquedas futuras

Las ideas de Cocconi y Morrison dominaron la búsqueda de inteligencia extraterrestre (SETI) durante décadas. Siguiendo las recomendaciones del artículo, el experimento pionero de Frank Drake en 1960, el proyecto Ozma, en el Observatorio de Green Bank (Virginia Occidental), escogió las análogas solares cercanas Tau Ceti y Epsilon Eridani, rastreando alrededor de la línea de 21 cm. Desgraciadamente, el proyecto fracasó. Hoy muchos cuestionan la utilidad de búsquedas tan limitadas, y los investigadores del SETI buscan indicios químicos o térmicos de civilizaciones avanzadas, señales filtradas no dirigidas a nosotros y nuevos métodos de comunicación basados en rayos láser o neutrinos. ■

El radiotelescopio Lovell (Mk 1) de Jodrell Bank, el tercero mayor del mundo, fue utilizado en el proyecto Phoenix del programa SETI durante las décadas de 1990 y 2000.

Giuseppe Cocconi y Philip Morrison

Giuseppe Cocconi nació en Como (Italia) en 1914. Tras la Segunda Guerra Mundial ingresó en la Universidad de Cornell (Nueva York). Trabajando con su esposa Vanna, demostró los orígenes galáctico y extragaláctico de los rayos cósmicos. Posteriormente fue director de investigaciones del CERN (Organización Europea para la Investigación Nuclear), en Ginebra.

Philip Morrison fue alumno de Robert Oppenheimer en la Universidad de California, en Berkeley. Durante la Segunda Guerra Mundial trabajó en el proyecto Manhattan que creó la primera bomba atómica, con cuyo núcleo compartió coche durante su transporte a Trinity, el lugar de la prueba. Luego se convirtió en activista antinuclear y divulgador científico (puso voz al documental de 1977 *Potencias de diez*).

Obra principal

1959 *Searching for Interstellar Communications.*

LOS METEORITOS PUEDEN VAPORIZARSE POR IMPACTO

EL ESTUDIO DE LOS CRÁTERES

EN CONTEXTO

ASTRÓNOMO CLAVE
Eugene Shoemaker
(1928–1997)

ANTES
1891 El geólogo de EE UU Grove Gilbert afirma que los cráteres de la Luna se deben a impactos de meteoritos.

1891 Primera descripción geológica del cráter Barringer, por el mineralogista Albert E. Foote.

DESPUÉS
1980 El físico estadounidense Luis Alvarez propone que una capa de coesita (cuarzo formado a altas presiones) de entre el Cretácico y el Terciario, y que se halla presente por todo nuestro planeta, indica un gran impacto, el que causó la extinción de los dinosaurios.

1994 Codescubierto por Eugene Shoemaker, el cometa Shoemaker–Levy se estrella contra Júpiter observado por la sonda Galileo.

Por su trascendental aportación a la ciencia planetaria, el geólogo estadounidense Eugene Shoemaker es la única persona cuyas cenizas se han enviado a la Luna. Fue uno de los fundadores de la astrogeología, ciencia que aplica las técnicas de la geología para estudiar otros mundos.

Los primeros trabajos de Shoemaker se centraron en el cráter Barringer (o Meteor Crater), en el desierto de Arizona. Los primeros colonos europeos del cercano Cañón del Diablo creyeron que era la caldera de un antiguo volcán. Los ingenieros de ferrocarriles de paso por la zona en la década de 1880 hallaron grandes rocas ricas en hierro desperdigadas por el desierto, lo cual apuntaba a que el cráter se debía a la colisión de un meteorito metálico. Pero la idea fue descartada porque el volumen de restos alrededor del borde equivalía al del cráter, y no podía ser un cráter meteorítico si no había meteorito.

No ir a la Luna y golpearla con mi propio martillo ha sido la mayor decepción de mi vida.
Eugene Shoemaker

En 1903, el ingeniero de minas Daniel Barringer buscó el meteorito de hierro bajo el suelo del cráter, pero no fue hasta 1960 cuando Shoemaker halló la prueba. El cráter contiene una variedad de sílice que solo se había visto en campos de pruebas de bombas atómicas. Este mineral no puede ser creado por fuerzas volcánicas y solo puede deberse a la energía de un meteorito a 60 000 km/h. Fue esa energía la que vaporizó el meteorito, lo cual explica su desaparición. Al aportar la primera prueba de que contra la Tierra chocan grandes meteoritos, Shoemaker abrió nuevas posibilidades a la investigación de objetos extraterrestres. ■

Véase también: Asteroides y meteoritos 90–91 ▪ El descubrimiento de Ceres 94–99 ▪ La composición de los cometas 207

EL SOL SUENA COMO UNA CAMPANA

LAS VIBRACIONES DEL SOL

EN CONTEXTO

ASTRÓNOMO CLAVE
Robert Leighton (1919–1997)

ANTES
1954 El astrónomo canadiense Harry Hemley Plaskett observa el efecto de oscilación del Sol.

DESPUÉS
1970 El físico estadounidense Roger Ulrich postula que las oscilaciones proceden de ondas acústicas del interior del Sol.

Década de 1970 El estudio del interior solar cobra impulso gracias a la heliosismología.

1995 Se lanza el satélite de observación solar SOHO.

1997 El equipo del SOHO descubre corrientes de plasma en la zona convectiva.

Décadas de 1990 y 2000 Se identifican cientos de miles de modos de vibración solar.

2009 El satélite Kepler mide oscilaciones en análogas solares para describir las condiciones en los planetas extrasolares.

En 1960, el físico estadounidense Robert Leighton realizó observaciones con una cámara ingeniada por él y descubrió que el Sol «suena como una campana», en sus propias palabras. Junto a Robert Noyes y George Simons, Leighton detectó perturbaciones en la superficie del Sol usando cámaras solares de efecto Doppler. Las cámaras detectaban pequeñas variaciones en la frecuencia del espectro de absorción del Sol al aproximarse o alejarse de la Tierra su capa exterior.

Con su mente inquisitiva, [Leighton] buscaba explicación a cada efecto extraño de la naturaleza.
Gerry Neugebauer
Físico y colega de Robert Leighton

Oscilaciones de cinco minutos

Al principio, el complejo patrón de vibraciones, con un periodo medio de cinco minutos, se consideró un fenómeno superficial. En 1970, Roger Ulrich explicó las oscilaciones de cinco minutos como ondas acústicas que rebotan de un lado a otro del Sol, causando una vibración en la superficie como si resonara.

Estas ondas permiten a los científicos estudiar el interior del Sol, al igual que las ondas acústicas de los terremotos revelan la composición y estructura de la Tierra. Este estudio, llamado heliosismología, suele compararse con intentar construir un piano estudiando el sonido que produce al caer por unas escaleras, pero ha dado como fruto un modelo de los procesos interiores del Sol. Dicho modelo establece límites estrictos a la cantidad de helio del núcleo de la estrella, lo cual tiene consecuencias importantes para los modelos del universo en sus inicios. ■

Véase también: Propiedades de las manchas solares 129 ▪ El experimento Homestake 252–253 ▪ Planetas extrasolares 288–295

LA MEJOR EXPLICACION DE LOS DATOS ES QUE SE TRATA DE RAYOS X DE FUERA DEL SISTEMA SOLAR

RADIACIÓN CÓSMICA

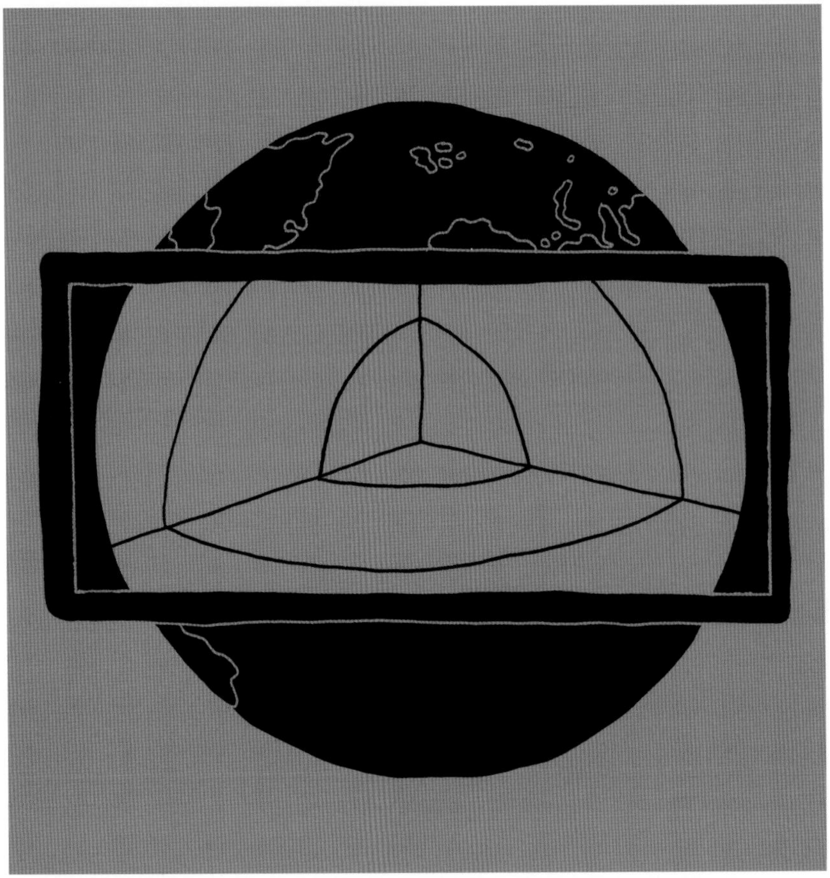

EN CONTEXTO

ASTRÓNOMO CLAVE
Riccardo Giacconi (n. en 1931)

ANTES
1895 El físico alemán Wilhelm Röntgen descubre una radiación de alta energía a la que llama «rayos X».

1949 Cohetes sonda logran detectar los rayos X solares.

DESPUÉS
1964 Se descubre Cygnus X-1, el primer sistema binario de agujero negro confirmado.

1966 Se detectan rayos X del cúmulo galáctico M87, en el cúmulo de Virgo.

1970 Lanzamiento de Uhuru, primera misión específica de rayos X.

1979 El Observatorio Einstein detecta rayos X de Júpiter.

1999 Lanzamiento de Chandra, un observatorio de rayos X.

Los rayos X son una forma de radiación electromagnética de alta energía emitida por objetos extremadamente calientes. A principios del siglo XX, los astrónomos comprendieron que el espacio debía estar repleto de rayos X procedentes del Sol, y que su espectro revelaría muchos secretos sobre los procesos internos de la estrella. Sin embargo, la astronomía de rayos X no fue posible hasta la llegada de los cohetes y satélites artificiales.

Pese a su energía, los rayos X se absorben fácilmente, gracias a lo cual son tan útiles para obtener imágenes del cuerpo. El vapor de agua de la atmósfera terrestre impide que estos rayos lleguen a la superficie,

Véase también: El experimento Homestake 252–253 ▪ Descubrimiento de los agujeros negros 254

No pasará nada a no ser que trabajes con toda el alma.
Riccardo Giacconi

por fortuna para la vida, pues su alta energía puede causar daños y mutaciones a las células vivas blandas.

El primer atisbo de los rayos X solares llegó a finales de la década de 1940, durante un programa del Laboratorio de Investigación Naval (NRL) de EE UU para estudiar la atmósfera superior de la Tierra. Un equipo dirigido por el científico estadounidense Herbert Friedman lanzó al espacio cohetes V-2 alemanes equipados con detectores de rayos X, en esencia contadores Geiger modificados. Estos experimentos aportaron las primeras pruebas incontrovertibles de rayos X emitidos por el Sol. Ya en 1960 los investigadores usaron cohetes sonda Aerobee para detectarlos y se tomaron las primeras imágenes de rayos X del Sol desde un Aerobee Hi. Dos años después se detectó la primera fuente de rayos X cósmicos.

Rayos X extrasolares

Riccardo Giacconi, astrofísico italiano que trabajaba a la sazón para American Science and Engineering (AS&E), había solicitado con éxito financiación a la NASA para el experimento de rayos X de su equipo. El primero de sus cohetes falló en 1960, pero al año siguiente ya tenía uno mejorado. Este instrumento era cien veces más sensible que ningún otro lanzado hasta la fecha. Con un campo de visión más amplio, el equipo confiaba en observar otras fuentes de rayos X en el cielo. Un año después tuvo éxito: el cohete apuntó la cámara primero hacia la Luna y después en dirección contraria. Lo que la cámara vio fue una gran sorpresa para el equipo: el instrumento detectó el «fondo» de rayos X (una señal difusa procedente de todas direcciones) y un marcado pico de radiación hacia el centro de la galaxia.

Las estrellas como el Sol emiten cerca de un millón de veces más fotones en frecuencias de luz visible »

La **radiación cósmica** de rayos X es **absorbida** por la atmósfera terrestre.

→

Hacen falta **telescopios instalados en el espacio** para la astronomía de rayos X.

Los detectores en globos y cohetes captan rayos X procedentes de **todo el cielo**.

←

La radiación de alta energía revela una **nueva imagen del universo**.

Riccardo Giacconi

Nacido en Génova (Italia) en 1931, Giacconi vivió en Milán con su madre, una profesora de instituto de matemáticas y física, que logró inculcarle su amor por la geometría. Obtuvo su primera licenciatura en la Universidad de Milán y se trasladó a la Universidad de Indiana (EE UU) con una beca Fulbright, y posteriormente a Princeton, para estudiar astrofísica.

En 1959 se incorporó a la American Science and Engineering (AS&E), una pequeña empresa ubicada en Cambridge (Massachusetts) y dedicada a la construcción de equipo de monitorización para cohetes que medía electrones y estallidos artificiales de rayos gamma de armas nucleares. Giacconi recibió el encargo de desarrollar instrumentos para la astronomía de rayos X. A lo largo de su carrera profesional, ha contribuido a la mayoría de los avances en este campo, y en 2002 compartió el premio Nobel de física gracias a sus importantes aportaciones a la astrofísica.

En 2017 seguía trabajando como investigador principal del proyecto Campo Profundo Sur del Chandra.

El Observatorio de rayos X Chandra fue lanzado por la NASA en 1999. Estaba previsto que operara durante cinco años, pero seguía en uso en 2017.

que en forma de rayos X. En cambio, la fuente de las señales de rayos X irradiaba mil veces más rayos X que luz. Pese a ser un punto pequeño y apenas visible en el cielo, emitía mil veces más rayos X que el Sol. Además, en ella estaban teniendo lugar ciertos procesos físicos nunca observados en el laboratorio. Tras semanas de análisis, el equipo concluyó que debía tratarse de un objeto estelar de un nuevo tipo.

La búsqueda de la fuente

No había ningún candidato en el Sistema Solar que explicara la intensa radiación. La fuente más probable se denominó Scorpius X-1 (Sco X-1) en referencia a la constelación en la que se halla. Herb Friedman, del NRL, confirmó el resultado con un detector de área mayor y de mejor resolución que el instrumento de AS&E. Hoy se sabe que Sco X-1 es un sistema binario y la fuente de rayos X más brillante y persistente del cielo. Lanzamientos posteriores revelaron un cielo salpicado de fuentes de rayos X, tanto galácticas como extragalácticas. En poco tiempo, el equipo había detectado una serie de rarezas celestes emisoras de rayos X, entre ellas, remanentes de supernova, estrellas binarias y agujeros negros. Hoy se conocen más de 100 000 fuentes de rayos X.

Hacia Chandra

A mediados de la década de 1960, los instrumentos se estaban volviendo cada vez más sensibles. Solo cinco años después del descubrimiento de Giacconi, los detectores fueron capaces de registrar rayos X mil veces más débiles que Sco X-1. Propuesto originalmente por Giacconi en 1963, Uhuru, el primer satélite dedicado en exclusiva a la astronomía de rayos X, se lanzó en 1970. Pasó tres años cartografiando rayos X en un sondeo de todo el cielo que localizó 300 fuentes, entre ellas un raro objeto en el centro de la galaxia de Andrómeda, e identificó a Cyg X-1 como agujero negro potencial. Uhuru también halló que los huecos de los cúmulos galácticos son potentes fuentes de rayos X. Estas regiones en apariencia vacías están llenas de un gas de baja densidad a millones de grados Kelvin. Aunque muy difuso, este «medio intercumular» contiene más masa que todas las galaxias del cúmulo juntas.

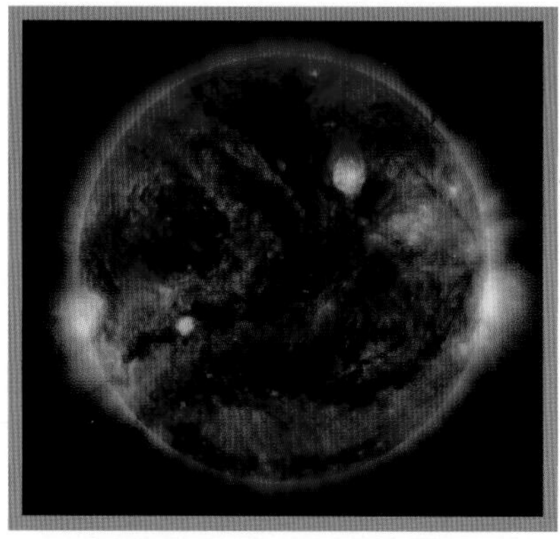

Al combinar observaciones de varios telescopios, se revelan las regiones activas del Sol. Los rayos X de alta energía se ven en azul, y los de baja energía, en verde.

En 1977, la NASA lanzó el programa High Energy Astronomy Observatory (HEAO). El HEAO-2, rebautizado como Observatorio Einstein, estaba equipado con detectores muy sensibles y revolucionó la astronomía de rayos X. Con sus espejos de cuarzo fundido, el telescopio era un millón de veces más sensible que el del cohete del descubrimiento de Giacconi de 1961. El Observatorio Einstein observó rayos X que emanan de estrellas y galaxias, e incluso de las auroras planetarias de Júpiter.

El universo está reventando por todas partes.
Riccardo Giacconi

Deseoso de sondear con mayor profundidad la radiación de fondo de rayos X, Giacconi propuso una vez más un telescopio avanzado. En 1999, este tomó la forma del Observatorio de rayos X Chandra, el tercero de los grandes observatorios en órbita y el telescopio de rayos X más potente construido, decenas de miles de millones de veces más sensible que los primeros detectores. Su rendimiento superó todas las expectativas, y la duración de la misión se prolongó de cinco a quince años. En 2017, su misión continuaba activa. Entre sus extraordinarios logros figuran la detección de ondas sonoras procedentes de un agujero negro supermasivo. Los datos de rayos X, combinados con observaciones ópticas del telescopio espacial Hubble y datos de infrarrojos del telescopio espacial Spitzer, han aportado imágenes impresionantes del cosmos.

El ámbito de los rayos X

La astronomía de rayos X estudia los objetos de más alta energía: galaxias en colisión, agujeros negros, estrellas de neutrones y supernovas. La fuente de energía de esta actividad es la gravedad. Al precipitarse la materia hacia una concentración masiva de material, las partículas chocan y se acumulan. Liberan su energía emitiendo fotones, que a estas velocidades tienen longitudes de onda de rayos X (0,01–10 nanómetros, o milmillonésimas de metro), equivalentes a temperaturas de decenas de millones de grados. El mismo mecanismo actúa en otros llamativos fenómenos: estrellas activas más masivas que el Sol, por ejemplo, producen fuertes vientos solares y rayos X en abundancia. Los sistemas binarios de rayos X, en los que se transfiere masa entre estrellas, también producen una intensa radiación.

Ver agujeros negros

Cuando una estrella explota al morir, las ondas de choque de la supernova comprimen el medio interestelar, haciendo que el gas emita rayos X. Dentro de lo que queda de la supernova, la estrella masiva sigue existiendo como estrella de neutrones o como agujero negro. La turbulencia creada por el material que se destruye al ser engullido por un agujero negro genera también rayos X. La radiación expulsada vuelve fluorescentes en varios colores las capas externas de la remanente de supernova.

El centro de ciertas galaxias supera en brillo a todos los miles de millones de estrellas de las mismas, con emisiones intensas en todas las longitudes de onda. Se cree que en el centro de estos núcleos galácticos activos hay un agujero negro supermasivo. El material que cae hacia el centro de los cúmulos galácticos (las mayores estructuras del universo) también emite rayos X y no es visible en otras frecuencias lumínicas. Chandra captó recientemente dos imágenes de campo profundo del fondo de rayos X, con exposiciones de 23 y 11 días en los hemisferios norte y sur del cielo. Los instrumentos de rayos X del futuro podrían ayudar a los científicos a conocer la distribución de los agujeros negros. ■

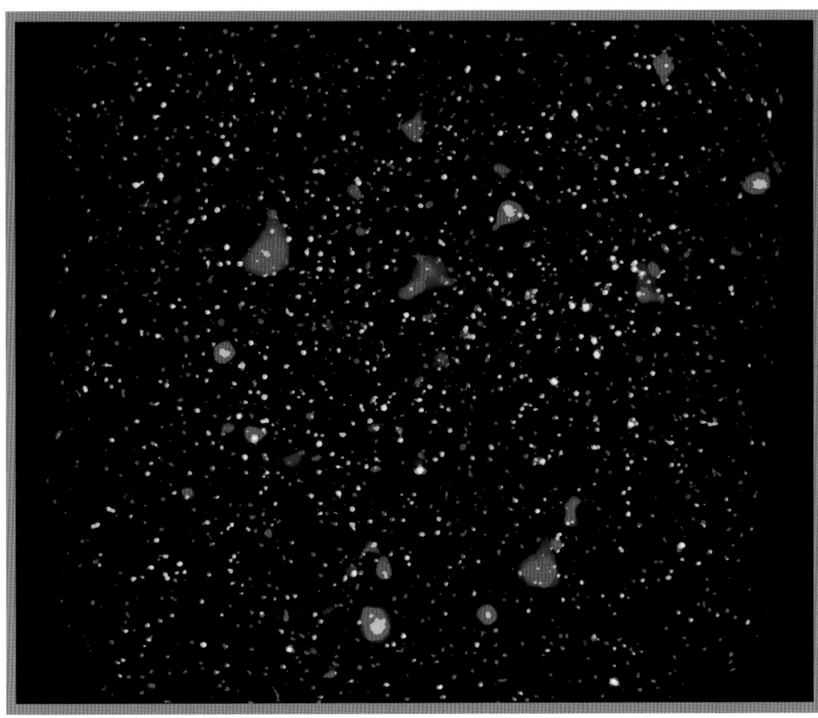

Las observaciones en el espectro de los rayos X revelan estructuras ocultas. Las manchas en este sector del cielo de un sondeo de la ESA son cúmulos galácticos, y los puntos menores, agujeros negros.

BRILLA MAS QUE UNA GALAXIA, PERO PARECE UNA ESTRELLA

CUÁSARES Y AGUJEROS NEGROS

EN CONTEXTO

ASTRÓNOMO CLAVE
Maarten Schmidt (n. en 1929)

ANTES
1935 Karl Jansky desarrolla el primer radiotelescopio.

1937 El ingeniero de radio Grote Reber realiza el primer radiosondeo del cielo.

1955 El Radio Astronomy Group de Cambridge empieza a cartografiar el hemisferio norte a 159 MHz.

DESPUÉS
1967 Jocelyn Bell Burnell, del Radio Astronomy Group, detecta los primeros púlsares.

1972 Se identifica el primer candidato físico (y no solo teórico) a agujero negro en el sistema Cygnus X-1.

1998 Andrea Ghez detecta un agujero negro con cuatro millones de veces la masa del Sol en el centro de la Vía Láctea.

Hacia finales de la década de 1950, la radioastronomía había aportado un nuevo modo de observar el cielo. Además de obtener imágenes de objetos celestes con luz, los sondeos del cielo podían usar las emisiones de radio del espacio para mostrar nuevos rasgos. Había ondas de radio procedentes del Sol, las estrellas y el centro de la Vía Láctea, pero también muchas y misteriosas radiofuentes invisibles. En 1963, el astrónomo neerlandés Maarten Schmidt, que trabajaba con el telescopio Hale en el Observatorio Palomar, en California, captó un atisbo de la luz de uno de tales objetos. Al examinar el corrimiento al rojo, descubrió algo chocante:

Véase también: La teoría de la relatividad 146–153 ▪ La radioastronomía 179 ▪ Núcleos y radiación 185 ▪ Cuásares y púlsares 236–239 ▪ Descubrimiento de los agujeros negros 254 ▪ El centro de la Vía Láctea 297

En el cielo hay muchas **radiofuentes potentes** que parecen **invisibles**.

Estas resultan ser objetos similares a estrellas, **lejanos**, **brillantes y de movimiento rápido**, llamados **cuásares**.

Los cuásares son **núcleos galácticos activos**, en los que un **agujero negro** devora las estrellas de la galaxia.

Es probable que **todas las galaxias** tengan un agujero negro en su centro y **fueran cuásares** en el pasado.

el objeto estaba a 2500 millones de años luz y, por tanto, debía ser inimaginablemente brillante. Su magnitud absoluta era de –26,7 (cuanto más baja sea la cifra, mayor es el brillo). Era cuatro billones de veces más brillante que el Sol (de magnitud +4,83) y más que toda la Vía Láctea en conjunto.

Schmidt denominó a este cuerpo «radiofuente cuasiestelar», nombre luego abreviado como cuásar. Antes de Schmidt, el objeto se conocía como 3C 273. La primera parte (3C) se refería al catálogo tercero de radiofuentes de Cambridge, obra del Radio Astronomy Group, y 273 es el número correspondiente al orden en que se hallaron los objetos en el sondeo. 3C 273 había sido visto en 1959, aunque el primer cuásar identificado (o lo que luego se llamó cuásar) fue 3C 48, encontrado poco antes.

En 2001, el telescopio espacial Hubble atisbó uno de los cuásares más lejanos y luminosos nunca vistos (en el círculo). Su edad es inferior a los mil millones de años tras el Big Bang.

El progreso de la radioastronomía

La radioastronomía comenzó en la década de 1930 gracias al descubrimiento accidental de las fuentes de radio cósmicas por Karl Jansky. Interrumpida por la Segunda Guerra Mundial y apoyada en alguna medida por el desarrollo de la tecnología del radar, despegó en 1950 con los sondeos sistemáticos con radiotelescopios. Los primeros sondeos estaban limitados por la baja frecuencia de 81,5 MHz (megahercios, o millones de ciclos por segundo) usada en los primeros receptores de radio. En esa frecuencia resultaba difícil localizar las señales con densidad de flujo baja. (La densidad de flujo es una medida de la potencia de una señal en vatios por metro cuadrado por hercio, o unidad jansky [Jy]).

En 1955, El Radio Astronomy Group de la Universidad de Cambridge comenzó a sondear con un radiointerferómetro, que recogía señales a 159 MHz. Esto daba mejores resultados para resolver radiofuentes débiles y condujo al descubrimiento de los dos primeros cuásares. Aunque su luz era invisible para los telescopios ópticos entonces disponibles para los investigadores de Cambridge, las mediciones de la densidad de flujo les permitieron saber que eran radiofuentes muy compactas. »

El conocimiento [de los cuásares] ha avanzado poco en 50 años. Solo se ve una fuente que es un punto, no una estructura. Es algo difícil de aprehender.
Maarten Schmidt
(2013)

Recreación de la posible estructura del cuásar 3C 279. Un disco de material rota alrededor de un agujero negro mil millones de veces más masivo que el Sol.

En 1962, 3C 273 fue ocultado varias veces por la Luna. Observando la reaparición de la radiofuente tras el disco lunar, los astrónomos lograron localizarla de manera muy precisa. Maarten Schmidt usó dichas mediciones para observarlo con el telescopio Hale, el mayor telescopio óptico del mundo en la época, y encontró que 3C 273 era el objeto más brillante conocido hasta la fecha. Publicó sus hallazgos en *Nature* en marzo de 1963, en el mismo número en que otros dos astrónomos, Jesse Greenstein y Thomas Matthews, presentaron los datos de corrimiento al rojo de 3C 48, que mostraban que este se alejaba a un tercio de la velocidad de la luz, siendo así el objeto a mayor velocidad descubierto hasta entonces.

A inicios de la década de 1970 se habían identificado cientos de cuásares, muchos de los cuales se hallaban aún más lejos que 3C 48 y 3C 273. A día de hoy, la mayoría de los cuásares encontrados está a unos 12 000 millones de años luz. Además, los cuásares son en su mayoría más brillantes de lo que se suponía por las primeras observaciones, con luminosidades de hasta cien veces la de la Vía Láctea.

¿Agujeros blancos?

Entonces comenzó el debate sobre qué eran estos objetos en realidad. Se llegó a proponer que los enormes corrimientos al rojo observados en los cuásares no eran resultado de la expansión del espacio, sino de que la luz escapaba de un gran pozo de gravedad. Un pozo tal lo podría crear una estrella verdaderamente monstruosa, con un campo gravitatorio que se aproximara al de un agujero negro. Sin embargo, los cálculos demostraron que una estrella semejante nunca podría ser estable.

Otra teoría fue que un cuásar era la «salida» de un agujero blanco, lo contrario de un agujero negro. La idea fue propuesta en 1964, y hoy los agujeros blancos siguen siendo totalmente hipotéticos. Son ignorados por lo general en la teoría, pero en las décadas de 1960 y 1970, los agujeros negros también eran fenómenos no observados, y ello daría solidez al concepto de agujero blanco. La idea se basa en una compleja interpretación de las ecuaciones de campo de la relatividad general de Einstein en la que se propone que un agujero negro que existe en el futuro estaría conectado a un agujero blanco que existe en el pasado. Un agujero blanco sería, por tanto, una región del espacio de la que la luz y la materia pueden salir, pero no entrar. Esto cuadraría con los chorros de radiación y materia que se veía surgir de los cuásares. Quedaba por resolver la cuestión del origen de toda aquella energía. La respuesta fue que llega a través de un agujero de gusano, o puente de Einstein–Rosen, un rasgo teórico del espacio-tiempo que conecta el futuro con el pasado.

Pequeños bangs

Hoy en día, el único fenómeno aceptado similar a un agujero blanco es el propio Big Bang. Algunas teorías proponen que el material que entra en los agujeros negros puede surgir en otro universo en forma de «pe-

Cuasiestrella, ¿qué serás?
Gran rompecabezas de lo lejano,
cuán distinta a las demás.
Cuasiestrella que brillas más
que mil millones de soles,
me pregunto qué serás.
George Gamow

queños bangs». Sin embargo, conforme se ampliaron los conocimientos sobre los agujeros negros, la explicación de los cuásares como agujeros blancos fue siendo descartada.

Agujero negro supermasivo

Los cuásares son demasiado luminosos y energéticos como para que su energía dependa de la fusión nuclear, el proceso que tiene lugar en las estrellas. Sin embargo, el trabajo teórico sobre agujeros negros indicaba que se formaría una región de material, llamada disco de acreción, alrededor de un horizonte de sucesos. A medida que dicho material fuera siendo tragado por el agujero negro se calentaría a millones de grados. Un agujero negro supermasivo, con una masa miles de millones de veces mayor que la del Sol, formaría un disco de acreción que explicaría la producción energética observada en los cuásares. Esta teoría explicaría también los haces de plasma, llamados chorros relativistas, que salen en direcciones opuestas de algunos cuásares. Estos los causa la rotación del agujero negro, que genera un campo magnético y concentra la materia y la radiación en dos haces. El plasma supercalentado sale despedido a una velocidad cercana a la de la luz de cada haz.

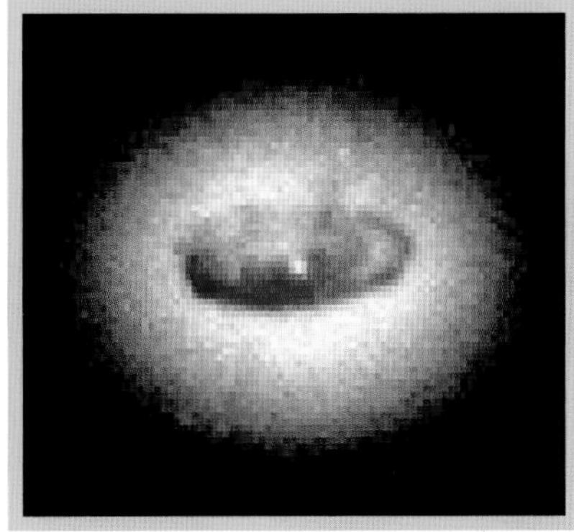

El telescopio espacial Hubble captó esta imagen del núcleo activo de la galaxia elíptica NGC 4261. El disco de polvo mide 800 años luz de diámetro.

El concepto actual del cuásar comenzó a cristalizar en la década de 1980. La idea aceptada es que se trata de un agujero negro supermasivo –o quizá dos de ellos– en el centro de una galaxia, cuyo material estelar está devorando. De las galaxias que muestran este comportamiento se dice que tienen un núcleo activo, y al parecer los cuásares son solo una manifestación entre otras de estas galaxias llamadas activas.

Una galaxia activa se detecta como cuásar si los chorros relativistas están en el ángulo adecuado en relación con la Tierra. El objeto se detecta principalmente por sus emisiones de radio. Si los chorros son perpendiculares a la línea de visión desde la Tierra no se pueden detectar y se ve una radiogalaxia, una galaxia que es una fuente potente de radio; si los chorros apuntan directamente hacia la Tierra, se tiene una visión excelente del núcleo activo del objeto, llamado blazar.

Casi todos los cuásares son objetos antiguos, y desde la Tierra se observa su actividad cuando el universo era joven. A diferencia de otras galaxias activas, el brillo del núcleo de un cuásar hace difícil distinguir gran cosa de la galaxia que lo rodea. Se cree que todas las galaxias jóvenes tienen núcleo activo y que cuando no queda material que pueda engullir el agujero negro se convierten en lugares más apacibles, como la actual Vía Láctea. Sin embargo, las colisiones galácticas, en las que una galaxia se funde con otra, pueden reactivar el núcleo. Es probable que la Vía Láctea, que entrará en colisión con Andrómeda dentro de 4000 millones de años, acabe convertida en cuásar algún día. ■

Maarten Schmidt

Nacido en Groninga (Países Bajos), Schmidt estudió con Jan Oort en la universidad de su ciudad natal. Emigró a EE UU tras obtener el doctorado y ocupó un puesto en el Observatorio Palomar de Caltech. Se convirtió en un experto en formación estelar, compendiada en la ley formulada por él mismo que relaciona la densidad de las nubes de gas interestelar con el ritmo de formación de estrellas en su interior. También fue uno de los principales estudiosos de los cuásares. Tras una conferencia sobre el tema en 1964, Schmidt y otras máximas figuras de esta materia, entre las que destacan William Fowler y Subrahmanyan Chandrasekhar, volaban en el mismo avión, que despegó con cierto peligro. Se comenta que Fowler bromeó: «Si este avión llega a estrellarse, por lo menos habrá un nuevo comienzo para el problema de los cuásares». Schmidt pasó a ocupar varios cargos eminentes en distintas instituciones astronómicas.

Obra principal

1963 *3C 273: A Star-Like Object with Large Red-Shift.*

UN OCEANO DE SUSURROS TRAS NUESTRA EXPLOSIVA CREACION

EN BUSCA DEL BIG BANG

EN CONTEXTO

ASTRÓNOMOS CLAVE
Robert H. Dicke (1916–1997)
James Peebles (n. en 1935)

ANTES
1927 Georges Lemaître lanza su hipótesis del átomo primitivo.

1948 Ralph Alpher y Robert Herman predicen que la radiación del Big Bang tendría ahora una temperatura de 5 K.

1957 El astrónomo soviético Tigran Shmaonov informa de un «fondo de radioemisión» de unos 4 K, pero no lo relaciona con el Big Bang.

DESPUÉS
1992 El COBE confirma la curva del cuerpo negro y la anisotropía (variaciones minúsculas) de la RFM.

2010 La WMAP mide pequeñas variaciones de temperatura de 0,00002 K en la RFM.

2013 El equipo Planck publica un mapa detallado de la RFM.

El descubrimiento de la «primera luz» del universo es uno de los hallazgos científicos más notables de todos los tiempos. El 99,9 % de los fotones (partículas de luz) que llegan a la Tierra están asociados a esta radiación cósmica de fondo de microondas (RFM) que lleva más de 13 000 millones de años viajando hasta nosotros, desde un tiempo muy próximo al amanecer mismo del universo. La RFM es la radiación térmica que se emitió cuando el universo se hallaba a una temperatura de unos 4000 K.

El científico al que se suele atribuir el mérito de la predicción de la RFM es el físico George Gamow (pp. 196–197). Un universo en expansión implicaba que hubo un punto en el que se hallaba comprimido en un espacio minúsculo. Gamow vio que esto suponía a su vez un comienzo caliente, y comprendió que el Big Bang habría dejado rastro en el cielo. En 1948, sus alumnos de doctorado Ralph Alpher y Robert Herman resolvieron los detalles de esa «radiación de bola de fuego»: dedujeron que, enfriada por la expansión del universo a lo largo de 13 000 millones de años, debería encontrarse en forma de una radiofrecuencia emitida por un objeto a 3 K (un poco por encima del cero absoluto). Al parecer totalmente ajeno al trabajo de Alpher y Herman, Robert H. Dicke, desde el «Rad Lab» de la Universidad de Princeton, predijo la RFM a principios de la década de 1960. Dicke pidió a su equipo de posgraduados que la buscaran; David Wilkinson y Peter Roll quedaron encargados de construir una máquina para detectarla, y James Peebles de «pensar en la teoría».

No tiene sentido hacer un experimento sin convicción y con aparatos inadecuados.
Robert H. Dicke

Ecos del Big Bang

Gamow había supuesto que la débil señal de la RFM sería indistinguible de las ondas de radio que nos inundan desde otros objetos astronómi-

El Big Bang **es una teoría discutida**.

Una de las predicciones de la teoría del Big Bang es una **radiación de fondo de microondas** a una **temperatura de unos 3 K**, con un espectro muy próximo al de un **cuerpo negro**.

Se descubre la **radiación de fondo** a unos 3 K. Estudios posteriores indican que tiene **un espectro** casi igual al de **un cuerpo negro**.

El Big Bang ya **no es una teoría** científica **discutida**.

Véase también: El nacimiento del universo 168–171 ▪ Más allá de la Vía Láctea 172–177 ▪ Inflación cósmica 272–273 ▪ Observación de la RFM 280–285

Un cuerpo negro teórico absorbe toda la radiación que recibe, y luego emite radiación a diferentes intensidades (medida como radiancia espectral) y en distintas longitudes de onda según la temperatura, como se muestra aquí.

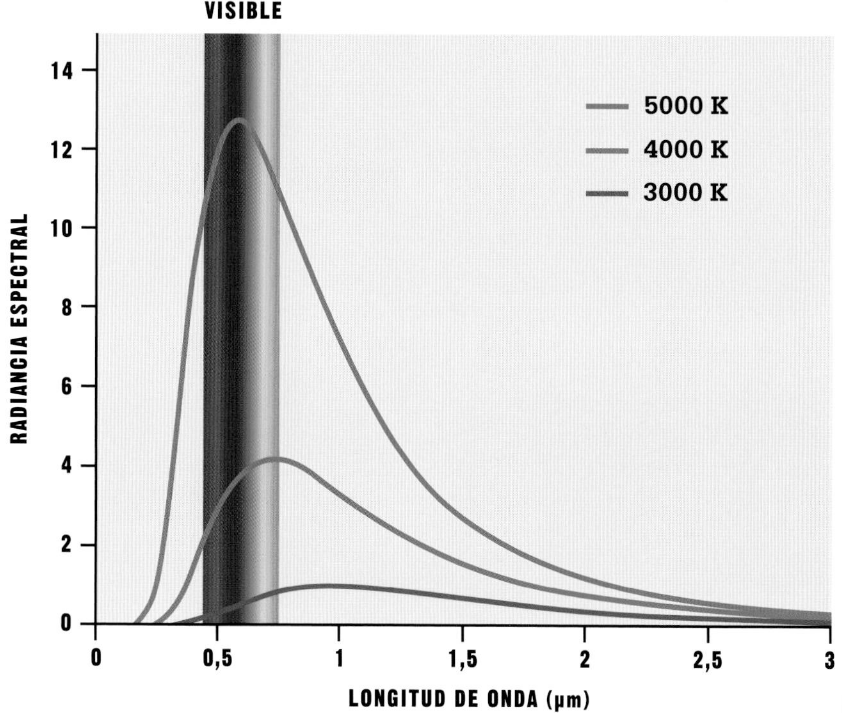

cos, pero Alpher y Herman indicaron que presentaría dos rasgos distintivos: procedería de todas las direcciones del cielo, y la curva de energía tendría la forma típica de un objeto muy próximo al equilibrio térmico, es decir, un cuerpo negro.

Alpher y Herman se detuvieron ahí, pues se les dijo que los radiotelescopios de la época no podrían detectar un siseo tan débil. Dicke pensaba lo contrario. Durante la Segunda Guerra Mundial, mientras trabajaba con sistemas de radar, había construido una máquina, el radiómetro de Dicke, que capta señales de microondas y mide su potencia, y le añadió un interruptor para filtrar el «ruido». El ingenio sigue usándose hoy en telescopios espaciales y satélites. El siguiente paso era escoger un ancho de banda adecuado para realizar la búsqueda de la radiación, ya que son muchas las cosas que producen ondas de radio. El cielo, por ejemplo, está lleno de longitudes de onda de microondas alrededor de la marca de los 21 cm, emitidas por átomos de hidrógeno. Parecía lógico comenzar por la parte oscura del espectro. En la primavera de 1964, Wilkinson y Roll empezaron a observar en la banda de 3 cm, pero fueron vencidos en el empeño por un hallazgo fortuito.

La antena de Holmdel

A menos de una hora por carretera de la Universidad de Princeton está la gran antena de tipo cuerno »

Robert H. Dicke

Nació en San Luis (Misuri) en 1916 y se crió en Rochester (Nueva York). Fascinado por la ciencia desde la infancia, empezó a estudiar ingeniería antes de pasarse a la física. Tras graduarse en Princeton en 1939, trabajó durante la Segunda Guerra Mundial en el Laboratorio de Radiación del MIT, donde desarrolló el radar de microondas. Una vez acabada la guerra regresó con su esposa Anne a Princeton, donde ambos permanecieron el resto de su vida.

En un principio centró sus investigaciones en la radiación, y formuló una nueva teoría cuántica para explicar la emisión de radiación coherente producida por un láser teórico ideal. Su fuerte interés por la radiación le llevó a asociarse con James Peebles y a predecir la existencia de la RFM. En la década de 1960, sus intereses se extendieron a las teorías de la gravitación. Desarrolló experimentos de alta precisión para demostrar la relatividad general y planteó una teoría de la gravitación alternativa. Experimentador imaginativo e inventor prolífico, fue titular de más de 50 patentes, de láseres a diseños de secadoras de ropa.

La ciencia es una serie de aproximaciones sucesivas.
James Peebles

de Holmdel, construida por Bell Laboratories para las comunicaciones por satélite. En 1964 la usaban dos radioastrónomos, Robert Wilson y Arno Penzias, que trataban de detectar un halo de gas frío alrededor de la Vía Láctea. Penzias y Wilson buscaban en la franja de los 7 cm, pero no lograban deshacerse de un persistente siseo de bajo nivel que echaba a perder sus mediciones.

Eliminaron sistemáticamente las posibles fuentes de interferencia, limpiando el polvo de los enchufes y revisando los circuitos. Al principio creyeron que el ruido procedía de Nueva York, pero apuntar el telescopio en otra dirección no sirvió de nada. Luego pensaron que podía tratarse de electricidad estática a gran altitud procedente de una prueba nuclear o una radiofuente desconocida del Sistema Solar, pero a lo largo del año el suave siseo de la señal no varió en ningún momento. Desesperados, llegaron a retirar un nido de palomas y una acumulación de «material dieléctrico blanco» (excrementos de ave).

Frustrado, Penzias habló con un colega que le remitió a James Peebles, en Princeton. A esta llamada contestó Dicke, que supo de inmediato lo que los científicos de Bell Laboratories habían encontrado. Colgó el teléfono y dijo: «Bueno, chicos, se nos han adelantado».

El camino hacia arriba

El descubrimiento de la radiación de fondo cósmico es uno de los tres pilares experimentales de la teoría del Big Bang, siendo los otros dos la ley de Hubble y la abundancia cósmica de los elementos hidrógeno y helio (pp. 196–197). Los teóricos del Big Bang habían predicho exactamente lo que se acababa de encontrar: una radiación procedente de todas las direcciones a 3 K. El Big Bang había sido una idea muy contestada hasta entonces, y muchos científicos –entre ellos Penzias y Wilson– seguían siendo partidarios del modelo del estado estacionario de Hoyle, en el que un universo en expansión permanece inalterable en esencia debido a la constante creación de materia. Según esta teoría, el aspecto del universo no cambia con el tiempo.

Todas nuestras mejores teorías físicas son incompletas.
James Peebles

Los teóricos del estado estacionario afirmaban que el fondo de microondas se debía a la luz estelar dispersa de galaxias lejanas. Para demostrar a los físicos escépticos que las señales eran la radiación residual de la bola de fuego predicha por la teoría del Big Bang, era preciso confirmar la condición de Alpher y Herman de que la radiación debía equivaler a la de un cuerpo negro teórico. Esto requería medir la RFM a distintas frecuencias. El siguiente paso obvio era determinar el espectro con aún mayor precisión lanzando un receptor basado en el espacio.

Durante las décadas de 1970 y 1980, Herb Gush, físico de la Universidad de Columbia Británica, lanzó cohetes sonda al espacio para observar la RFM sin interferencias de la atmósfera terrestre. Con ello comprobó que la RFM tenía las características de cuerpo negro de un sistema

Robert Wilson y Arno Penzias posan ante la antena de Holmdel en 1978, tras el anuncio de su premio Nobel por descubrir la RFM.

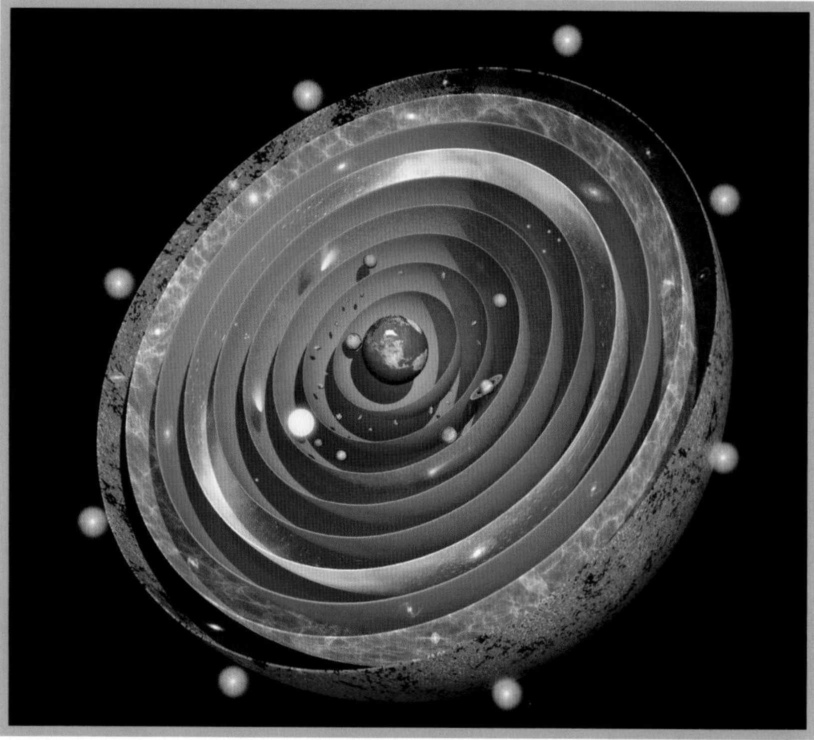

La RFM representa la cáscara externa del universo observable. Más allá se encuentra el momento del Big Bang, representado como una serie de fogonazos.

en equilibrio térmico, sin flujo alguno de calor de una parte a otra. Este resultado asombroso –y a menudo pasado por alto– confirmaba que la señal era térmica en origen. Por desgracia, los gases calientes de escape del cohete alteraban a menudo sus mediciones, impidiéndole lograr un resultado definitivo.

Segundo por los pelos

En 1989, Gush había desarrollado al fin un instrumento capaz de comparar el espectro de la RFM con el de un radiador de a bordo que se aproximaba a un cuerpo negro. Sin embargo, por problemas con un vibrador, el lanzamiento se retrasó hasta comienzos de 1990. Los resultados fueron inmediatos e impactantes, pero Gush había perdido la ocasión de llegar primero por unas semanas. El satélite COBE (Explorador del Fondo Cósmico) de la NASA, lanzado a finales de 1989, ya tenía la forma del espectro con una temperatura cercana a los 2,7 K. Al final, fueron los datos del cohete de Gush los que confirmaron los datos del COBE, y no al revés. Peebles afirmó luego que Gush merecía el Nobel por su trabajo.

Los resultados del COBE casaban casi a la perfección con el espectro teórico del cuerpo negro y revelaban, por primera vez, una leve irregularidad en la radiación de fondo. Las misiones siguientes –como la Wilkinson Microwave Anisotropy Probe (WMAP) de la NASA, lanzada en 2001, y la nave Planck de la ESA, lanzada en 2009– han cartografiado la textura «grumosa» de la RFM con más detalle. ■

James Peebles

Phillip James Edwin Peebles nació en 1935 en Winnipeg (Canadá). Tras licenciarse por la Universidad de Manitoba, se doctoró en la de Princeton, donde se encontró «rodeado de toda esta gente que sabía tanto más que yo». Trabajando con Robert H. Dicke, se vio volviendo sobre sus propios pasos y empezó a centrarse en las limitaciones que imponía la RFM al universo en sus inicios, concretamente, en la creación de núcleos atómicos en el Big Bang y en cómo pequeñas diferencias de temperatura afectan a los modelos de formación de estructuras del universo. También hizo diversas e importantes aportaciones a las teorías de la materia y la energía oscuras. Con su característica modestia, afirma que su modelo de materia oscura se popularizó porque resultaba fácil de analizar. En la actualidad es catedrático Albert Einstein en Princeton.

Obras principales

1971 *Physical Cosmology.*
1980 *Large Scale Structure of the Universe.*
1993 *Principles of Physical Cosmology.*

LA BUSQUEDA DE INTELIGENCIA EXTRATERRESTRE ES LA BUSQUEDA DE NOSOTROS MISMOS

LA VIDA EN OTROS PLANETAS

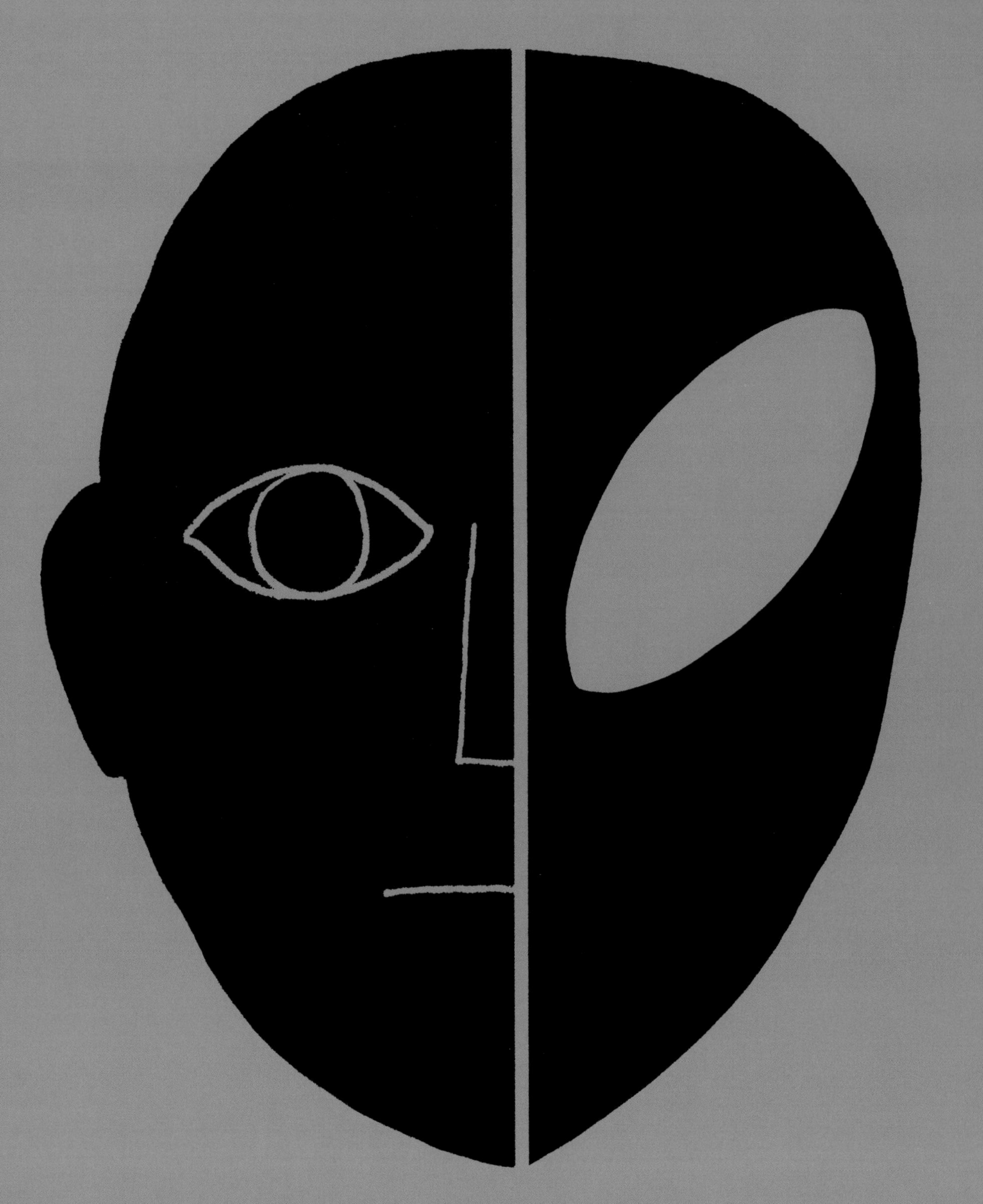

EN CONTEXTO

ASTRÓNOMO CLAVE
Carl Sagan (1934–1996)

ANTES
1865 El físico alemán Hermann Eberhard Richter propone que los cometas pudieron sembrar la vida en los planetas.

DESPUÉS
1973 Brandon Carter postula una versión temprana del principio antrópico: el universo es necesariamente como es; de otro modo no habría seres humanos que pudieran experimentarlo.

1977 Se lanzan las Voyager 1 y 2, con imágenes y sonidos de la Tierra.

2009–2016 El telescopio espacial Kepler de la NASA descubre 3443 planetas en 2571 sistemas planetarios.

2015 El Kepler encuentra el primer planeta de tamaño terrestre en la zona habitable de otra estrella.

El principio de Copérnico postula que la Tierra no es especial, sino un planeta mediano, en órbita alrededor de una estrella mediana, en una parte sin gran cosa de particular de una galaxia ordinaria. Si la Tierra no es única, no hay motivo para pensar que otros planetas no puedan albergar vida. Teniendo en cuenta el número de estrellas existentes en el universo (del orden de 10^{23}), esto podría considerarse una certeza estadística. Durante siglos hubo pensadores que, como el estadounidense Carl Sagan, consideraron esa posibilidad.

¿Existen muchos mundos, o uno solo? Esta es una de las más nobles y elevadas cuestiones del estudio de la naturaleza.
Alberto Magno
Erudito del siglo XIII

¿Está sola la Tierra?

En el siglo XVI, el monje italiano Giordano Bruno propuso que las estrellas eran otros soles que podían tener un sistema planetario propio, y que debían de existir otros mundos poblados por seres vivos. Como creía que el universo era infinito, Bruno insistía en que no podía tener centro. Por esta y por otras ideas heréticas fue juzgado por la Inquisición romana y quemado en la hoguera en 1600.

A lo largo de la historia, varios astrónomos afirmaron haber visto pruebas de vida en otros planetas del Sistema Solar. En la década de 1890, el astrónomo estadounidense Percival Lowell dijo haber cartografiado «canales» artificiales en Marte, mientras que las densas nubes de Venus, según imaginó en 1918 el químico sueco Svante Arrhenius, ocultaban una superficie exuberante y repleta de vida. Hoy se sabe que estas nubes son de ácido y que la superficie de Venus está a unos inhóspitos 462° C. Sin embargo, se trata de solo dos planetas entre miles de millones posibles. La inmensidad del universo y la aparente universalidad de sus leyes físicas hacen que parezca pro-

Carl Sagan

Narrador y coautor de la serie documental *Cosmos*, es uno de los científicos más conocidos del siglo XX. Se crió en un barrio judío de clase trabajadora de Nueva York, y de niño fue un ávido lector de ciencia ficción. Estudiante de gran talento, asistió a la Universidad de Chicago en 1951 con una beca completa, y obtuvo el doctorado en 1960 demostrando que las altas temperaturas superficiales de Venus son consecuencia de un efecto invernadero desbocado.

Sus investigaciones pioneras sobre las ciencias planetarias y la exobiología (estudio de la posible vida extraterrestre) fueron acogidas con desconfianza por la astronomía tradicional. En 1985 escribió la obra de ciencia ficción *Contacto*, que dio pie a un largometraje. Gracias a su perspectiva visionaria, positiva y humanista, el catedrático de la Universidad de Cornell inspiró a toda una nueva generación de astrónomos.

Obras principales

1966 *Vida inteligente en el universo* (con Iósif Shklovski).
1983 *Cosmos.*

Véase también: Radiotelescopios 210–211 ▪ La carrera espacial 242–249 ▪ Exploración del Sistema Solar 260–267 ▪ Planetas extrasolares 288–295 ▪ Iósif Shklovski 338 ▪ Brandon Carter 339 ▪ Jill Tarter 339

bable que exista vida microbiana en otros mundos.

De hecho, es posible que la vida surgiera en otra parte y fuera transportada a la Tierra. El filósofo griego Anaxágoras fue el primero en proponer esta noción de «panspermia» en el siglo v a.C. El naturalista Charles Darwin recurrió brevemente a esta idea mientras trabajaba en la teoría de la evolución por selección natural, preocupado porque los años entonces aceptados como edad de la Tierra no eran suficientes para la evolución de organismos complejos. Hoy se sabe que la Tierra es mucho más antigua de lo que se creía en tiempos de Darwin, y, por tanto, la panspermia no es necesaria para explicar el origen de la vida en nuestro planeta.

Descubrimientos recientes han demostrado que los cometas pueden transportar muchos de los compuestos químicos básicos de la vida, pero el mecanismo exacto por el que esta comenzó en la Tierra aún es un misterio. Resolverlo permitiría hacerse una idea mucho más cabal de la probabilidad de vida en otros mundos.

Las simulaciones por ordenador han mostrado que en teoría pueden existir organismos unicelulares en cometas o asteroides capaces de sobrevivir a un impacto como este con la Tierra.

¿Dónde está todo el mundo?

Un día, durante el almuerzo en Los Álamos en 1950, el científico italiano Enrico Fermi planteó una pregunta: «¿Dónde están?». Fermi argüía que, aunque solo una pequeña parte de los planetas albergase vida inteligente, considerando el número de estrellas, cabría esperar que hubiera un gran número de civilizaciones en otros planetas. Algunas de ellas podrían haber intentado enviar mensajes a la Tierra, si no visitarla. La Tierra lleva unos 90 años produciendo señales electromagnéticas, desde el comienzo de las emisiones de radio y televisión. Estas ondas de radio moduladas –que se desplazan a unos 90 años luz en todas direcciones– deberían ser un claro indicio de una sociedad tecnológicamente avanzada para toda inteligencia potencial capaz de navegar por el espacio. »

Existe un **número inmenso de estrellas** en el universo.

↓

La mayoría de estas estrellas tiene **sistema planetario**.

↓

La vida puede haber surgido en **muchos planetas**.

↓

Si la vida **sobrevive el tiempo suficiente** puede llegar a ser lo bastante **inteligente** para buscar vida en otros lugares, como han hecho los seres humanos.

↓

La búsqueda de inteligencia extraterrestre es la búsqueda de nosotros mismos.

En 1959, Philip Morrison y Giuseppe Cocconi sugirieron un ancho de banda en el que buscar mensajes de radio extraterrestres. Un año después, Frank Drake comenzó a buscarlos desde el National Radio Astronomy Observatory de Green Bank (Virginia Occidental). Drake fundó el Proyecto Ozma, así llamado por la reina del imaginario País de Oz del escritor L. Frank Baum, un lugar «difícil de alcanzar y poblado por seres exóticos». Tras un breve y ruidoso encuentro con un aparato militar secreto para interferir transmisiones, Drake y su equipo solo encontraron silencio. Más de 50 años después, nada ha roto ese silencio.

La Orden del Delfín

Drake reunió a un grupo de científicos para establecer los cimientos y protocolos de la búsqueda de inteligencia extraterrestre (SETI). El grupo se llamaba a sí mismo en broma la Orden del Delfín, aludiendo al trabajo del neurocientífico John Lilly sobre la comunicación con delfines. Como una de las pocas personas dedicadas a la comunicación entre especies, Lilly era un destacado miembro del grupo, que contaba también con el joven astrónomo Carl Sagan, experto en atmósferas planetarias.

Mientras se preparaba la primera reunión de la orden en 1961, Drake creó una fórmula para calcular el número de posibles civilizaciones extraterrestres en la galaxia:

$$N = R_* \times f_p \times n_e \times f_l \times f_i \times f_c \times L$$

El total (N) se obtenía multiplicando los factores necesarios para que evolucionen y se descubran extraterrestres inteligentes, es decir: el ritmo al que se forman estrellas aptas para que surja vida inteligente (R_*); la fracción de tales estrellas con planetas en su órbita (f_p); el número de planetas de un sistema planetario dado capaces de albergar vida (n_e); la fracción de estos planetas donde de hecho haya aparecido la vida (f_l); la proporción de planetas con vida en los que surge vida inteligente (f_i); la proporción de civilizaciones que desarrollan tecnología detectable por signos que delatan su existencia (f_c); y, finalmente, el tiempo que sobreviven dichas civilizaciones (L).

Establecidos estos términos, podían crearse límites teóricos para cada uno. Sin embargo, en 1961 no se conocía ni uno solo con ningún grado de certeza. En la reunión se concluyó que N era aproximadamente igual a L y que podían existir entre 1000 y 100 millones de civilizaciones en la galaxia. Aunque los valores de algunas de las variables de la ecuación de Drake se han afinado en los años posteriores, las estimaciones actuales de N varían enormemente, y algunos científicos sostienen que la cifra podría ser cero.

La búsqueda de vida extraterrestre es una de esas raras circunstancias en las que tanto el éxito como el fracaso serían un éxito.
Carl Sagan

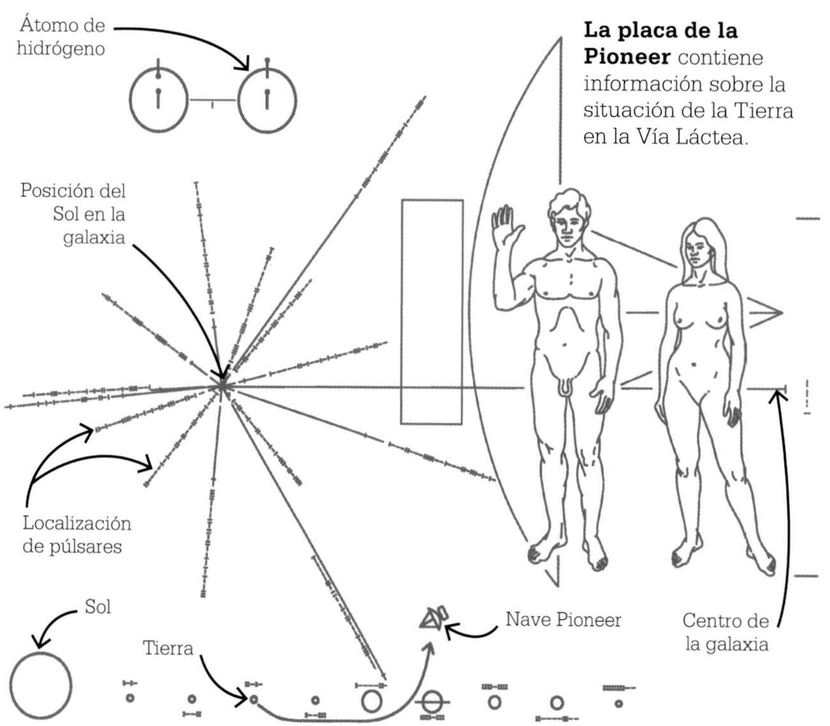

La placa de la Pioneer contiene información sobre la situación de la Tierra en la Vía Láctea.

Mensaje en una botella

En 1966, Sagan coescribió *Vida inteligente en el universo*, quizá la primera obra que trata de forma amplia la ciencia planetaria y la exobiología. Este libro era la edición corregida y aumentada del publicado en 1962 por el astrónomo y astrofísico soviético Iósif Shklovski. Aunque de carácter especulativo, dicha obra dio pie a debates científicos e inspiró el informe del Projecto Cíclope de la NASA, hoy llamado biblia de la SETI.

En 1971, Sagan llegó a la NASA con la idea de enviar un mensaje en la nave Pioneer. Sagan y Drake trabajaron en un diseño que informara de la existencia de la Tierra a civilizaciones extraterrestres y les ayudara a localizarla en el cosmos. Los dibujos de la placa de la Pioneer establecen una unidad de medida basada en la línea de emisión de 21 cm del hidrógeno. Las unidades definidas en relación con fenómenos terrestres, como metros o segundos, carecerían de significado para científicos extraterrestres; al escoger unidades basadas en propiedades de la naturaleza cabía la esperanza de que fuesen universalmente comprendidas.

Todas las imágenes de la placa estaban a escala de acuerdo con estas unidades. Una línea de puntos de púlsares brillantes y destacados señala hacia la Tierra, y la ruta de la Pioneer se representa en un pictograma simple del Sistema Solar. Las imágenes de un hombre y una mujer son obra de la esposa de Sagan, Linda Salzmann Sagan.

Lanzadas en 1972 y en 1973, las naves Pioneer 10 y Pioneer 11 llevaban la placa de Sagan, grabada en una plancha de aluminio anodizado en oro de 152 x 199 mm. Los críticos advirtieron de que podría atraer la curiosidad de extraterrestres hambrientos de poder o, simplemente, hambrientos. A las agrupaciones feministas les disgustó que el hombre saludara, mientras que la postura de la mujer sugería sumisión. Salzmann respondió que las mujeres son menos altas de media, que si saludaban ambas figuras podría interpretarse que esa era la posición natural del brazo y que su intención había sido mostrar el movimiento de las caderas. Al principio Sagan había querido que hombre y mujer fueran cogidos de la mano, pero decidió que esto podría dar a entender que los terrícolas eran criaturas bicéfalas.

Empezamos siendo nómadas y seguimos siéndolo. Hemos pasado suficiente tiempo a orillas del océano cósmico y estamos listos al fin para poner rumbo a las estrellas.
Carl Sagan

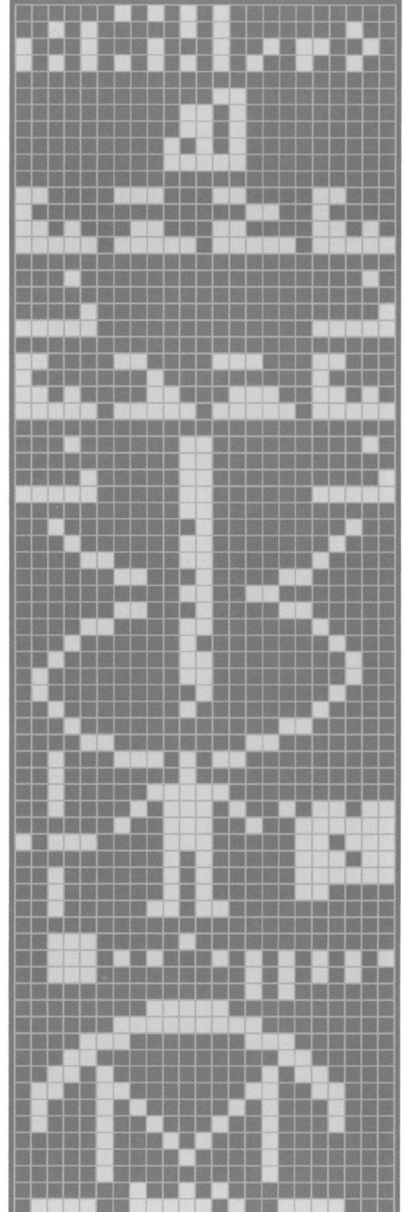

El mensaje de Arecibo se emitió al espacio una sola vez en 1974. Realizado en código binario, está dispuesto en 73 filas de 23 columnas.

El mensaje de Arecibo

Mientras proseguía la búsqueda de señales de seres inteligentes y sistemas estelares propicios, Drake y Sagan decidieron enviar una señal propia de «estamos aquí» desde la Tierra. La emisión de tres minutos de ondas de radio a 1000 kW fue diseñada para atravesar distancias interestelares. Emitida desde el radiotelescopio de Arecibo (Puerto Rico) en noviembre de 1974, el mensaje interestelar se apuntó en dirección al cúmulo globular M13, un grupo de unas 300 000 estrellas a 25 000 años luz de la Tierra.

En lugar de pictogramas, el mensaje de Arecibo llevaba un denso código matemático, consistente en 1679 dígitos binarios (número escogido porque 1679 es el producto de dos números primos, 73 y 23). El mensaje digital contenía los números del 1 al 10 e información sobre la identidad del remitente: detalles del ADN, la forma y dimensiones generales de un ser humano, y la posición del planeta Tierra.

Se esperaba que los exploradores robóticos enviados a través del Sistema Solar desde la década de 1960 en adelante pudieran dar con indicios de vida extraterrestre en el propio sistema, aunque fuesen solo »

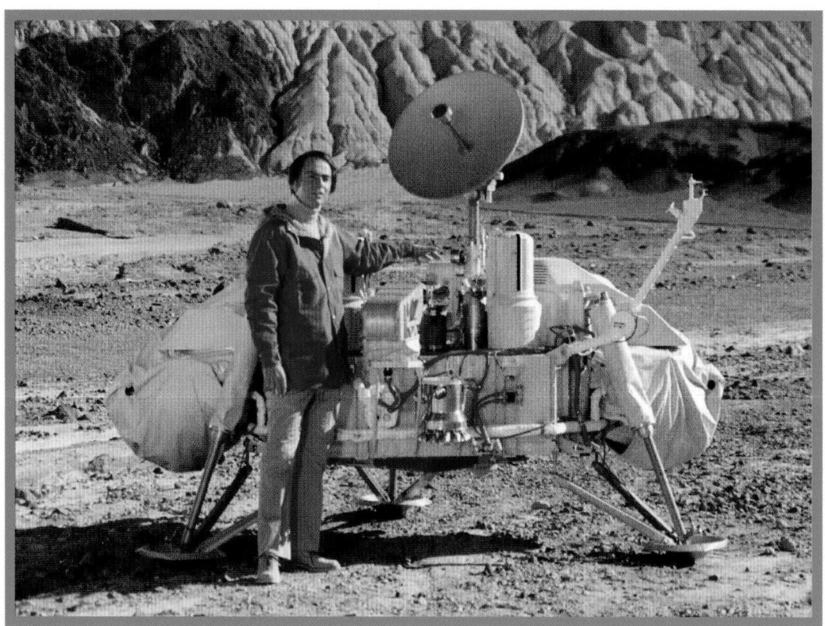

Carl Sagan junto a una maqueta del aterrizador Viking 1, que envió señales desde la superficie de Marte entre 1976 y 1982. Sus instrumentos no detectaron signos de vida.

organismos unicelulares. Las naves que aterrizaron en planetas, como los aterrizadores Viking en Marte, buscaron signos de vida. Hasta la fecha no se ha dado con ningún indicio de vida, ni pasada ni presente, aunque algunos rincones inexplorados del Sistema Solar siguen siendo candidatos a albergarla, como los océanos profundos que se cree hay bajo la superficie helada de Europa, un satélite de Júpiter.

Sigue el silencio

No se ha recibido respuesta alguna a ninguno de los diez mensajes interestelares enviados desde 1962 y no se ha detectado ninguna comunicación. En cambio, ha habido falsas alarmas. La más famosa data de 1977, cuando Jerry Ehman, en la Universidad Estatal de Ohio, registró una emisión inexplicablemente potente de señales de radio procedente de la dirección del sistema estelar Ji Sagittarii. Rodeó con un círculo las señales en el papel y escribió «*Wow!*» al lado; sin embargo, esta señal no ha vuelto a encontrarse nunca, y según estudios recientes pudo proceder de una nube de hidrógeno alrededor de un cometa.

Debido a las inmensas distancias interestelares, todavía es pronto. El mensaje de Arecibo no alcanzará las estrellas a las que se dirige hasta dentro de 25 000 años. Ni las placas de las Pioneer ni los discos dorados de las Voyager 1 y 2 se dirigen a ningún sistema estelar concreto. A menos que sean interceptadas, su destino será vagar por la Vía Láctea por toda la eternidad. Por su parte, Sagan creía que en el empeño de encontrar vida no había lugar para el fracaso, pues no hallarla también demostraría algo importante acerca de la naturaleza del universo.

La SETI en la actualidad

La NASA tuvo dificultades para financiar la SETI, y hoy esta depende de fondos privados. Desde la década de 1980 tomó el relevo el Instituto SETI, con sede en Mountain View (California). La Universidad de California de Berkeley, mediante su iniciativa SETI@home, reúne una red de usuarios de ordenador voluntarios para rastrear datos del Observatorio de Arecibo en busca de indicios de una fuente de radio no natural. Mientras, en 2016, China anunció que se había completado el mayor radiotelescopio jamás construido, el FAST (Telescopio esférico de quinientos metros de apertura), que, entre otras, cosas buscará comunicaciones extraterrestres y, con el tiempo, estará a disposición de investigadores de todo el mundo.

El Allen Telescope Array, ubicado en el Instituto SETI en California, se utiliza a diario para buscar posibles comunicaciones extraterrestres, así como para radioastronomía.

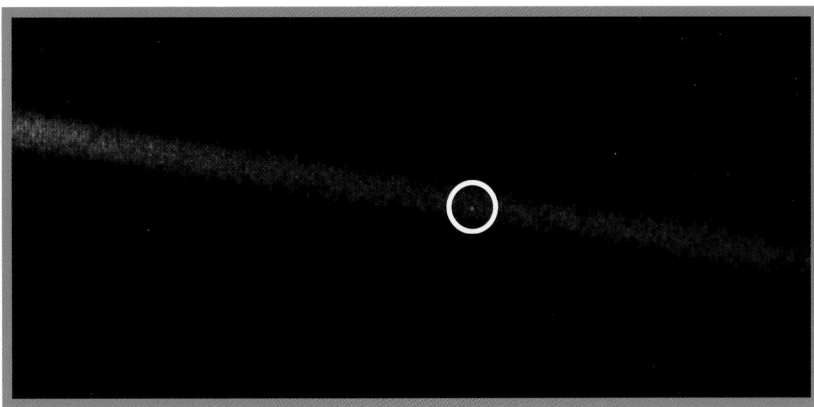

La Voyager 1 envió esta imagen de la Tierra desde más allá de la órbita de Plutón. El «punto azul pálido» aparece en una franja de luz solar dispersa.

En los últimos años, la SETI se ha centrado menos en escuchar posibles mensajes que en detectar signos bioquímicos de vida o indicios de tecnología avanzada. La vida extraterrestre debería dejar rastro en las atmósferas planetarias evolucionadas, moléculas volátiles o compuestos orgánicos complejos que tan solo pueden ser producto de procesos biológicos. Las sociedades con tecnología desarrollada podrían haber aprendido a explotar la energía de su estrella. Una megaestructura del tipo de la «esfera de Dyson» que rodeara total o parcialmente una estrella para captar su energía afectaría a la producción energética observada. También podría ser posible observar signos de minería en asteroides, o detectar naves extraterrestres.

Un enfoque cauto

En 2015 se lanzó el programa Breakthrough Initiatives con el respaldo del multimillonario ruso Yuri Milner. Además de un premio de un millón de dólares para investigaciones de SETI y un plan para enviar una flota de naves a una estrella cercana, se anunció un concurso abierto para diseñar un mensaje digital destinado a una civilización extraterrestre. El proyecto Breakthrough Message pretende representar de modo preciso y artístico la humanidad y la Tierra, pero no se transmitirá mensaje alguno hasta que se hayan debatido los riesgos y las ventajas de contactar con civilizaciones avanzadas.

Mirarnos a nosotros mismos

En 1990, Sagan persuadió a los controladores de la Voyager 1 para que dirigieran su cámara hacia la Tierra. Desde una distancia de 6000 millones de kilómetros, la nave captó la imagen del «punto azul pálido». Sagan escribió: «Todos aquellos a los que amas, todos aquellos a los que conoces, todas las personas de las que has oído hablar, todos los seres humanos que han existido, han vivido su vida en una mota de polvo suspendida en un rayo de sol». Sagan insistía en la importancia de mirarnos a nosotros mismos: «La Tierra es el único mundo conocido hasta ahora que alberga vida. No hay ningún otro lugar al que nuestra especie pueda emigrar, al menos en el futuro próximo. Visitarlo, sí. Asentarse, aún no. Guste o no, de momento es la Tierra lo que hay que defender».

La SETI plantea varias preguntas cuya respuesta nos hablaría del lugar de la Tierra en el universo: si es correcto el principio de Copérnico, y, en tal caso, dónde más ha podido evolucionar la vida. Las respuestas podrían dar a la humanidad un modo de trascender sus orígenes y convertirse en una especie galáctica. ■

Es casi seguro que no somos la primera especie inteligente que emprende la búsqueda... La perseverancia de otros será nuestro mayor activo en la fase inicial de escucha.

Informe del Proyecto Cíclope de la NASA

TIENE QUE SER UN NUEVO TIPO DE ESTRELLA

CUÁSARES Y PÚLSARES

EN CONTEXTO

ASTRÓNOMOS CLAVE
Antony Hewish (n. en 1924)
Jocelyn Bell Burnell (n. en 1943)

ANTES
1932 El físico inglés James Chadwick descubre el neutrón.

1934 Walter Baade y Fritz Zwicky proponen que aquellas estrellas que estallan en forma de supernova dejan restos muy densos compuestos por neutrones a los que llaman estrellas de neutrones.

DESPUÉS
1974 Los astrofísicos estadounidenses Joseph Taylor y Russell Hulse descubren dos estrellas de neutrones, una de ellas un púlsar, en órbita una alrededor de la otra.

1982 Donald Backer, astrofísico estadounidense, y sus colegas descubren el primer púlsar de milisegundos, que rota 642 veces por segundo.

Hacia finales de la década de 1950, astrónomos de todo el mundo empezaron a encontrar en la bóveda celeste unas misteriosas fuentes compactas de señales de radio, aunque sin objetos visibles correspondientes. Finalmente consiguieron identificar una fuente de estas ondas de radio, un débil punto de luz al que se dio el nombre de cuásar. En 1963, el astrónomo neerlandés Maarten Schmidt descubrió con asombro un cuásar inmensamente lejano, ubicado a 2500 millones de años luz. La facilidad con la que se había detectado tan solo podía significar que era fruto de una inmensa producción energética.

Véase también: La radioastronomía 179 ▪ Supernovas 180–181 ▪ Cuásares y agujeros negros 218–221 ▪ Descubrimiento de los agujeros negros 254 ▪ Martin Ryle 338–339

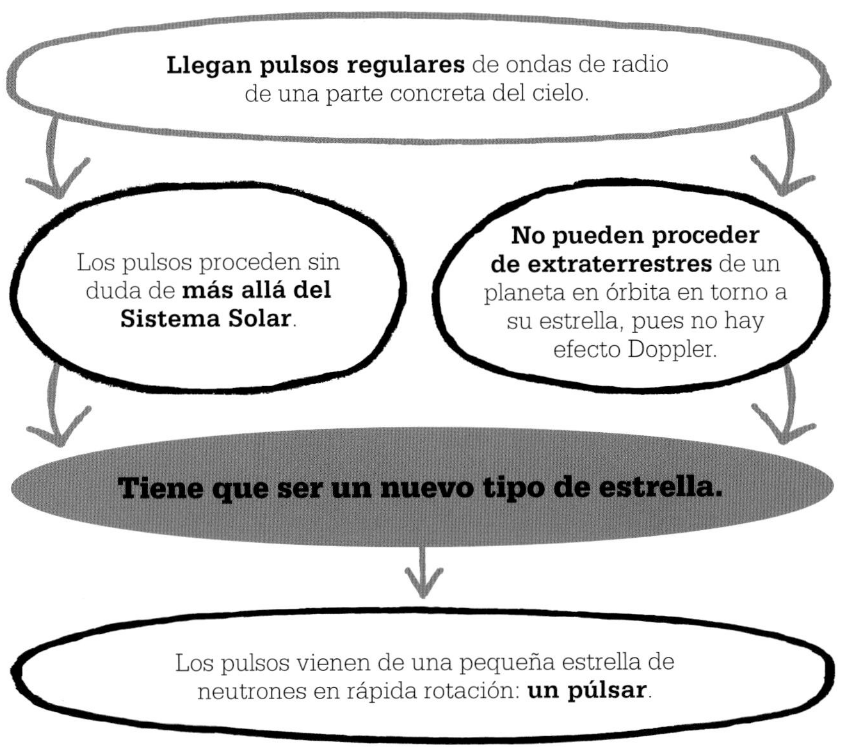

Llegan pulsos regulares de ondas de radio de una parte concreta del cielo.
Los pulsos proceden sin duda de **más allá del Sistema Solar**.
No pueden proceder de extraterrestres de un planeta en órbita en torno a su estrella, pues no hay efecto Doppler.
Tiene que ser un nuevo tipo de estrella.
Los pulsos vienen de una pequeña estrella de neutrones en rápida rotación: **un púlsar**.

En busca de cuásares

A mediados de la década de 1960, numerosos radioastrónomos estaban concentrados en la búsqueda de nuevos cuásares. Uno de ellos era Antony Hewish, miembro de un grupo de investigación astronómica de la Universidad de Cambridge. Hewish venía trabajando en una nueva técnica radioastronómica basada en el fenómeno conocido como centelleo interplanetario (CIP), una fluctuación de la intensidad de las emisiones de radiofuentes compactas. El centelleo de fuentes de luz visible como las estrellas es causado por perturbaciones de la atmósfera terrestre que debe atravesar la luz (p. 189); en cambio, las fluctuaciones de las radiofuentes se deben a chorros de partículas cargadas que emanan del Sol. Al atravesar este viento solar, las ondas de radio se difractan (se dispersan), haciendo que la fuente parezca fluctuar. Hewish confiaba en usar el CIP para encontrar cuásares. Las ondas de radio procedentes de una fuente compacta, como un cuásar, fluctúan más que la radiación de fuentes menos compactas, como una galaxia, y, por consiguiente, los cuásares deberían fluctuar más que otras radiofuentes. Hewish y su equipo construyeron un enorme radiotelescopio específicamente diseñado para detectar el CIP. Cubría un área de casi dos hectáreas, se tardó dos años en construir y requirió más de 190 km de cable para transmitir todas las señales.

Entre los miembros del grupo de radioastronomía de Cambridge que construyeron el telescopio estaba una estudiante de doctorado llamada Jocelyn Bell. Cuando el telescopio empezó a funcionar, en julio de 1967, ella fue la encargada de las observaciones y de analizar los datos, bajo la supervisión de Hewish. Parte de su trabajo consistía en controlar los datos registrados por el telescopio. Examinando unos 30 metros de gráfico al día, Bell aprendió pronto a reconocer las fuentes centelleantes.

Hombrecillo verde 1

Unos dos meses después de iniciado el proyecto, Bell observó unas extrañas marcas de señales de radio repetitivas. La señal era demasiado regular, y su frecuencia, demasiado alta como para proceder de un cuásar. Revisando los registros, comprobó que ya había aparecido antes entre los datos y que siempre provenía del mismo sector del cielo. Intrigada por el hallazgo, empezó a hacer registros más regulares de los gráficos de dicha parte del cielo. A finales de noviembre de 1967 dio con la señal de nuevo. Se trataba de una serie »

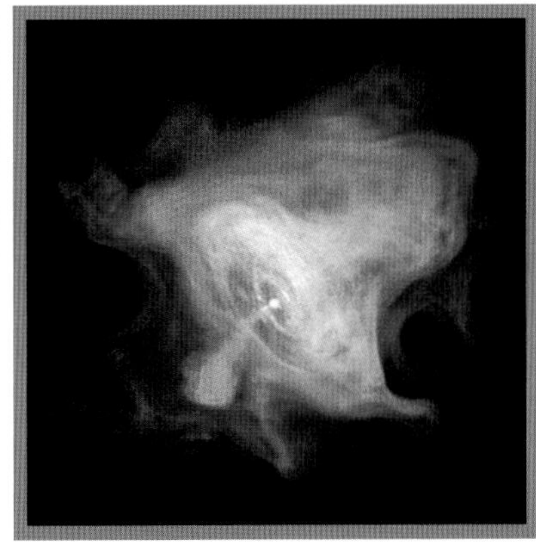

Esta imagen de un púlsar en la nebulosa del Cangrejo, una remanente de supernova bien conocida, la tomó en el espacio el Observatorio de rayos X Chandra. El punto blanco del centro es la estrella de neutrones.

de pulsos regularmente espaciados, siempre con 1,33 segundos de intervalo. Bell mostró la señal, apodada *Little Green Man 1* (LGM-1), a Hewish. Su reacción inicial fue que un pulso cada 1,33 segundos era demasiado rápido para algo tan grande como una estrella y que, por lo tanto, la señal debía corresponder a alguna actividad humana. Juntos, Bell y Hewish descartaron varias fuentes de esta naturaleza, entre ellas, radar reflejado por la Luna, transmisiones de radio desde tierra y satélites artificiales en órbitas peculiares. Un segundo telescopio también registró esos pulsos, lo cual demostraba que no podían atribuirse a un fallo del equipo, y los cálculos indicaron que procedían de muy lejos del Sistema Solar.

Descartado el origen humano, aún cabía la posibilidad de que fuera extraterrestre. El equipo midió la duración de cada pulso y halló que era de solo 16 milisegundos. Esta breve duración indicaba que la fuente no podía ser mayor que un planeta pequeño, pero si fuera un planeta –o una civilización extraterrestre que habitara en él–, la señal habría mostrado ligeros cambios de frecuencia por el efecto Doppler (p. 159) a medida que dicho planeta orbitara alrededor de su estrella.

Mi revelación llegó en plena noche, al filo del amanecer. Cuando el resultado salió en los gráficos [...] te das cuenta al instante de lo importante que es, de lo que realmente has encontrado, ¡y es genial!
Jocelyn Bell Burnell

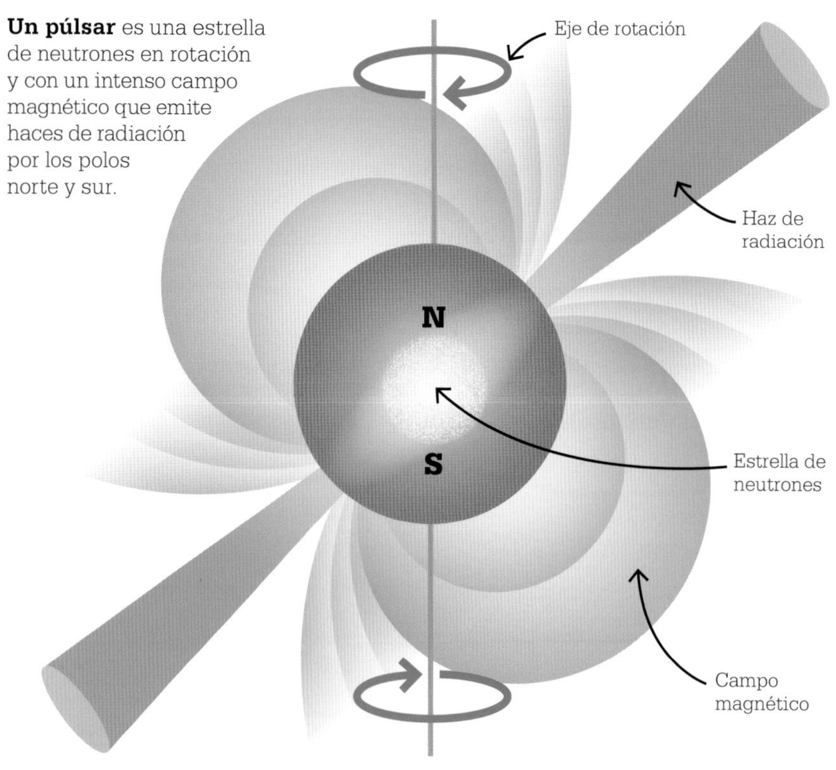

Un púlsar es una estrella de neutrones en rotación y con un intenso campo magnético que emite haces de radiación por los polos norte y sur.

Dilema para publicar

Hewish, Bell y sus colegas no estaban seguros de cómo publicar su hallazgo. A pesar de que no parecía probable que las señales procedieran de una civilización extraterrestre, nadie tenía otra explicación. Bell volvió a analizar sus gráficos y no tardó en encontrar otra marca similar en una parte diferente del cielo. Descubrió que se debía a otra señal pulsante, esta vez algo más rápida, con pulsos cada 1,2 segundos. Ahora estaba segura de que los pulsos tenían alguna explicación natural, pues no era creíble que dos civilizaciones extraterrestres en lugares diferentes estuvieran enviando señales a la Tierra a la vez y a casi la misma frecuencia.

En enero de 1968, Hewish y Bell habían hallado un total de cuatro fuentes pulsantes, a las que decidieron llamar púlsares. Redactaron un artículo describiendo la primera fuente y proponiendo que podría deberse a emisiones pulsadas de una teórica estrella colapsada superdensa, llamada estrella de neutrones. Objetos de este tipo se habían predicho ya en 1934, pero no se habían detectado hasta entonces.

Explicación de los pulsos

Tres meses después, Thomas Gold, astrónomo austriaco-estadounidense de la Universidad de Cornell, publicó una explicación más completa de las señales en pulsos. Aunque estaba de acuerdo en que cada conjunto de señales de radio procedía de una estrella de neutrones, añadió que esta rotaba a una enorme velocidad. Para poder explicar el patrón de señales observadas no era necesario que una estrella así emitiera radiación pulsada: bastaba con que emitiera una señal de radio continua en un haz que fuera barriendo en círculo, como el haz de luz de un faro. Cuando el haz del púlsar (o quizá uno de sus dos haces) apuntara a la Tierra, se detectaría una señal como el tipo de pulso breve que vio Bell en los gráficos. Cuando el haz pasara de largo de la Tierra, la señal cesaría hasta que volviera a apuntar hacia ella. Gold explicó el ritmo de las pulsaciones, que implicaba una rotación extremadamente rápida, argumentando que era un comportamiento de esperar en las estrellas de neutrones, puesto que se forman fruto del colapso del núcleo estelar en supernovas.

Se confirma la hipótesis

Al principio, las explicaciones de Gold no fueron bien recibidas por la comunidad astronómica, pero lograron la aceptación general tras el descubrimiento de un púlsar en la nebulosa del Cangrejo, una remanente de supernova bien conocida. En los años siguientes se hallaron muchos púlsares más. Hoy se sabe que son estrellas de neutrones de rotación rápida con un intenso campo electromagnético que emiten haces de radiación electromagnética por los polos norte y sur. Estos haces son a menudo de ondas de radio y a veces de otras formas de radiación, incluida en algunos casos la luz visible. Una de las razones del revuelo causado por el descubrimiento de los púlsares fue que aumentaba la probabilidad de que otro fenómeno teórico (los agujeros negros) pudiera también detectarse y quedara demostrada así su existencia. Como las estrellas de neutrones, los agujeros negros son objetos resultantes del colapso gravitatorio de un núcleo estelar tras una supernova.

En 1974, Hewish y Martin Ryle compartieron el premio Nobel de física, Ryle por sus observaciones e inventos, y Hewish por su papel decisivo en el descubrimiento de los púlsares. A Jocelyn Bell Burnell se le dijo que no podía compartir el premio con ellos porque era aún estudiante cuando realizó su trabajo, una decisión que aceptó con elegancia. ■

Una estrella de neutrones que rota y emite haces de radiación se puede detectar como púlsar desde la Tierra si, al girar, uno de los haces, o tal vez ambos, apunta hacia la Tierra al barrer el espacio. Entonces se detectará como una serie muy regular de señales.

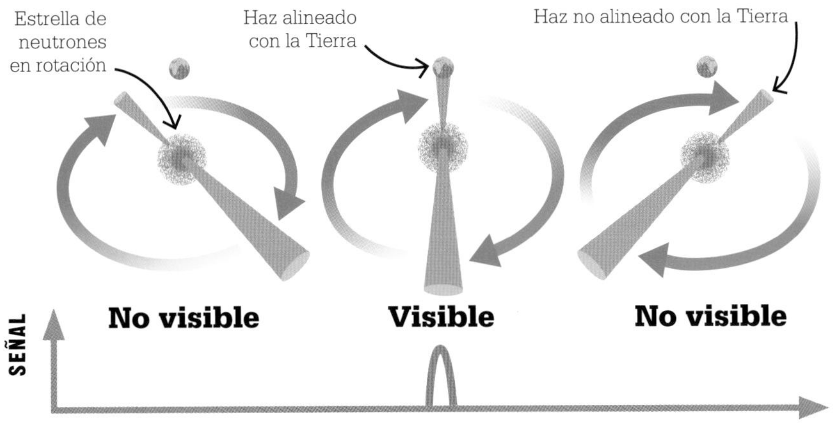

Jocelyn Bell Burnell

Jocelyn Bell nació en 1943 en Belfast (Irlanda del Norte). Tras licenciarse en física por la Universidad de Glasgow en 1965, asistió a la Universidad de Cambridge para obtener el doctorado. Una vez allí, se incorporó al equipo encargado de construir un radiotelescopio para la detección de cuásares. En 1968 fue investigadora en la Universidad de Southampton y adoptó el apellido de Bell Burnell tras su matrimonio. En su carrera posterior ocupó diversos puestos relacionados con la astronomía y la física en Londres, Edimburgo y en la Universidad Abierta de Reino Unido, en la que fue profesora de física de 1991 a 2001. Entre 2008 y 2010 presidió el Institute of Physics.

Bell Burnell ha recibido numerosos premios por sus aportaciones, entre ellos la medalla Herschel de la Royal Astronomical Society en 1989. En 2016 fue profesora visitante de astrofísica en la Universidad de Oxford.

Obra principal

1968 *Observation of a Rapidly Pulsating Radio Source* (con Antony Hewish y otros).

LAS GALAXIAS CAMBIAN CON EL TIEMPO

COMPRENDER LA EVOLUCIÓN ESTELAR

EN CONTEXTO

ASTRÓNOMO CLAVE
Beatrice Tinsley (1941–1981)

ANTES
1926 Edwin Hubble clasifica las galaxias por su forma.

Década de 1960 Según el astrónomo Allan Sandage, las galaxias discoidales se forman por el colapso de grandes nubes de gas. Calcula la distancia a galaxias remotas suponiendo que la luminosidad de todas las más brillantes es similar.

DESPUÉS
1977 El canadiense Brent Tully y el estadounidense Richard Fisher hallan un vínculo entre la luminosidad de las galaxias espirales y su rotación, lo cual resulta útil para calcular la distancia a la que están.

1979 Vera Rubin detecta una discrepancia entre la velocidad real y la predicha de las galaxias espirales, prueba de la presencia de «materia oscura» invisible en estas galaxias.

Hasta que la joven astrónoma neozelandesa Beatrice Tinsley publicó su original tesis en 1966, los métodos empleados por los cosmólogos para calcular la distancia de las galaxias eran defectuosos. La precisión de los datos para determinar esa distancia era importante porque ayudaría a responder algunas incógnitas claves de la cosmología, en concreto, la densidad media del universo, su edad y la velocidad a la que se expande.

Uno de los métodos usados en la década de 1960 se basaba en la idea de que las galaxias del mismo tipo (las elípticas gigantes, por ejemplo) debían tener todas más o menos el mismo brillo intrínseco. Sobre esta base, se creía que la distancia de las galaxias lejanas se podía obtener simplemente midiendo su emisión lumínica y comparándola con la de galaxias cercanas del mismo tipo cuya distancia era conocida.

El argumento de Tinsley

Tinsley criticó tal enfoque por burdo y poco fiable. Al calcular distancias de galaxias había que prestar atención al hecho de que las galaxias evolucionan con el tiempo. La luz de

Beatrice Tinsley

Nació en Chester (Reino Unido) en 1941 y se trasladó con su familia a Nueva Zelanda a los cuatro años de edad. En 1961 se licenció en física por la Universidad de Canterbury y se casó con su compañero de clase Brian Tinsley. En 1963 se trasladó a Dallas (Texas), donde habían ofrecido a su marido un puesto universitario. A Beatrice no se le permitía trabajar en la misma universidad, por lo que ocupó un puesto docente en la Universidad de Texas en Austin.

En 1966 se doctoró con una tesis acerca de la evolución de las galaxias. Notable figura en el campo de la cosmología, en 1974 se convirtió en profesora adjunta de la Universidad de Yale, y en 1978, en la primera catedrática de astronomía de esa universidad. Murió de cáncer en 1981, con solo 40 años de edad. El monte Tinsley de Nueva Zelanda fue nombrado en su honor.

Obra principal

1966 *Evolution of Galaxies and its Significance for Cosmology.*

Véase también: Medir el universo 130–137 ▪ El nacimiento del universo 168–171 ▪ Más allá de la Vía Láctea 172–177 ▪ Núcleos y radiación 185 ▪ El átomo primitivo 196–197 ▪ Materia oscura 268–271

El **brillo aparente** de las galaxias desde la Tierra depende de su distancia y su edad.

Las galaxias lejanas se ven por el telescopio como eran hace millones o miles de millones de años.

Las galaxias remotas se diferencian de las más cercanas en cómo se ven desde la Tierra, en parte porque se ven en una **fase de evolución más temprana**.

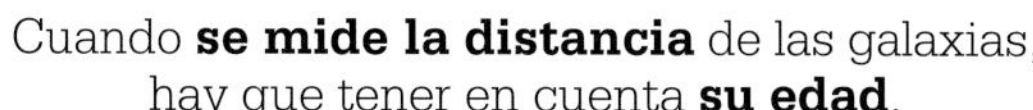

Cuando **se mide la distancia** de las galaxias, hay que tener en cuenta **su edad**.

galaxias lejanas puede tardar millones o miles de millones de años en alcanzar la Tierra, desde donde se ven como eran en el pasado remoto. Cuanto más lejos están, más temprana es la fase de su evolución en que las vemos. En otras palabras, una galaxia lejana que parece elíptica puede ser muy distinta de una galaxia elíptica más próxima conocida. Para calcular la distancia a galaxias remotas, sostenía, había que aplicar correcciones basadas en factores que varían conforme evolucionan las galaxias, en particular, la abundancia de distintos elementos químicos y el ritmo de formación estelar.

Tinsley describió las maneras en que evolucionan las galaxias en cuanto a brillo, forma y color. Las estrellas y el material no estelar (gas y polvo) van cambiando con el tiempo. Algunas estrellas, por ejemplo, se convierten en gigantes y ganan brillo al envejecer; los ritmos de formación estelar varían al irse consumiendo el gas y el polvo, y el medio interestelar (la materia que hay entre las estrellas) se va enriqueciendo con elementos más pesados que el helio y el hidrógeno a medida que las estrellas viejas mueren.

Modelos galácticos

La tesis de Tinsley fue calificada de «extraordinaria y profunda» por sus colegas de la Universidad de Texas. Durante el resto de su breve carrera, Tinsley siguió estudiando cómo envejecen diferentes poblaciones (grupos) de estrellas y cómo afecta eso a sus cualidades observables. A partir de ello creó modelos de evolución de las galaxias, combinando conocimientos sobre evolución estelar con otros relativos a los movimientos estelares y la física nuclear. Hoy, estos modelos son la base de los estudios sobre evolución galáctica y aportan información sobre el aspecto que podrían tener las protogalaxias, o galaxias en su infancia. El trabajo de Tinsley también contribuyó a los estudios sobre si el universo es abierto (se expandirá siempre) o cerrado (dejará de expandirse algún día y se contraerá). De Tinsley, una de las teóricas más perspicaces de la astronomía del siglo pasado, se ha dicho que «abrió puertas al estudio futuro de la evolución de las estrellas, las galaxias y el universo mismo». ■

Esta recreación muestra el cielo desde un planeta hipotético de la Vía Láctea cuando esta tenía 3000 millones de años. Iluminan el cielo las nubes de hidrógeno de nueva formación estelar.

ELEGIMOS IR A LA LUNA

LA CARRERA ESPACIAL

EN CONTEXTO

MISIÓN PRINCIPAL
Apolo de la NASA (1961–1972)

ANTES
1957 La URSS sorprende a EE UU al lanzar el primer satélite artificial, el Sputnik 1.

1961 El cosmonauta soviético Yuri Gagarin es el primero en viajar al espacio y orbitar alrededor de la Tierra.

DESPUÉS
1975 El primer proyecto conjunto EE UU-URSS marca el fin de la carrera espacial.

1994–1998 Las agencias espaciales de EE UU y Rusia colaboran en el programa Shuttle-Mir.

2008 La misión lunar india Chandrayaan-1 detecta agua helada en la superficie lunar.

2015 El vehículo lunar chino Yutu halla distintas capas de roca, entre ellas un nuevo tipo de basalto, en la Luna.

A principios de la década de 1960, EE UU iba a la zaga de la URSS en la carrera espacial. Los soviéticos habían lanzado el primer satélite artificial en 1957, y el 16 de abril de 1961 Yuri Gagarin fue el primer ser humano en viajar al espacio. Como respuesta, en 1961 el presidente John F. Kennedy se comprometió públicamente a llevar a un hombre a la Luna antes del final de la década. El proyecto fue escogido deliberadamente, pues posarse sobre la Luna estaba tan fuera del alcance de cualquiera de los dos protagonistas que la ventaja inicial soviética podía pasar a un segundo plano.

Pese a las reservas de muchos acerca del valor científico de visitar la Luna, el viaje espacial tripulado se convirtió en el centro del programa espacial estadounidense. Los responsables de la NASA consideraban que, con fondos suficientes, serían capaces de llevar a un hombre a la Luna en 1967. El administrador James E. Webb propuso dos años más para prevenir contingencias.

Entre 1961 y 1967 la NASA triplicó su plantilla, aunque la mayor parte de la planificación, diseño y construcción fue cosa de la industria privada, organismos de investigación y universidades. La NASA afirmó que solo la construcción del Canal de Panamá y el Proyecto Manhattan para desarrollar la bomba atómica podían compararse en esfuerzo y coste al programa Apolo.

Creo que esta nación debería comprometerse a lograr el objetivo, antes de que acabe la década, de llevar a un hombre a la Luna y traerlo sano y salvo a la Tierra.
John F. Kennedy

¿Cómo ir a la Luna?

En el momento del histórico anuncio de Kennedy, EE UU había logrado un total de 15 minutos de vuelo espacial tripulado. Para pasar de tal hazaña a posarse en la Luna existían muchos

Gene Kranz

Más que los heroicos astronautas, quien realmente encarna el espíritu de la NASA quizá sea el legendario director de vuelos del Apolo Gene Kranz. Nacido en 1933, Kranz se sintió fascinado por el espacio desde una edad temprana y sirvió como piloto en las fuerzas aéreas estadounidenses antes de emprender la investigación sobre cohetes en la McDonnell Aircraft Corporation y, luego, en la NASA.

Carismático y original, Kranz destacaba en el Control de Misiones de la NASA con su corte de pelo al rape y sus característicos chalecos blancos «de misión» hechos por su esposa. Aunque nunca llegó a pronunciarla, la frase «el fracaso no es una opción» –escrita para su personaje en el largometraje *Apolo 13*–, resume su actitud. Las palabras que dirigió al personal de control de vuelos después del desastre del Apolo 1 han pasado a la historia como obra maestra de los discursos de motivación, y la célebre expresión «duro y competente» se convirtió en lema del Control de Misiones. En 1970 fue galardonado con la Medalla Presidencial de la Libertad por devolver con éxito a la tripulación del Apolo 13 a la Tierra.

Véase también: El lanzamiento del Sputnik 208–209 ▪ Comprender los cometas 306–311 ▪ Exploración de Marte 318–325

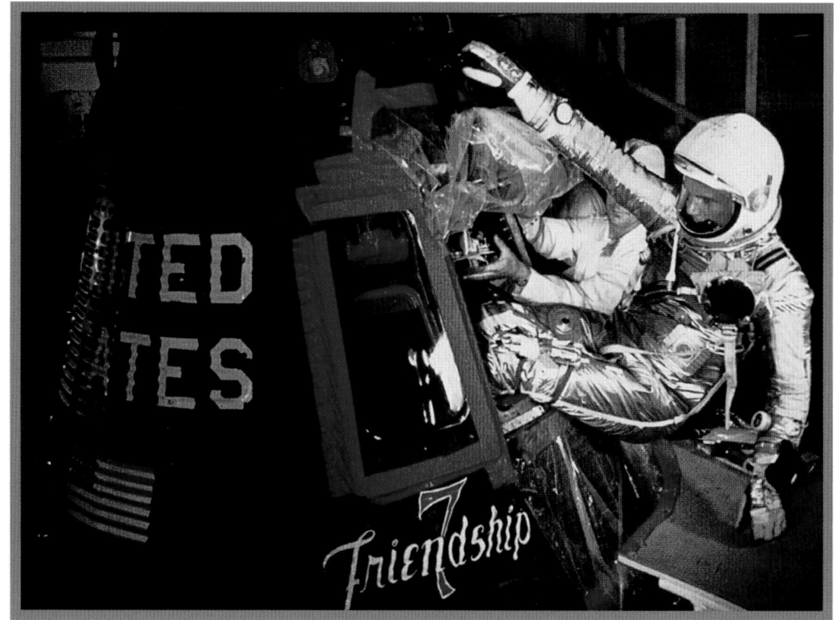

El astronauta del proyecto Mercury John Glenn entra en la *Friendship 7* el 20 de febrero de 1962. La misión, que duró apenas cinco horas, fue el primer vuelo espacial orbital tripulado de EE UU.

obstáculos tecnológicos que superar. Uno de los primeros era cómo llegar hasta allí. Había tres opciones, conocidas como «arquitecturas de misión», sobre la mesa. El ascenso directo (DA) requería un cohete enorme de múltiples fases con suficiente combustible a bordo para traer de vuelta a la Tierra a la tripulación. Este fue el enfoque preferido en un principio, pero también era el más caro, y surgieron dudas acerca de si era factible construir un cohete tan monstruoso antes de la fecha límite de 1969.

El encuentro en la órbita terrestre (EOR) preveía que el cohete con destino a la Luna se montaría en el espacio y se acoplaría con módulos puestos en órbita previamente. Llevar objetos al espacio es lo que más energía consume en toda misión desde la Tierra, pero los lanzamientos múltiples de cohetes evitarían la necesidad de una nave única. Era la opción más segura, pero lenta. El verdadero ahorro de peso se consiguía con el encuentro en la órbita lunar (LOR). Un cohete menor pondría a una nave de tres partes rumbo a la Luna: un módulo de mando permanecería en órbita en torno a la Luna con el combustible para el regreso mientras se mandaba un ligero módulo de alunizaje de dos fases a la superficie. Esta opción, rápida y relativamente barata, implicaba el riesgo muy real de dejar a una tripulación varada en el espacio si algo salía mal. Después de numerosos debates y presiones, figuras influyentes como Wernher von Braun, director del Centro Marshall de vuelos espaciales de la NASA, dieron su apoyo al LOR, y en 1962 esta fue la opción elegida, la primera de las muchas apuestas arriesgadas del programa Apolo.

Obstáculos tecnológicos

El 20 de febrero de 1962, John Glenn fue el primer estadounidense en orbitar alrededor de la Tierra, dando tres vueltas al planeta en la cápsula *Friendship 7* como parte del primer programa de vuelo espacial de EE UU, el proyecto Mercury, que transcurrió entre 1958 y 1963. Le siguieron otros tres vuelos Mercury con éxito, pero había una gran diferencia entre las operaciones en la órbita baja terrestre e ir a la Luna. Hacía falta una flota de vehículos de lanzamiento nueva. A diferencia »

Con la **URSS en cabeza** en la carrera espacial, EE UU quiere **recuperar terreno**.
Una **misión a la Luna** requiere una **inversión enorme**, que los soviéticos no podrían igualar.
Elegimos ir a la Luna.

Desde este día, el Control de Vuelos se conocerá por dos palabras: duro y competente.
Gene Kranz

de las naves Mercury, que llevaban a un solo astronauta, las misiones Apolo precisarían tres tripulantes. También se necesitaban una fuente de energía fiable, para lo cual se construyeron las primeras pilas de combustible del mundo, y mucha más experiencia en el espacio.

El proyecto Gemini, el segundo programa de vuelo espacial tripulado de la NASA, aportó las habilidades necesarias con vuelos de resistencia, maniobras orbitales y paseos espaciales. Los científicos también necesitaban saber más acerca de la superficie lunar. Una capa de polvo profunda podría tragarse una nave e impedirle despegar, atascar los propulsores o provocar diversas averías electrónicas.

El cohete Saturno V fue desarrollado para el ambicioso programa Apolo con la participación de muchas grandes empresas privadas como Boeing, Chrysler, Lockheed y Douglas.

Se organizaron varias misiones de estudio no tripuladas paralelas a la Apolo, pero la primera ola de exploradores robóticos enviados a la Luna fue un fracaso sin paliativos. Seis sondas Ranger fallaron durante el lanzamiento, pasaron de largo de la Luna o se estrellaron contra ella, dando pie a que el programa fuese apodado *shoot and hope* («dispara y espera»). Por suerte, las últimas tres Ranger tuvieron más éxito.

Entre 1966 y 1967 se pusieron en la órbita de la Luna cinco satélites Lunar Orbiter que cartografiaron el 99 % de la superficie y ayudaron a identificar posibles lugares de alunizaje. Las siete naves Surveyor de la NASA demostraron que era factible un alunizaje suave sobre el suelo del satélite.

Una apuesta y un desastre

Con 110,5 m de altura, el Saturno V –en el que los astronautas del Apolo salieron de la atmósfera terrestre– sigue siendo el cohete más alto, pesado y potente que se ha construido. Hacerlo apto para llevar una tripulación humana resultó muy problemático: los enormes motores generaban vibraciones que amenazaban con hacerlo pedazos. Sabiendo que el proyecto iba con retraso, el administrador asociado para vuelos espaciales tripulados de la NASA George Mueller fue el pionero del osado régimen de pruebas del sistema Apolo-Saturno entero, en lugar de fase por fase como prefería Von Braun.

Mientras se esforzaban por lograr la perfección, los ingenieros de la NASA desarrollaron un nuevo concepto en ingeniería, el de redundancia: los componentes clave se duplicaban con el fin de lograr mayor fiabilidad. De los proyectos Mercury y Gemini habían aprendido a contar con riesgos inesperados. Un vehículo Apolo completo tenía 5,6 millones de piezas y 1,5 millones de sistemas,

Los satélites Lunar Orbiter tomaron imágenes de posibles zonas de alunizaje. En 1966, el Lunar Orbiter 2 envió esta imagen del cráter Copérnico, una de las primeras vistas de la Luna de cerca.

subsistemas y montajes. Incluso con una fiabilidad del 99,9 %, se podían esperar unos 5600 defectos. Sin embargo, a lo largo de sus 17 vuelos no tripulados y 15 tripulados, los cohetes Saturno habían mostrado una fiabilidad del 100 %. Tras dos vuelos de prueba con éxito parcial, Mueller declaró que el siguiente lanzamiento llevaría astronautas.

Hasta 1967, los progresos habían sido regulares, pese al ritmo frenético. Entonces ocurrió el desastre: un cortocircuito durante un ensayo de lanzamiento provocó un incendio en el que murió abrasada la tripulación del Apolo en el módulo de mando. El humo tóxico y el fuego intenso en una atmósfera presurizada de oxígeno puro mataron a Virgil «Gus» Grissom, Ed White y Roger Chaffee en menos de cinco minutos. Tras esta tragedia, las cinco siguientes misiones Apolo fueron no tripuladas. Se realizaron distintas modificaciones que dieron como resultado una nave mucho más segura, con una nueva escotilla accionada por gas, una mezcla de 60-40 de oxígeno y nitrógeno en la cabina, y cableado ignífugo en toda la instalación.

Apolo guiando
su carro era apropiado
para la gran escala del
programa propuesto.
Abe Silverstein

El lugar de la Tierra en el espacio

La *Apolo 8* fue la primera nave tripulada que abandonó la órbita terrestre. En la Nochebuena de 1968, Frank Borman, James Lovell y Bill Anders describieron un bucle por la cara oculta de la Luna y presenciaron el magnífico espectáculo de ver salir la Tierra sobre el horizonte lunar. Por primera vez, unos seres humanos contemplaban desde el espacio su hogar, un bello planeta azul perdido en la inmensidad del vacío. Como dijo Anders: «Hicimos todo este camino para explorar la Luna, y lo más importante es que hemos descubierto la Tierra».

Esta tripulación fue también la primera en cruzar los cinturones de radiación de Van Allen. Esta zona de partículas cargadas se extiende hasta 24 000 km de la Tierra, y al principio se creyó que se trataba de una barrera temible para los viajes tripulados. En realidad, solo supuso una dosis de radiación equivalente a una radiografía de tórax.

Por fin, el programa estaba listo para el último paso: dar los primeros pasos sobre la Luna. El 21 de julio »

En 1968, la nave *Apolo 8* emitió en directo desde la órbita lunar. Esta célebre imagen de la salida de la Tierra es una de las que tomó Bill Anders.

Neil Armstrong tomó esta famosa fotografía de Buzz Aldrin en la Luna. En la visera de Aldrin se ve el reflejo de Armstrong, de pie junto al módulo lunar.

de 1969, unos 500 millones de personas de todo el mundo vieron por televisión a Neil Armstrong posar el módulo lunar y poner el pie en la Luna, seguido de cerca por Buzz Aldrin. Era la culminación de casi una década de esfuerzo colaborativo y puso fin de hecho a la carrera espacial.

Tras la Apolo 11 hubo seis misiones más a la Luna, una de las cuales, Apolo 13, en 1970, rozó el desastre cuando la explosión a bordo de un tanque de oxígeno obligó a abortar el alunizaje. La tripulación regresó sana y salva en su módulo dañado, en un dramático descenso ante una audiencia televisiva mundial.

Aprender sobre la Luna

Antes del programa Apolo, la mayor parte de lo que se sabía de la naturaleza física del único satélite natural de la Tierra era especulativo. Alcanzadas las metas políticas, se presentaba la ocasión de conocer otro mundo de primera mano. Cada una de las seis misiones de alunizaje portaba un equipo de instrumentos científicos para experimentos en la superficie lunar (ASLEP). Dichos instrumentos estudiaron la estructura interna de la Luna y detectaron vibraciones sísmicas que indicaban «lunamotos». Otros midieron los campos gravitatorio y magnético de la Luna, el flujo de calor de su superficie y la composición y la presión de su atmósfera.

Gracias al programa Apolo, los científicos pudieron analizar rocas lunares y disponer de pruebas de que la Luna formó parte de la Tierra (pp. 186–187). Como esta, la Luna tiene capas internas y posiblemente estuvo fundida toda ella en algún momento en sus inicios. Sin embargo, a diferencia de la Tierra, carece de agua líquida. Al no existir placas geológicas, su superficie no se renueva constantemente, y por ello, las rocas más jóvenes de la Luna tienen la edad de las más antiguas de la Tierra. No obstante, la Luna no es del todo inactiva geológicamente y a veces experimenta temblores que duran horas.

Un equipo experimental de la Apolo 11 sigue activo y lleva enviando datos desde 1969. Unos reflectores instalados en la superficie lunar devuelven haces de láser enviados desde la Tierra, lo cual permite a los científicos calcular la distancia a la Luna con un margen de error de un par de milímetros. Así se obtienen medidas precisas de la órbita de la Luna y del ritmo al que esta se aleja de la Tierra (unos 3,8 cm al año).

El legado del programa Apolo

El 19 de diciembre de 1972, el estampido sónico de la cápsula de la *Apolo 17* al entrar en la atmósfera terrestre sobre el Pacífico sur señaló el fin del programa Apolo. En total, doce hombres habían pisado la Luna. En aquellos años muchos creían que los vuelos rutinarios a Marte pronto serían una realidad, pero en los 40 años siguientes las prioridades científicas cambiaron, los políticos

Houston,
aquí base Tranquilidad.
El Águila ha alunizado.
Neil Armstrong

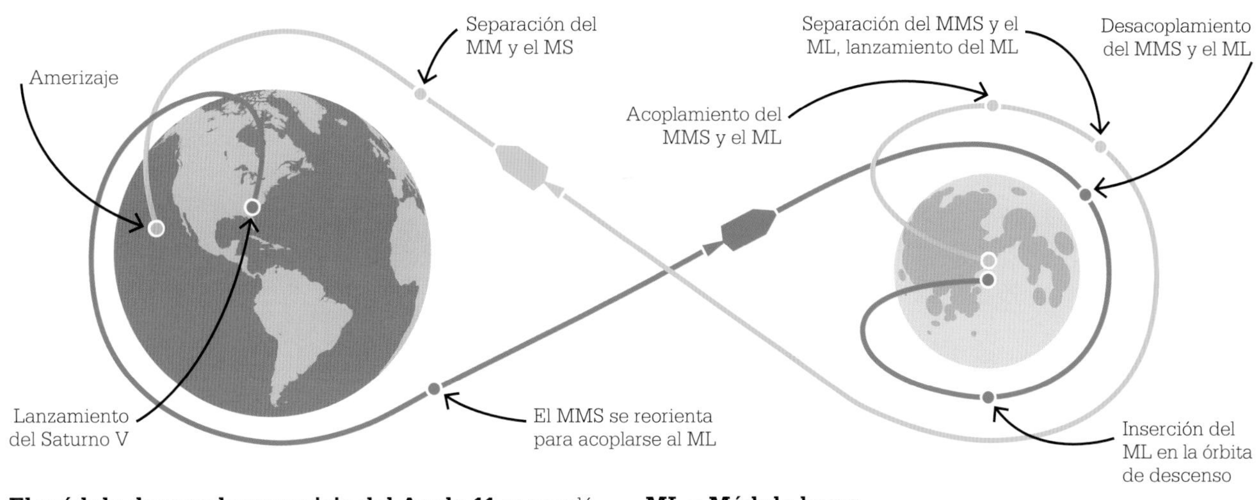

El módulo de mando y servicio del Apolo 11 se acopló con el módulo lunar en órbita antes de dirigirse a la Luna. Antes del aterrizaje, el módulo de servicio fue expulsado, y solo el módulo de mando volvió a la Tierra.

se preocuparon por los costes, y los viajes espaciales tripulados no han pasado de la órbita terrestre.

Para muchos, el fin de las misiones tripuladas a la Luna supuso una pérdida de oportunidades, achacable a falta de imaginación y liderazgo. Sin embargo, el fin de la rivalidad de la Guerra Fría que inspiró el programa Apolo fue el comienzo de una época de cooperación internacional para la NASA, con el Skylab, la Mir y la Estación Espacial Internacional.

Gene Cernan, el último hombre en pisar la Luna, predijo que pasarían cien años antes de que la humanidad apreciara el verdadero significado de las misiones Apolo. Uno de sus resultados pudo ser un país mejor formado: el número de doctorados en las universidades estadounidenses se triplicó durante la década de 1960, en particular en el ámbito de la física. Los contratos del Apolo nutrieron a industrias nacientes como las de la informática y los semiconductores. Varios empleados de Fairchild Semiconductors, en California, fundaron nuevas empresas, como el gigante tecnológico Intel. La zona de Santa Clara donde se instalaron estas empresas se ha convertido en el actual Silicon Valley. Sin embargo, quizá el verdadero legado del Apolo sea la visión de la Tierra como un frágil oasis de vida en el espacio. Las fotografías tomadas en órbita, como *La canica azul* y *Salida de la Tierra* (p. 247) hicieron que creciera la conciencia del planeta Tierra como una entidad única, así como de la necesidad de cuidarlo. ■

En las últimas tres misiones Apolo, los astronautas exploraron la superficie de la Luna en vehículos todoterreno lunares que fueron abandonados y aún se pueden ver donde quedaron.

LOS PLANETAS SE FORMARON A PARTIR DE UN DISCO DE GAS Y POLVO

LA HIPÓTESIS NEBULAR

EN CONTEXTO

ASTRÓNOMO CLAVE
Víctor Safronov (1917–1999)

ANTES

1755 Según el filósofo alemán Immanuel Kant, el Sistema Solar se formó por el colapso de una gran nube de gas.

1796 Pierre-Simon Laplace idea un modelo de formación del Sistema Solar similar al de Kant.

1905 El geólogo estadounidense Thomas Chrowder Chamberlin cree que los planetas se forman a partir de concentraciones de partículas conocidas como planetésimos.

DESPUÉS

Década de 1980 Se observan discos de polvo frío en torno a estrellas aparentemente jóvenes, como Beta Pictoris.

1983 Lanzamiento del Satélite Astronómico de Infrarrojos, que observa en muchas estrellas una alta radiación infrarroja explicable si tuvieran discos de material más frío en órbita.

A lo largo de la historia, los astrónomos han propuesto diferentes modelos para explicar cómo se formaron el Sol y los planetas. En los siglos XVIII y XIX ganó aceptación la hipótesis nebular, según la cual el Sistema Solar surgió de una gigantesca nube de gas y polvo que se contrajo y empezó a girar. La mayor parte del material se reunió en el centro, formando el Sol, mientras que el resto se aplanó en forma de disco giratorio del que se condensaron los planetas y objetos menores. En 1796, el francés Pierre-Simon Laplace propuso una versión de esta teoría.

A finales de la década de 1960, Víctor Safronov trabajaba en Moscú sobre cómo podían formarse planetas de una nebulosa, y en 1969 escribió una importante obra, desconocida fuera de la Unión Soviética hasta que se publicó una traducción inglesa en 1972. La teoría de Safronov, hoy conocida como modelo de disco solar nebular (SNDM), era en esencia una versión modificada y matemáticamente mejor resuelta de la hipótesis nebular.

En el **disco de material** en órbita alrededor del primitivo Sol, las **partículas chocaban**.

En estas colisiones, algunas **partículas** lentas **se aglutinaron** y formaron partículas mayores.

Con el tiempo se formaron **planetésimos mayores** que se agregaron en unos pocos cuerpos grandes de los que **surgieron los planetas**.

Los planetas se formaron a partir de un disco de gas y polvo.

Véase también: Perturbaciones gravitatorias 92–93 ▪ El cinturón de Kuiper 184 ▪ La nube de Oort 206 ▪ El interior de las nubes moleculares gigantes 276–279

Víctor Safronov

Víctor Sergueiévich Safronov nació en 1917 en Velikiye Luki, cerca de Moscú, y se licenció en la Universidad Estatal de Moscú en 1941. En 1948 obtuvo el doctorado. Durante una parte considerable de su carrera trabajó en el Instituto Schmidt de Física de la Tierra, perteneciente a la Academia de Ciencias de Moscú. Fue allí donde conoció a su esposa, Eugenia Ruskol, que colaboró con él durante un tiempo en sus investigaciones. Entre las décadas de 1950 y 1990, trabajó sobre el modelo de formación de los planetas a partir de un disco de gas y polvo.

Actualmente, la hipótesis planetesimal de Safronov es por lo general aceptada, si bien existen teorías alternativas. Tras la desintegración de la URSS en 1991, pudo explicar sus teorías en Occidente.

Obra principal

1972 *Evolution of the Protoplanetary Cloud and Formation of the Earth.*

Hasta la década de 1940, los astrónomos consideraron que la hipótesis nebular tenía un grave defecto, el llamado problema del momento angular. Se calculaba que, si el Sistema Solar se había formado de una nube en contracción que rotaba, el Sol debería girar mucho más deprisa de lo que lo hace. Durante la primera mitad del siglo XX, una serie de hipótesis alternativas compitieron con la nebular. Una proponía que los planetas se habían formado a partir de material arrancado del Sol por el paso de otra estrella; otra, que el Sol había atravesado una nube interestelar densa y salido envuelto en el gas y el polvo del que se formaron los planetas. Con el tiempo surgieron razones sólidas para rechazar estas alternativas.

Desarrollo de la teoría de Safronov

Sin desanimarse, Safronov estudió detalladamente cómo pudieron formarse los planetas en el disco de material propuesto por Laplace. Este disco habría consistido en granos de polvo, partículas de hielo y moléculas de gas, todo ello en órbita alrededor del Sol en sus comienzos. Safronov dio un salto adelante cuando calculó el efecto del choque de algunas partículas en un sistema como este. Dedujo la velocidad a la que chocarían: las que se movieran a gran velocidad rebotarían unas contra otras, pero las de movimiento más lento se irían uniendo por acreción. Al aumentar de tamaño, la gravedad las uniría en objetos mayores conocidos como planetésimos.

Los objetos más grandes atraerían una masa mayor, y los planetésimos más grandes crecerían más y más hasta haberse hecho con todo lo que se encontrara al alcance de su gravedad. Transcurridos algunos millones de años, únicamente quedarían unos pocos cuerpos del tamaño de planetas.

En la década de 1980 había un amplio consenso a favor del SNDM. Un investigador sugirió que la cuestión del momento angular podría explicarse porque los granos de polvo del disco original ralentizaran la rotación en el centro. Otros incorporaron las ideas de Safronov a modelos informáticos, y estos indicaron que sistemas de partículas en torno al joven Sol pudieron formar unos cuantos planetas. Las observaciones recientes de discos de polvo frío en torno a estrellas aparentemente jóvenes también apoyan el SNDM. ■

Según el modelo de Safronov, los planetas surgieron a partir de partículas de polvo y hielo unidas por acreción dentro de un disco de material que giraba en torno al Sol recién nacido.

1 Una gran nube de gas y polvo empieza a contraerse y a girar lentamente.

2 La nube se aplana y forma un disco giratorio con un centro más denso y caliente, que forma el Sol.

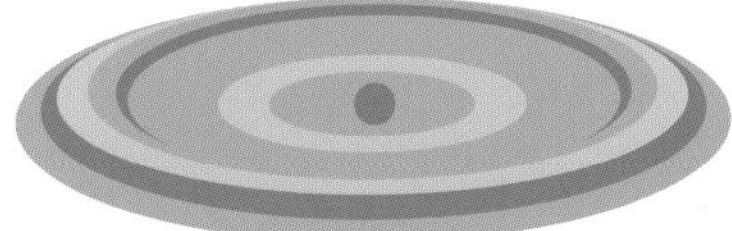

3 La radiación solar calienta el Sistema Solar interior.

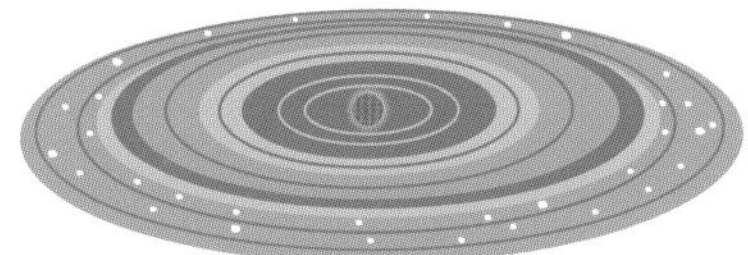

4 Empiezan a formarse planetésimos ricos en hierro y silicatos.

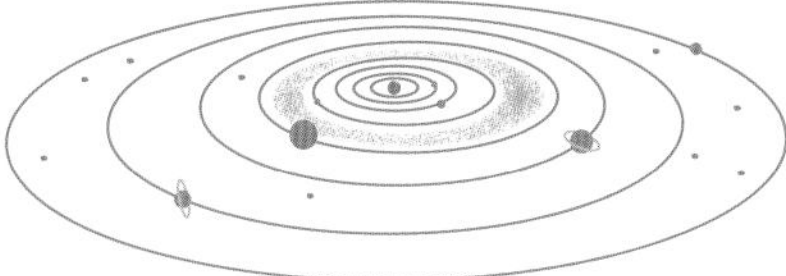

5 Se forma el Sistema Solar.

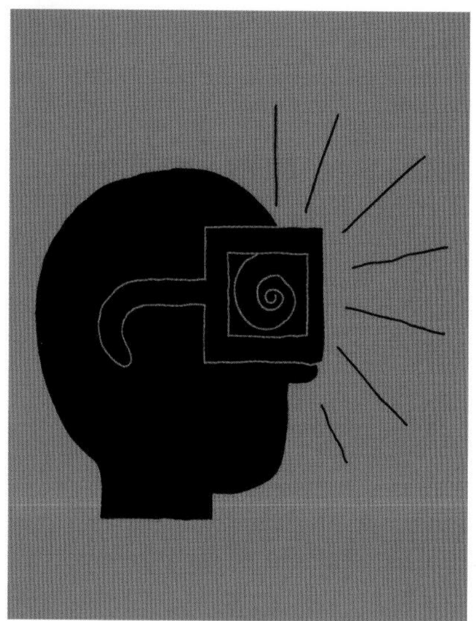

LOS NEUTRINOS SOLARES SOLO SE VEN CON UN DETECTOR MUY GRANDE

EL EXPERIMENTO HOMESTAKE

EN CONTEXTO

ASTRÓNOMO CLAVE
Ray Davis (1914–2006)

ANTES

1930 El físico austriaco Wolfgang Pauli propone la existencia de los neutrinos.

1939 Hans Bethe describe dos procesos principales por los que las estrellas obtienen su energía.

1956 Clyde Cowan y Frederick Reines, físicos estadounidenses, logran confirmar la existencia del antineutrino, antipartícula del neutrino.

DESPUÉS

1989 En Japón, el experimento Kamiokande II, organizado por Masatoshi Koshiba, demuestra de manera concluyente que el Sol es una fuente de neutrinos y confirma la tasa de detección anormalmente baja de Davis.

Si el Sol obtiene energía por **fusión nuclear**, **deberían producirse** partículas lentas de baja masa llamadas **neutrinos**.

Los neutrinos **apenas interactúan** con otras partículas, pero pueden hacerlo en un tipo de **desintegración radiactiva**.

La **tasa de detección** durante la interacción será probablemente **muy baja**.

Es necesario un detector muy grande.

Durante la primera mitad del siglo XX, los científicos dedujeron que el Sol produce energía fusionando átomos de hidrógeno para generar helio. En el núcleo del Sol, cuatro núcleos de hidrógeno, que son protones únicos, se convierten en un núcleo de helio, dos positrones (también conocidos como antielectrones) y dos minúsculas partículas fantasmales llamadas neutrinos, y se libera energía. Se suponía que los neutrinos producidos escapaban fácilmente del Sol.

En la década de 1950, esta teoría era aceptada, pero nadie había logrado demostrarla. En 1955, el químico estadounidense Ray Davis se propuso constatar que el Sol produce neutrinos detectando unos pocos. Este objetivo planteaba un enorme problema. Aparte de lo incierto de su existencia, los científicos consideraban que los neutrinos tenían carga eléctrica neutra y una masa minúscula, si es que tenían alguna, y que muy rara vez interactuaban con otras partículas. Si el Sol fusio-

Véase también: Rayos cósmicos 140 ▪ Generación de energía 182–183 ▪ Ondas gravitatorias 328–331

La física de los neutrinos es en gran parte el arte de aprender mucho observando nada.
Haim Harari
Físico israelí

na hidrógeno, pensaban, miles de millones de neutrinos deben estar atravesando cada centímetro cuadrado de la superficie terrestre cada segundo, pero quizá solo uno entre cien mil millones interactúe con la materia atómica.

Davis estaba convencido de que los neutrinos se podrían detectar gracias a su papel en un tipo de desintegración radiactiva denominada desintegración beta. En teoría, un neutrino energético debería ser capaz de convertir un neutrón de un núcleo atómico en protón. En sus experimentos Davis observó que, en muy raras ocasiones, un neutrino que atraviesa un depósito de una sustancia que contiene cloro interactúa con el núcleo de un átomo estable de cloro para producir un núcleo de un isótopo inestable de argón llamado argón-37.

El experimento Homestake

En 1964, en el que se llamó experimento Homestake, Davis inició una prueba empleando un gran depósito de una sustancia química con cloro como detector. Un conocido de Davis, el astrofísico John Bahcall, realizó una serie de cálculos para determinar el número teórico de neutrinos de distinta energía que debería estar produciendo el Sol y, a partir de dicho número, el ritmo al que debería producirse argón-37 en el depósito. Davis empezó a contar el número de átomos de argón-37 producido.

Aunque el experimento de Davis demostró que el Sol produce neutrinos, solo se detectó un tercio aproximado del número de átomos de argón-37 predicho. La discrepancia entre el número de interacciones esperado y el detectado recibió el nombre de «problema de los neutrinos solares».

Continuando su trabajo de 1989, Masatoshi Koshiba descubrió diez años más tarde la causa de la discrepancia en el enorme detector de neutrinos japonés Super-Kamiokande. Observó que los neutrinos oscilan entre tres diferentes tipos mientras viajan a través del espacio: electrónico, muónico y tauónico. El experimento de Davis solo había detectado el primer tipo. ▪

El detector de neutrinos de Davis estaba bajo tierra a gran profundidad, para protegerlo de los rayos cósmicos (otra posible fuente de neutrinos).

Ray Davis

Raymond Davis nació en Washington D.C. en 1914. Se doctoró en química por la Universidad de Yale en 1943 y, a continuación, pasó los últimos años de la Segunda Guerra Mundial en Utah, observando los resultados de pruebas de armas químicas. A partir de 1946, trabajó en un laboratorio de Ohio, donde se dedicó a estudiar elementos químicos radiactivos. En 1948 se incorporó al Brookhaven National Laboratory, en Long Island, concentrado en buscar aplicaciones pacíficas a la energía nuclear. Allí conoció a su esposa Anna, con la que tuvo cinco hijos. Consagró el resto de su carrera profesional al estudio de los neutrinos.

Davis se jubiló en 1984, pero siguió trabajando en el experimento de Homestake hasta que terminó, a finales de la década de 1990. En 2002 compartió el premio Nobel de física con Masatoshi Koshiba por sus contribuciones a la astrofísica. Falleció en Blue Point (Nueva York) en 2006, a los 91 años de edad.

Obra principal

1964 *Solar Neutrinos II, Experimental.*

UNA ESTRELLA QUE NO PODIAMOS VER

DESCUBRIMIENTO DE LOS AGUJEROS NEGROS

EN CONTEXTO

ASTRÓNOMOS CLAVE
Louise Webster (1941–1990)
Paul Murdin (n. en 1942)
Tom Bolton (n. en 1943)

ANTES

1783 El clérigo inglés John Michell propone la existencia de una estrella cuya gravedad es tal que ni la luz puede salir de ella.

1964 Los contadores Geiger de cohetes sonda detectan rayos X cósmicos.

1970 Lanzamiento de Uhuru, el primer satélite observatorio de rayos X.

DESPUÉS

1975 Stephen Hawking apuesta con el físico teórico Kip Thorne que Cygnus X-1 no es un agujero negro. En 1990, se demuestra que Hawking perdió la apuesta.

2011 Nuevas observaciones atribuyen a Cygnus X-1 una masa de 14,8 soles (14,8 masas solares).

Los agujeros negros son invisibles. No dejan escapar materia alguna y, con la excepción de la radiación Hawking de bajo nivel en el horizonte de sucesos, se tragan incluso la energía luminosa electromagnética. Debido a la dificultad de detectar un objeto invisible, los agujeros negros fueron un concepto teórico hasta mediados del siglo XX. Sin embargo, una masa tan concentrada ha de tener efectos observables. Al ser arrastrada a un agujero negro, la materia se calienta a millones de grados mientras la destruyen las fuerzas gravitatorias y en el proceso libera rayos X al espacio.

En la década de 1960, los astrónomos buscaron fuentes cósmicas de rayos X con detectores en globos y cohetes. Se supuso que muchos de los cientos de fuentes que hallaron eran «binarias de rayos X», sistemas estelares en los que una estrella de neutrones, u otro remanente estelar superdenso, arranca material de una estrella compañera visible. Una de las primeras binarias de rayos X descubiertas, en 1964, era una fuente potente cercana a las regiones activas de formación estelar de la Vía Láctea, en la constelación del Cisne (Cygnus). En 1973, la australiana Louise Webster, el estadounidense Tom Bolton y el británico Paul Murdin realizaron mediciones independientes de la supergigante azul HDE 226868 que revelaron que esta estrella orbita en torno a un objeto demasiado masivo para ser una estrella de neutrones. El único candidato a compañero invisible, Cygnus X-1, era un agujero negro. Los agujeros negros ya no eran mera teoría. ■

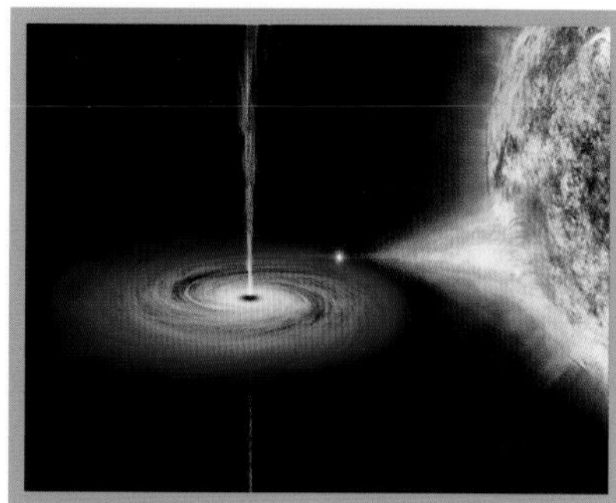

Esta recreación muestra el flujo de materia de la supergigante azul HDE 226868 a Cygnus X-1, su agujero negro compañero. La estrella pierde una masa solar cada 400 000 años.

Véase también: Supernovas 180–181 ▪ Radiación cósmica 214–217 ▪ Radiación de Hawking 255

LOS AGUJEROS NEGROS EMITEN RADIACION

RADIACIÓN DE HAWKING

EN CONTEXTO

ASTRÓNOMO CLAVE
Stephen Hawking (n. en 1942)

ANTES
1916 Karl Schwarzschild aporta una solución a las ecuaciones de campo de la relatividad general que permite describir el campo gravitatorio en torno a un objeto como un agujero negro.

1963 El matemático Roy Kerr describe las propiedades de una singularidad rotatoria.

1965 El matemático británico Roger Penrose muestra cómo el colapso de una estrella gigante puede causar una singularidad.

1967 En EE UU, el físico John Wheeler llama «agujero negro» al tipo de objetos descritos por Schwarzschild, Kerr, Penrose y otros.

DESPUÉS
2004 Stephen Hawking se retracta de su afirmación de que todo objeto que entra en un agujero negro desaparece para siempre del universo.

La primera teoría matemática de los agujeros negros la apuntó el físico alemán Karl Schwarzschild en la década de 1910. El objeto descrito por este era una masa no rotatoria concentrada en un punto de densidad infinita, llamado singularidad. A una distancia determinada de este punto, conocida como radio de Schwarzschild, se halla una superficie esférica imaginaria llamada horizonte de sucesos. La gravedad del lado de la singularidad de esta superficie es tan fuerte que nada –ni la luz– puede escapar. En las décadas siguientes, la teoría de los agujeros negros evolucionó, pero dichos agujeros se siguieron considerando completamente oscuros, sin emisión de luz alguna.

Partículas virtuales

En 1974 hubo un gran cambio en la teoría de los agujeros negros cuando el físico británico Stephen Hawking propuso que emiten partículas, hoy llamadas radiación de Hawking. En su opinión, los agujeros negros no son totalmente negros, pues emiten radiación de algún tipo, aunque no forzosamente luz. La teoría cuántica predice que por todo el espacio deberían surgir de la nada pares formados de partículas «virtuales» y sus antipartículas, que luego se aniquilan (se anulan mutuamente y vuelven a ser nada). Una de cada par tiene energía positiva, y la otra, negativa.

Algunos de estos pares partícula-antipartícula aparecerán justo fuera del horizonte de sucesos de un agujero negro. Quizá un miembro del par escape –y se observe como emisión de energía de radiación (positiva)–, mientras el otro cae al agujero negro. Para conservar el mismo total de energía en el sistema, la partícula que cae al agujero negro debe haber tenido energía negativa. Esto hace que el agujero negro pierda lentamente masa-energía, en un proceso llamado evaporación del agujero negro.

La radiación de Hawking sigue siendo una predicción teórica. Si resulta ser correcta, significaría que los agujeros negros no duran para siempre, lo cual repercute en el destino del universo, pues se creía que los agujeros negros serían unos de los últimos objetos en existir. ■

Véase también: Curvas en el espacio-tiempo 154–155 ▪ Ciclos de vida de las estrellas 178 ▪ El centro de la Vía Láctea 297 ▪ John Michell 335

EL TRIU
LA TECN
1975–PRESENT

NFO DE
OLOGIA
E

1977

La **NASA** lanza las dos **naves Voyager** en una misión a los planetas exteriores.

1979

Alan Guth, cosmólogo estadounidense, desarrolla la idea de que el universo inicial pasó por un periodo de **inflación rápida**.

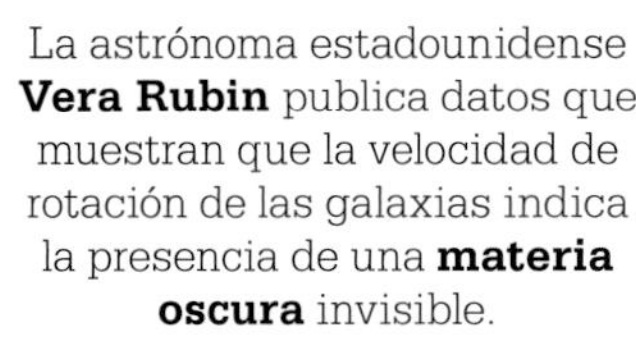

1980

La astrónoma estadounidense **Vera Rubin** publica datos que muestran que la velocidad de rotación de las galaxias indica la presencia de una **materia oscura** invisible.

1986

El estadounidense **Frank Shu** y sus colegas presentan un nuevo modelo de **formación estelar**.

1990

Entra en órbita el **telescopio espacial Hubble**, que obtiene las mejores imágenes en los **espectros visible e invisible**.

1995

Se detectan las **primeras enanas marrones**, que confirman una predicción teórica de **Shiv S. Kumar** en 1962.

Casi todos los grandes descubrimientos astronómicos han sido posibles gracias al avance de la tecnología. Los últimos progresos han aportado potentes herramientas para captar radiación espacial y procesar ingentes cantidades de datos; con ello, los hallazgos se han multiplicado exponencialmente. La microelectrónica y la capacidad computacional, en particular, han abierto nuevas posibilidades durante los últimos 40 años.

Telescopios y detectores

El Telescopio de Nueva Tecnología (NTT) del Observatorio Europeo Austral (ESO), que funciona en los Andes chilenos desde 1989, es un ejemplo de telescopio dotado de innovaciones revolucionarias que luego han pasado a ser equipo estándar. Sus espejos principal y secundario son flexibles, pero mantiene su forma una red de apoyos controlados por ordenador llamados actuadores.

La elección de Chile por el ESO se inscribió en la tendencia de los astrónomos a peinar el mundo en busca de los mejores lugares despejados, secos, sin viento, y con cielo libre de contaminación lumínica. Otro gran centro astronómico se instaló en 1967 en la cima del volcán Mauna Kea, en la isla de Hawái, un lugar privilegiado en el que actualmente hay trece telescopios.

Hasta principios de la década de 1970, todas las imágenes astronómicas se obtenían por fotografía convencional. A mediados de la década se convirtió en una realidad práctica una forma completamente nueva de registrar imágenes electrónicamente, el dispositivo de carga acoplada (CCD). Los CCD son circuitos electrónicos con píxeles fotosensibles que generan cargas eléctricas cuando los alcanzan fotones. Son muy superiores a la fotografía por detectar luz débil y registrar con precisión el brillo de los objetos, e hicieron visi-

Vamos a necesitar una teoría cuántica de la gravedad definitiva para una teoría de la gran unificación: es la principal pieza que falta.
Kip Thorne

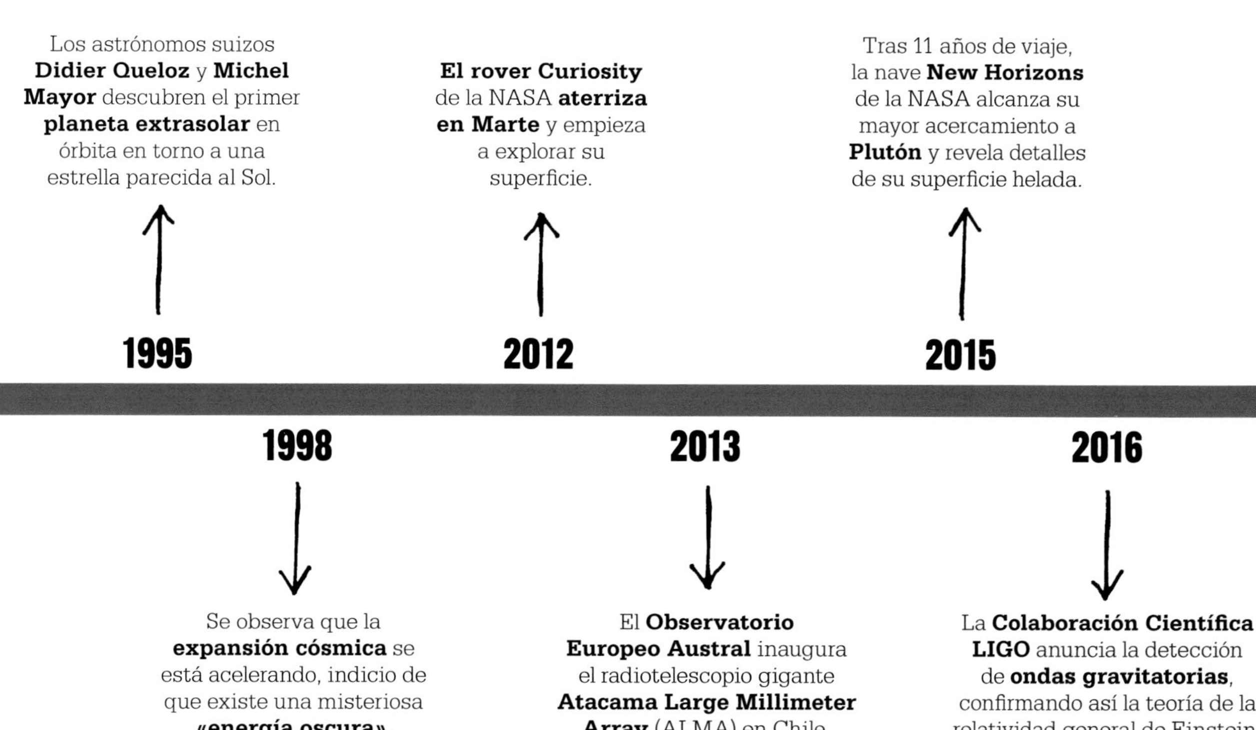

bles objetos con una luz demasiado tenue para poder ser detectados hasta entonces, como los pequeños mundos helados del cinturón de Kuiper, más allá de Neptuno.

1995
Los astrónomos suizos **Didier Queloz** y **Michel Mayor** descubren el primer **planeta extrasolar** en órbita en torno a una estrella parecida al Sol.
1998
Se observa que la **expansión cósmica** se está acelerando, indicio de que existe una misteriosa **«energía oscura»**.
2012
El rover Curiosity de la NASA **aterriza en Marte** y empieza a explorar su superficie.
2013
El **Observatorio Europeo Austral** inaugura el radiotelescopio gigante **Atacama Large Millimeter Array** (ALMA) en Chile.
2015
Tras 11 años de viaje, la nave **New Horizons** de la NASA alcanza su mayor acercamiento a **Plutón** y revela detalles de su superficie helada.
2016
La **Colaboración Científica LIGO** anuncia la detección de **ondas gravitatorias**, confirmando así la teoría de la relatividad general de Einstein.

Capacidad informática

Unos ordenadores rápidos y fiables, y una inmensa capacidad para almacenar datos han sido fundamentales, no solo para el modo en que se construyen los telescopios y sus instrumentos, sino también para la interpretación de los datos que obtienen.

Un solo gran proyecto, el Sloan Digital Sky Survey, ha reunido información sobre unos 500 millones de objetos celestes desde su inicio en 2000. Esta base de datos se ha usado para crear un mapa tridimensional de la distribución de las galaxias en el universo, revelando así sus mayores estructuras.

Los ordenadores son también indispensables para los teóricos. La gran capacidad computacional hace que sea posible afinar la percepción de lo que las observaciones nos dicen sobre el funcionamiento del universo por medio de simulaciones basadas en las leyes de la física. Gracias a los ordenadores se ha podido, por ejemplo, representar el modo en que pudo formarse y evolucionar el Sistema Solar.

La exploración espacial acaba de rebasar los confines del Sistema Solar, y ya no hay región del sistema planetario que no se haya explorado en algún grado. La misión New Horizons pasó junto a Plutón en 2015 y está atravesando el cinturón de Kuiper, mientras que las naves Voyager, lanzadas en 1977, envían datos desde el espacio interestelar. Gracias a internet, las misiones se pueden seguir en tiempo real, pues las últimas imágenes del telescopio espacial Hubble o del rover Curiosity en Marte se ofrecen al instante.

Grandes descubrimientos

De los muchos descubrimientos que han afectado a nuestra concepción del mundo en las últimas décadas destacan tres. El hallazgo sorpresa en 1998 de que la expansión del universo se está acelerando reveló una carencia en los fundamentos teóricos. En cambio, la detección de las ondas gravitatorias en 2016 confirmó la predicción hecha cien años antes por Albert Einstein. Entre tanto, el descubrimiento del primer planeta extrasolar en 1995, y de miles más desde entonces, ha espoleado la búsqueda de vida extraterrestre. Lo que pueda pasar en los próximos veinte años escapa a nuestra imaginación. ■

UN GRAN VIAJE A LOS PLANETAS GIGANTES

EXPLORACIÓN DEL SISTEMA SOLAR

EN CONTEXTO

MISIÓN PRINCIPAL
Voyager de la NASA
(Desde 1977)

ANTES
1962 La Mariner 2 sobrevuela el planeta Venus.

1965 La Mariner 4 es la primera nave que visita Marte.

1970 Primer aterrizaje suave en Venus, por Venera 7.

1973 La Pioneer 10 cruza por primera vez el cinturón de asteroides, camino de Júpiter.

1976 La Viking 1 muestra la superficie de Marte.

DESPUÉS
1995 La nave Galileo entra en órbita en torno a Júpiter.

1997 El Sojourner es el primer rover que llega a Marte.

2005 El orbitador Cassini lanza la sonda Huygens, que se posa en Titán.

2015 La nave New Horizons sobrevuela Plutón y Caronte.

Un cohete Titan 3E despega portando la nave Voyager 1. El Titan 3E fue el vehículo de lanzamiento más potente de su tiempo.

La nave Voyager 2 despegó el 20 de agosto de 1977 desde Cabo Cañaveral (Florida), y tan solo dos semanas más tarde lo hizo su nave hermana Voyager 1. Así comenzaba la exploración del Sistema Solar más ambiciosa hasta la fecha. Estos lanzamientos eran la culminación de más de una década de trabajo. La misión principal iba a durar doce años, pero la misión interestelar continúa.

El paso a lo interplanetario

A principios de la década de 1960, las agencias espaciales tanto soviética como estadounidense estaban enviando misiones a otros planetas. Aunque hubo más fracasos que éxitos, a lo largo de la década las naves robóticas comenzaron a enviar imágenes de cerca de Venus y Marte. Las misiones de la NASA formaron parte del programa Mariner, llevado a cabo en gran medida desde el Jet Propulsion Laboratory (JPL), en California. Los matemáticos del JPL perfeccionaron el arte del «sobrevuelo» (el envío de una nave en una trayectoria que pase lo bastante cerca de un planeta para poder fotografiarlo y observarlo, pero a demasiada velocidad para entrar en órbita en torno a él). En 1965, un estudiante de posgrado llamado Gary Flandro que trabajaba en el JPL durante el verano recibió el encargo de calcular rutas a los planetas exteriores y descubrió que en 1978 todos los planetas exteriores estarían al mismo lado del Sol. Sus cálculos mostraron que esto no había ocurrido desde 1801 y no volvería a suceder hasta 2153.

Flandro vio la ocasión perfecta de emprender una gran expedición al Sistema Solar exterior, pero las

Véase también: La vida en otros planetas 228–235 ▪ La hipótesis nebular 250–251 ▪ Planetas extrasolares 288–295 ▪ Comprender los cometas 306–311 ▪ El estudio de Plutón 314–317

distancias que implicaba superaban con creces la capacidad de las naves existentes. En 1965, debido a su alineación, Marte era el planeta más próximo a la Tierra, a 56 millones de kilómetros, pero Neptuno estaba a 4000 millones, y el viaje hasta allí tardaría varios años.

Efecto honda gravitatoria

Para pasar por todos los planetas, una nave tendría que cambiar de rumbo varias veces. El plan de Flandro era usar la asistencia gravitatoria para lanzar la nave de planeta a planeta. También conocida como efecto honda, la asistencia gravitatoria es una maniobra empleada por primera vez por la sonda soviética Luna 3, que había rodeado la cara oculta de la Luna en 1959, fotografiándola de paso. No se había usado para guiar naves tan lejos de la Tierra como los planetas exteriores. El efecto honda requería que la nave se aproximara frontalmente al planeta, viajando en dirección opuesta a su movimiento orbital. La gravedad del planeta la aceleraría mientras describía un bucle a su alrededor. Luego, la nave perdería velocidad al salir hacia el espacio tras cambiar de dirección. Si no fuera por el movimiento del planeta, su velocidad de escape sería más o menos igual a la de aproximación, pero, gracias a ese movimiento, la nave se alejaría habiendo añadido aproximadamente el doble de la velocidad del planeta a la suya propia. El efecto honda no solo cambiaría el rumbo de la nave, sino que la aceleraría de camino a su siguiente objetivo.

La mejor manera de aprender sobre los planetas es enviar **naves robóticas**.

Todos los **planetas exteriores** estarán **cerca unos de otros** brevemente.

Se podría enviar **una gran expedición** de sondas para estudiarlos durante ese periodo.

El programa Voyager emprende un gran viaje a los planetas gigantes.

Preparación del gran viaje

En 1968, la NASA creó el Outer Planets Working Group, que propuso la misión Planetary Grand Tour para »

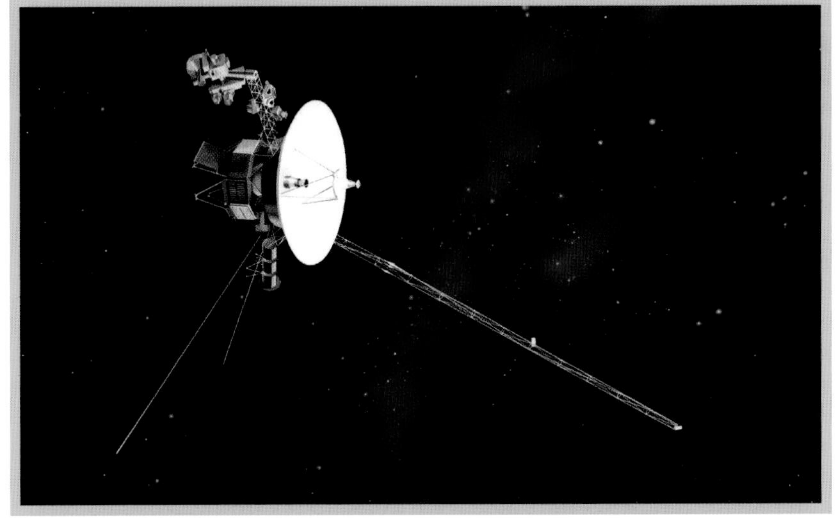

Recreación de la Voyager 1 en el espacio. Como su gemela Voyager 2 se comunica con la Tierra por ondas de radio, transmitidas y recibidas por una antena parabólica de 3,7 m.

Era una ocasión que se presentaba cada 176 años, y nos preparamos para ella. De ahí salió la mayor misión de exploración planetaria hasta hoy.
Charles Kohlhase

El satélite joviano Europa fue fotografiado por la Voyager 2. Está cubierto por una gruesa corteza de hielo fracturada, con grietas rellenadas por materiales del interior.

enviar una nave a visitar Júpiter, Saturno y Plutón, y otra a Urano y Neptuno. El plan requería una nueva nave de largo alcance, y los costes se dispararon. En 1971, la NASA canceló el «gran viaje», pues necesitaba dinero para financiar el programa del transbordador espacial.

La exploración de los planetas exteriores fue devuelta al programa Mariner. La misión recibió el nombre de Mariner Júpiter-Saturno, o MJS77 (las cifras indicaban el año de lanzamiento). Con el objetivo de reducir costes, Plutón fue excluido del itinerario. Una nave visitaría Júpiter, Saturno y, finalmente, el gran satélite de Saturno, Titán. Este despertaba un interés mayor que el lejano Plutón: era más grande que Mercurio y por entonces se creía que era el mayor satélite del Sistema Solar, además del único con atmósfera conocido. Este cambio hacía que la misión fuera una exploración de los dos gigantes gaseosos, no un «gran viaje», pero la nave, llamada JST, tendría el apoyo de otra, JSX, cuya misión incluiría también Júpiter y Saturno si JST fallaba. La X representaba un valor desconocido. En caso necesario, JSX iría a Titán, pero si JST completaba su misión, JSX sería enviada a Urano y Neptuno.

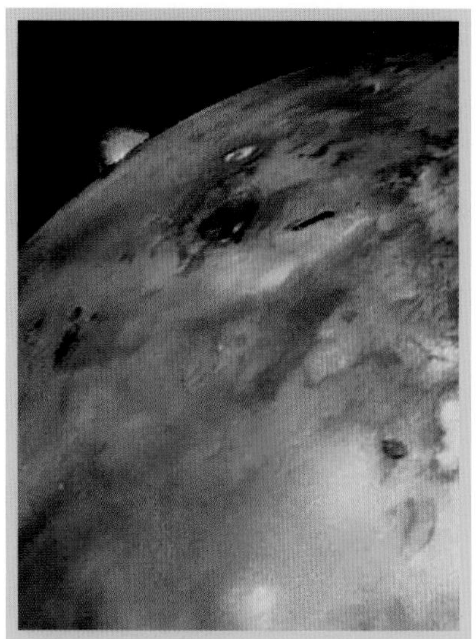

La Voyager 1 captó una erupción de 150 km de altura en el satélite Ío de Júpiter. Muy afectado por la gravedad del planeta, Ío es el lugar con mayor actividad volcánica del Sistema Solar.

Perfil de la misión

En 1974, el director de diseño de misión Charles Kohlhase comenzó a diseñar el plan maestro para la misión MJS77. Debía considerar todos los aspectos, desde el diseño, el tamaño y el sistema de lanzamiento de las naves hasta las numerosas variables con las que toparían a lo largo de sus respectivas rutas: las condiciones de luz, los niveles de radiación y todo tipo de contingencia que pudiese alterar las misiones. Kohlhase y su equipo tardaron ocho meses en decidirse por dos trayectorias que cumplieran todos los requisitos y acercaran las naves todo lo posible a los puntos de interés.

Ni a Kohlhase ni a ninguno de los que trabajaban en la MSJ77 les gustaba este nombre. Por ello, cuando la fecha de lanzamiento estaba próxima se organizó un concurso con objeto de elegir un nuevo nombre. Se propusieron Nomad y Pilgrim, pero para cuando las dos naves idénticas estuvieron listas ya eran conocidas como Voyager 1 y Voyager 2. Con 720 kg de peso cada una, eran casi un 50 % más pesadas que cualquier nave de sobrevuelo anterior. Unos 100 kg correspondían al equipo científico, que comprendía dos cámaras, sensores de campo magnético, espectrómetros para analizar la luz y radiación de otro tipo a fin de detectar las sustancias químicas presentes en las distintas atmósferas, así como detectores de partículas para estudiar los rayos cósmicos. Además, el sistema de radio servía para diversos experimentos, como sondear atmósferas y los anillos de Saturno. Las trayectorias serían controladas por 16 propulsores de hidrazina. Sin embargo, más allá del cinturón de asteroides estaría demasiado oscuro para que los paneles solares generasen suficiente electricidad, y las baterías se agotarían demasiado pronto. La solución fue emplear energía nuclear en forma de generador termoeléctrico de radioisótopos (RTG), alejado en lo posible del equipo sensible. Cada RTG contenía 24 bolas de plutonio para producir calor, convertido a su vez en corriente eléctrica por termopares. El suministro energético debía durar casi cincuenta años.

Júpiter y sus satélites

En diciembre de 1977, la Voyager 1 adelantó a la Voyager 2, cuya trayectoria era más circular, y consiguió alcanzar el sistema de Júpiter en enero de 1978. La mayoría de los descubrimientos de la Voyager 1 se produjeron en un periodo frenético de 48 horas hacia el 5 de marzo, cuando llevó a cabo su mayor aproximación, a menos de 349 000 km de la capa superior de nubes del planeta. Además de enviar imágenes, analizó la composición de las nubes y midió el inmenso campo magnético de Júpiter. También mostró que tenía un débil sistema de anillos. No obstante, sus descubrimientos más memorables se produjeron durante el sobrevuelo de los satélites galileanos. Estos no eran esferas cubiertas de cráteres dispersos, sino mundos activos: las fotografías de Ío mostraron las mayores erupciones volcánicas nunca vistas hasta el momento, con enormes nubes de cenizas en órbita. Las nuevas mediciones de Ganímedes revelaron que era aún mayor que Titán, mientras que las imágenes obtenidas del disco amarillento y extrañamente liso de Europa provocaron un gran desconcierto entre los astrónomos.

La Voyager 2 llegó a Júpiter más de un año después y no se acercó »

La segunda mitad de la próxima década abunda en oportunidades interesantes en varios planetas. [...] el «gran viaje» de 1978 [...] permitiría observar de cerca todos los planetas del Sistema Solar exterior.

Gary Flandro

Las imágenes obtenidas por la Voyager 2 de los anillos de Saturno revelaron una compleja estructura de pequeños satélites, ninguno mayor de 5–9 km de diámetro.

La Voyager 2 envió esta imagen de Tritón, el satélite helado de Neptuno. En el sobrevuelo solo se vio el casquete polar sur, de nitrógeno y metano congelados, y altamente reflectante.

tanto como la Voyager 1, pero consiguió algunas de las imágenes más emblemáticas de la misión, las del tránsito de Ío frente a Júpiter. También observó más de cerca Europa y mostró que se hallaba recubierta por una corteza agrietada de agua helada. El análisis posterior reveló que dichas grietas se debían a marejadas de un océano existente bajo la corteza, que se estima contiene al menos el doble de agua que la Tierra y que para los científicos es un candidato de primer orden a albergar vida.

Titán y Saturno

El 12 de noviembre de 1980, la Voyager 1 se encontraba a 124 000 km de la atmósfera de Saturno. Durante el sobrevuelo, y a pesar de algunos fallos del instrumental, reveló varios detalles de sus anillos, compuestos por miles de millones de fragmentos de hielo de agua y de tan poca profundidad como 10 m en algunas partes. Kohlhase había enviado a la Voyager 1 a visitar Titán antes de sobrevolar Saturno con el fin de prevenir que cualquier daño que pudieran causar la atmósfera y los anillos del gigante gaseoso pusiera en peligro esta etapa crucial. La nave se situó detrás de Titán para que el Sol iluminara su atmósfera y permitiera medir su grosor y composición. La trayectoria de Titán mandó entonces la nave hacia el polo de Saturno y más allá, hacia los límites del Sistema Solar.

La Voyager 2 llegó a Saturno en agosto de 1981 y pudo estudiar sus anillos y atmósfera en detalle, pero la cámara falló durante gran parte del sobrevuelo. Por fortuna, se recuperó, y se dio la orden de seguir hacia los gigantes helados.

Urano y Neptuno

La Voyager 2 es la única nave que ha visitado los gigantes helados Urano y Neptuno hasta la fecha. Tardó cuatro años y medio en ir de Saturno a Urano, donde pasó a 81 500 km de su atmósfera azul pálido. Allí observó los finos anillos del planeta y descubrió once nuevos satélites, todos los cuales han recibido nombres de personajes de Shakespeare, ajustándose al uso aprobado para Urano. Lo más curioso de este leja-

Charles Kohlhase

Charles Kohlhase nació en Knoxville (Tennessee) y se licenció en física. Sirvió algún tiempo en la marina de EE UU antes de incorporarse en 1960 al JPL, donde su fascinación por la exploración le llevó a trabajar para los proyectos Mariner y Viking, antes de unirse al equipo Voyager. En 1997 lo abandonó para diseñar la misión Cassini-Huygens a Saturno, que consiguió posar un aterrizador en la superficie de Titán en 2005. A finales de la década de 1970 trabajó con un equipo de artistas informáticos a fin de crear animaciones precisas de las misiones espaciales para difundir el trabajo de la NASA entre el público. Hoy jubilado, sigue involucrado en distintos proyectos que combinan arte y ciencia espacial con el fin de inspirar a la próxima generación de científicos y exploradores interplanetarios.

Obra principal

1989 *The Voyager Neptune travel guide.*

Los discos de oro de las naves Voyager incluían una selección musical, saludos en 55 idiomas e imágenes de seres humanos, animales y plantas.

no planeta, por lo demás sobrio, es la inclinación de su eje, de unos 90°. En consecuencia, Urano no rota al orbitar, sino que va «rodando» sobre el ecuador alrededor del Sol.

La parada final era Neptuno, un objetivo que alcanzó en agosto de 1989. Se comprobó que en este planeta azul oscuro se dan los vientos más fuertes del Sistema Solar, de hasta 2400 km/h, nueve veces más que cualquier viento de la Tierra. Los controladores de misión de las Voyager pudieron dejar atrás la cautela tras concluir la misión planetaria. Sin demasiada preocupación por la seguridad en el trayecto final, la Voyager 2 fue redirigida hacia Tritón, el gran satélite helado de Neptuno cuyas imágenes mostraron géiseres de aguanieve brotando en la superficie.

La misión continúa

En la actualidad, el programa Voyager continúa, y las dos naves siguen en contacto con la NASA. En 2016, la Voyager 1 se encontraba a 20 000 millones de kilómetros, y la Voyager 2, a 16 000 millones. Seis veces al año, las naves dan una vuelta para medir los rayos cósmicos a su alrededor. Los datos muestran que se están acercando al límite de la heliosfera, la región del espacio sujeta a la influencia del Sol. Pronto entrarán en el espacio interestelar y medirán el viento cósmico de antiguas explosiones estelares.

En 2025 ambas naves se quedarán sin energía y en silencio para siempre, pero su misión quizá no haya acabado. Un comité presidido por Carl Sagan escogió el contenido de un disco fonográfico dorado (sus surcos analógicos se leerían más fácilmente que un formato digital), que comprende saludos, sonidos e imágenes de nuestro planeta, e incluso ondas cerebrales humanas, a modo de tarjeta de visita de la humanidad destinada a una civilización extraterrestre. Las Voyager no se dirigen a sistema estelar alguno; lo más que se acercarán será cuando la Voyager 1 pase a 1,6 años luz de una estrella dentro de 40 000 años. Pese a que lo más probable es que nunca los encuentren seres inteligentes, los discos de oro que portan son un símbolo de la esperanza que acompañó la partida de estas dos naves interplanetarias. ■

Solo si hay civilizaciones avanzadas en el espacio interestelar, se encontrará la nave y se reproducirá el disco, pero el lanzamiento de esta botella al océano cósmico dice algo muy esperanzador sobre la vida en este planeta.

Carl Sagan

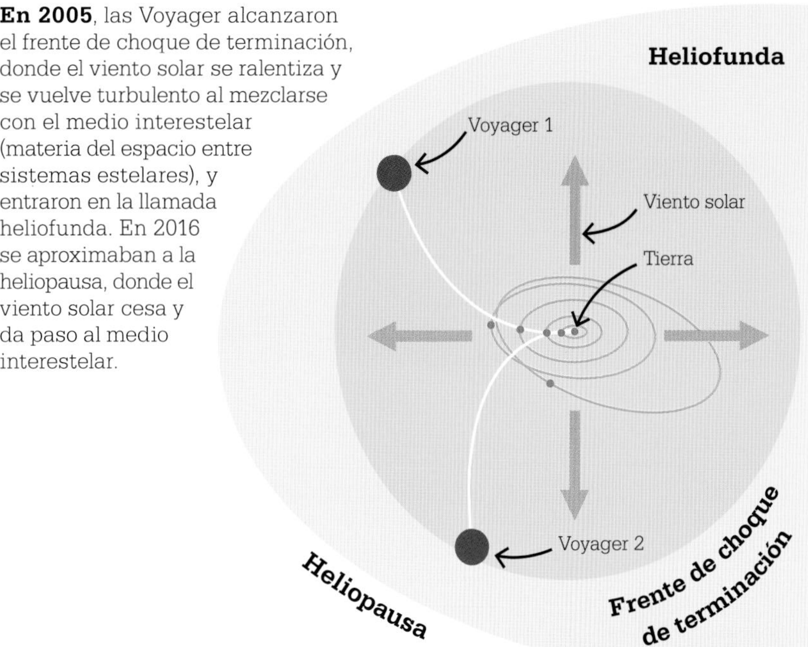

En 2005, las Voyager alcanzaron el frente de choque de terminación, donde el viento solar se ralentiza y se vuelve turbulento al mezclarse con el medio interestelar (materia del espacio entre sistemas estelares), y entraron en la llamada heliofunda. En 2016 se aproximaban a la heliopausa, donde el viento solar cesa y da paso al medio interestelar.

FALTA LA MAYOR PARTE DEL UNIVERSO

MATERIA OSCURA

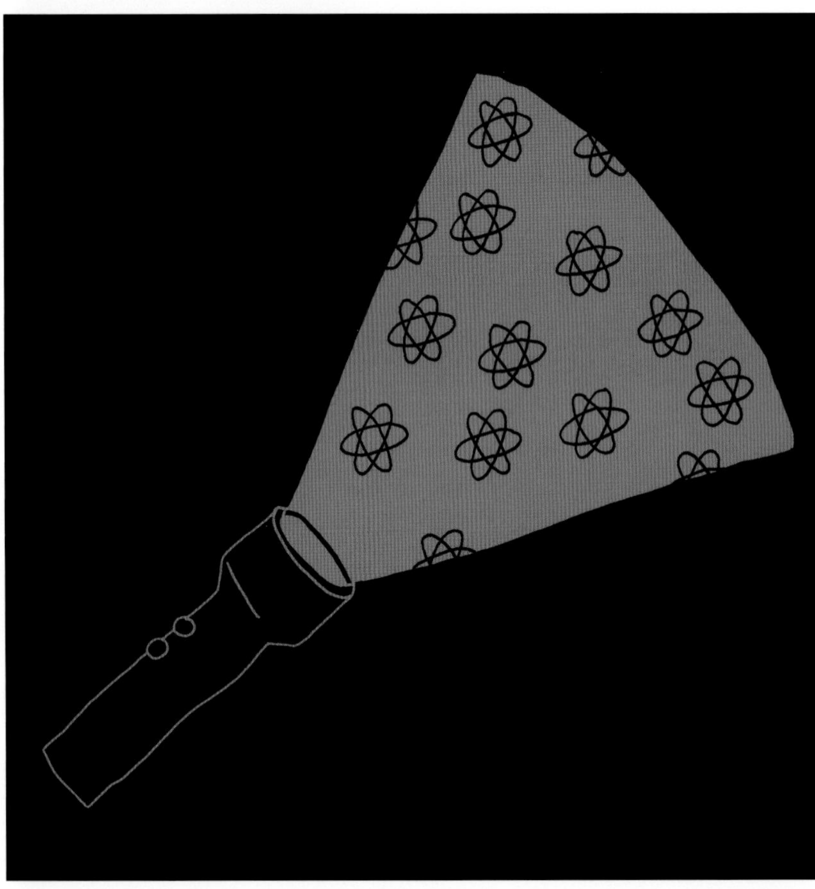

EN CONTEXTO

ASTRÓNOMO CLAVE
Vera Rubin (1928–2016)

ANTES

1925 Bertil Lindblad calcula la forma probable de la Vía Láctea.

1932 Jan Oort halla que las velocidades de rotación de la Vía Láctea no casan con la masa supuesta.

1933 Fritz Zwicky propone que la mayor parte del universo se compone de materia oscura invisible.

DESPUÉS

1999 Varias investigaciones revelan que la energía oscura está acelerando la expansión del universo.

2016 El experimento LIGO detecta ondas gravitatorias, que ofrecen un método nuevo para trazar un mapa de la distribución de la materia oscura en el universo.

La ley de la gravitación universal de Isaac Newton es adecuada para los cálculos que requiere poner un satélite en órbita, llevar astronautas a la Luna o enviar una nave en una gran expedición a otros planetas. La matemática de Newton funciona bien para la mayoría de las cosas a la escala del Sistema Solar, pero no a escalas del universo mayores, para las que hay que recurrir a la teoría relativista de la gravedad de Einstein (pp. 146–153). Aun así, la ley de la gravitación de Newton era todo lo que hacía falta para revelar uno de los mayores, y por el momento no resueltos, misterios de la astronomía: la enigmática materia oscura. En 1980, la astróno-

Véase también: La teoría de la gravedad 66–73 ▪ Perturbaciones gravitatorias 92–93 ▪ La forma de la Vía Láctea 164–165 ▪ Supernovas 180–181 ▪ La nube de Oort 206 ▪ La energía oscura 298–303

Nos hicimos astrónomos creyendo estudiar el universo y ahora nos enteramos de que solo estudiamos el 5 % que es luminoso.
Vera Rubin

ma estadounidense Vera Rubin presentó pruebas claras de la existencia de la materia oscura. Gracias a ella, el gran público supo que parece faltar la mayor parte del universo.

En las décadas de 1960 y 1970, la ciencia astronómica estuvo dominada por proyectos a gran escala con instrumentos masivos y a menudo en zonas remotas del mundo, para buscar objetos exóticos como agujeros negros, púlsares o cuásares. Rubin, en cambio, buscaba un ámbito de estudio que le permitiera residir en su ciudad natal, Washington D.C., y criar a sus cuatro hijos. Escogió el estudio de la rotación de las galaxias, y en particular el comportamiento anómalo de las regiones galácticas exteriores.

Espirales giratorias

El problema al que se enfrentó Rubin era que los enormes discos de estrellas de galaxias cercanas no se movían de modo coherente con la ley de la gravedad de Newton: sus regiones externas lo hacían demasiado rápido. El curioso dato no era nuevo, pero por lo general había sido ignorado.

Desde la década de 1920, cuando Bertil Lindblad y otros mostraron que la Vía Láctea –y por extensión muchas otras galaxias– eran discos de estrellas en movimiento alrededor de un punto central, se suponía que las galaxias eran sistemas orbitales como cualesquiera otros. En el Sistema Solar, los objetos cercanos orbitan más deprisa que los lejanos, por lo que Mercurio se mueve mucho más rápido que Neptuno. Esto se debe a que, siguiendo a Newton, la »

Las **regiones exteriores** de las galaxias se mueven mucho **más rápido** de lo esperado.

Para que las galaxias en rotación no se desintegren, deben contener **mucha más masa** que la visible.

Esta masa corresponde a **materia oscura invisible**: hay **seis veces más** materia oscura que ordinaria en el universo.

Falta la mayor parte del universo.

Vera Rubin

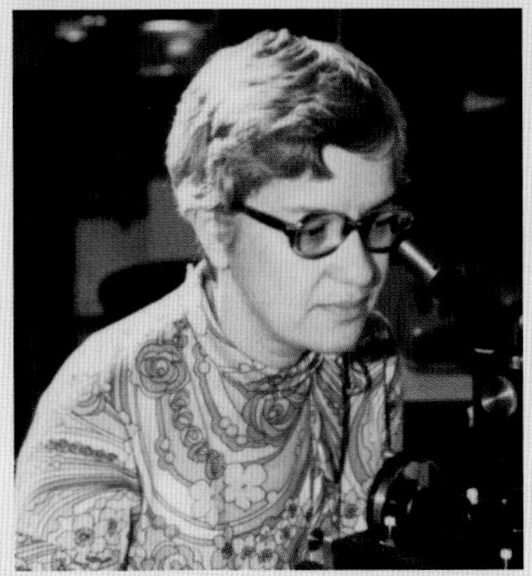

Nacida Vera Cooper en Filadelfia (EE UU), consiguió su primera licenciatura en el Vassar College (estado de Nueva York), y luego solicitó ir a Princeton. Su solicitud fue ignorada, porque las mujeres tuvieron vetado el ingreso en el programa astronómico de posgrado de la universidad hasta el año 1975. Rubin continuó con sus estudios en la Universidad de Cornell, donde tuvo por maestros a figuras clave como Richard Feynman y Hans Bethe. Finalmente se doctoró por la Universidad de Georgetown en Washington D.C., bajo la dirección de George Gamow. Su espléndida tesis, publicada en 1954, concluía que las galaxias debían formar cúmulos, un hecho que no fue plenamente explorado hasta el trabajo de John Huchra a finales de la década de 1970. Después de enseñar en una universidad de Maryland, volvió a Georgetown, y en 1965 se trasladó al Instituto Carnegie de Washington, donde trabajó sobre la rotación galáctica y permaneció hasta su muerte.

Obra principal

1997 *Bright Galaxies, Dark Matters.*

gravedad disminuye en proporción inversa al cuadrado de la distancia. Al cotejar la velocidad de los planetas con su distancia al Sol, los datos forman una «curva de rotación» suavemente descendente, y se esperaba que al hacer lo mismo con la velocidad orbital de estrellas a diferente distancia del centro resultara una curva similar.

En 1932, el astrónomo neerlandés Jan Oort fue el primero en aportar pruebas observadas de que la galaxia es un único sistema orbital compuesto por una espiral móvil de estrellas, en el que el Sol describe una gigantesca órbita de 225 millones de años. Sin embargo, en el curso de sus cálculos, Oort vio que el movimiento de la galaxia indicaba que su masa era el doble de la masa total de las estrellas visibles, y concluyó que tenía que haber alguna fuente oculta de masa. Un año después, el suizo-estadounidense Fritz Zwicky estudió el movimiento relativo de las galaxias en el cúmulo de Coma. Nuevamente halló que su movimiento indicaba que la masa de lo que se veía no era todo lo que había allí y denominó *dunkle Materie* («materia oscura») al material faltante. Las primeras mediciones de Oort eran imprecisas, mientras que la estimación inicial de Zwicky, muy exagerada, fue que la materia oscura era 400 veces más abundante que la visible. Los hallazgos de ambos fueron despachados como errores de medición. En 1939, el estadounidense Horace Babcock dio de nuevo con anomalías en la rotación de Andrómeda y propuso que había algún mecanismo por el cual la luz de la materia que faltaba la estaba absorbiendo el núcleo galáctico.

Curva de rotación galáctica

Más de 20 años después, Rubin volvió al problema de la rotación galáctica. Al igual que Babcock, decidió centrarse en la rotación de Andrómeda, la galaxia vecina más próxima de la Vía Láctea. Trabajando con su colega Kent Ford en el Instituto Carnegie de Washington midió la velocidad de objetos de la región exterior de la galaxia con la ayuda de un espectrógrafo sensible que les permitió detectar el corrimiento al rojo y al azul de los objetos y calcular su velocidad relativa al acercarse y alejarse de la Tierra.

Ningún problema de observación se resuelve con más datos.
Vera Rubin

Tras varios años de trabajo lento y concienzudo, Rubin tenía datos suficientes para plantear una curva de rotación de la galaxia. En lugar del suave descenso de la curva del Sistema Solar, los datos de velocidad de la curva galáctica se mantenían relativamente a nivel con la distancia. Esto indicaba que las regiones externas de Andrómeda se movían a la misma velocidad que las más próximas al centro. Si la masa de la galaxia se limitase a lo que podía verse por el telescopio, las regiones exteriores estarían superando la velocidad de escape y, por tanto, deberían salir lanzadas al espacio. Sin embargo, estaban claramente sujetas por la masa total de la galaxia. Rubin calculó que la masa galáctica total necesaria para retener en órbita las regiones exteriores era unas siete veces mayor que la masa visible. Hoy se cree que la proporción de materia y materia oscura es aproximadamente de 1 a 6.

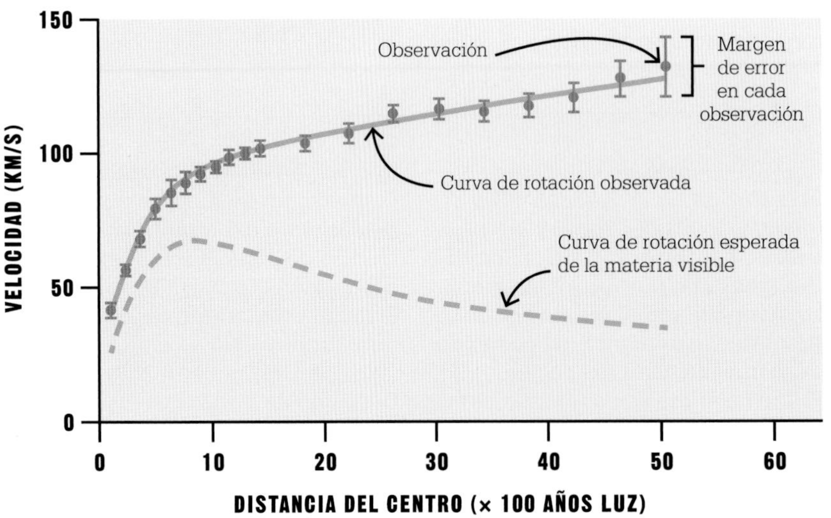

En ausencia de materia oscura, la velocidad de los objetos en las regiones exteriores sería menor que la observada. En este gráfico se contrasta la curva de rotación observada con la curva esperada de la materia visible sola.

¿Qué es la materia oscura?

La curva de rotación galáctica defendida por Rubin, muy difundida en 1980, fue la prueba visual de la existencia de la materia oscura. Las

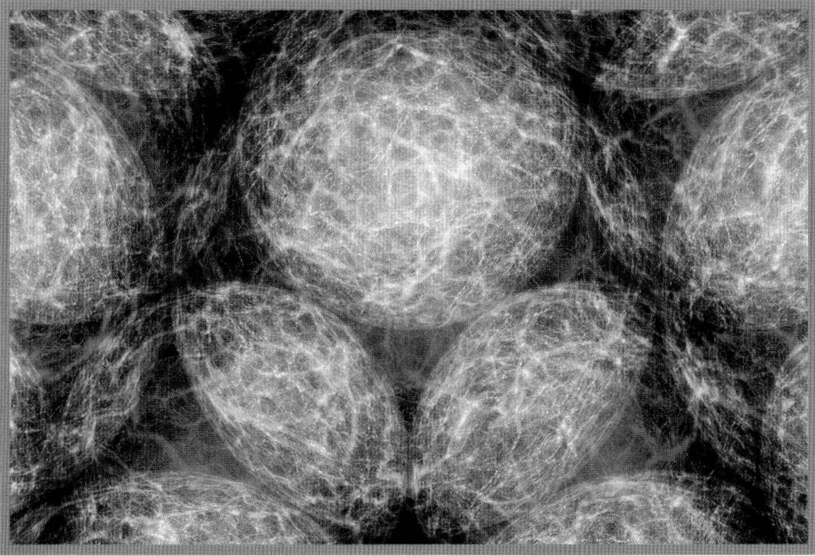

La materia oscura probaría que el universo es uno de muchos que existen cerca, pero en dimensiones espaciales distintas, como burbujas de un multiverso.

pruebas se acumulaban, pero el misterio de qué era persistía. La materia oscura no puede observarse, solo sus efectos son detectables, y los únicos que se pueden detectar se deben a su gravedad. No interactúa con la fuerza electromagnética, es decir, no absorbe calor, luz ni radiación alguna, ni la emite. La materia oscura puede ser totalmente invisible.

Posibles fuentes

La solución más sencilla al problema de la materia oscura es la más literal: que la componen cuerpos ultradensos de materia ordinaria demasiado oscuros para ser observados. Los astrónomos los han llamado MACHO (acrónimo de objeto astrofísico compacto masivo del halo, en inglés). Entre ellos figuran agujeros negros, estrellas de neutrones y enanas blancas y marrones. Ocupan el halo galáctico, una región oscura y difusa que rodea el disco principal brillante de la galaxia, y por eso son difíciles de ver. Está claro que los MACHO están ahí, pero según las estimaciones actuales solo representarían una minúscula proporción de la materia oscura. Una idea alternativa es la de las WIMP (siglas de partículas masivas de interacción débil, en inglés). El concepto se basa en una idea de la física de partículas llamada supersimetría, que propone una nueva explicación de la energía y la materia ordinaria. La energía y la materia forman dos grupos distintos de partículas subatómicas, y la supersimetría propone que estos grupos interactúan gracias a la acción de partículas supersimétricas, o «s-partículas». Las WIMP de materia oscura podrían ser partículas escapadas de sus compañeras en los inicios del universo u objetos que siempre están ahí.

Por último, la materia oscura podría ser el efecto observable de otro universo (o de varios), que existe en una dimensión espacial distinta de la de este. Su materia podría hallarse a solo unos centímetros, pero al estar atrapada la radiación de cada universo en su propio espacio-tiempo, uno no puede nunca observar al otro. No obstante, los efectos gravitatorios de la materia de los universos ocultos se manifiestan en este por la curvatura del espacio-tiempo.

Explicar la materia oscura sigue siendo uno de los grandes retos de la astronomía. En 1999 se descubrió un fenómeno aún más desconcertante si cabe: el 68 % del universo no es ni materia visible ni materia oscura, sino algo llamado energía oscura. La materia oscura constituye el 27 %, y la materia visible, un modesto 5 %. ■

Un enorme anillo de materia oscura, formado hace mucho por la colisión de dos cúmulos galácticos masivos, se ve en azul más claro en esta imagen del telescopio espacial Hubble.

De momento, bien podríamos llamarlos DUNNOS (objetos oscuros desconocidos no reflectantes e indetectables que están en alguna parte).
Bill Bryson

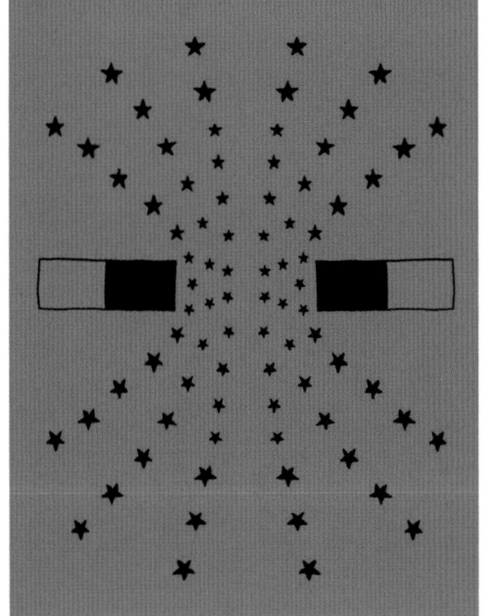

LAS PRESIONES NEGATIVAS PRODUCEN GRAVEDAD REPULSIVA

INFLACIÓN CÓSMICA

EN CONTEXTO

ASTRÓNOMO CLAVE
Alan Guth (n. en 1947)

ANTES
1927 Georges Lemaître propone que el universo surgió de un único átomo primitivo. Esto se llamó más tarde teoría del Big Bang.

1947 George Gamow y Ralph Alpher describen cómo se formaron el hidrógeno y el helio en el universo temprano.

1964 Se descubre que la radiación de fondo es un remanente del Big Bang.

DESPUÉS
1999 Se descubre que la energía oscura acelera la expansión del universo.

2014 El BICEP2 se retracta de haber hallado pruebas de inflación.

2016 El LIGO detecta ondas gravitatorias, que suponen una nueva manera de observar la estructura del espacio-tiempo.

En la década de 1970, los cosmólogos trataban de resolver los rompecabezas planteados por la teoría del Big Bang. Alan Guth propuso que el universo inicial pasó por una etapa de inflación rápida causada por los efectos predichos por la teoría cuántica.

Los rompecabezas

Uno de los problemas de la teoría del Big Bang era el planteado por la teoría de la gran unificación (TGU), o teoría del todo, que describe cómo surgieron las fuerzas del universo (salvo la gravedad) una fracción de segundo tras el Big Bang. La TGU predecía que las elevadas temperaturas en ese momento crearían rasgos extraños, como los llamados monopolos magnéticos (partículas con un solo polo magnético). Sin embargo, nunca se ha encontrado ninguno, lo cual apunta a que el universo se enfrió más rápido de lo esperado.

Además, el espacio es asombrosamente «plano», es decir, se expande conforme a la geometría euclidiana «normal» (véase diagrama en p. siguiente). Un universo plano solo habría surgido si la densidad del universo temprano fuese igual a una determinada cifra crítica. Una leve variación en uno u otro sentido habría dado universos curvos.

La cuestión final era el problema del horizonte. En los límites del universo observable, la luz ha tardado toda la vida del cosmos en llegar a la Tierra. Como la velocidad de la

La teoría del Big Bang **predice rasgos** que **no se observan** en el universo actual.

La **primera etapa** del universo tras el Big Bang pudo ser un periodo de expansión rápida llamado **inflación**.

La inflación explica muchos rasgos del universo, pero no hay pruebas que la confirmen.

Véase también: El nacimiento del universo 168–171 ▪ El átomo primitivo 196–197 ▪ En busca del Big Bang 222–227 ▪ Ondas gravitatorias 328–331

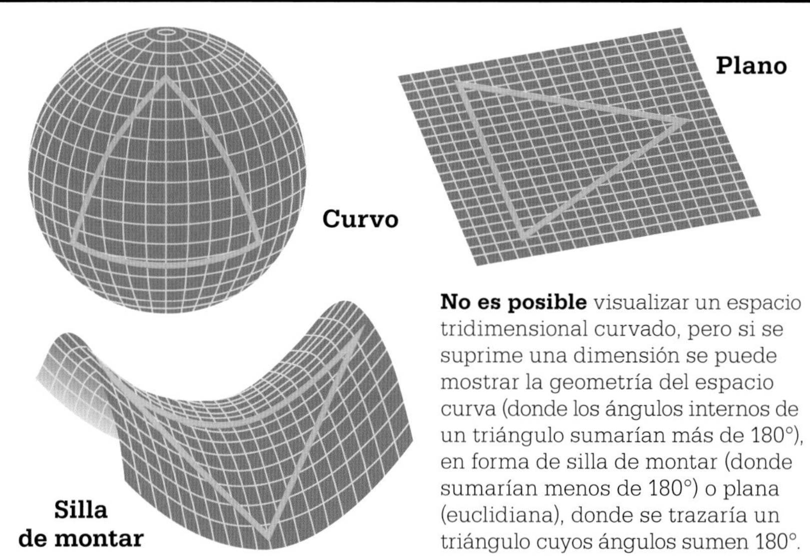

No es posible visualizar un espacio tridimensional curvado, pero si se suprime una dimensión se puede mostrar la geometría del espacio curva (donde los ángulos internos de un triángulo sumarían más de 180°), en forma de silla de montar (donde sumarían menos de 180°) o plana (euclidiana), donde se trazaría un triángulo cuyos ángulos sumen 180°.

luz es constante, los expertos saben que no ha tenido tiempo de alcanzar el extremo opuesto del universo. Si ninguna luz, energía o materia ha pasado de un extremo a otro del universo, ¿por qué el espacio es tan similar en todas las direcciones?

La solución

La solución teórica de Guth fue inflar el universo inicial mediante un efecto cuántico llamado falso vacío, en el que se crea energía positiva conforme el espacio se expande, compensada con un aumento de la gravedad (una forma de energía negativa). En los primeros 10^{-35} segundos tras el Big Bang, el espacio dobló cien veces su tamaño, pasando de una milmillonésima del tamaño de una partícula subatómica al de una canica. Esto supone que, en el principio mismo, los bordes estaban lo bastante cerca como para mezclarse y uniformizarse, lo cual resolvía el problema del horizonte. En la inflación, el espacio se expandió a mayor velocidad que la luz (la velocidad de la luz es un límite a través del espacio). La inflación enfrió el universo rápidamente, lo cual resolvía el problema de la TGU, y produjo la uniformidad. Por último, la inflación cesó cuando la densidad del universo se igualó en el valor necesario para un universo plano. En 2014, el equipo del experimento BICEP2, en el polo Sur, creyó detectar ondas en el espacio consistentes con la inflación cósmica, pero pronto se retractó. Aunque la inflación cósmica no está demostrada, es la mejor teoría actual sobre el Big Bang. ■

Los recientes avances de la cosmología apuntan a un universo donde todo fue creado de la nada.
Alan Guth

Alan Guth

Nacido en Nueva Jersey (EE UU), Alan Guth se doctoró en 1972; se especializó en física de partículas, y centró su talento en el estudio de los quarks (partículas elementales). A finales de la década de 1970 había trabajado en el MIT y en Princeton, Columbia, Cornell y Stanford, en busca de un cargo académico de larga duración.

Estando en Columbia, Guth comenzó a interesarse por la teoría de la gran unificación (TGU), que fue propuesta en 1974. Cuatro años más tarde, en Cornell, empezó a desarrollar la teoría inflacionaria tras oír hablar sobre el problema del universo plano y, poco después, de los problemas asociados a la TGU. En Stanford se encontró con el problema del horizonte, y publicó su famosa teoría en 1981. En la actualidad, Guth es profesor del MIT, donde sigue tratando de obtener pruebas que apoyen su tesis sobre la inflación cósmica.

Obras principales

1997 *El universo inflacionario: la búsqueda de una nueva teoría sobre los orígenes del cosmos.*
2002 *Inflation and the New Era of High-Precision Cosmology.*

LAS GALAXIAS PARECEN ESTAR EN LA SUPERFICIE DE ESTRUCTURAS PARECIDAS A BURBUJAS

SONDEOS DEL CORRIMIENTO AL ROJO

EN CONTEXTO

ASTRÓNOMOS CLAVE
Margaret Geller (n. en 1947)
John Huchra (1948–2010)

ANTES
1842 Christian Doppler explica el cambio de las longitudes de onda por el movimiento relativo.

1912 Vesto Slipher afirma que las galaxias exhiben corrimiento al rojo por el efecto Doppler.

1929 Mediante el corrimiento al rojo, Edwin Hubble muestra que las galaxias distantes se alejan más rápido que las cercanas.

1980 Alan Guth propone que la inflación cósmica configuró el universo.

DESPUÉS
1998 El Sloan Digital Sky Survey halla murallas, láminas y filamentos galácticos de muchos años luz de largo.

1999 Un sondeo del corrimiento al rojo de las supernovas revela que la expansión del universo se acelera.

Desde la década de 1920, el estudio del corrimiento al rojo de las galaxias lejanas ha revelado la escala del espacio y el modo en que el universo se expande en todas direcciones. El corrimiento al rojo se produce cuando una fuente de luz se aleja del observador (p. 159). En la década de 1980, los sondeos de corrimiento al rojo por los astrónomos estadounidenses Margaret Geller y John Huchra, desde el Centro de Astrofísica Harvard-Smithsonian (CfA), ofrecieron una imagen aún más clara del universo al mostrar que las galaxias se agrupan alrededor de grandes áreas de espacio vacío. El trabajo de Geller y Huchra aportó valiosas pistas sobre la naturaleza del universo en sus primeros momentos.

En los sondeos del corrimiento al rojo se utiliza un telescopio de gran angular para seleccionar galaxias, por lo general a millones de años luz. Los astrónomos comparan la luz de cada galaxia con longitudes de onda de referencia para determinar el corrimiento al rojo, y con ello la distancia recorrida por la luz, lo cual les permite determinar la posición de muchas galaxias. Huchra inició el primer sondeo de este tipo en 1977;

Margaret Geller

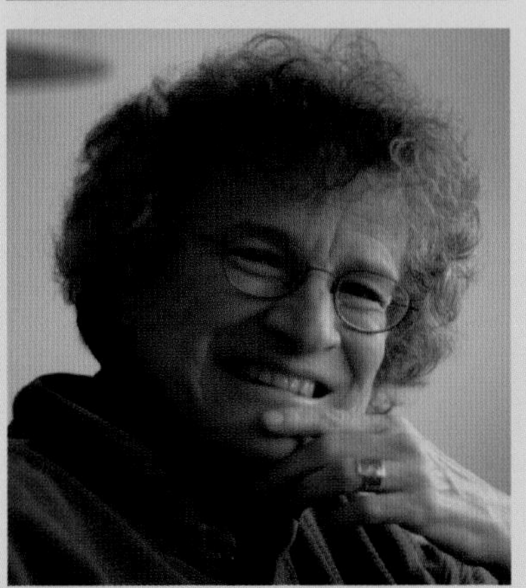

Margaret Geller se doctoró en Princeton en 1975 y recibió varias becas de investigación antes de ingresar en el Centro de Astrofísica Harvard-Smithsonian en 1983. Allí trabajó junto a John Huchra en el análisis de los resultados del sondeo del corrimiento al rojo realizado por este y dirigió el segundo sondeo (CfA2). Es una conferenciante activa y ha realizado diversos documentales sobre el universo, entre los que destaca *Where the Galaxies Are*, un viaje gráfico por los objetos de gran escala del universo observado.

Véase también: Galaxias espirales 156–161 ▪ Más allá de la Vía Láctea 172–177 ▪ Inflación cósmica 272–273 ▪ Un panorama digital del cielo 296

una vez terminado, en 1982, había cartografiado 2200 galaxias. Antes se sabía que las galaxias se disponían en cúmulos. Por ejemplo, la Vía Láctea es una de las 54 galaxias, como mínimo, del Grupo Local, un cúmulo de unos 10 millones de años luz de diámetro. Se creía que dichos cúmulos se repartían uniformemente, pero, en 1980, Huchra mostró con su sondeo que docenas de cúmulos forman supercúmulos de cientos de millones de años luz de diámetro. Así, el Grupo Local forma parte del supercúmulo de Laniakea, que contiene otras 100 000 galaxias.

Las galaxias forman **cúmulos** y **supercúmulos** que llenan estrechas franjas del espacio alrededor de grandes vacíos.
Estos vacíos son **demasiado grandes** para haber **contenido materia** alguna vez.
Debieron estar presentes en el **universo muy temprano**.

Murallas de galaxias

En 1985, Geller inició el sondeo del corrimiento al rojo CfA2, durante el cual se cartografiaron 15 000 galaxias en 10 años. El sondeo confirmó que los supercúmulos se disponían a su vez en láminas y murallas que encerraban vastos vacíos como la película superficial de una pompa de jabón. Halló la primera «gran muralla» de supercúmulos galácticos en 1989. El tamaño exacto de la Gran Muralla CfA2 sigue siendo incierto, pero se estima en unos 700 millones de años luz de largo, 250 de ancho y 16 de profundidad. Fue la primera de varias superestructuras similares conocidas.

El tamaño de los vacíos desconcertó a los astrónomos. Eran demasiado vastos para haber sido vaciados por el colapso gravitatorio del material que formó las estrellas y galaxias, y, por tanto, llevaban vacíos desde los inicios del universo. Los cosmólogos teorizan que la enorme escala de los supercúmulos y vacíos es el legado de fluctuaciones cuánticas durante la etapa inflacionaria del universo. Las fluctuaciones cuánticas son cambios fugaces de la cantidad de energía en algunos puntos del espacio. Tales irregularidades, pequeñas pero de gran importancia, quedaron impresas en el tejido del universo durante la primera fracción de segundo de su existencia, y ahí continúan hoy, como inmensas áreas vacías interrumpidas por un patrón enmarañado de materia. ■

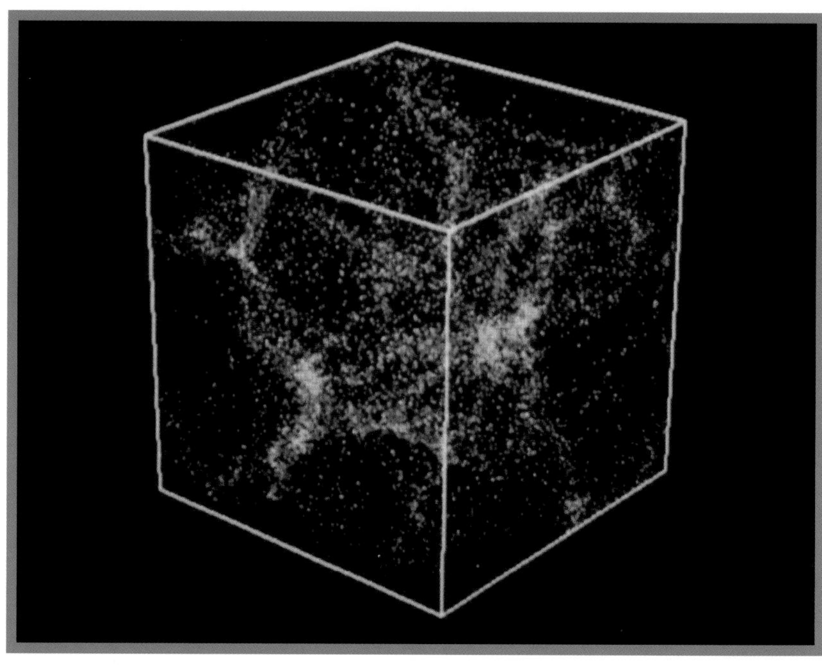

Esta simulación por ordenador de una porción del universo muestra la distribución de 10 000 galaxias, agrupadas en largos filamentos y «murallas» entre vastos vacíos.

LAS ESTRELLAS SE FORMAN DE DENTRO AFUERA

EL INTERIOR DE LAS NUBES MOLECULARES GIGANTES

EN CONTEXTO

ASTRÓNOMO CLAVE
Frank Shu (n. en 1943)

ANTES
1947 Bart Bok observa varias nebulosas oscuras y plantea la idea de que son lugares de formación estelar.

1966 Frank Shu y Chia-Chiao Lin desarrollan la teoría de las ondas de densidad para explicar los brazos espirales de la Vía Láctea.

DESPUÉS
2003 Se lanza el telescopio espacial de infrarrojos Spitzer, que proporciona las mejores imágenes de viveros estelares.

2018 Con su primera luz, el telescopio espacial James Webb permitirá a los expertos investigar protoestrellas en los oscuros glóbulos de Bok.

Las estrellas se forman dentro de unos glóbulos oscuros de polvo y gas llamados nubes moleculares gigantes (NMG). Sin embargo, el proceso por el que una nube de gas se transforma en estrella embrionaria no ha sido observado nunca, en parte porque debe durar millones de años, y en parte porque hasta para los telescopios más avanzados es difícil penetrar en nubes tan densas y oscuras.

A falta de pruebas procedentes de la observación, los astrofísicos se ven en la obligación de reconstruir modelos matemáticos de lo que sospechan que ocurre dentro de los glóbulos. El modelo más coherente de formación estelar procede del matemático estadounidense Frank Shu. Él y sus colegas Fred Adams y Susana Lizano de la Universidad de

Véase también: La composición de las estrellas 162–163 ▪ La fusión nuclear en las estrellas 166–167 ▪ Generación de energía 182–183 ▪ Nubes moleculares densas 200–201 ▪ El estudio de estrellas lejanas 304–305 ▪ James Jeans 337

Los Pilares de la Creación son vastas nubes de gas y polvo donde nacen nuevas estrellas. Esta célebre imagen fue captada por el telescopio espacial Hubble en 1995.

California, en Berkeley, presentaron su innovador modelo en 1986 después de 20 años de trabajo.

El modelo de Shu

El sistema de Shu, llamado «modelo isotérmico singular», está construido a partir de la matemática compleja que define la dinámica de las nubes de gas, teniendo en cuenta factores como temperatura, densidad, carga eléctrica y magnetismo. El modelo funciona haciendo que el proceso sea autosimilar. Una condición de partida que haga contraerse parte de la nube en forma de núcleo denso producirá las mismas –o similares– condiciones, lo cual hace que se incorpore más gas al núcleo, y así sucesivamente. El proceso se consideró lo bastante estable como para mantener la cohesión de una estrella joven mientras crece. Los modelos anteriores habían fallado al no encontrar el modo de equilibrar los mecanismos que atraían los gases y expulsaban el calor; en consecuencia, estos modelos acababan con la desintegración de la joven estrella. Las NMG son vastas regiones de la galaxia llenas de átomos de hidrógeno y moléculas mezcladas con motas de polvo y hielo. Una NMG típica contiene 100 000 masas solares de material, consistente en una mezcla de gases primordiales producidos por el Big Bang y restos de estrellas muertas hace mucho tiempo. Las NMG suelen encontrarse en los brazos espirales de una galaxia.

Hacia mediados de la década de 1960, Shu –en colaboración con el matemático chino-estadounidense Chia-Chiao Lin– modeló la rotación de una galaxia espiral y mostró que los brazos se encuentran en ondas de densidad, o «atascos» de estrellas, que barren material interestelar hacia las NMG. Esto desencadena la formación de estrellas. »

Las estrellas son **densas esferas** de hidrógeno supercaliente.

→

Deben de haberse formado a partir de **nubes de hidrógeno** en el espacio interestelar.

→

El material del **centro se contrajo primero** y luego atrajo las regiones exteriores.

→

Las estrellas se forman de dentro afuera.

El modelo de Frank Shu describe cómo se forma una estrella en cuatro etapas a partir de una nube molecular gigante.

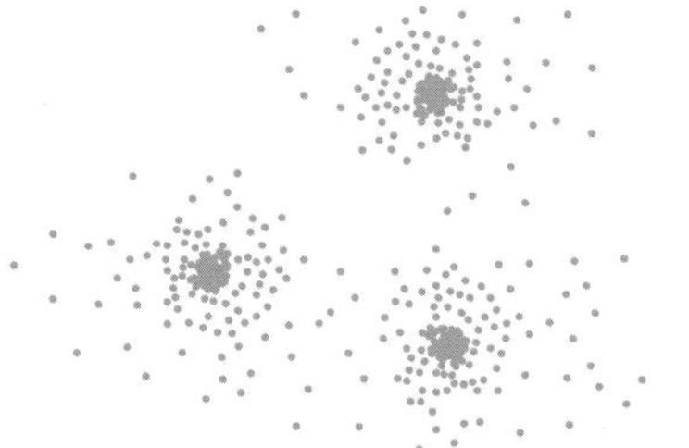

1 Se forman núcleos en la NMG al calmarse las fuerzas magnéticas y la turbulencia.

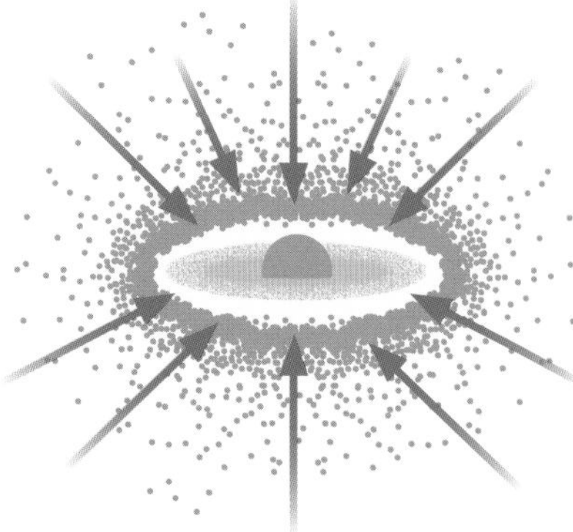

2 Se forma una protoestrella con un disco nebular en torno a un núcleo, contrayéndose de dentro afuera.

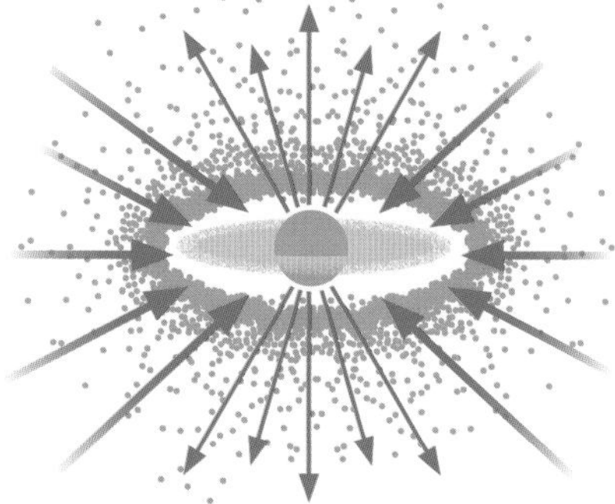

3 Surge viento estelar a lo largo del eje de rotación, creando así un flujo bipolar.

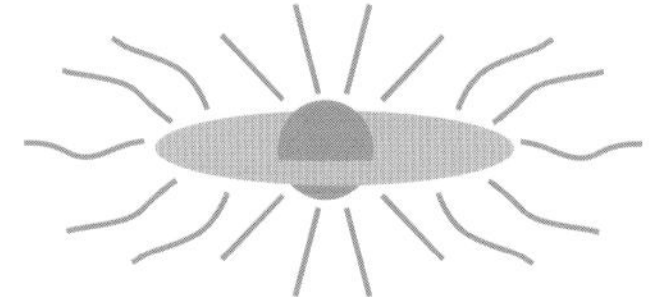

4 Deja de incorporarse material y se revela una estrella nueva con un disco alrededor.

El impacto de una onda de densidad, o algo mucho más violento, como el estallido de una supernova próxima, crea turbulencia en las NMG. Sin embargo, unos campos magnéticos muy enmarañados recorren la nube e impiden que la turbulencia la deshaga. El magnetismo impide también el colapso de la nube sobre sí misma por efecto de su propia gravedad.

Núcleos de nubes

A lo largo de millones de años, la presión magnética y la turbulencia de los gases se disipan, generando zonas de calma donde se forman núcleos de rotación lenta. Vistas más de cerca, las NMG no son uniformes, sino que se componen de fragmentos oscuros o masas de material más denso, los llamados glóbulos de Bok. Se cree que cada glóbulo contiene varios núcleos.

El modelo de Shu supone que el núcleo se convierte en una sola esfera isotérmica (de temperatura igual), o algo muy similar. Esto supone que la gravedad que mantiene la cohesión de la esfera de gas se ve compensada por la presión hacia fuera del gas en movimiento y sus fuerzas magnéticas. Tal estado no puede durar mucho tiempo, y la fuerza gravitatoria de contracción se impone a la presión hacia fuera.

La región interior del núcleo de la nube se contrae formando una densa bola de gas en el centro, la protoestrella. Las protoestrellas tardan millones de años en formarse, y otros millones más en convertirse en estrellas propiamente dichas. La protoestrella se halla además rodeada por un disco de material formado por la rotación del sistema, y sustrae oleada tras oleada material de su envoltura gaseosa. Con cada oleada, la masa de la protoestrella y su disco difuso aumenta, y con ello también su gravedad. La gravedad creciente atrae material de más lejos, y de ahí la descripción del proceso como una «contracción de dentro afuera».

La estrella reúne masa

A medida que se vuelve más densa, la protoestrella se calienta, pero aún es demasiado pequeña y fría para producir energía fusionando hidrógeno en el núcleo. La fuerza de todo el material que llega a su superficie también suma al calor que despide la protoestrella, que en esta fase solo produce una débil radiación infrarroja y de microondas, y, por tanto, es

Frank Shu

Nacido en 1943, en Kunming (China), Frank Shu se trasladó a EE UU con solo seis años de edad para reunirse con su padre, un matemático que había empezado a trabajar en el MIT, donde el propio Frank se licenció en física en 1963. Durante su estancia allí, desarrolló junto a Chia-Chiao Lin la teoría de las ondas de densidad de los brazos espirales. Luego se trasladó a la Universidad de Harvard, donde completó su doctorado en astronomía en 1968. Más tarde investigó sobre su modelo de protoestrella en Berkeley, de cuyo departamento de astronomía ya era director cuando presentó el modelo revisado de esfera isotérmica en 1986.

Durante los últimos años ha aplicado sus conocimientos de astrofísica al cambio climático. Frank Shu colabora a menudo con sus alumnos de posgrado, colectivamente conocidos como Shu Factory.

Obra principal

1981 *The Physical Universe.*

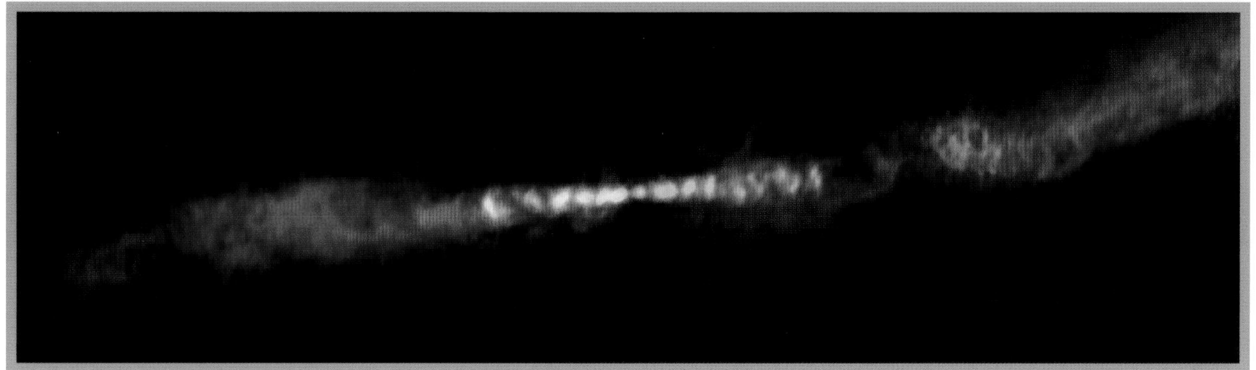

difícil de ver. Con el tiempo, la protoestrella reúne masa suficiente para iniciar la fusión, pero al principio solo consume el deuterio, un isótopo pesado del hidrógeno. A diferencia de una estrella adulta, la protoestrella libera calor solo por convección. El calor del núcleo asciende a la superficie del mismo modo que el agua en una olla al hervir. La convección y la rotación de la estrella crean un potente campo magnético que surge de cada polo, abriendo un estrecho hueco en la envoltura de gas y polvo. El calor de la protoestrella en crecimiento y un viento solar de plasma surgen por estos chorros polares. Todos estos rasgos, explicados por el modelo de Shu, han sido confirmados por observaciones.

Casi una estrella

Una estrella de la masa del Sol pasa unos 10 millones de años en la fase de protoestrella. A medida que crece su masa, se ensancha el ángulo de los chorros polares, despejando aún más la nube de gas. En un momento dado, el viento estelar de la protoestrella surge de toda la superficie y disipa la nube de gas por completo. Es el momento en que se revela por primera vez el joven objeto estelar. Las estrellas gigantes (con más de 8 masas solares) ya han empezado a quemar hidrógeno para entonces y se han convertido en estrellas propiamente dichas, destinadas a vivir una vida breve e intensa. En cambio, las estrellas menores (con menos de 8 masas solares) no han iniciado aún la fusión plena y se conocen como estrellas de presecuencia principal (pSP). Estas conservan un disco de material a su alrededor, parte del cual será dispersado por el viento estelar hacia el resto de la NMG. Lo que queda, sobre todo alrededor de las más pequeñas, es probable que forme planetas gaseosos gigantes, y quizá también planetas rocosos más tarde.

Ignición final

La fase final de la formación estelar es la contracción de las pSP de rotación rápida. Las enanas rojas, naranjas y amarillas (estrellas de tipo M, K, G y F) crean estrellas pSP de menos de dos masas solares. Son bastante más grandes y menos densas que sus formas adultas y se ven mucho más brillantes al emitir luz por una superficie mayor, luz a menudo enfatizada por estallidos de rayos X de alta energía. Esta energía es producto de la contracción gravitatoria, no de la fusión nuclear. Una pSP tarda cerca de 100 millones de años en comprimirse lo suficiente para empezar a quemar hidrógeno, y para entonces habrá perdido entre la mitad y tres cuartos de su masa inicial. Las pSP mayores (de entre 2 y 8 masas solares) siguen una vía diferente hacia la fusión y forman raras enanas azules (estrellas de tipo A y B).

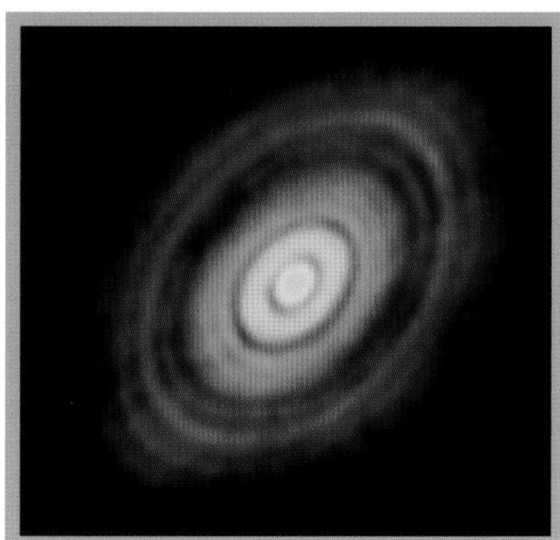

Un disco protoplanetario rodea la joven estrella HL Tauri, en la constelación de Tauro. Se cree que las manchas oscuras corresponden a posibles planetas en formación.

Una estrella en su infancia entre dos chorros casi simétricos de gas denso. Se trata de la estrella CARMA-7, a unos 1400 años luz de la Tierra.

Las pSP están en la etapa más temprana de formación estelar que se ha visto claramente. Los telescopios espaciales de infrarrojos como el Spitzer y el Hubble han ofrecido débiles atisbos de protoestrellas, pero por lo general estas se hallan demasiado ocultas por las oscuras nubes de polvo. El nuevo telescopio espacial de infrarrojos James Webb de la NASA está diseñado para ver a través de ese polvo, así que quizá pronto podamos observar por fin el nacimiento de una estrella. ■

ARRUGAS EN EL TIEMPO

OBSERVACIÓN DE LA RFM

EN CONTEXTO

ASTRÓNOMOS CLAVE
George Smoot (n. en 1945)
John Mather (n. en 1946)

ANTES

1964 Se descubre la radiación de fondo de microondas, el eco del Big Bang.

1981 Según la teoría de la inflación cósmica de Alan Guth, las fluctuaciones de densidad energética se imprimieron en el espacio durante el Big Bang.

1983 Los sondeos del corrimiento al rojo muestran que las galaxias se agrupan alrededor de enormes vacíos.

DESPUÉS

2001 Se lanza la Wilkinson Microwave Anisotropy Probe para afinar el mapa de la RFM.

2015 El Observatorio Planck estudia la RFM y ajusta la edad del universo a 13 813 millones de años +/- 38 millones. La última estimación es de 13 799 millones de años +/- 21 millones.

Siempre pienso en el espacio-tiempo como la verdadera sustancia del espacio, y en las galaxias y estrellas como la espuma del océano.
George Smoot

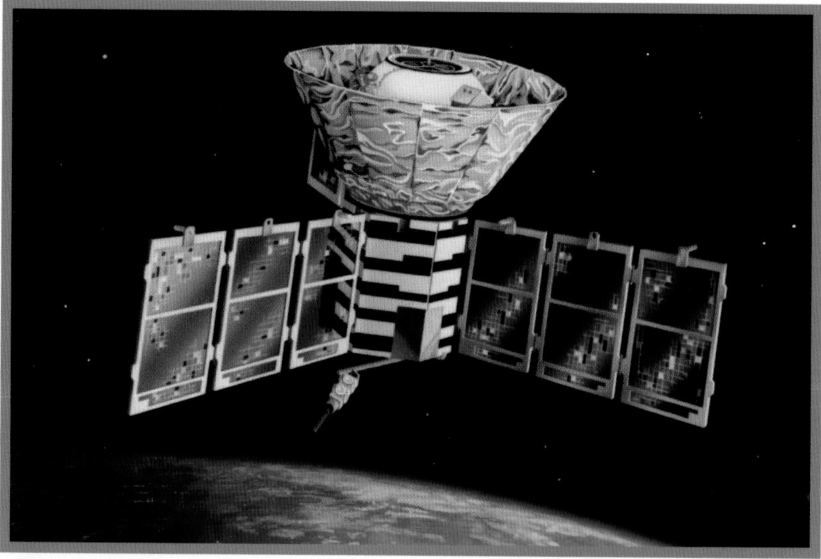

El Explorador del Fondo Cósmico (COBE) pasó cuatro años en el espacio reuniendo información sobre la RFM, con un escaneo de la esfera celeste cada seis meses.

La radiación de fondo de microondas, o RFM, se descubrió en 1964. Se trata del resplandor dejado por el Big Bang, y es lo más cercano al acontecimiento que inició la existencia del universo hace unos 13 800 millones de años que pueden observar los científicos. Relacionar las estructuras observadas en el universo con las que se disciernen en la RFM sigue siendo un reto fundamental para los cosmólogos.

El tiempo arrugado

El primer gran avance llegó del Explorador del Fondo Cósmico, conocido como COBE, un satélite de la NASA lanzado en 1989. Los detectores del COBE, diseñados y controlados por George Smoot, Mike Hauser y John Mather, localizaron las estructuras más antiguas del universo visible, descritas por Smoot como «arrugas en el tiempo». Estas arrugas en un espacio por lo demás uniforme fueron alguna vez regiones densas que contenían la materia que formó las estrellas y galaxias. Corresponden a los cúmulos galácticos y a las murallas a gran escala que vemos hoy en el universo, y vienen a respaldar el modelo inflacionario del universo primigenio propuesto por Alan Guth.

La RFM es un fogonazo de radiación liberada unos 380 000 años después del Big Bang, en el momento en que se formaron los primeros átomos (pp. 196–197). El universo en expansión se había enfriado lo suficiente para que se formaran iones (núcleos con carga positiva) estables de hidrógeno y helio. Cuando se enfrió algo más, los iones empezaron a capturar electrones para formar átomos neutros. La retirada de electrones libres del espacio llevó a la liberación de fotones (partículas de radiación).

Esos fotones son hoy visibles en forma de RFM. Esta radiación procede de todo el cielo, sin excepción. Se ha corrido hacia el rojo (las longitudes de onda se han estirado), y su longitud de onda es ahora de unos milímetros, mientras que la original se mediría en nanómetros (milmillonésimas de metro). La clave que disipó cualquier duda de que la RFM

Véase también: El nacimiento del universo 168–171 ▪ En busca del Big Bang 222–227 ▪ Inflación cósmica 272–273 ▪ Sondeos del corrimiento al rojo 274–275 ▪ Max Tegmark 339

fuera un eco del Big Bang fue el hallazgo, en la década de 1970, de que su espectro térmico de radiación se aproximaba mucho al de un cuerpo negro teórico (p. 225).

Cuerpos negros

Los cuerpos negros no existen: no es posible crearlos, y ningún objeto observado en el universo se comporta como un cuerpo negro teórico. La RFM es lo más parecido que se ha encontrado. Un cuerpo negro absorbe toda la radiación que recibe, sin reflejar ninguna. No obstante, la radiación absorbida se suma a la energía térmica del objeto, que se libera como radiación. En 1900, el alemán Max Planck, fundador de la física cuántica, mostró que el espectro de la radiación liberada por un cuerpo negro depende por completo de la temperatura.

Un ejemplo sencillo de radiación que varía según la temperatura es una barra de hierro que se pone al rojo cuando se calienta; si se calienta más se volverá naranja, y si se calienta aún más, azul, de modo que los trabajadores del metal pueden calcular la temperatura aproximada del hierro por el color. El metal no se parece gran cosa a un cuerpo negro teórico, pero las estrellas y otros objetos astronómicos se aproximan mucho más, y, por tanto, su color, o la longitud de onda de sus emisiones, puede compararse al espectro térmico de un cuerpo negro teórico para obtener una temperatura relativamente precisa.

La temperatura de la RFM es hoy de unos fríos 2,7 K. A tal temperatura, el espectro térmico no contiene »

La **radiación de fondo de microondas** es un fogonazo de radiación producido 380 000 años después del Big Bang.

La **longitud de onda** de la RFM indica la **temperatura del universo** cuando se emitió esa radiación.

La RFM **no es uniforme**, sino que contiene pequeñas fluctuaciones de temperatura.

Estas fluctuaciones, o «arrugas en el tiempo», son las estructuras más antiguas encontradas y representan la formación de las primeras estrellas y galaxias.

George Smoot

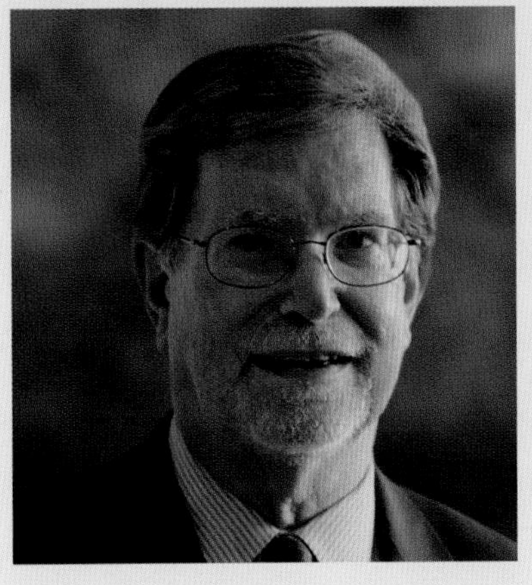

Tras pasar su infancia en Florida y Ohio, George Smoot comenzó su carrera como físico de partículas en el MIT. Posteriormente se interesó por la cosmología y se trasladó al Laboratorio Nacional Lawrence Berkeley de California. Allí estudió la RFM y desarrolló distintas formas de medirla.

Su primer trabajo consistió en equipar aviones espía U2 con detectores, pero a finales de la década de 1970 se implicó en el proyecto COBE para llevar su detector al espacio. Tras el éxito del COBE coescribió *Arrugas en el tiempo* con Keay Davidson para explicar el descubrimiento. En 2006 compartió el premio Nobel con John Mather gracias a su trabajo en el COBE. Se dice que donó todo el dinero del premio a organizaciones benéficas, pero tres años después obtuvo una suma todavía mayor al llevarse el bote de un millón de dólares del célebre concurso televisivo estadounidense *Are You Smarter Than a 5th Grader?*

Obra principal

1994 *Arrugas en el tiempo* (con Keay Davidson).

luz visible, y por eso vemos el espacio negro. Sin embargo, el espectro se ha ido corriendo (estirando) hacia el rojo con el tiempo y la expansión del universo. Extrapolando al momento en que se emitió la RFM, se obtiene una temperatura original de unos 3000 K. El color de la radiación a esta temperatura es naranja, así que la RFM empezó como un fogonazo de luz naranja que brilló desde todos los puntos del espacio.

Señal uniforme

Las primeras observaciones de la RFM apuntaban a que era isotrópica, es decir, que su espectro es el mismo en todas partes. En cosmología, los términos densidad, energía y temperatura son más bien sinónimos cuando se habla del universo en sus inicios. Por tanto, la cualidad isotrópica de la RFM indica que entonces el espacio tenía una densidad, o distribución de energía, uniforme. No obstante, esto no casaba con las teorías en desarrollo del Big Bang, según las cuales la materia y la energía no estaban uniformemente repartidas en el universo inicial, sino concentradas en lugares determinados. En estas zonas más densas, o anisotropías, es donde se formaron las estrellas y galaxias. El COBE fue enviado al espacio para observar de cerca la RFM en busca de anisotropías, a fin de comprobar si había variado, por levemente que fuera, según hacia dónde mirara.

La misión del COBE

La misión para investigar la RFM desde el espacio llevaba en fase de planificación desde mediados de la década de 1970. La construcción del COBE comenzó en 1981. Fue diseñado inicialmente para entrar en una órbita polar (pasando sobre ambos polos), pero, tras la catástrofe del Challenger en 1986, los transbordadores se retiraron del servicio, y el equipo del COBE tuvo que buscar otro sistema de lanzamiento. El satélite fue lanzado en 1989 con un cohete Delta y se situó en una órbita geocéntrica síncrona con el Sol, de modo que sobrevolaba los mismos lugares de la Tierra a la misma hora del día. Esto funcionaba igual de bien que una órbita polar, puesto que permitía al COBE peinar la esfera celeste entera, franja por franja, sin que la Tierra tapara parte alguna.

La nave llevaba tres instrumentos, protegidos del calor y la luz solar por un escudo cónico, y enfriada a 2 K (más fría que el propio espacio) con la ayuda de 650 litros de helio líquido. George Smoot operaba el Radiómetro Diferencial de Microondas (DMR), que cartografió las longitudes de onda de la RFM, mientras que John Mather estaba encargado del FIRAS (Espectrofotómetro Absoluto del Infrarrojo Lejano), que recopilaba datos sobre el espectro de la RFM. Estos dos instrumentos buscaban anisotropías. El tercer detector del COBE tenía un propósito algo distinto. El Experimentador del Fondo de Infrarrojos Difuso, en manos de Mike Hauser, encontró galaxias tan antiguas y lejanas que solo son visibles por su radiación térmica (o infrarroja).

[El COBE ha hecho] el mayor descubrimiento del siglo, si no de todos los tiempos.
Stephen Hawking

Los instrumentos del COBE crearon el mapa más preciso de la RFM hasta la fecha. Sin embargo, no fue un simple trabajo de prospección. A Smoot y Mather les interesaban especialmente las anisotropías primarias, es decir, las diferencias de densidad presentes cuando se formó la RFM. Para encontrarlas era necesario filtrar las fluctuaciones secundarias debidas a obstáculos entre el COBE y los límites del universo observable, como nubes de polvo y los

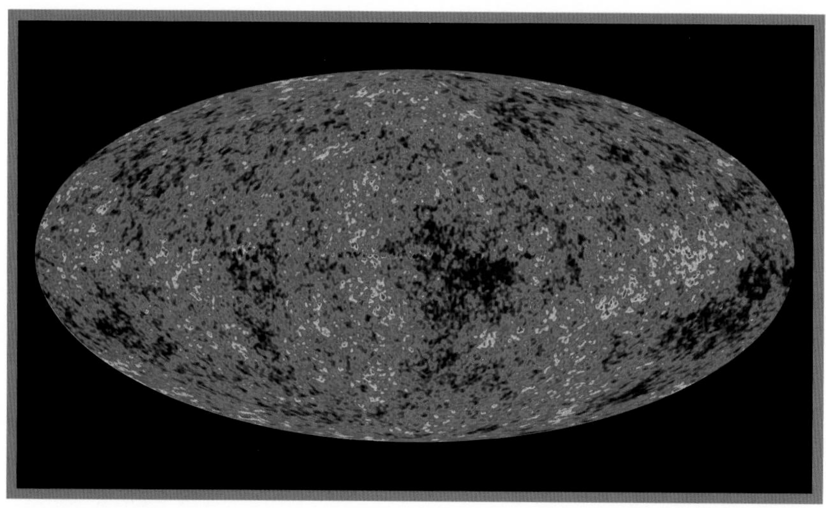

El mapa de todo el cielo creado por la sonda WMAP en 2011 mostró muchos detalles finos de la isotropía de la RFM. Las partes más frías se ven azules; las más calientes, amarillas y rojas.

Además de realizar el mapa de la RFM, la WMAP midió la edad del universo (13770 millones de años) y la cantidad de materia oscura (24 % del universo) y de energía oscura (71,4 %).

efectos de la gravedad que habían interferido en la radiación durante su largo viaje hasta la Tierra. Los datos de los tres instrumentos sirvieron para detectar y corregir esas anisotropías secundarias.

Pequeñas fluctuaciones

Tras diez meses en el espacio, el helio del COBE se agotó, lo cual limitó el funcionamiento de los dos detectores de infrarrojos, pero el DMR siguió funcionando hasta 1993. Los análisis del equipo del COBE ya habían mostrado lo que buscaba en 1992: que la RFM, y, por tanto, el universo en sus inicios, no tenía una energía uniforme, sino que estaba repleta de pequeñas aunque significativas fluctuaciones. Eran diferencias minúsculas, del orden del 0,001 %, pero suficientes para explicar por qué el contenido del universo está agrupado, mientras que el resto del espacio consiste en vastos vacíos. Después del COBE, dos misiones más han añadido detalles a la imagen de la RFM. Entre 2001 y 2010, la sonda WMAP (Wilkinson Microwave Anisotropy Probe) de la NASA cartografió la RFM con mayor resolución que el COBE. Posteriormente, entre 2009 y 2013, el Observatorio Planck de la ESA produjo el mapa más preciso hasta la fecha.

Cada arruga del mapa es la semilla de la que nació toda una galaxia hace unos 13000 millones de años. Sin embargo, no puede verse ninguna galaxia conocida formándose en la RFM, la radiación que hoy se detecta y que ha viajado desde cerca del borde del universo observable a lo largo de la mayor parte de la edad del universo. Los astrónomos solo pueden ver hasta 13800 millones de años luz de distancia, pero la mayor parte del universo se encuentra ahora más lejos. Las galaxias que se están formando en la RFM están mucho más lejos de lo que se puede observar y se alejan a una velocidad superior a la de la luz. ■

Mejora de la resolución de la RFM

La imagen del COBE muestra ligeras variaciones en un fragmento de 10 grados cuadrados de su mapa de todo el cielo, prueba de que la RFM no es uniforme.

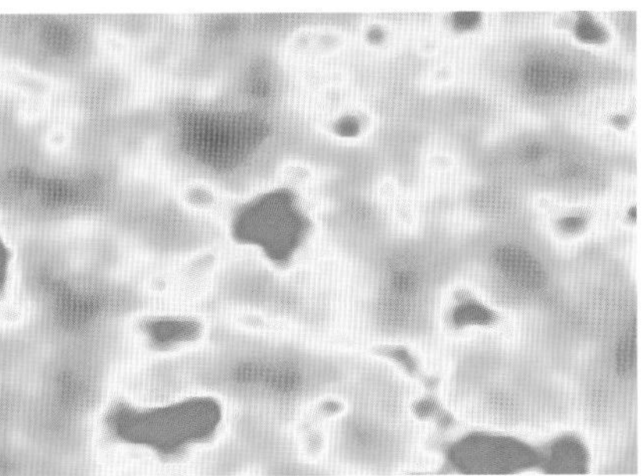

El mapa de la WMAP muestra con mayor detalle el mismo fragmento y revela rasgos de menor escala que no pudo identificar el COBE.

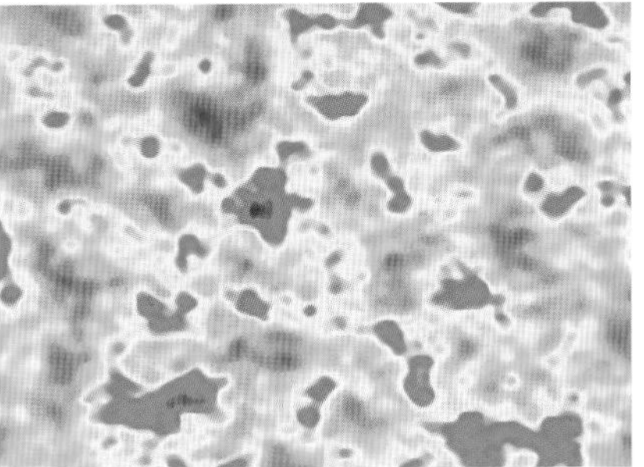

La resolución del Planck es 2,5 veces mayor que la de la WMAP, y muestra rasgos de hasta 1/12 de grado. Su mapa de la RFM es el más detallado hasta la fecha.

EL CINTURON DE KUIPER EXISTE

EXPLORACIÓN MÁS ALLÁ DE NEPTUNO

EN CONTEXTO

ASTRÓNOMOS CLAVE
David Jewitt (n. en 1958)
Jane Luu (n. en 1963)

ANTES

1930 Clyde Tombaugh descubre Plutón, identificado al principio como el noveno planeta y luego reclasificado.

1943 Kenneth Edgeworth propone que Plutón es un objeto más del Sistema Solar exterior.

1950 Fred Whipple alude a la naturaleza helada de los cometas al llamarlos «bolas de nieve sucia».

DESPUÉS

2003 Se descubre Sedna en órbita a 76–1000 UA del Sol, más allá del borde exterior del cinturón de Kuiper.

2005 Se observa Eris en el disco disperso.

2008 Dos objetos del cinturón de Kuiper se añaden a la lista de planetas enanos, junto con Eris, Plutón y Ceres.

El Sistema Solar exterior contiene el **material restante** de la formación de los planetas.

Parte del material viaja desde el **borde del Sistema Solar** en forma de **cometas de periodo largo**.

Los cometas de periodo corto deben proceder de **un lugar más próximo**.

El cinturón de Kuiper, una reserva teórica de cuerpos helados más allá de la órbita de Neptuno, podría ser **la fuente de los cometas de periodo corto**.

En 1950, el astrónomo neerlandés Jan Oort propuso que un cascarón esférico de cometas potenciales rodea el Sistema Solar a medio año luz de distancia. La llamada nube de Oort es la fuente de los cometas de periodo largo, que tardan milenios en orbitar alrededor del Sol. La fuente de los cometas de periodo corto, con órbitas de unos pocos siglos, debía estar más cerca. En 1943, el científico irlandés Kenneth Edgeworth especuló que la reserva de cometas era un cinturón situado más allá de Neptuno, pero el astrónomo estadounidense de origen neerlandés Gerard Kuiper afirmó en 1951 que, aunque alguna vez existiera tal cinturón, lo habría dispersado la gravedad de los planetas exteriores. Era todo un rompecabezas, y ni los mejores telescopios podrían ver núcleos de cometas tan lejanos.

En la década de 1980 llegaron los nuevos detectores sensibles CCD (dispositivos de carga acoplada), con

Véase también: El cinturón de Kuiper 184 ▪ La nube de Oort 206 ▪ El estudio de Plutón 314–317

El planeta enano ovoide Haumea se cierne en el cielo sobre Namaka, uno de sus dos satélites. Haumea, descubierto en 2004, es el tercer planeta enano por su tamaño.

los que los astrónomos podían al fin vislumbrar pequeños objetos helados más allá de Neptuno. Unos de los que emprendieron la difícil tarea fueron los estadounidenses David Jewitt y Jane Luu. En 1992, tras cinco años de búsqueda, Jewitt y Luu descubrieron el objeto 1992 QB1, el primer cuerpo hallado más allá de Neptuno tras Plutón, y la primera prueba de que el cinturón de Kuiper era real.

Cubewanos y plutinos

Hoy se conocen más de mil objetos del cinturón de Kuiper (KBO, por sus siglas en inglés), y probablemente hay miles más. Se les llama asteroides, pero, a diferencia de la mayoría de estos, los KBO suelen ser una mezcla de roca y hielo. Los mayores miden varios cientos de kilómetros de diámetro, y muchos tienen satélites.

1992 QB1 es característico de los KBO, existentes en la parte media y más densamente poblada del cinturón, a unas 45 UA del Sol, a los que a veces se llama cubewanos. Más cerca, a unas 40 UA, la gravedad de Neptuno ha despejado algo el cinturón de Kuiper, dejando una familia de objetos (entre ellos Plutón), llamados plutinos, en órbitas no afectadas por la gravedad de Neptuno. Más allá del cinturón de Kuiper principal se halla la región llamada disco disperso, que incluye los grandes objetos Eris y Sedna. En la actualidad, se cree que esta región es la fuente de los cometas de periodo corto. En 2006, Eris fue clasificado como planeta enano junto con Plutón. Desde entonces, otros dos cubewanos, Makemake y Haumea (este con dos pequeños satélites) se han clasificado como planetas enanos. Los científicos creen que estos KBO se parecen a los cuerpos primitivos que formaron los planetas. ■

Gerard Kuiper

Gerard Kuiper nació en Países Bajos en 1905. En un tiempo en que a pocos astrónomos les interesaban los planetas, hizo muchos descubrimientos (sobre todo mientras trabajaba para la Universidad de Chicago) que cambiaron el curso de la ciencia espacial: averiguó que la mayor parte de la atmósfera de Marte es dióxido de carbono, que los anillos que rodean a Saturno se componen de miles de millones de fragmentos de hielo y que la Luna está cubierta de un fino polvo de roca. En 1949, su idea de que los planetas se formaron a partir de una nube de gas y polvo que rodeaba al joven Sol cambió la opinión de los científicos sobre el Sistema Solar.

Durante la década de 1960, ayudó a identificar los lugares más seguros de alunizaje para el programa Apolo y catalogó varias estrellas binarias. Murió de un ataque al corazón en 1973, a los 68 años de edad. Desde 1984, la American Astronomy Society concede anualmente el premio Kuiper en reconocimiento a los logros en el campo de la ciencia planetaria, de la que muchos le consideran pionero.

LA MAYORIA DE LAS ESTRELLAS TIENE PLANETAS EN ORBITA

PLANETAS EXTRASOLARES

EN CONTEXTO

ASTRÓNOMOS CLAVE
Michel Mayor (n. en 1942)
Didier Queloz (n. en 1966)

ANTES
1952 En EE UU, el científico Otto Struve propone el método de velocidad radial para hallar planetas extrasolares.

1992 Se encuentra el primer planeta extrasolar, en órbita en torno a un púlsar.

DESPUÉS
2004 Se empieza a construir el telescopio espacial James Webb, capaz de obtener imágenes de planetas extrasolares.

2005 El modelo de Niza ofrece otra idea de la evolución del Sistema Solar, con los planetas gigantes más cerca del Sol.

2014 Se da luz verde a la construcción del E-ELT.

2015 Se descubre Kepler-442b, un planeta rocoso de tamaño terrestre, en una enana naranja.

En 1995, mientras se hallaban trabajando en el Observatorio de Haute-Provence próximo a Marsella, dos astrónomos suizos, Michel Mayor y Didier Queloz, encontraron un planeta en torno a 51 Pegasi, una análoga solar a 60 años luz en la constelación de Pegaso. Fue la primera observación confirmada de un planeta extrasolar, o exoplaneta, un planeta no perteneciente al Sistema Solar. Orbitaba en torno a una estrella de la secuencia principal, y por tanto, tenía que haberse formado por el mismo proceso que el Sistema Solar.

Mayor y Queloz dieron al nuevo planeta el nombre de 51 Pegasi b, aunque extraoficialmente este se conoce como Belerofonte, nombre del héroe de la mitología griega que montó a Pegaso. Este descubrimiento desencadenó una gran cacería de planetas extrasolares, de los que desde 1995 se han hallado miles, muchos de ellos en sistemas estelares múltiples. Los astrónomos estiman que hay una media de un planeta por cada estrella de la galaxia, pero bien podrían quedarse cortos: aunque existen estrellas sin planetas, la mayoría, como el Sol, tiene varios. El hallazgo de 51 Pegasi b marcó el hito final de un proceso que ha obligado a los astrónomos a descartar cualquier noción residual de que la Tierra ocupa un lugar privilegiado en el universo.

Hace más de 2000 años que se sueña con encontrar otros mundos habitables.
Michel Mayor

El principio de Copérnico

En la década de 1950, el astrónomo anglo-austriaco Hermann Bondi definió un nuevo modo de concebirse a sí mismos los seres humanos, al que llamó principio de Copérnico. Según Bondi, la humanidad ya no podía ser considerada un fenómeno único; por el contrario, los seres humanos debían comprender que su existencia resulta insignificante en el contexto del cosmos.

Michel Mayor

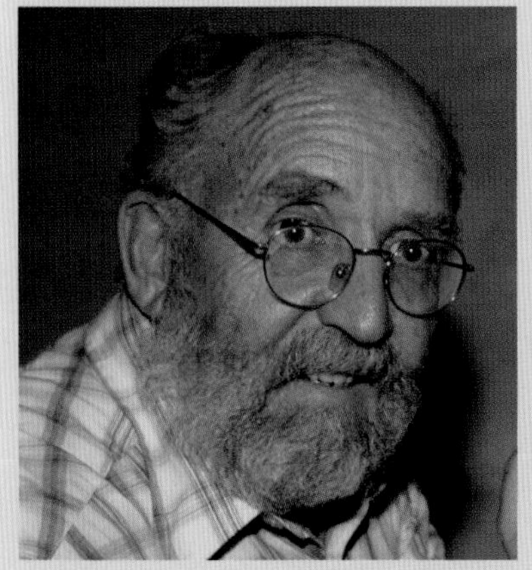

Nació en Lausana (Suiza) y ha trabajado durante la mayor parte de su carrera en la Universidad de Ginebra. Su interés por los planetas extrasolares surgió del estudio del movimiento propio de las estrellas de la Vía Láctea. Para medirlo con más precisión desarrolló una serie de espectrógrafos, que culminaron en el ELODIE. El propósito inicial del proyecto ELODIE junto a Didier Queloz era buscar enanas marrones (objetos mayores que los planetas, pero que no llegan a ser estrellas); no obstante, el sistema también era lo bastante sensible para detectar planetas gigantes.

Tras el descubrimiento de 51 Pegasi b en 1995, Mayor se convirtió en el investigador principal del programa HARPS del Observatorio Europeo Austral en Chile. Desde entonces, su equipo ha hallado casi la mitad de los planetas extrasolares que se han descubierto hasta la fecha. En 2004 fue galardonado con la medalla Albert Einstein.

Obra principal

1995 *A Jupiter-mass Companion to a Solar-type Star* (con Didier Queloz).

Véase también: El modelo copernicano 32–39 ▪ Radiotelescopios 210–211 ▪ El estudio de estrellas lejanas 304–305 ▪ Ver más lejos en el espacio 326–327 ▪ Shiv S. Kumar 339

El nombre del principio rinde homenaje a Copérnico, que cambió la visión que la humanidad tenía de sí misma al relegar a la Tierra del centro del Sistema Solar a una órbita en torno al Sol, como un planeta más. A finales del siglo XX, sucesivos descubrimientos habían desplazado al Sistema Solar del centro del universo a una región apartada en el borde de una galaxia que contiene 200 000 millones de estrellas. Tampoco esta galaxia era especial, sino una más entre al menos 100 000 millones dispuestas en filamentos que se miden en cientos de millones de años luz. Con todo, la Tierra y el Sistema Solar seguían teniéndose por muy especiales, pues no había pruebas de que otra estrella tuviera planetas, por no hablar de planetas que albergaran vida. Sin embargo, desde el hallazgo de Mayor y Queloz esa noción también sucumbió ante el principio de Copérnico.

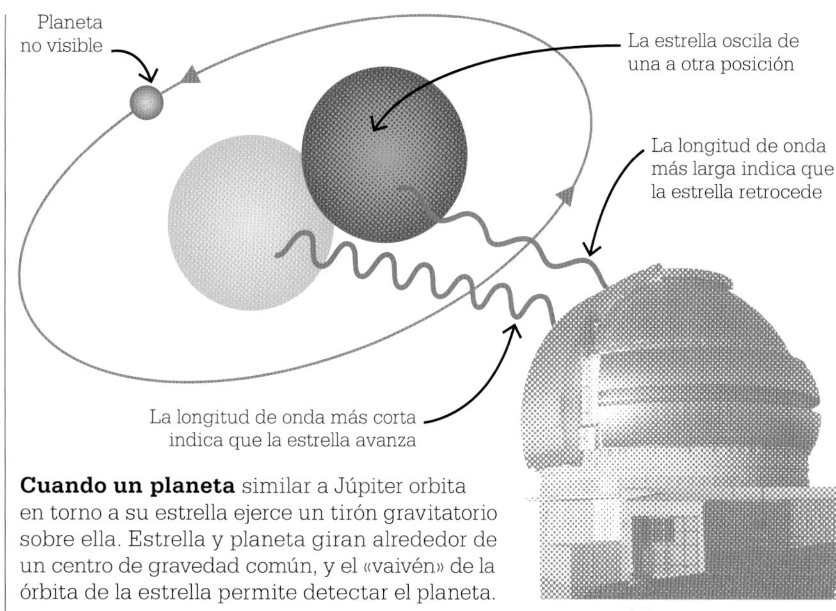
Planeta no visible
La estrella oscila de una a otra posición
La longitud de onda más larga indica que la estrella retrocede
La longitud de onda más corta indica que la estrella avanza

Cuando un planeta similar a Júpiter orbita en torno a su estrella ejerce un tirón gravitatorio sobre ella. Estrella y planeta giran alrededor de un centro de gravedad común, y el «vaivén» de la órbita de la estrella permite detectar el planeta.

Luz oscilante

Queloz y Mayor hallaron 51 Pegasi b mediante un sistema llamado espectroscopia Doppler, o método de la velocidad radial, que permite detectar un planeta extrasolar por sus efectos gravitatorios sobre su estrella. Aunque la gravedad de esta es mucho mayor que la del planeta y es lo que lo mantiene en órbita, la gravedad del planeta ejerce un pequeño efecto de vaivén sobre la estrella conforme gira a su alrededor. Se trata de un efecto minúsculo: Júpiter altera la velocidad del Sol en unos 7,4 km/s a lo largo de un periodo de once años, mientras que el efecto de la Tierra es de solo 0,16 km/s al año.

En 1952, el astrónomo estadounidense Otto Struve propuso que la oscilación estelar se podría detectar como pequeñas fluctuaciones de su espectro luminoso. Al alejarse de la Tierra, las emisiones de la estrella se correrían ligeramente hacia el rojo, y al regresar hacia el observador, hacia el azul. Si bien la teoría era sólida, captar esa oscilación requería un detector ultrasensible. Este detector fue el espectrógrafo llamado ELODIE que desarrolló Mayor en 1993, unas 30 veces más sensible que cualquier instrumento anterior. Con todo, solo era capaz de medir cambios de velocidad de 11 km/s, es decir, estaba limitado a detectar planetas más o menos del tamaño de Júpiter.

Nos estamos acercando mucho más a ver sistemas solares como el nuestro.
Didier Queloz

Afinar la búsqueda

En 1998 se instaló un espectrógrafo aún más sensible llamado CORALIE en el Observatorio de La Silla, en Chile, también con el objetivo de buscar planetas mediante la técnica de la velocidad radial. En 2002, Michel Mayor empezó a supervisar el HARPS (siglas de Buscador de Planetas por Velocidad Radial de Alta Precisión, en inglés), también en La Silla, un espectrógrafo capaz de detectar planetas del tamaño aproximado de la Tierra. El método de detección de la oscilación era muy lento, por lo que se idearon nuevas técnicas para dar con planetas extrasolares. El método más fructífero resultó ser el del tránsito, consistente en buscar los pequeños cambios periódicos del brillo de una estrella que se producen cuando un planeta pasa entre ella y el observador, » oscureciéndola muy levemente. Debido a que el mejor lugar desde el que buscar planetas extrasolares por el método del tránsito es el espacio, en 2009 se lanzó con ese fin el observatorio Kepler, así llamado en honor del primer astrónomo que describió las órbitas planetarias (pp. 50–55).

Mirar a un solo lugar

El Kepler se situó en una órbita heliocéntrica, por detrás de la Tierra en su vuelta al Sol. Estaba diseñado para mantener firmemente enfocada la apertura sobre un sector concreto del espacio, llamado campo del Kepler, un exiguo 0,25 % del cielo, pero en el que podía distinguir 150 000 estrellas. Para hallar planetas extrasolares debía concentrarse en este único campo durante años. No podía ver esos planetas, pero sí identificar estrellas que posiblemente los tuvieran.

El Kepler solo podía detectar el tránsito de planetas cuya trayectoria orbital cruzara la línea de visión del telescopio, condición que muchos no cumplirían por no orbitar en el ángulo adecuado. Los orientados favorablemente solo estarían en tránsito ante su estrella una vez cada periodo orbital (el año de cada planeta), por lo que el método del Kepler era adecuado para encontrar planetas próximos a su estrella, que tardan pocos años o meses (o incluso semanas y días) en completar cada revolución.

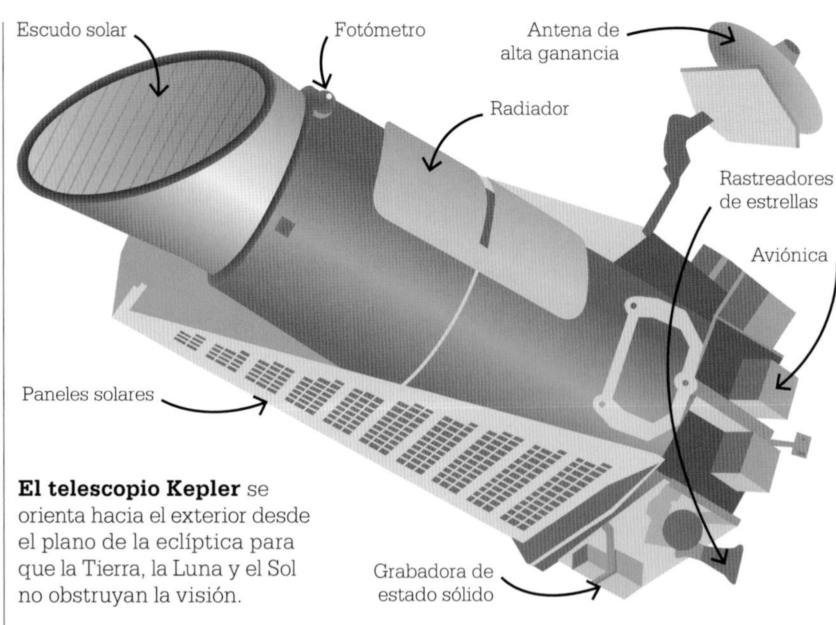

El telescopio Kepler se orienta hacia el exterior desde el plano de la eclíptica para que la Tierra, la Luna y el Sol no obstruyan la visión.

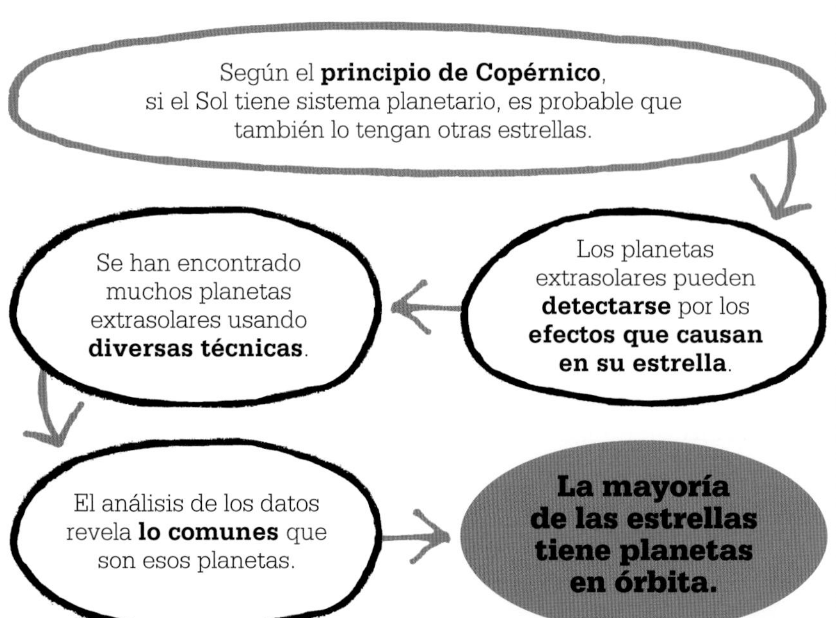

Según el **principio de Copérnico**, si el Sol tiene sistema planetario, es probable que también lo tengan otras estrellas.
Los planetas extrasolares pueden **detectarse** por los **efectos que causan en su estrella**.
Se han encontrado muchos planetas extrasolares usando **diversas técnicas**.
El análisis de los datos revela **lo comunes** que son esos planetas.
La mayoría de las estrellas tiene planetas en órbita.

Estrellas candidatas

A comienzos de 2013, el Kepler había identificado ya unas 4300 estrellas candidatas a tener sistema planetario. Entonces el sistema de guiado que mantenía apuntado el telescopio falló, poniendo así fin a su caza de planetas unos tres años antes de lo previsto. Sin embargo, había reunido datos suficientes para mantener ocupados a los investigadores durante años. Las estrellas candidatas del Kepler solo se podían confirmar como sistemas planetarios con mediciones de la velocidad radial (la velocidad de la estrella en dirección a la Tierra) desde observatorios instalados en tierra, como el HARPS, en Chile, o el telescopio Keck, en Hawái. Hasta ahora, más o menos la décima parte de las candidatas del Kepler han resultado ser falsos positivos, pero después de tres años de análisis, el programa había identificado 1284 planetas extrasolares, faltando más de tres mil estrellas por examinar. La estadística de los planetas extrasolares en el campo del Kepler resulta impresionante: la mayoría de las estrellas forma parte de un sistema planetario. Por consiguiente, es probable que el número de planetas existente en el universo sea mayor que el de estrellas.

Si bien el grado de oscurecimiento que causa durante el tránsito da idea del tamaño que puede tener un planeta extrasolar, el estudio de su tamaño y características está aún en una fase muy temprana. La luz que refleja un planeta es unos 10 000 millones de veces más débil que la de su estrella. Los astrónomos están esperando a que estén terminados el telescopio espacial James Webb en 2018 y el Telescopio Europeo Extremadamente Grande (E-ELT) en 2024 para obtener imágenes directas de esa luz y analizar la composición química de los planetas extrasolares. Hasta entonces tienen que especular a partir de muy pocos datos: la masa aproximada del planeta, su radio, la distancia orbital y la temperatura de la estrella. Esto informa de la composición probable del planeta y permite hacer conjeturas acerca de las condiciones de su superficie.

No esperábamos hallar un planeta con un periodo orbital de cuatro días. Nadie lo esperaba.
Michel Mayor

Júpiteres calientes y superjúpiteres

Los planetas extrasolares descubiertos hasta hoy han añadido una multitud de mundos extraños al acostumbrado retrato de familia del sistema planetario del Sol. Por ejemplo, 51 Pegasi b fue el primero de muchos «júpiteres calientes», planetas con una masa similar a la de Júpiter y de gran tamaño que indica que son en su mayor parte gaseosos. 51 Pegasi b tiene la mitad de la masa de Júpiter, pero es algo mayor. Este gigante gaseoso completa una órbita alrededor de su análoga solar cada cuatro días, y eso significa que está mucho más cerca de ella que Mercurio del Sol. Semejante proximidad hace que su rotación sea síncrona, por lo que una de sus caras mira siempre hacia la abrasadora superficie de la estrella. El hecho de que se hayan encontrado muchos júpiteres calientes ha confundido a los científicos, que tratan de comprender cómo unos planetas gaseosos pueden estar tan cerca de su estrella sin evaporarse. Algunos planetas extrasolares son docenas de veces más masivos que Júpiter y se conocen como «superjúpiteres».

Estos superjúpiteres no parecen aumentar de tamaño en función de su masa. Así, Corot-3b tiene una »

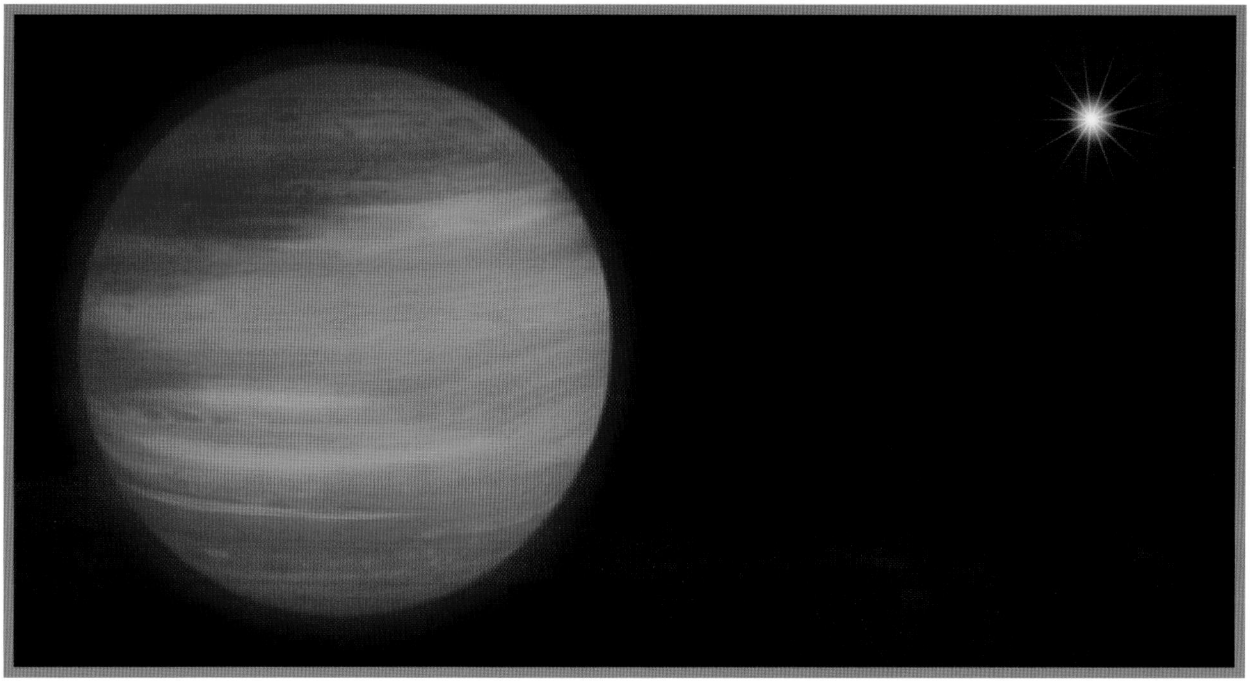

Recreación del «superjúpiter» Kappa Andromedae b, con 13 veces la masa de Júpiter. Posee un brillo rojizo, y aún podría ser reclasificada como enana marrón.

Las enanas rojas con planetas rocosos podrían ser omnipresentes en el universo.

Phil Muirhead

Profesor de astronomía de la Universidad de Boston

masa 22 veces mayor que la de Júpiter, pero más o menos el mismo tamaño, pues su gravedad mantiene sujetos sus componentes gaseosos. Los astrónomos han calculado que la densidad de Corot-3b es mayor que la del oro, e incluso que la del osmio, el elemento más denso de la Tierra.

Enanas marrones y vagabundos

Cuando un superjúpiter alcanza las 60 masas de Júpiter ya no se considera un planeta, sino una enana marrón, que viene a ser una estrella fallida: una esfera de gas demasiado pequeña para brillar por fusión nuclear. La enana marrón y su estrella se consideran un sistema estelar binario, y no planetario. Algunos superjúpiteres y enanas marrones pequeñas se han liberado de su estrella para convertirse en planetas interestelares, o vagabundos. Se cree que uno de estos, llamado MOA-2011-BLG-262, tiene un satélite y podría tratarse del primero con satélite extrasolar.

Otro tipo de planeta son los conocidos como supertierras, con una masa 10 veces mayor que la de la Tierra, pero menor que la de un gigante helado como Neptuno. No son rocosos, sino de gas y hielo, por lo que también se llaman minineptunos o enanos gaseosos.

Planetas vivos

Dentro del Sistema Solar existen planetas terrestres (con superficie rocosa), de los que la Tierra es el mayor. Hasta ahora ha resultado muy difícil buscar planetas extrasolares terrestres, ya que suelen ser demasiado pequeños para la sensibilidad de los detectores. El primer planeta extrasolar terrestre confirmado fue Kepler-10b, con tres veces la masa de la Tierra y tan próximo a su estrella que completa una órbita cada día terrestre y su temperatura superficial fundiría el hierro. Aunque la vida allí parece altamente improbable, la caza de planetas rocosos más hospitalarios continúa.

Los astrobiólogos (científicos que buscan vida extraterrestre) se centran en las condiciones particulares que toda vida requiere. Al escoger lugares donde buscar, suponen que las formas de vida extraterrestre necesitan agua líquida y sustancias químicas basadas en el carbono, como la vida terrestre. Los planetas vivos también necesitarían una atmósfera que los proteja de los rayos cósmicos dañinos y retenga parte del calor del planeta durante la noche.

La zona alrededor de una estrella donde las temperaturas permiten que un planeta tenga agua líquida, una bioquímica basada en el carbono y atmósfera se conoce como zona de habitabilidad estelar (apodada «Ricitos de Oro» porque sería como la sopa del osito del cuento que la niña así llamada encuentra perfecta, ni demasiado caliente, ni demasiado

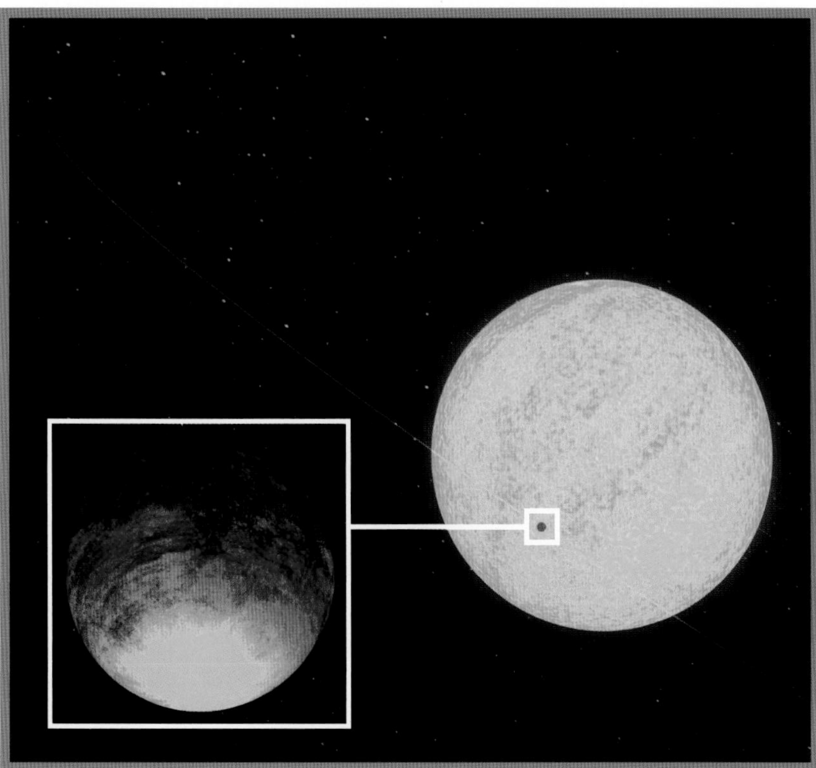

Kepler-10b, en la constelación de Draco, transita frente a su estrella en esta recreación artística. Por su ardiente temperatura superficial y su vertiginosa órbita no podría albergar vida.

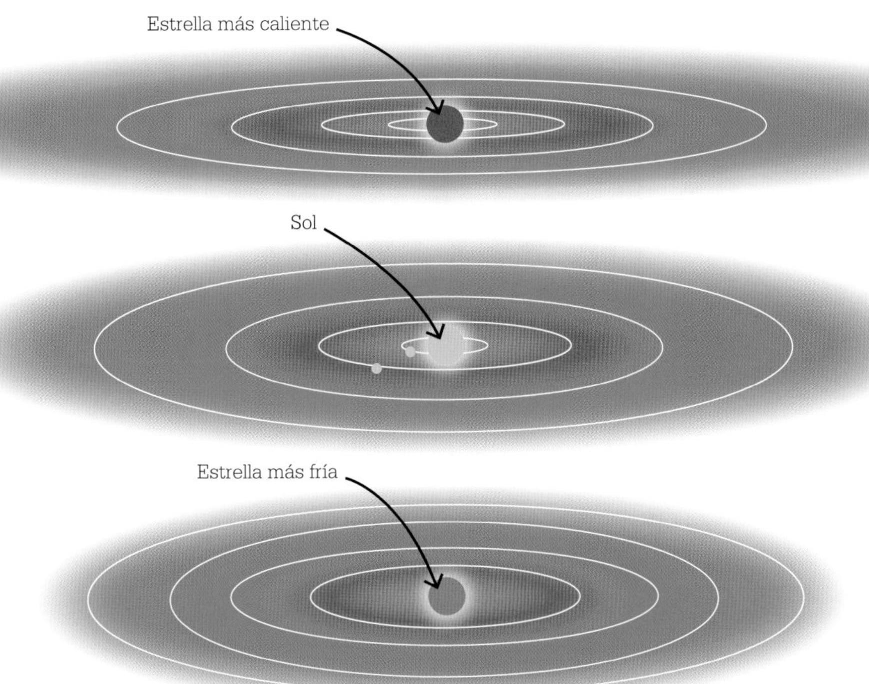

El tamaño de la zona de habitabilidad (verde) depende del tamaño de la estrella. La zona roja es demasiado caliente, y la azul, demasiado fría. La zona de habitabilidad está más cerca de las estrellas más frías que de las más calientes. El tamaño de un planeta, la forma de su órbita y su velocidad de rotación también afectan a su habitabilidad.

fría). Tanto el tamaño como la situación de la zona de habitabilidad dependen de la actividad de la estrella. Por ejemplo, si la Tierra orbitara en torno a una estrella de tipo K, una enana naranja considerablemente más fría que el Sol (el Sol es de tipo G, o enana amarilla), tendría que hacerlo a un tercio de su distancia actual para recibir el mismo calor.

Tan solo una pequeña parte de los miles de planetas extrasolares identificados son candidatos a orbitar en la zona de habitabilidad de su estrella, con unas condiciones idóneas para la vida similares a las de la Tierra, es decir, tener superficie rocosa y agua líquida. Por lo general son mayores que la Tierra y probablemente muy pocos se le parecen. Cuando se hallen tales planetas, los astrobiólogos podrán examinar la química atmosférica en busca de signos de vida, como altos niveles de oxígeno generados por formas de vida capaces de realizar la fotosíntesis. El misterio de cómo evolucionó la vida a partir de materia no viva en nuestro planeta persiste, pero el estudio de planetas similares a la Tierra podría arrojar luz sobre ese proceso. Aunque se encuentre vida, puede que en la mayoría de los casos no haya evolucionado más allá de los microorganismos. Siendo más improbable cada paso evolutivo hacia toda forma de vida compleja, tanto menos comunes serán las civilizaciones extraterrestres comparables a la humana. Sin embargo, solo las estrellas de tipo G, como el Sol, son unos 50 000 millones en la galaxia. Se estima que el 22 % tiene un planeta terrestre en la zona de habitabilidad, lo cual da 11 000 millones de posibles tierras. Si se añaden estrellas de otros tipos, como enanas naranjas y rojas, el número asciende a 40 000 millones. Aunque la probabilidad de que evolucionen civilizaciones fuera de una entre 1000 millones, lo más probable es que la humanidad no esté sola en el universo. ■

> Si seguimos trabajando igual de bien y conservamos el entusiasmo [...] la cuestión de la vida en otros planetas se resolverá.
> **Didier Queloz**

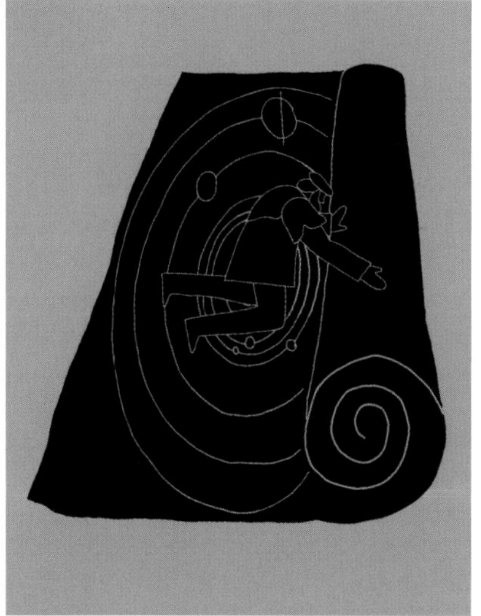

EL MAPA DEL UNIVERSO MAS AMBICIOSO JAMAS REALIZADO

UN PANORAMA DIGITAL DEL CIELO

EN CONTEXTO

ASTRÓNOMO CLAVE
Donald York (n. en 1944)

ANTES
1929 Edwin Hubble demuestra que el universo se expande.

1963 Maarten Schmidt descubre una serie de objetos cuasiestelares, o cuásares, que resultan ser galaxias jóvenes.

1999 Brian Schmidt, Adam Riess y Saul Perlmutter logran demostrar que la expansión del universo se acelera a causa de los efectos de la energía oscura.

DESPUÉS
2004 Se empieza a construir el telescopio espacial de infrarrojos James Webb para observar las primeras estrellas formadas tras el Big Bang.

2014 Se aprueba la construcción del llamado Telescopio Europeo Extremadamente Grande, con un espejo principal segmentado de 39 m. Se trata del telescopio óptico más sensible que jamás ha existido.

Con el objetivo de elaborar «una guía de campo de los cielos», el Sloan Digital Sky Survey (SDSS) inició sus operaciones en 1998. Su ambicioso objetivo era crear un mapa del universo a una escala inmensa, no una mera localización de objetos en una esfera celeste, sino un modelo tridimensional de una gran porción del espacio profundo. El proyecto fue liderado en sus inicios por el astrónomo estadounidense Donald York, pero hoy cuenta con la colaboración de 300 astrónomos de 25 instituciones. El SDSS emplea un telescopio de 25 m instalado en Apache Point (Nuevo México, EE UU) cuya cámara de gran angular ha digitalizado los objetos visibles desde el hemisferio norte.

De los 500 millones de objetos visibles, se escogieron las 800 000 galaxias más brillantes y 100 000 cuásares, cuyo tamaño y posición se trasladaron con precisión en forma de agujeros taladrados en cientos de discos de aluminio. Acoplado al telescopio, cada disco bloquea la luz no deseada y hace pasar la luz de la galaxia así aislada a una fibra óptica propia y a un espectroscopio. De los espectros galácticos precisos los astrónomos pueden deducir la distancia hasta cada galaxia. La recolección de datos comenzó el año 2000 y se prevé que continúe hasta 2020. La información recogida hasta ahora ha revelado galaxias en cúmulos y supercúmulos, e incluso «murallas», inmensas estructuras con millones de galaxias que forman una red enmarañada entre vastos vacíos. ■

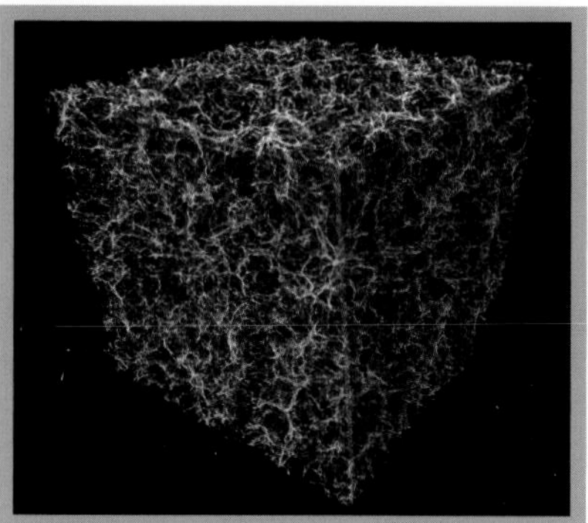

Una sección cúbica del mapa del SDSS muestra la intrincada distribución de la materia en el espacio. Las marañas luminosas son galaxias interconectadas.

Véase también: Más allá de la Vía Láctea 172–177 ▪ Cuásares y agujeros negros 218–221 ▪ El estudio de estrellas lejanas 304–305 ▪ Ver más lejos en el espacio 326–327

NUESTRA GALAXIA ALBERGA UN AGUJERO NEGRO MASIVO CENTRAL

EL CENTRO DE LA VÍA LÁCTEA

EN CONTEXTO

ASTRÓNOMO CLAVE
Andrea Ghez (n. en 1965)

ANTES

1971 Los astrónomos británicos Donald Lynden-Bell y Martin Rees defienden la idea de que las ondas de radio que emanan de Sagitario A proceden de un agujero negro.

DESPUÉS

2004 Se descubre un agujero negro menor en órbita alrededor de Sagitario A*.

2013 El Observatorio de rayos X Chandra observa un excepcional estallido de rayos X que tiene lugar en Sagitario A*, quizá causado por un asteroide al entrar en el agujero negro.

2016 El LIGO detecta por primera vez en la historia una serie de ondas gravitatorias al captar el momento en que dos agujeros negros se fusionan.

En 1935, Karl Jansky encontró una radiofuente llamada Sagitario A (Sgr A) en el centro de la Vía Láctea. Ocultas para los telescopios ópticos por polvo cósmico, las ondas de radio emanaban de varias fuentes. En 1974, los radiotelescopios localizaron la más intensa, llamada Sagitario A* (Sgr A*). Era pequeña y emitía una radiación X intensa, lo cual apuntaba a la destrucción de materia en el centro de la galaxia por un agujero negro gigantesco. Esto no pasó de ser una mera hipótesis hasta que Andrea Ghez, un astrónomo de la UCLA, observó las estrellas a través del polvo usando infrarrojos. En 1980, el Observatorio Keck de Hawái comenzó a medir la velocidad de las estrellas que orbitaban cerca del centro galáctico. Los datos obtenidos permitieron calcular la masa del objeto invisible dentro de Sgr A*. El equipo de Ghez encontró que las estrellas más cercanas a Sgr A* orbitaban a un cuarto de la velocidad de la luz. Semejante velocidad indicaba una presencia gravitatoria inmensa: un agujero negro con 4 millones de veces la masa del Sol, que se habría tragado tanto estrellas como otros agujeros negros cuando la galaxia era joven. ■

Un estallido de rayos X surge del agujero negro del centro de la Vía Láctea. El hallazgo sugiere que todas las galaxias pueden tener un agujero negro central.

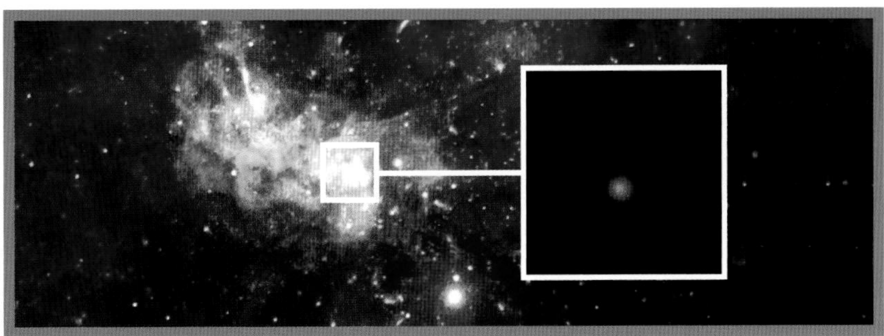

Véase también: La radioastronomía 179 ▪ Descubrimiento de los agujeros negros 254 ▪ El estudio de estrellas lejanas 304–305

LA EXPANSION COSMICA SE ACELERA

LA ENERGÍA OSCURA

EN CONTEXTO

ASTRÓNOMOS CLAVE
Saul Perlmutter (n. en 1959)
Brian Schmidt (n. en 1967)
Adam Riess (n. en 1969)

ANTES
1917 Albert Einstein añade una constante cosmológica a sus cálculos de campo para modelar un universo estático.

1927 Georges Lemaître plantea la idea de que el universo podría ser dinámico, y no estático.

1928 Edwin Hubble demuestra la expansión cósmica.

1948 Fred Hoyle, Thomas Gold y Hermann Bondi proponen la teoría del estado estacionario del universo en expansión.

DESPUÉS
2013 El Dark Energy Survey comienza el mapa del universo.

2016 El telescopio Hubble muestra que la aceleración cósmica es un 9 % mayor de lo medido originalmente.

La teoría del Big Bang se basa en la sencilla idea de que el universo empezó siendo muy pequeño y luego se expandió. En 1998, dos equipos de científicos descubrieron que la expansión del universo se está acelerando. Este descubrimiento reveló que lo que los astrónomos pueden detectar directamente constituye un mero 5 % de la masa y la energía total del universo. La invisible materia oscura supone un 24 %, mientras que el resto es un fenómeno misterioso, conocido como energía oscura. En 2011, tres estadounidenses, Saul Perlmutter, Brian Schmidt y Adam Riess, compartieron el premio Nobel de física por este descubrimiento.

Está en todas partes. Entre las galaxias, en esta habitación. Creemos que allí donde haya espacio, espacio vacío, es inevitable que haya alguna energía oscura.
Adam Riess

Espacio en expansión

Un año después de que Georges Lemaître publicara su hipótesis sobre el Big Bang, Edwin Hubble dio con la prueba de la expansión del universo al mostrar que las galaxias se estaban alejando de la Tierra y que las más lejanas lo hacían más deprisa. No se trataba de que los objetos simplemente salieran despedidos y se separaran unos de otros por el espacio, sino que era el propio espacio el que crecía y arrastraba consigo la materia. Las galaxias no se alejan solamente de la Tierra, sino de todas partes a la vez.

Una imagen más clara

Las observaciones subsiguientes permitieron narrar la historia del universo en expansión. El descubrimiento en 1964 de la radiación de fondo de microondas (RFM), un resplandor frío procedente del Big Bang, mostró que el universo llevaba expandiéndose 13 800 millones de años aproximadamente. Desde en-

Se supone que la **expansión** del universo **se está decelerando** debido a la fuerza de la gravedad.

Medir dicha deceleración debería revelar el **destino final** del universo.

Sin embargo, al medir la expansión cósmica resulta que se está acelerando.

Esta aceleración debe explicarse por una **fuerza desconocida opuesta a la gravedad** llamada **energía oscura**.

Véase también: La teoría de la relatividad 146–153 ▪ Galaxias espirales 156–161 ▪ El nacimiento del universo 168–171 ▪ Más allá de la Vía Láctea 172–177 ▪ En busca del Big Bang 222–227 ▪ Materia oscura 268–271 ▪ Sondeos del corrimiento al rojo 274–275

tonces, los distintos estudios sobre la estructura del universo a gran escala han revelado que miles de millones de galaxias se disponen en grupos alrededor de inmensos vacíos (p. 296). Esta estructura se corresponde con leves variaciones de la RFM que muestran que la materia observable (las estrellas y galaxias) surgió en regiones anómalas de un espacio por lo demás vacío. No obstante, el futuro del universo seguía siendo incierto: se desconocía si se expandiría por siempre o si algún día se contraería por efecto de su propia gravedad.

Universo en deceleración

A lo largo del siglo XX, los cosmólogos supusieron que la expansión iba perdiendo velocidad, pues después de una rápida expansión inicial, la gravedad la haría decelerar. Parecía haber dos posibilidades principales. Si el universo contaba con masa suficiente, la gravedad terminaría por detener la expansión para luego atraer sobre sí misma toda la materia en un Big Crunch («gran aplastamiento») cataclísmico, o Big Bang a la inversa. La segunda posibilidad era que el universo no tuviese masa suficiente para detener la expansión, que continuaría por siempre, perdiendo gradualmente velocidad. Esto acabaría en una muerte térmica, ya que el material del universo se dispersaría infinitamente y dejaría de interactuar por completo. Medir la deceleración del universo informaría a los cosmólogos del futuro posible del universo.

Hacia mediados de la década de 1990 había dos programas en marcha para medir la velocidad de expansión del universo. Saul Perlmutter dirigía el Supernova Cosmology Project en el Laboratorio Nacional Lawrence Berkeley, mientras que Brian Schmidt dirigía el High-Z Supernova Search Team en la Universidad Nacional de Australia. Adam Riess, del Instituto de Ciencia Telescópica Espacial, fue el autor principal del segundo proyecto. Los líderes de ambos proyectos se plantearon fusionarse, pero tenían ideas diferentes acerca de cómo proceder, por lo que finalmente optaron por una sana rivalidad.

Los dos proyectos usaron el descubrimiento realizado por el Calan/Solodo Supernova Survey, llevado a cabo en Chile entre 1989 y 1995, de que las supernovas de tipo 1a podían servir de candelas estándar, u objetos para medir distancias en el espacio. Una candela estándar es un objeto de brillo conocido, por »

Si te desconcierta qué pueda ser la energía oscura, no eres el único.
Saul Perlmutter

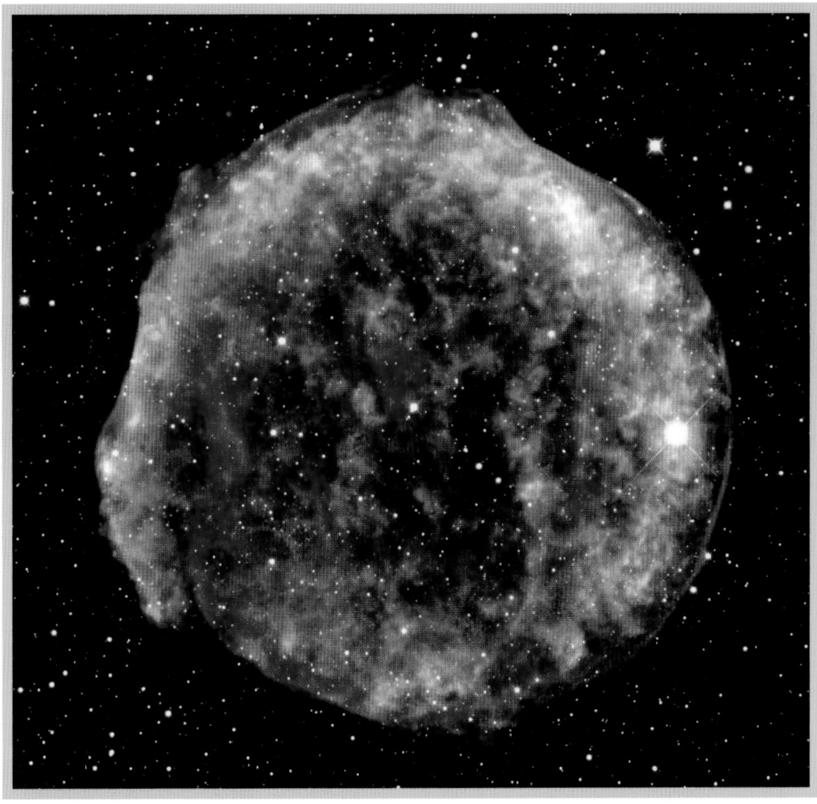

El Observatorio de rayos X Chandra captó esta imagen de la remanente de supernova de tipo 1a SN 1572, en Casiopea, la *nova stella* (nueva estrella) que observó Tycho Brahe.

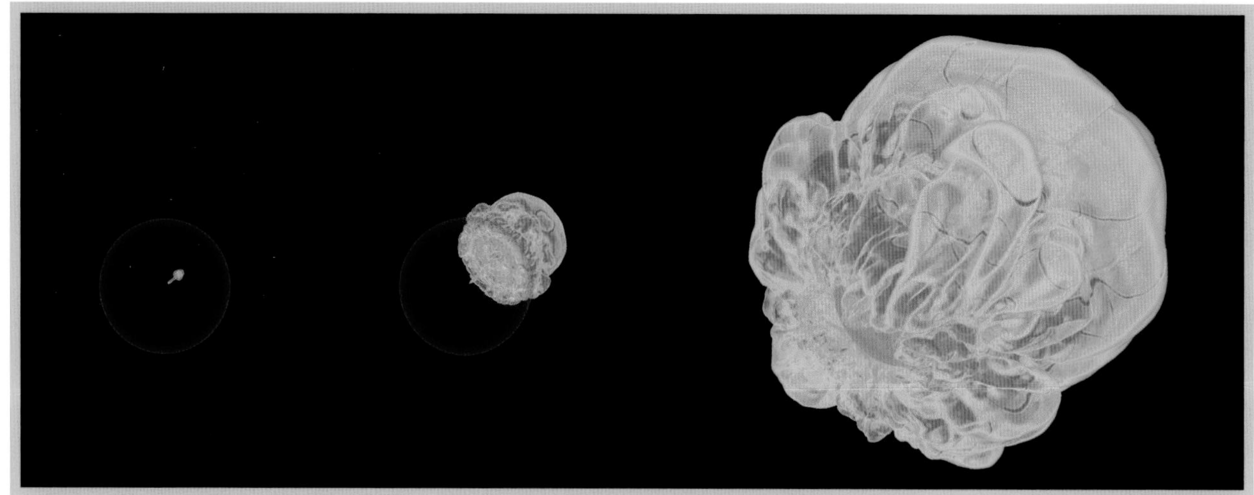

Esta simulación por ordenador muestra una enana blanca estallando hasta convertirse en una supernova de tipo 1a. Dentro de la estrella se forma una burbuja de llamas (izda.), que surge de la superficie (centro) y la envuelve (dcha.).

lo que su magnitud aparente (su brillo observado desde la Tierra) indica su distancia.

Una supernova de tipo 1a es algo diferente de una supernova estándar, que se forma cuando una estrella grande agota su combustible y explota. Las supernovas de tipo 1a se forman en sistemas estelares binarios compuestos por una estrella gigante y una enana blanca. El tirón gravitatorio de esta atrae material de la gigante. Este material se acumula en la superficie de la enana blanca hasta que esta alcanza 1,38 masas solares. Llegado este punto, la temperatura y la presión son tales que una fusión nuclear desbocada produce la ignición, creando así un objeto miles de millones de veces más brillante que el Sol.

Distancia y movimiento

Ambos sondeos usaron el Observatorio Interamericano de Cerro Tololo, en Chile, para buscar supernovas de tipo 1a. El objetivo no era simplemente localizar su posición, por lo que se recurrió al telescopio Keck de Hawái para tomar espectros de cada explosión a fin de observar su corrimiento al rojo (el alargamiento que han experimentado los espectros). El brillo, o magnitud, de cada estrella proporcionaba su distancia (a menudo miles de millones de años luz), y el corrimiento al rojo, su velocidad relativa a la Tierra a causa de la expansión del universo. Los equipos pretendían medir el ritmo al que estaba cambiando la expansión. Se esperaba que este ritmo, indicado por los objetos más lejanos, decreciera, y la velocidad exacta a la que lo hiciera mostraría si el universo era «pesado» o «ligero».

Sin embargo, al mirar más allá de unos 5000 millones de años luz (es decir, a 5000 millones de años atrás) descubrieron que ocurría lo contrario de lo esperado: la expansión se estaba acelerando.

Energía oscura

Al principio, el resultado se consideró un error, pero sucesivas comprobaciones mostraron que no lo era, y ambos equipos llegaron a la misma conclusión. En 1998, Perlmutter y

Dark Energy Survey

En 2013 comenzó el Dark Energy Survey, un proyecto de cinco años para realizar un mapa detallado de la expansión del universo. Emplea la cámara de energía oscura (izda.) del Observatorio Interamericano de Cerro Tololo (Chile), que cuenta con uno de los campos de visión más amplios del mundo. Además de supernovas de tipo 1a, busca oscilaciones acústicas bariónicas, variaciones regulares de la distribución de la materia normal separadas por unos 490 millones de años luz, que pueden servir para medir la expansión cósmica.

Schmidt hicieron públicos sus hallazgos, que causaron sensación en la comunidad científica. Usando las ecuaciones de campo de la relatividad general de Einstein, Adam Riess había obtenido resultados que parecían dar al universo una masa negativa. En otras palabras, parecía que una especie de antigravedad estaba separando la materia. El fenómeno se llamó energía oscura por ser un completo misterio.

En 2016 se usaron nuevas observaciones para calcular una cifra más precisa de la aceleración de la expansión del universo. Si la energía oscura sigue disgregando el universo (y podría no ser así, nadie lo sabe), dispersará las galaxias de tal modo que todas acabarán demasiado lejos para ser visibles desde la Tierra (que no existirá para entonces). Con el tiempo podría dispersar las estrellas de la Vía Láctea hasta dejar oscuro el cielo. El Sol y los planetas del Sistema Solar se separarían, y finalmente también las partículas de los átomos se dispersarían, para terminar en una muerte térmica, denominada Big Rip («gran desgarramiento»), una expansión eterna.

El error de Einstein

La energía oscura podría indicar que el universo no es tan homogéneo como piensan los cosmólogos y que la aparente aceleración observada se debe a que se halla en una región con menos materia. También podría indicar que la teoría de la gravedad de Einstein es incorrecta a las mayores escalas. Por otra parte, la energía oscura se podría explicar mediante un recurso matemático creado por Einstein en 1917: la constante cosmológica. Einstein la empleó como un valor opuesto a la fuerza de la gravedad para obtener un universo estático e invariable. Sin embargo, cuando Lemaître usó las ecuaciones de Einstein para mostrar que el universo solo podía ser dinámico –en expansión o en contracción– Einstein abandonó la constante cosmológica y dijo que había sido un error. El valor de la constante cosmológica de Einstein se estableció para igualar la energía contenida en un vacío, el espacio vacío, y se suponía era cero. Sin embargo, según la teoría cuántica, incluso el vacío contiene partículas «virtuales», que duran un tiempo de Planck (10^{-43} segundos, el menor lapso de tiempo posible) y luego desaparecen. La energía oscura podría ser una forma de energía surgida de estas partículas virtuales, que crea una presión negativa que separa el espacio y supone un valor distinto de cero para la constante cosmológica.

La expansión no siempre se ha estado acelerando. Hubo un tiempo en que la gravedad y otras fuerzas reunían la materia y eran más potentes que la energía oscura. Parece que cuando el universo se hizo lo bastante grande y vacío empezaron a predominar los efectos de la energía oscura. En el futuro podría imponerse una fuerza distinta, o bien podrían seguir creciendo los efectos de la energía oscura. Según una teoría, un Big Rip tendría tal poder que la energía oscura destruiría el propio espacio-tiempo y crearía una singularidad: el próximo Big Bang. ■

Este descubrimiento nos ha llevado a creer que una forma de energía desconocida está desgarrando el universo.
Brian Schmidt

Cuatro futuros posibles

Si la densidad media supera cierto valor crítico, el universo sería cerrado y, por tanto, acabaría con un Big Crunch. El valor crítico se estima equivalente a cinco protones por metro cúbico.

Si la densidad es igual a la densidad crítica, la geometría del universo será plana, y este continuaría existiendo sin expandirse ni contraerse.

Si la densidad es inferior al valor crítico, el universo sería abierto y se expandiría por siempre hasta su muerte térmica.

Según las observaciones, la expansión del universo se acelera debido a la misteriosa energía oscura. La densidad medida es muy próxima a la densidad crítica, pero la energía oscura está acelerando la expansión.

VER MAS ALLA DE 13 500 MILLONES DE AÑOS

EL ESTUDIO DE ESTRELLAS LEJANAS

EN CONTEXTO

INSTRUMENTO PRINCIPAL
Telescopio espacial James Webb (desde 2002)

ANTES

1935 Karl Jansky muestra que se puede usar radiación distinta de la luz para ver el universo.

1946 Lyman Spitzer, Jr. propone instalar telescopios en el espacio con el fin de evitar interferencias atmosféricas.

1998 El Sloan Digital Sky Survey empieza el mapa en 3D de las galaxias.

DESPUÉS

2003 Se lanza el telescopio espacial Spitzer de infrarrojos.

2014 Se aprueba el proyecto del E-ELT, cuyo gigantesco espejo primario tendrá un diámetro de 39 m.

2016 El equipo del LIGO anuncia el descubrimiento de ondas gravitatorias, un posible medio para ver aún más lejos que el James Webb.

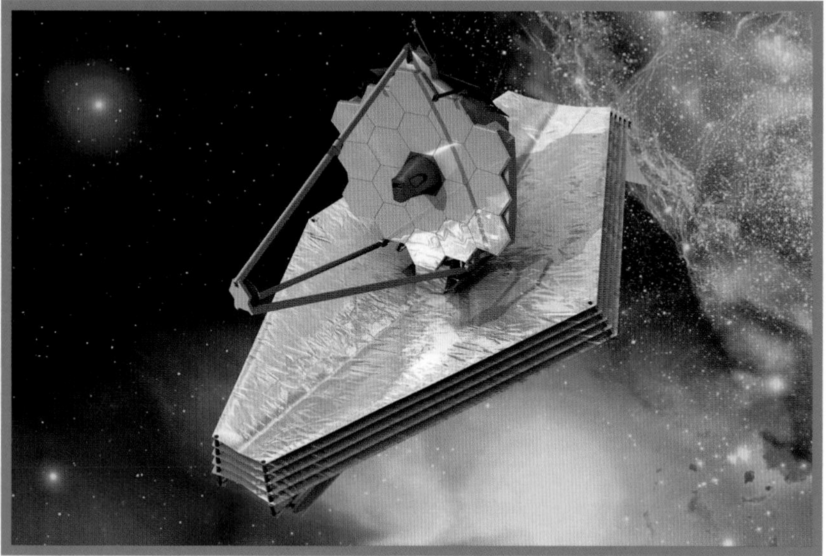

Esta recreación del telescopio James Webb muestra el escudo solar plegado bajo el espejo de berilio, recubierto de oro para optimizar la reflectancia.

El telescopio espacial James Webb (JWST) está diseñado para ser la herramienta astronómica más potente del espacio, capaz de ver más allá que el telescopio espacial Hubble. Nombrado así en honor del director de la NASA que supervisó el programa Apolo, es un telescopio de infrarrojos equipado con un espejo de 6,5 m de diámetro recubierto de oro. Este le permitirá ver a más de 13 500 millones de años luz de distancia, el momento en que se estaban formando las primeras estrellas del universo. Concebido en el año 1995 como sucesor del Hubble, el James Webb ha recorrido un largo camino en el que ha tenido que salvar muchos obstáculos técnicos. Cuando sea lanzado en 2018, se colocará en una órbita estrecha alrededor del L2 (punto de Lagrange 2), situado a 1,5 millones de kilómetros más allá de la órbita terrestre, en dirección contraria al Sol.

Véase también: La radioastronomía 179 ▪ Telescopios espaciales 188–195 ▪ Un panorama digital del cielo 296 ▪ Ondas gravitatorias 328–331 ▪ Joseph-Louis Lagrange 336

La **luz de las primeras estrellas** ha estado brillando a través del **espacio en expansión**.
La expansión ha estirado la luz hasta **longitudes de onda infrarrojas**.
El infrarrojo es **mayormente invisible desde la Tierra**.
Para ver las primeras estrellas hay que **enviar un telescopio de infrarrojos gigante al espacio**.

El L2 es un sector del espacio donde la gravedad del Sol y de la Tierra se combinan para tirar de un objeto en órbita alrededor del Sol a la par de la Tierra, con una órbita anual. Esto supone que el James Webb estará por lo general a la sombra de la Tierra, que bloqueará toda polución térmica y le permitirá detectar fuentes de infrarrojos muy débiles en el espacio profundo. La NASA afirma que es capaz de detectar el calor de un abejorro en la Luna.

Detector de calor

El enorme espejo primario del James Webb es siete veces mayor que el del Hubble y, en vez de cristal pulido, contiene 18 unidades hexagonales de berilio para una máxima reflectancia. Con sus 25 m², es demasiado grande para lanzarlo abierto, por lo que está diseñado para desplegarse en órbita.

Para captar la débil señal térmica de las estrellas más lejanas, los detectores deben mantenerse extremadamente fríos, nunca a más de –223 °C. Para lograrlo, el James Webb tiene un escudo térmico del tamaño de una pista de tenis, que también estará plegado durante el lanzamiento. Este escudo se compone de cinco capas de plástico brillante que refleja la mayor parte de la luz y el calor. El calor que atraviese la capa exterior es irradiado hacia los lados por las sucesivas capas interiores, para que no llegue prácticamente nada al telescopio.

Primera luz

Las ondas luminosas de las primeras estrellas que se formaron se han expandido de la luz visible al infrarrojo al brillar a través del universo en expansión, por lo que son un objetivo idóneo para el James Webb. Este vigía ultrasensible del cielo infrarrojo tiene otros tres fines principales: investigar cómo se han formado las galaxias a lo largo de miles de millones de años, estudiar el nacimiento de estrellas y planetas y aportar datos sobre planetas extrasolares. La NASA prevé que funcione durante al menos diez años. ■

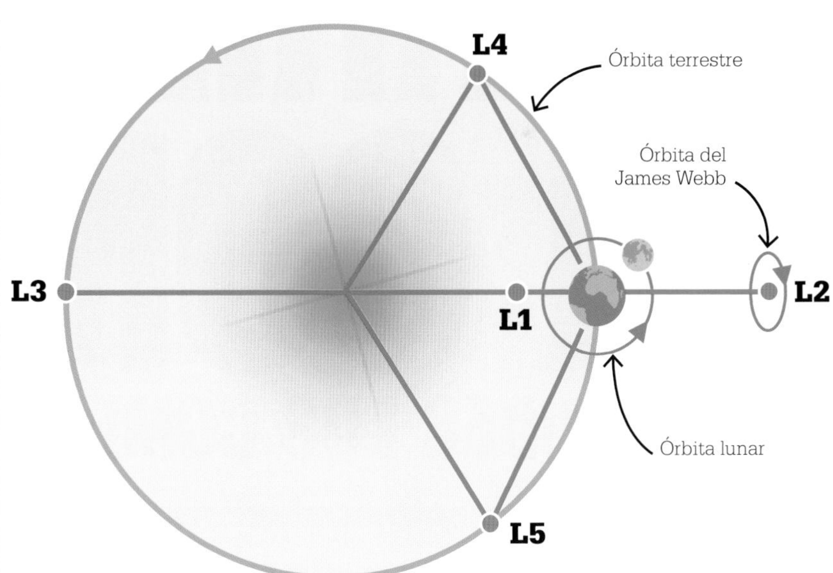

El telescopio James Webb no estará exactamente en el punto L2, sino describiendo una órbita de halo a su alrededor. Los puntos de Lagrange son las posiciones de la órbita de dos cuerpos grandes donde un objeto menor puede mantener una posición estable respecto a ellos. En el sistema orbital de la Tierra y el Sol hay cinco puntos L.

NUESTRA MISION ES ATERRIZAR EN UN COMETA

COMPRENDER LOS COMETAS

EN CONTEXTO

MISIÓN PRINCIPAL
Rosetta de la ESA (2004)

ANTES
1986 Una flota compuesta por ocho sondas y liderada por la Giotto, de la ESA, observa el cometa Halley.

2005 La misión Deep Impact lanza una sonda al cometa Tempel 1 para formar un cráter en la superficie y analiza lo que hay debajo.

2006 La misión Stardust recoge una cápsula de polvo de la cola del cometa Wild 2 y vuelve a la Tierra.

DESPUÉS
2015 La nave New Horizons sobrevuela Plutón y empieza a explorar el lejano cinturón de Kuiper.

2016 Lanzamiento de la nave OSIRIS-REx de la NASA para recoger muestras del asteroide 101955 Bennu.

Actualmente, los astrónomos confían en que el estudio de los cometas arroje nueva luz sobre cuestiones relacionadas con el Sistema Solar en sus inicios, la formación de la Tierra e incluso el origen de la vida.

La Tierra es el único planeta del que hay constancia que cuenta con un océano superficial de agua líquida, y el origen de esa agua es uno de los grandes misterios de las ciencias de la Tierra. Una de las teorías sostiene que el calor del joven planeta hizo «sudar» a las rocas, que liberaron vapor de agua a la atmósfera; cuando el planeta se hubo enfriado lo suficiente, ese vapor se condensó y se precipitó como un diluvio que llenó los océanos. Otra teoría defiende, en cambio, que al menos parte del agua llegó del espacio, concretamente en los cientos de miles de cometas helados que acribillaron la Tierra durante sus primeros 500 millones de años de vida y se vaporizaron con el impacto.

El sobrevuelo del cometa Halley en 1986 por una flotilla de naves espaciales encabezadas por la sonda Giotto, de la ESA, permitió observar de cerca, por primera vez en la historia, el núcleo de un cometa. El encuentro con el Halley aportó pruebas concluyentes de que los cometas están compuestos en gran medida por hielo de agua, mezclado con polvo orgánico y fragmentos de roca. Tal descubrimiento dio nueva vida a la teoría de que son el origen de los océanos terrestres. Una de las teorías sobre el origen de la vida sostenía que las complejas cadenas químicas necesarias para esta, como aminoácidos y ácidos nucleicos, llegaron del espacio. Quizá también esos compuestos orgánicos los trajeron los cometas. La única manera de averiguarlo era enviar una nave al encuentro de un cometa y aterrizar en él. En 2004, la sonda Rosetta de la ESA emprendió con esa intención un viaje de diez años.

Giotto enardeció a la comunidad de la ciencia planetaria en Europa.
Gerhard Schwehm
Científico del proyecto Giotto

Un cometa fresco

El objetivo de la misión Rosetta era alcanzar el cometa conocido como 67P/Churiúmov-Guerasimenko. En 1959 este cometa fue capturado por la gravedad de Júpiter, que lo desplazó de su órbita alrededor del Sol a otra más corta, de seis años. Hasta entonces había tenido una órbita

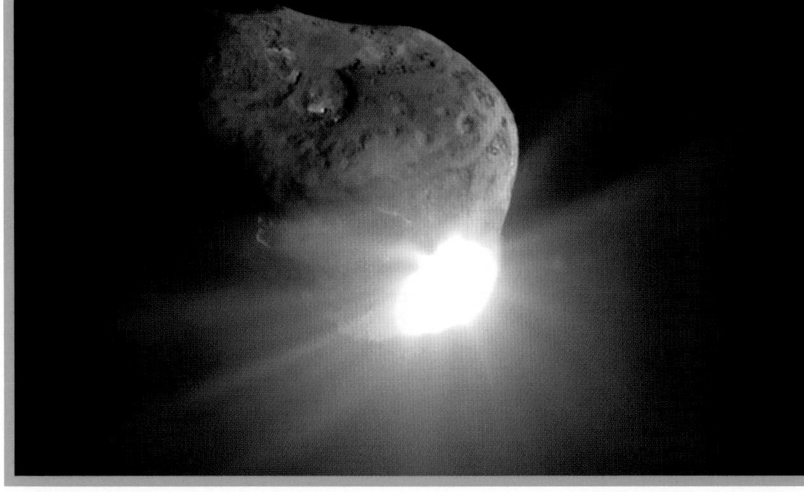

En 2005, el impactador de la Deep Impact chocó con el cometa Tempel 1 y soltó material del interior. Los análisis posteriores indicaron que contenía menos hielo del esperado.

Véase también: La nube de Oort 206 ▪ La composición de los cometas 207 ▪ El estudio de los cráteres 212 ▪ Exploración más allá de Neptuno 286–287 ▪ El estudio de Plutón 314–317

Recreación de Rosetta lanzando a Philae sobre el cometa 67P. El aterrizador rebotó en un lóbulo del cometa y acabó cayendo en el otro.

mucho más amplia y lejana, lo cual atrajo a los científicos de la Rosetta. La cola de los cometas –sin duda su rasgo más conocido– se origina cuando la radiación solar calienta la superficie del núcleo, que desprende entonces chorros de polvo, gas y plasma de cientos de millones de km de largo. Este material se pierde para siempre. En cambio, 67P se había acercado al Sol muy pocas veces a lo largo de su existencia, es decir, estaba «fresco», con su composición original casi intacta.

No aterrizamos solo una vez, ¡quizá fueron dos!
Stephan Ulamec
Operador de aterrizaje del Philae

Instrumental de a bordo

La nave Rosetta fue lanzada por un cohete Ariane 5 desde el centro espacial de la ESA situado en la Guayana Francesa. Pesaba algo menos de tres toneladas y su cuerpo central era del tamaño aproximado de una furgoneta pequeña. Los paneles solares, con 64 m² de células fotovoltaicas una vez desplegados, permitirían proporcionar a la nave la energía necesaria a lo largo de toda la misión.

La mayor parte del instrumental estaba especialmente diseñado para estudiar el cometa en órbita. Incluía diversos espectroscopios y radares de microondas para estudiar la composición de la superficie del cometa, así como el polvo y los gases que este desprendería al aproximarse al Sol y calentarse. Uno de los instrumentos más importantes a bordo era el CONSERT (Comet Nucleus Sounding Experiment by Radiowave Transmission), que emitiría un haz de ondas de radio a través del cometa con el objetivo de conocer su interior. El CONSERT funcionaría con la ayuda del aterrizador Philae. Una vez sobre la superficie, Philae recibiría señales del CONSERT mientras Rosetta orbitaba al otro lado. Philae iba equipado con paneles solares y baterías recargables, y estaba pensado para trabajar en la superficie del cometa analizando su composición química. »

Los cometas son restos de la **formación de los planetas**.

↓

El **agua** de la Tierra y las **sustancias químicas necesarias para la vida** pudieron llegar en los cometas.

↓

Para averiguarlo hay que aterrizar en un cometa.

↓

Los **primeros indicios** apuntan a que el agua y los compuestos orgánicos de la Tierra **no proceden de los cometas**.

Rosetta captó esta imagen del cometa 67P/Churiúmov–Guerasimenko el 14 de julio de 2015 desde unos 154 km, cuando se aproximaba al perihelio.

Los nombres de Rosetta y Philae se refieren a vestigios del antiguo Egipto que permitieron descifrar la escritura jeroglífica y revelar el significado de textos egipcios antiguos: la piedra de Rosetta, que tiene un texto grabado en escritura jeroglífica, demótica y griega, y el obelisco encontrado en File (Philae), con inscripciones similares. Los nombres fueron elegidos porque los cometas son restos de la formación del Sistema Solar, y las misiones en el cometa 67P pretendían abrir el camino a nuevos conocimientos acerca del material primigenio del que se formaron los planetas.

Crucero a un cometa

Rosetta siguió una ruta enrevesada para dirigirse al cometa, que incluía tres sobrevuelos de la Tierra y uno de Marte (una maniobra muy arriesgada de asistencia gravitatoria durante la que pasó a tan solo 250 km de la superficie). Todo ello le llevó cinco años, tras los cuales Rosetta había sumado velocidad suficiente para atravesar el cinturón de asteroides (examinando algunos muy de cerca) y llegar más allá de la órbita de Júpiter. Allí comenzó a dar la vuelta y no tardó en aproximarse a gran velocidad al 67P. Durante el viaje al espacio profundo, Rosetta había entrado en hibernación con el fin de ahorrar energía, pero volvió a encenderse y comunicarse con la Tierra en la fecha prevista, en agosto de 2014. Los controladores de Rosetta iniciaron una serie de propulsiones para hacerla zigzaguear por el espacio y decelerar de 775 a 7,9 m/s. El 10 de septiembre, la nave entró en órbita alrededor del 67P, logrando así dar el primer vistazo al objetivo.

Aterrizaje accidentado

El cometa 67P mide unos 4 km de largo y resultó tener una forma más irregular de lo esperado. Desde algunos puntos de vista, con sus dos lóbulos –uno mayor que el otro y unidos por un cuello estrecho– recuerda un gran patito de goma. Se supone que lo formaron dos cuerpos menores al chocar a baja velocidad. La superficie estaba cubierta de campos de grandes rocas y crestas, y el equipo tuvo que esforzarse para encontrar un lugar donde pudiera posarse Philae. Se escogió una zona de aterrizaje en la «cabeza» del cometa, y a las 8.35 GMT del 12 de noviembre de 2014, Rosetta lanzó el aterrizador. Se tardó casi ocho horas en confirmar que Philae se hallaba sobre la superficie, mucho más de lo esperado. El aterrizador estaba diseñado para posarse a baja velocidad (menor que la de un objeto soltado desde la altura del hombro en la Tierra) y luego anclarse al suelo mediante unos arpones lanzados desde los extremos de las patas. Pero algo había salido mal. Se cree que Philae aterrizó en mala

¡Estamos en la superficie del cometa! Lo que hagamos no se habrá hecho nunca antes. Los datos que obtengamos serán únicos.

Matt Taylor
Científico del proyecto Rosetta

Rosetta recibió la asistencia gravitatoria de la Tierra y de Marte de camino hacia el cometa 67P. Al rodear los planetas, el campo gravitatorio de estos impulsó la nave a mucha mayor velocidad.

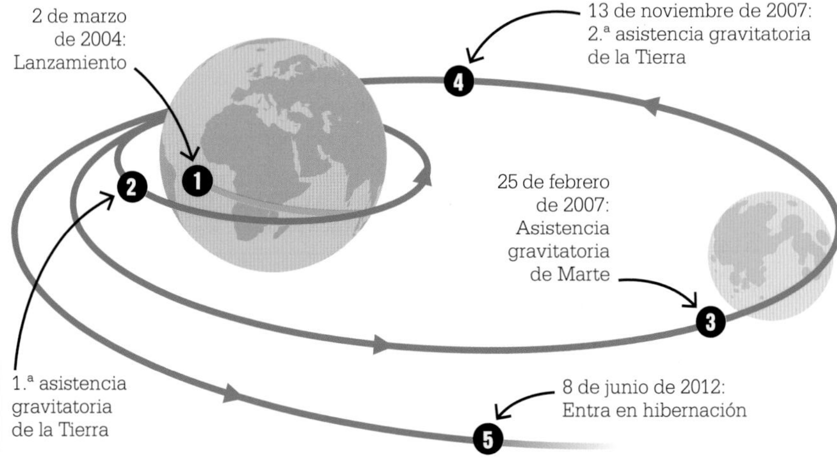

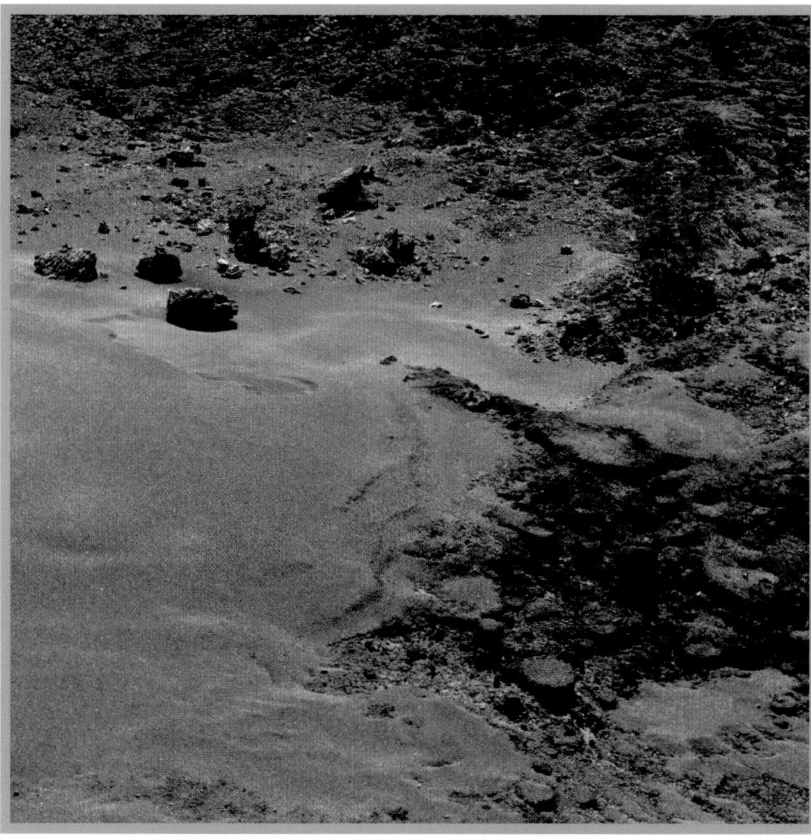

El 16 de julio de 2016, Rosetta estaba a solo 12,8 km del centro del cometa 67P. Esta imagen de la superficie polvorienta y rocosa cubre aproximadamente un área de 450 m de ancho.

posición, chocó contra una roca y, a causa de la baja gravedad del cometa, rebotó. Se calcula que se alejó aproximadamente 1 km de la superficie antes de volver a caer, yendo a parar al borde de la zona de aterrizaje elegida, inclinado y a la sombra de un peñasco. Sin luz solar con la que recargar las baterías, Philae tenía solo unas 48 horas para llevar a cabo sus misiones científicas primarias, enviar datos sobre la composición química del polvo y el hielo, y realizar escaneos con el CONSERT a bordo de Rosetta. Un plan de último recurso para empujar el aterrizador hasta la luz usando los arpones (que no se habían disparado al aterrizar) falló, y Philae se apagó, quedando en modo de seguridad.

Aproximación al Sol

A pesar de este revés, el azaroso aterrizaje del Philae fue considerado un éxito. Quedaba la esperanza de que su lugar a la sombra recibiera más luz al acercarse el cometa al Sol. Alcanzaría el perihelio, o punto más cercano, en agosto de 2015. Al acercarse, 67P comenzó a calentarse, y de su superficie surgieron chorros de polvo y plasma. Se puso a Rosetta en una trayectoria orbital compleja para que pudiera volar sobre el cometa a baja altura y atravesar las zonas más densas de la coma, o nube de material, que se estaba formando a su alrededor. Rosetta siguió su camino y obtuvo una imagen más completa del modo en que cambiaba el cometa al llegar a la parte más cálida del Sistema Solar.

A mediados de junio de 2015, Philae recibió al fin suficiente luz solar para despertar y pudo iniciar una serie de comunicaciones intermitentes con Rosetta que hicieron posible nuevos sondeos del CONSERT. A principios de julio volvió a quedar en silencio. Afortunadamente fue hallado por la cámara OSIRIS el 2 de septiembre de 2016, al aproximarse a menos de 2,7 km del cometa. Saber en qué lugar exacto aterrizó Philae permite a los científicos poner en contexto la información que había enviado un año antes.

Después del paso del cometa por el perihelio en agosto de 2015, la energía solar disponible para Rosetta fue disminuyendo rápidamente. En septiembre de 2016 se ordenó a Rosetta acercarse lentamente al cometa. La misión llegó a su fin el 30 de septiembre con un aterrizaje forzoso controlado, durante el cual la nave envió datos hasta el momento mismo del impacto.

Agua extraterrestre

La cantidad de deuterio («hidrógeno pesado») hallada en el agua del 67P es mucho mayor que la del agua de la Tierra, una evidencia que contradice la hipótesis de que el agua de nuestro planeta pueda ser de origen extraterrestre. Además, si bien la misión ha encontrado una gran cantidad de compuestos basados en el carbono, únicamente registró entre sus datos un aminoácido (elemento esencial de las proteínas) y ningún ácido nucleico (ingrediente del ADN).

Los resultados obtenidos por Rosetta permitirán a los astrónomos comprender mejor los cometas, y si el 67P es representativo. Junto con los descubrimientos del cinturón de Kuiper, se espera que revelen de qué se componía el Sistema Solar cuando se formó el Sol. ■

EL VIOLENTO NACIMIENTO DEL SISTEMA SOLAR

EL MODELO DE NIZA

EN CONTEXTO

ASTRÓNOMOS CLAVE
Rodney Gomes (n. en 1954)
Hal Levison (n. en 1959)
Alessandro Morbidelli (n. en 1966)
Kleomenis Tsiganis (n. en 1974)

ANTES

1943 Según Kenneth Edgeworth, Plutón es solo uno de los muchos objetos del Sistema Solar exterior.

1950 Jan Oort afirma que los cometas de periodo largo proceden de una nube lejana que rodea el Sistema Solar.

1951 Gerard Kuiper opina que existió un cinturón de cometas más allá de Plutón en los inicios del Sistema Solar.

1993 Renu Malhotra afirma que hubo migraciones planetarias en el Sistema Solar.

1998 Se confirma la existencia del cinturón de Kuiper.

DESPUÉS

2015 La nave New Horizons llega al cinturón de Kuiper.

A principios del siglo XXI se sabía que el Sistema Solar albergaba objetos de muchos tipos. Además de los planetas y el cinturón de asteroides, había cuerpos semejantes a cometas, llamados centauros, entre los planetas gigantes, y asteroides troyanos que compartían órbita con muchos planetas, y acababa de descubrirse el cinturón de Kuiper. Alrededor de todos estos cuerpos existía una esfera lejana de material conocida como nube de Oort.

Resultaba difícil explicar cómo había evolucionado un sistema tal a partir de una nube protosolar de polvo y gas. Se tenían datos sobre sistemas extrasolares con planetas gigantes mucho más cerca de su estrella de lo que se había creído posible. Por lo tanto, era al menos factible que los planetas gigantes del Sistema Solar se hubieran formado más cerca del Sol.

El **Sistema Solar** está lleno de objetos muy diversos en órbita alrededor del Sol.

La disposición de estos objetos se debe a que **los planetas exteriores** Urano y Neptuno **migraron** y se alejaron del Sol.

Los planetas exteriores **barrieron un vasto disco de material** hasta dejar el sistema que hoy vemos.

Migración planetaria

En 2005, en Niza (Francia), cuatro astrónomos emplearon simulaciones por ordenador para desarrollar una teoría que explicase la evolución del Sistema Solar. En el que se conoce como modelo de Niza plantean que los tres planetas exteriores (Saturno, Urano y Neptuno) estuvieron mucho más cerca del Sol que hoy. Júpiter estaba a 5,5 UA, un poco más lejos que en la actualidad, pero Neptuno orbitaba mucho más cerca, a 17 UA (actualmente lo hace a 30 UA). Más allá de la órbita de Neptuno se extendía un vasto disco de objetos menores llamados planetésimos, hasta las 35 UA. Los planetas gigantes tiraron hacia dentro de estos planetésimos,

Véase también: El descubrimiento de Ceres 94–99 ▪ El cinturón de Kuiper 184 ▪ La nube de Oort 206 ▪ El estudio de los cráteres 212 ▪ Exploración más allá de Neptuno 286–287

Rodney Gomes

El científico brasileño Rodney Gomes es uno de los miembros del cuarteto de científicos de Niza que alcanzaron un amplio renombre en 2005, junto con el estadounidense Hal Levison, el italiano Alessandro Morbidelli y el griego Kleomenis Tsiganis. Gomes, que ha trabajado en el Observatorio Nacional de Río de Janeiro desde la década de 1980, es uno de los mayores expertos en modelos gravitatorios del Sistema Solar y ha aplicado técnicas semejantes a las del modelo de Niza para explicar el movimiento de distintos objetos del cinturón de Kuiper (KBO) que parecen seguir órbitas extrañas. En 2012 desafió una vez más las ideas aceptadas sobre el Sistema Solar al proponer que existe un planeta del tamaño aproximado de Neptuno (con cuatro veces la masa de nuestro planeta) y situado a unos 225 000 millones de km de la Tierra (1500 UA), que distorsiona las órbitas de los KBO. La búsqueda de este «planeta X» está en marcha.

El modelo de Niza cambió la perspectiva de toda la comunidad sobre cómo se formaron y se desplazaron los planetas durante estos acontecimientos violentos.
Hal Levison

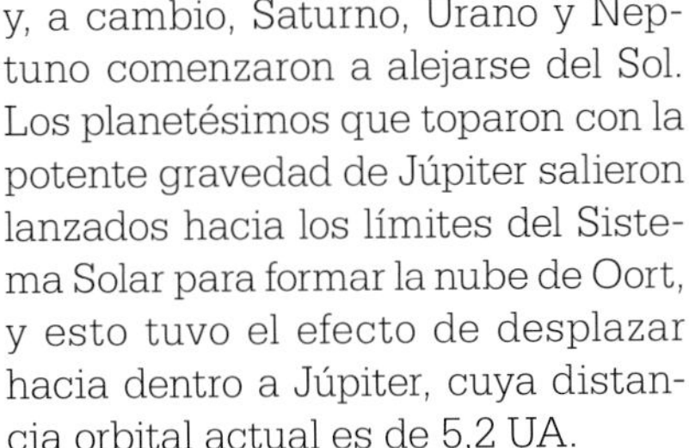

y, a cambio, Saturno, Urano y Neptuno comenzaron a alejarse del Sol. Los planetésimos que toparon con la potente gravedad de Júpiter salieron lanzados hacia los límites del Sistema Solar para formar la nube de Oort, y esto tuvo el efecto de desplazar hacia dentro a Júpiter, cuya distancia orbital actual es de 5,2 UA.

Órbita resonante

Saturno acabó situándose en una órbita resonante con Júpiter que completa una vez por cada dos de este. Los efectos gravitatorios de esta órbita resonante desplazaron a Saturno, y luego a Urano y Neptuno, a órbitas más excéntricas (elipses más alargadas). Los gigantes helados llegaron a lo que quedaba del disco de planetésimos, la mayoría de los cuales dispersaron, dando lugar así al bombardeo intenso tardío hace 4000 millones de años. Decenas de miles de meteoritos salieron lanzados contra los planetas interiores.

Una gran parte del disco de planetésimos se convirtió en el cinturón de Kuiper, vinculado a la órbita de Neptuno a 40 UA. Algunos planetésimos fueron capturados por los planetas y se convirtieron en sus satélites, otros llenaron órbitas estables como troyanos, y algunos pudieron ingresar en el cinturón de asteroides. Otros planetésimos fueron desperdigados más allá, entre ellos destacan los planetas enanos Sedna y Eris, descubiertos en 2003 y 2005 respectivamente.

El modelo de Niza se adecúa a muchos escenarios de partida del Sistema Solar. Según uno de ellos, Urano fue el planeta más exterior hasta que cambió de lugar con Neptuno, hace 3500 millones de años. ■

Durante el bombardeo intenso tardío, la Luna habría relucido por los impactos de meteoritos. Gran parte de la superficie de la joven Tierra era volcánica.

UN EXCENTRICO DEL SISTEMA SOLAR VISTO DE CERCA

EL ESTUDIO DE PLUTÓN

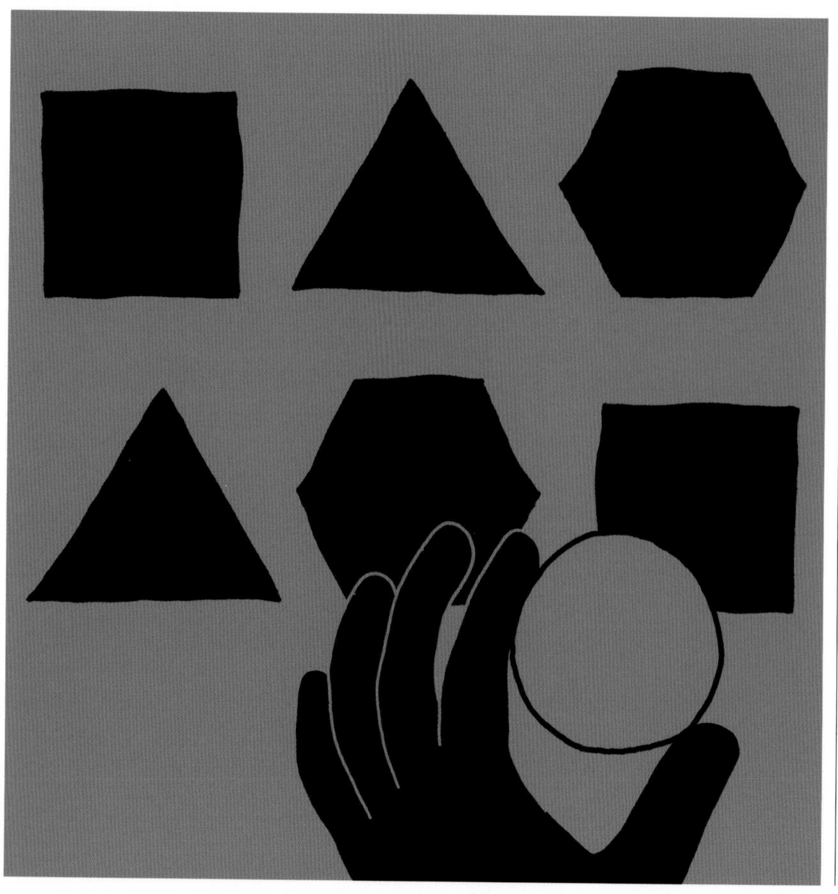

EN CONTEXTO

ASTRÓNOMO CLAVE
Alan Stern (n. en 1957)

ANTES
1930 Clyde Tombaugh descubre Plutón, considerado el noveno planeta.

1992 Se sabe que Plutón es uno de los objetos del cinturón de Kuiper en órbita en torno al Sol más allá de Neptuno.

2005 Se halla otro objeto del tamaño de Plutón, llamado Eris, más allá de la órbita de Neptuno.

DESPUÉS
2006 Plutón, Eris y otros objetos se reclasifican como planetas enanos.

2016 Las perturbaciones de la órbita de algunos objetos del cinturón de Kuiper apuntan a la existencia de un planeta del tamaño de Neptuno muy lejano que completaría una órbita cada 15000 años.

En enero de 2006, la nave New Horizons de la NASA despegó de Cabo Cañaveral hacia Plutón y más allá, fruto de la tenacidad del investigador principal de la misión New Horizons, Alan Stern.

Degradación planetaria

En aquel momento nadie sabía qué aspecto tenía Plutón. Era pequeño y estaba muy lejos, en el borde interior del cinturón de Kuiper, y ni siquiera el potente telescopio Hubble podía mostrar más que una bola pixelada de luz y manchas oscuras. Los planes de explorar Plutón de cerca se frustraron en la década de 1990 a causa de la reducción del presupuesto de la NASA. En el año 2000, los

Véase también: La nube de Oort 206 ▪ La composición de los cometas 207 ▪ Exploración del Sistema Solar 260–267 ▪ Exploración más allá de Neptuno 286–287

Así como un chihuahua sigue siendo un perro, estos enanos helados siguen siendo cuerpos planetarios.
Alan Stern

planes fueron archivados, pero Stern defendió la iniciativa de enviar una misión a Plutón, el más pequeño y lejano de los planetas, descubierto por el astrónomo estadounidense Clyde Tombaugh en 1930.

En 2003 se dio luz verde a la propuesta de Stern, y la nave New Horizons partió para un vuelo de nueve años a Plutón en 2006, en un momento oportuno. En agosto de ese mismo año, y a raíz del hallazgo de un posible décimo planeta más allá de la órbita de Plutón, la asamblea general de la Unión Astronómica Internacional (UAI) se reunió en Praga para tratar las cuestiones que planteaba el nuevo descubrimiento. La primera cuestión era si se trataba de un planeta o no, y se acordó que el nuevo cuerpo, que se llamaría Eris, no lo era. Su gravedad era demasiado débil para despejar su órbita de otros cuerpos. Los planetas de Mercurio a Neptuno son lo bastante masivos para hacerlo, pero los cuerpos del cinturón de asteroides manifiestamente no, y tampoco Plutón. Sin embargo, Plutón y Eris no eran como la mayoría de los asteroides, sino lo bastante masivos para ser esféricos, en lugar de masas irregulares de roca y hielo. Por tanto, la UAI decidió crear una nueva clase de objeto: el planeta enano. Plutón, Eris y varios objetos grandes del cinturón de Kuiper (KBO) fueron clasificados como planetas enanos, al igual que Ceres, el mayor cuerpo del cinturón de asteroides. Para la mayoría de estos objetos fue una promoción en la jerarquía del Sistema Solar, pero no para Plutón. Si este hubiera sido desposeído del título de planeta antes del lanzamiento de la New Horizons, cabe dudar de que la misión se hubiera llevado a cabo.

Un largo viaje

Aunque Plutón se acerca al Sol más que Neptuno durante parte de su revolución de 248 años alrededor del Sol, la sonda New Horizons hizo el »

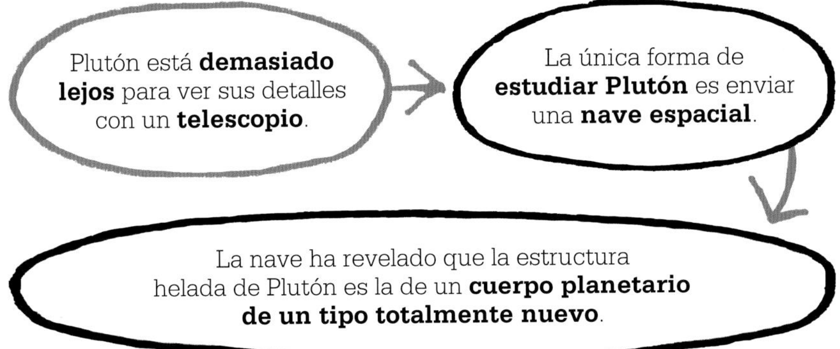

Plutón está **demasiado lejos** para ver sus detalles con un **telescopio**.
La única forma de **estudiar Plutón** es enviar una **nave espacial**.
La nave ha revelado que la estructura helada de Plutón es la de un **cuerpo planetario de un tipo totalmente nuevo**.

Alan Stern

Sol Alan Stern nació en Nueva Orleans (Luisiana), en 1957. Su fascinación por Plutón comenzó en 1989, mientras se encontraba trabajando en el programa Voyager. Allí fue testigo del encuentro final de la Voyager 2 al sobrevolar Neptuno y su satélite Tritón. Este último parecía una bola de hielo, muy similar al Plutón que Stern y otros científicos habían imaginado (se piensa que Tritón es un objeto del cinturón de Kuiper capturado por Neptuno).

Durante la década de 1990, Stern decidió formarse como especialista en carga del transbordador espacial, pero nunca tuvo ocasión de volar al espacio y regresó al estudio de Plutón, del cinturón de Kuiper y de la nube de Oort. Además de dirigir la misión New Horizons como investigador principal, hoy contribuye al desarrollo de nuevos instrumentos para la exploración espacial y de maneras que resulten menos costosas de llevar astronautas al espacio.

Obra principal

2005 *Pluto and Charon: Ice Worlds on the Ragged Edge of the Solar System.*

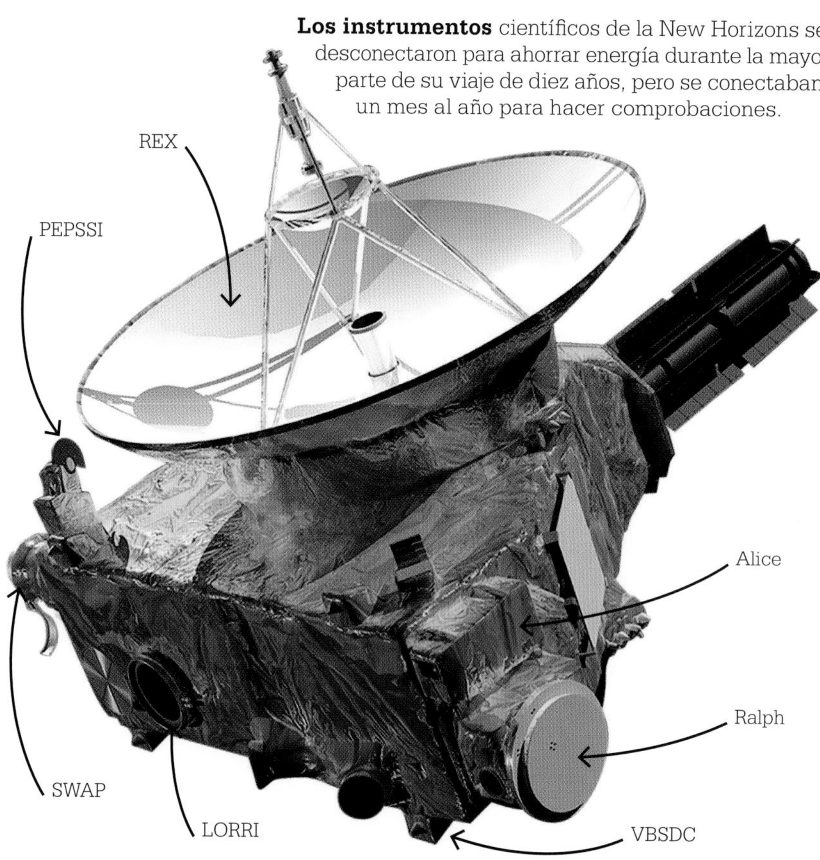

Los instrumentos científicos de la New Horizons se desconectaron para ahorrar energía durante la mayor parte de su viaje de diez años, pero se conectaban un mes al año para hacer comprobaciones.

viaje más largo al objetivo más lejano de la historia de la exploración espacial: 30 UA, o 4400 millones de km desde la Tierra. Para lograrlo realizó el despegue más rápido de todos los tiempos, con una velocidad de escape de 58 536 km/h. Un año después del lanzamiento llegó a Júpiter. Además de realizar algunas observaciones del sistema joviano, la New Horizons usó la gravedad de Júpiter para aumentar su velocidad un 20 %, lo cual redujo su tiempo de vuelo hasta Plutón de más de 12 años a 9,5.

Instrumentos de a bordo

La precisión de la trayectoria desde Júpiter era de vital importancia para el éxito de la misión. Un error minúsculo habría bastado para que la nave no diera con Plutón. La principal ventana de observación duraría doce horas aproximadamente, tras lo cual la New Horizons dejaría atrás Plutón. Como las señales de radio tardan 4,5 horas en llegar a la Tierra desde Plutón, y otro tanto la respuesta, se tardaría al menos nueve horas en corregir el rumbo por poco que fuera, lapso en el que la misión primaria casi habría terminado.

La New Horizons iba equipada con siete instrumentos, que incluían dos espectrómetros que funcionaban juntos, cuyos nombres procedían de la serie televisiva estadounidense de la década de 1950 *The Honeymooners*. Ralph era el espectrómetro de luz visible e infrarroja que permitió cartografiar la superficie de Plutón, mientras que Alice era sensible al ultravioleta, y su misión era estudiar la tenue atmósfera de Plutón. REX (Radio Science Experiment) tomaría la temperatura de Plutón y sus satélites; la cámara telescópica LORRI (Long Range Reconnaissance Imager) obtendría las imágenes de mayor resolución del sistema de Plutón; SWAP (Solar Wind Around Pluto) observaría la interacción de Plutón con el viento solar, mientras PEPSSI (Pluto Energetic Particle Spectrometer Science Investigation) detectaba el plasma que emana de Plutón. Esto ayudaría a comprender cómo la superficie helada forma la atmósfera del planeta enano por sublimación (paso de sólido directamente a gas) durante el «verano» de Plutón, cuando se aproxima al Sol, para volver a congelarse en invierno. Por último, el SDC (Student Dust Counter) era un instrumento operado por estudiantes universitarios que acabó llamándose VBSDC en honor de Venetia Burney, la niña británica que propuso el nombre de Plutón.

Destino alcanzado

La New Horizons inició la aproximación en enero de 2015. Una de las primeras cosas que hizo fue medir con precisión el tamaño de Plutón, que siempre había sido un problema de difícil solución. Cuando se descu-

Se decía que Plutón era raro. Ahora resulta que la rara es la Tierra. La mayoría de los planetas del Sistema Solar se parece a Plutón, y no a los planetas terrestres.

Alan Stern

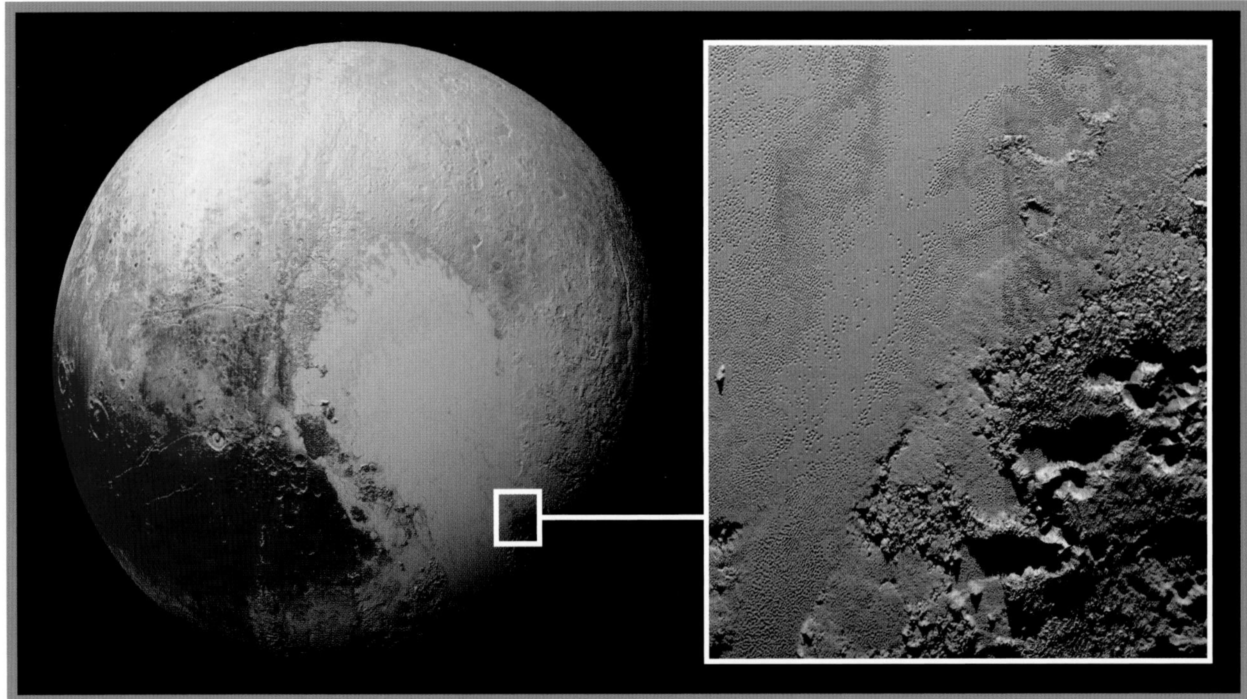

En esta vista de Plutón desde la New Horizons se destaca el sector sureste de las grandes llanuras heladas, donde limitan con abruptas cordilleras oscuras.

brió, se estimó que Plutón tenía siete veces el tamaño de la Tierra, pero en 1978 quedó claro que era menor que la Luna. Sin embargo, tenía un gran satélite, llamado Caronte (el barquero de los difuntos de la mitología griega), de un tercio aproximado de su tamaño, y ambos formaban un sistema binario. Para el lanzamiento se habían tenido en cuenta otros dos pequeños satélites, Nix e Hidra, pero en 2012, cuando la New Horizons había hecho ya buena parte del camino, se supo que había otros dos, Cerbero y Estigia, que podrían complicar la misión.

Medición de Plutón

Al final, los temores resultaron infundados, y LORRI consiguió medir todos estos cuerpos. Plutón tiene un diámetro de 2370 km, y por tanto, es mayor que el más masivo Eris.

El 14 de julio de 2015, la New Horizons sobrevoló el planeta enano desde 12 472 km, su máxima aproximación. Sus instrumentos reunieron grandes cantidades de datos para enviar a la Tierra. La vista de cerca mostraba un mundo de pálidas llanuras heladas y zonas montañosas oscuras. El hielo es en gran medida nitrógeno congelado, lo cual hace de Plutón un objeto muy brillante para su tamaño. Las montañas también son de hielo, mezclado con hidrocarburos de aspecto alquitranado, y se alzan hasta 3000 m sobre el llano. Cómo pudieron surgir picos tan enormes en un cuerpo tan pequeño y frío es uno de los misterios de la misión New Horizons. Además se han identificado estructuras con aspecto de cráteres como posibles volcanes de hielo.

Nombres de los lugares de referencia

Los científicos de la NASA han dado nombres no oficiales a los rasgos superficiales de Plutón. Cthulhu Regio es una enorme mancha oscura con forma de ballena en el hemisferio sur. Otras regiones llevan nombres de misiones del pasado: Voyager, Venera y Pioneer. Se han captado imágenes claras de dos grandes cordilleras: Norgay Montes y Hillary Montes, nombradas en honor de los dos primeros escaladores del Everest. Sin embargo, el rasgo central del mapa parcial de Plutón de la New Horizons es Tombaugh Regio, una llanura con forma de corazón. La mitad de esta zona corresponde a la Sputnik Planitia, una vasta cuenca de hielo cubierta de grietas y depresiones, pero sin cráteres, lo cual indica que es un accidente joven que a su vez está formando otros, como los glaciares de la Tierra.

La nave ya ha dejado atrás Plutón y se dirige hacia otros KBO. Su fuente de energía nuclear debería durar hasta 2030, y se esperan de ella muchos más descubrimientos. ■

UN LABORATORIO EN MARTE

EXPLORACIÓN DE MARTE

EN CONTEXTO

MISIÓN PRINCIPAL
Exploración de Marte por la NASA

ANTES

1970 El Lunojod 1 soviético es el primer vehículo usado en otro mundo al llegar a la Luna.

1971 El rover de la misión Apolo 15 de la NASA es el primer vehículo conducido por humanos en la Luna.

1977 El Sojourner de la NASA es el primer rover en Marte.

DESPUÉS

2014 El Opportunity bate el récord de distancia recorrida por un rover en un cuerpo extraterrestre.

2020 El rover de la NASA Mars 2020, que sustituirá al Curiosity, estará listo para su lanzamiento.

2020/2021 El rover ExoMars de la ESA alcanzará la depresión de rocas arcillosas Oxia Planum.

En agosto de 2012 aterrizó en Marte el Mars Science Laboratory Rover, más conocido como Curiosity. Este vehículo de 900 kg, que aún sigue recorriendo la superficie marciana, es un laboratorio móvil equipado para realizar experimentos geológicos con el objetivo de conocer la historia natural del planeta rojo. Se trata del último explorador robótico que ha llegado a Marte y el más avanzado de una larga serie de rovers enviados a explorar otros mundos.

Movilidad sobre el terreno

El potencial de los rovers en el espacio quedó claro ya en 1971, cuando la misión Apolo 15 consiguió llevar un vehículo todoterreno a la Luna. Este ágil biplaza amplió el ámbito de la exploración lunar en las tres últimas misiones Apolo. Durante el primer alunizaje, en 1969, Neil Armstrong y Buzz Aldrin caminaron sobre la superficie lunar solo dos horas y media y lo más que se alejaron del módulo lunar fue 60 m; en cambio, en la misión final de 1972, la Apolo 17, los dos tripulantes –Eugene Cernan y Harrison Schmitt– pasaron más de 22 horas en el exterior y recorrieron en su rover un total de 36 km, alejándose 7,6 km de la nave en uno de los trayectos. El vehículo de exploración lunar (Lunar Roving Vehicle) sirvió para recoger rocas. Las seis misiones Apolo trajeron 381 kg de rocas a la Tierra.

Marte se ha sobrevolado, examinado con radar, se le han lanzado cohetes, se le han estrellado aparatos y le han rebotado encima, y ha sido removido, excavado, perforado [...] Lo siguiente es que lo pisen.
Buzz Aldrin

Los análisis de estas rocas revelaron muchos secretos sobre la historia de la Luna. Las más antiguas tenían unos 4600 millones de años, y su composición química indicaba claramente un origen común con las rocas de la Tierra. No se hallaron compuestos orgánicos, de lo que se deduce que la Luna ha sido siempre un mundo seco y sin vida.

Lunojod 1

El programa lunar soviético, iniciado a principios de la década de 1960, empleó sondas no tripuladas para explorar la Luna. Tres sondas Luna regresaron con un total de 326 g de rocas. En noviembre de 1970, la nave Luna 17 alunizó en el Mare Imbrium,

El astronauta y geólogo Harrison Schmitt recoge muestras de la Luna durante la misión Apolo 17 en 1972. Pasó muchas horas explorando su superficie en el todoterreno lunar.

Véase también: La carrera espacial 242–249 ▪ Exploración del Sistema Solar 260–267 ▪ Comprender los cometas 306–311 ▪ El estudio de Plutón 314–317

El rover soviético Lunojod 1, en esta imagen durante unas pruebas en la Tierra, fue el primero en llegar a un mundo no terrestre. Su predecesor, el Lunojod 0, fue lanzado en 1969, pero no llegó a entrar en órbita.

o mar de las Lluvias (muchas zonas lunares recibieron el nombre de fenómenos que antiguamente se creía causaban en la Tierra), llevando a bordo el vehículo operado por control remoto Lunojod 1 (Lunojod significa «caminante lunar»), el primero que recorrió un mundo extraterrestre, unos ocho meses antes del primer rover Apolo. El concepto subyacente era sencillamente analizar las rocas lunares *in situ*, en lugar de traerlas hasta la Tierra.

Explorador por control remoto

El Lunojod medía 2,3 m de largo y parecía una bañera motorizada. Las ruedas eran independientes, para mantener la tracción sobre el irregular suelo lunar. Estaba equipado con cámaras de vídeo que enviaron imágenes de televisión de la Luna. Para analizar la composición química de las rocas se usó un espectrómetro de rayos X, y se introdujo un ingenio llamado penetrómetro en el regolito (suelo) lunar para medir su densidad.

El Lunojod se alimentaba por baterías que se cargaban de día mediante unos paneles solares que se desplegaban desde la parte superior. De noche, una fuente de polonio radiactivo servía de calefactor para mantener la maquinaria en funcionamiento. El vehículo recibía instrucciones sobre a dónde ir y cuándo realizar experimentos de controladores en la Tierra. Quizá un ser humano lo hubiese hecho mejor, pero un vehículo podía permanecer meses en el espacio y no necesitaba agua ni comida de la Tierra.

Con el tiempo se podría «terraformar» Marte, para que se parezca a la Tierra [...] Es un planeta a reformar.

Elon Musk

Empresario espacial canadiense

El Lunojod 1 fue diseñado para funcionar durante tres meses, pero duró casi once. En enero de 1973, el Lunojod 2 llegó al cráter Le Monnier, al borde del mar de la Serenidad. En junio había recorrido 39 km en total, un récord imbatido durante más de tres décadas.

Rovers marcianos

Mientras el Lunojod 1 exploraba la Luna, el programa espacial soviético aspiraba a una hazaña aún mayor: poner un rover en Marte. En diciembre de 1971, dos naves soviéticas, Marte 2 y Marte 3, enviaron módulos al planeta rojo. Marte 2 se estrelló, pero Marte 3 logró aterrizar felizmente en la superficie de Marte. Sin embargo, se perdió toda comunicación 14,5 segundos después, probablemente por daños causados por una fuerte tormenta de polvo. Los científicos nunca supieron qué le pasó a la carga de Marte 3: el Prop-M, un vehículo minúsculo de 4,5 kg diseñado para desplazarse sobre dos patas con forma de esquí. Estaba alimentado por un cordón umbilical de 15 m, y una vez en la superficie debía realizar lecturas del suelo marciano. Es improbable que llegara a cumplir su misión, pero estaba programado para funcionar sin depender de la Tierra. Una señal de radio tarda menos de 2 segundos en llegar de la Luna a la Tierra, pero desde o hasta Marte tarda entre 3 » y 21 minutos, dependiendo de la distancia del planeta en ese momento. Para explorar Marte, un rover tenía que ser autónomo.

Aterrizaje por rebote

En 1976, los dos módulos de aterrizaje Viking de la NASA enviaron las primeras imágenes de Marte. Después de semejante éxito se planearon muchos otros rovers, pero la mayoría nunca llegó a su destino y sucumbió a lo que la prensa llamó «maldición marciana».

La NASA acabó logrando el éxito con la misión Mars Pathfinder en 1997. En julio de ese año, la nave Pathfinder entró en la atmósfera de Marte. Frenada primero por la fricción de un escudo térmico y posteriormente por un gran paracaídas, se desprendió del escudo, y a continuación se hizo descender el módulo de aterrizaje, sujeto por un cable de 20 m. Al aproximarse a la superficie se inflaron los airbags protectores alrededor del módulo y se encendieron los retrocohetes de la nave a la que iba sujeto el cable para reducir la velocidad de descenso. Entonces se cortó el cable, y el módulo fue rebotando por la superficie de Marte

Aterrizamos en un bonito llano [...] Hermoso de verdad.

Adam Steltzner

Ingeniero jefe de aterrizaje del Curiosity

hasta detenerse. Por fortuna, una vez deshinchados los airbags, se encontraba en la posición correcta. Los tres lados superiores o «pétalos» del módulo tetraédrico se desplegaron entonces, dejando a la vista el rover de 11 kg.

Durante su desarrollo, el rover recibió el nombre de MFEX (de Microrover Flight Experiment), pero entre el público fue conocido como Sojourner («residente temporal o viajero»), en honor de la abolicionista estadounidense del siglo XIX Sojourner Truth.

Circulando por Marte

El Sojourner fue el primer todoterreno espacial que recorrió la superficie marciana. De hecho, la misión Pathfinder fue una prueba del innovador sistema de aterrizaje y de la tecnología para construir rovers mayores en el futuro. El diminuto vehículo solo recorrió 100 m durante su misión de 83 días y nunca se alejó más de 12 m del módulo de aterrizaje. Este, hoy en día llamado Carl Sagan Memorial Station, envió los datos procedentes del rover a la Tierra. El vehículo obtenía la mayor parte de su energía de los pequeños paneles solares situados en la parte superior. Uno de los objetivos de la misión era ver cómo respondían estos paneles a las temperaturas extremas y cuánta energía podían generar a partir de la débil luz solar marciana.

A lo largo de sus 83 días de funcionamiento, el pequeño rover Sojourner exploró unos 250 m² de la superficie marciana y consiguió captar 550 imágenes.

La actividad del rover se dirigía desde el Jet Propulsion Laboratory (JPL) de la NASA, en California, que ha seguido siendo la agencia líder del desarrollo de rovers para Marte. A causa del retraso inherente a las comunicaciones con Marte, no es posible guiar un rover en tiempo real, y es preciso preprogramar cada tramo de los viajes. Para ello, las cámaras del módulo crearon una maqueta virtual de la superficie que rodea al Sojourner, de modo que los controladores pudieran ver la zona en 3D desde todos los ángulos antes de decidirse por una ruta.

Spirit y Opportunity

A pesar de sus limitaciones de tamaño y de abastecimiento energético, la misión del Sojourner fue todo un éxito, y la NASA siguió adelante con dos vehículos MER (Mars Exploration Rover). En junio de 2003, el MER A (Spirit) y el MER B (Opportunity), estaban listos para el lanzamiento. Eran más o menos del

Sea cual sea la razón por la que estéis en Marte, me alegra que estéis. Ojalá pudiera estar con vosotros.

Carl Sagan

en un mensaje a futuros exploradores

Recreación de un Mars Exploration Rover de la NASA. El Opportunity y el Spirit fueron lanzados con unas semanas de diferencia en 2003 y aterrizaron en enero de 2004 en dos lugares de Marte.

tamaño de un Lunojod, pero mucho más ligeros, con solo unos 180 kg de peso. A finales de enero del año siguiente, ambos estaban recorriendo los desiertos, montes y llanuras de Marte, fotografiando la superficie y analizando químicamente su atmósfera y diversas muestras de roca. Las espectaculares imágenes del paisaje marciano que enviaron a la Tierra permitieron a los geólogos estudiar las estructuras de mayor escala del planeta rojo.

El Spirit y el Opportunity aterrizaron mediante el mismo sistema de airbag y cable que el Sojourner. Al igual que este, llevaban paneles solares, pero los nuevos rovers se construyeron para ser autosuficientes y poder alejarse de su aterrizador. Sus seis ruedas estaban conectadas a un mecanismo *rocker-bogie* que aseguraba que al menos dos de ellas se apoyaran sobre el suelo en terreno irregular, y el software les confería cierto grado de autonomía para que pudieran responder a diversas situaciones impredecibles, como una tormenta de polvo repentina, sin necesidad de esperar instrucciones desde la Tierra.

Expectativas modestas

Con todo, las expectativas de estos rovers eran bastante modestas. El JPL esperaba que recorrieran aproximadamente 600 m y duraran unos 90 soles marcianos (equivalentes a unos 90 días terrestres), pero no se sabía si durante el invierno marciano conservarían suficiente energía solar para seguir operativos. De todos los planetas rocosos del Sistema Solar, Marte es el que tiene estaciones más parecidas a las de la Tierra debido a la inclinación similar de sus respectivos ejes de rotación. Los inviernos marcianos son oscuros y gélidos, con temperaturas superficiales de hasta –143 °C cerca de los casquetes polares.

Como se había predicho, los vientos marcianos depositaron sobre los paneles solares un polvo muy fino que reducía su capacidad de generar energía, pero el viento también los limpiaba de vez en cuando. Al acercarse el invierno, el equipo del JPL buscó lugares adecuados para que los rovers pudieran hibernar a salvo. Para ello usaron un visor 3D montado a partir de las imágenes obtenidas por las cámaras estereoscópicas del rover. Escogieron laderas empinadas orientadas hacia el sol naciente para maximizar la generación de energía y recargar las baterías. Todo el equipo no esencial fue desconectado para destinar la energía disponible a los calefactores que mantenían la temperatura interior por encima de –40 °C.

La misión continúa

La hibernación funcionó, e increíblemente el JPL consiguió ampliar la duración de las misiones de los rovers desde unos pocos días hasta varios años. Tras más de cinco años de misión, el Spirit quedó atascado en un suelo blando. Todos los intentos de sacarlo por control remoto desde la Tierra fracasaron. Incapaz de circular hasta un refugio invernal, el Spirit se quedó finalmente sin energía 10 meses después. Había recorrido 7,73 km. Mientras tanto, el Opportunity tuvo mejor fortuna, y en la actualidad sigue funcionando. En 2014 batió el récord de distancia del Lunojod 2, y en agosto de 2015 »

En la formación «Kimberley» de Marte, fotografiada por el Curiosity, los estratos indican un flujo de agua. A lo lejos se ve el monte Sharp, nombrado en honor del geólogo estadounidense Robert P. Sharp en 2012.

había completado la distancia maratoniana de 42,45 km, un logro nada desdeñable en un planeta que se encuentra a cientos de millones de kilómetros de la Tierra.

La llegada del Curiosity

Tanto el Spirit como el Opportunity estaban equipados con lo último en detectores, incluido un microscopio para estudiar estructuras minerales y un taladro para obtener muestras del interior de las rocas.

Sin embargo, el Curiosity, el siguiente rover que llegó al planeta en agosto de 2012, llevaba instrumentos no solo para estudiar la geología de Marte, sino también para buscar bioseñales, sustancias orgánicas que indicarían si hubo alguna vez vida en Marte. Entre ellos estaba el SAM (Sample Analysis at Mars), que vaporizó muestras de roca del suelo con el fin de conocer su composición química. El rover también comprobaría los niveles de radiación para averiguar si el planeta resultaría seguro con vistas a una futura colonización humana.

El Curiosity, cuyas dimensiones son considerablemente mayores que las de los rovers anteriores, llegó a Marte de un modo inusual. Durante la fase de aterrizaje, la demora de radio (a causa de la enorme distancia a la Tierra) era de catorce minutos, y el viaje por la atmósfera hasta la superficie tardaría solo siete, todo él en piloto automático (y no por control remoto desde la Tierra). Esto suponía «siete minutos de terror»: los ingenieros sabían que para cuando llegara a la Tierra una señal informando de que el Curiosity había entrado en la atmósfera marciana, el rover llevaría ya siete minutos sobre su suelo, o bien funcionando, o bien hecho pedazos.

Los siete minutos de terror se han convertido en siete minutos de triunfo.

John Grunsfeld

Administrador asociado de la NASA

Aterrizaje seguro

Al descender el módulo de aterrizaje del Curiosity por la atmósfera superior, el calor hizo relucir el escudo térmico, mientras los retrocohetes ajustaban la velocidad de descenso para llegar hasta el Gale, un cráter antiguo formado por el impacto de un meteorito masivo. El paracaídas redujo la velocidad hasta unos 320 km/h, no lo suficiente aún para aterrizar, y siguió reduciéndola durante el descenso sobre una zona llana del cráter, evitando la montaña central de 6000 m. A unos 20 m del suelo, el módulo se detuvo, pues si bajaba demasiado podía levantar una nube de polvo que dañaría los instrumentos. El rover fue finalmente depositado en la superficie por una grúa con cohetes, que luego debía soltarse y apartarse para que su impacto no perjudicara ninguna exploración futura.

El Curiosity logró sobrevivir a esta operación y por fin comunicó a la Tierra que había aterrizado con éxito. Se espera que su suministro energético dure al menos 14 años, y la misión inicial de dos años se ha prorrogado indefinidamente. Hasta la fecha ha llevado a cabo mediciones de los niveles de radiación y revelado que es posible que los seres humanos sobrevivan en Marte. Además, ha descubierto el lecho de una antigua corriente que apunta a la presencia de agua en el pasado, y quizá incluso de vida, y ha dado con muchos de los elementos esenciales para la vida, como nitrógeno, oxígeno, hidrógeno y carbono. ■

Distancias recorridas por vehículos extraterrestres

Lunojod 1
1970–1971
Luna: 10,5 km

Rover del Apolo 17
Dic. 1972
Luna: 35,74 km

Lunojod 2
Ene.–jun. 1973
Luna: 39 km

Sojourner
Jul.–sep. 1997
Marte: 0,1 km

Curiosity
2011–actualidad
Marte: 13,1 km

Spirit
2004–2010
Marte: 7,7 km

Opportunity
2004–actualidad
Marte: 42,8 km

DISTANCIA EN KM 0 10 20 30 40

ExoMars

En 2020, la Agencia Espacial Europea, en colaboración con la rusa Roscosmos, lanzará su primer rover marciano, el ExoMars (de exobiología en Marte), con el fin de aterrizar en Marte un año más tarde. Además de buscar cualquier indicio de vida extraterrestre, este vehículo alimentado por energía solar llevará un radar capaz de penetrar en la roca en busca de agua subterránea y se comunicará con la Tierra por medio del ExoMars Trace Gas Orbiter, que fue lanzado en 2016. Este sistema limitará la transferencia de datos a solo dos veces al día. El rover ha sido diseñado para circular de forma autónoma: su sofisticado software de control construirá un modelo virtual del terreno por el que navegará una vez en Marte. El software aprendió a conducir en un remedo de la superficie marciana llamado Mars Yard (arriba) y que fue construido en Stevenage (Inglaterra).

Se prevé que el ExoMars esté operativo al menos durante siete meses y recorra 4 km. Será depositado sobre la superficie del planeta rojo por una grúa robótica que permanecerá en el lugar para estudiar la zona de aterrizaje.

EL MAYOR VIGIA DEL CIELO

VER MÁS LEJOS EN EL ESPACIO

EN CONTEXTO

INSTRUMENTO PRINCIPAL
Telescopio Europeo Extremadamente Grande (desde 2014)

ANTES
1610 Galileo realiza las primeras observaciones con telescopio de las que hay constancia.

1668 Isaac Newton construye su telescopio refractor.

1946 Lyman Spitzer, Jr. propone enviar telescopios al espacio para evitar interferencias de la atmósfera terrestre.

1990 Se lanza el telescopio espacial Hubble.

DESPUÉS
2015 Se empieza a construir el Telescopio Gigante de Magallanes en Chile, de 22 m de altura.

2016 El LIGO detecta las ondas gravitatorias de objetos en el espacio.

2018 El telescopio James Webb será el mayor lanzado al espacio.

Pese a su nombre, el Observatorio Europeo Austral (ESO, por sus siglas en inglés) está situado en el norte de Chile, en una región muy árida, desértica y elevada, ideal para el estudio de los astros desde tierra. Esta organización cooperativa de 15 países europeos junto con Chile y Brasil lleva más de 50 años ampliando los límites de la astronomía.

Grandes telescopios

El ESO pone nombres literales a sus telescopios. En 1989 comenzó a utilizar el Telescopio de Nueva Tecnología, siendo esta la óptica adaptativa que reduce la indefinición de las imágenes provocada por la turbulencia de la atmósfera. En 1999 se inauguró el Very Large Telescope, caracterizado por comprender cuatro telescopios reflectores de 8,2 m que se pueden combinar. El Atacama Large Millimeter Array (ALMA), un enorme radiotelescopio con 66 antenas, empezó a funcionar en 2013. Este es el mayor proyecto astronómico del ESO y el más grande jamás ubicado en la Tierra. En 2014, el ESO consiguió fondos para construir el Telescopio Europeo

Observatorio Europeo Austral

Constituido en 1962, el ESO cuenta con 17 países miembros: Alemania, Austria, Bélgica, República Checa, Dinamarca, España, Finlandia, Francia, Italia, Países Bajos, Polonia, Portugal, Reino Unido, Suecia y Suiza, junto con Chile y Brasil. Se halla en el desierto chileno de Atacama, escogido por sus cielos claros, libres de humedad y de contaminación lumínica. La sede central se encuentra cerca de Múnich (Alemania), pero la base de operaciones es el Observatorio Paranal, un centro científico ultramoderno en el desierto de Atacama cuyas estancias subterráneas fueron la guarida del malo de la película de James Bond de 2008 *Quantum of Solace*. El ESO optó por invertir en el nuevo Telescopio Europeo Extremadamente Grande, con un coste de 1000 millones de euros, tras haber rechazado el mucho más costoso OWL (Telescopio Abrumadoramente Grande), cuyo espejo primario mediría 100 m de diámetro.

Véase también: El telescopio de Galileo 56–63 ▪ La teoría de la gravedad 66–73 ▪ Telescopios espaciales 188–195 ▪ El estudio de estrellas lejanas 304–305

La cúpula del E-ELT se abre al ponerse el Sol en el desierto en esta representación. La estructura completa tendrá 78 m de altura.

Extremadamente Grande (E-ELT). Una vez que se complete en 2024, este será el mayor telescopio óptico de la historia, con una resolución 15 veces superior a la del telescopio espacial Hubble (pp. 172–177).

Espejo gigante

El E-ELT posee un complejo diseño de cinco espejos en una cúpula del tamaño de medio estadio de fútbol. El espejo primario (M1), que capta luz visible (y el infrarrojo cercano), consta de 798 segmentos hexagonales de 1,45 m de ancho. Juntos, estos formarán un espejo de 39,3 m de diámetro, mientras que el espejo primario del Hubble mide solo 2,4 m de diámetro, menos aún que el espejo secundario del E-ELT, de 4,2 m.

La forma del M1 se puede adaptar para compensar distorsiones debidas a cambios de temperatura y al efecto gravitatorio cuando el telescopio cambie de posición. El M2, convexo, dirige la luz del M1 a través de una abertura del espejo cuaternario (M4) plano hasta el terciario (M3), cóncavo. Desde este, la luz se refleja de vuelta en M4, el espejo de óptica adaptativa, que reduce considerablemente los efectos negativos de la atmósfera en la calidad de la imagen. El M4 sigue el parpadeo de una estrella artificial creada disparando un rayo láser al cielo y es capaz de modificar su forma 1000 veces por segundo gracias a los 8000 pistones que tiene debajo. En otras palabras, los 798 segmentos de este asombroso espejo pueden hacer que se ondule o se doble en tiempo real para compensar toda distorsión atmosférica. Por último, el M5 envía la imagen a la cámara.

El E-ELT captará una banda del espectro más estrecha que los telescopios espaciales, pero lo hará a una escala mucho mayor. En consecuencia, será capaz de detectar planetas extrasolares, discos protoplanetarios (y su composición química), agujeros negros y las primeras galaxias con más detalle que nunca. ■

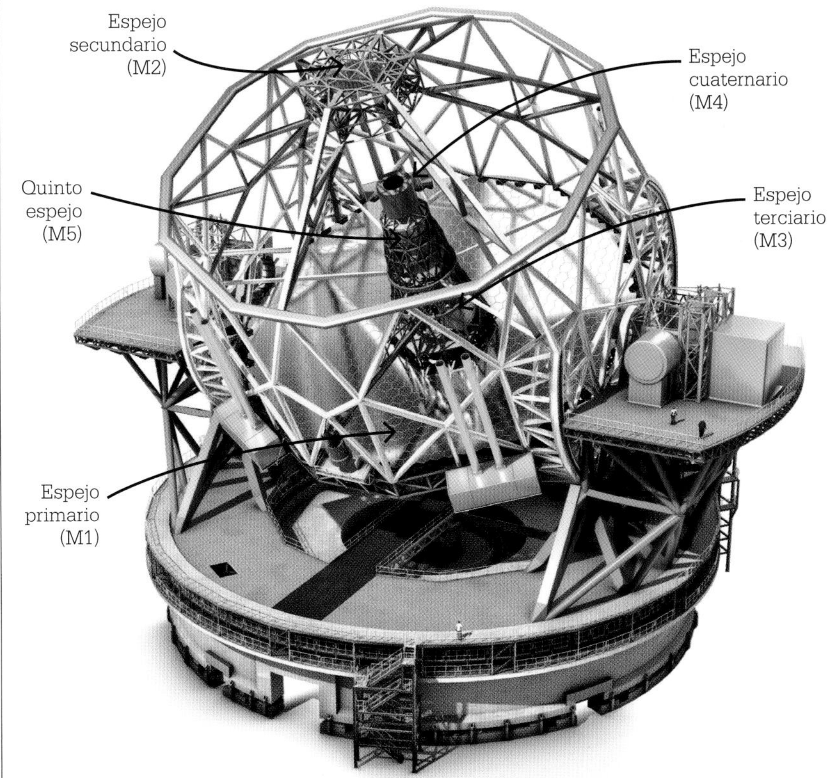

En el seno del complejo sistema de espejos del E-ELT se asienta el enorme espejo primario, que captará 13 veces más luz que los mayores telescopios ópticos existentes, ayudado por seis unidades de estrella guía láser.

ONDULACIONES DEL ESPACIO-TIEMPO

ONDAS GRAVITATORIAS

EN CONTEXTO

PROYECTO PRINCIPAL
LIGO (2016)

ANTES
1687 En su ley de la gravitación universal, Isaac Newton concibe la gravedad como una fuerza entre masas.

1915 Albert Einstein explica la gravedad como la distorsión del espacio-tiempo por la masa y predice las ondas gravitatorias en su teoría de la relatividad general.

1960 El físico estadounidense Joseph Weber intenta medir las ondas gravitatorias.

1984 Rai Weiss y Kip Thorne fundan la LIGO.

DESPUÉS
2034 El proyecto eLISA buscará ondas gravitatorias con tres naves en órbitas heliocéntricas entre las que se dispararán láseres.

Mientras estaba trabajando sobre su teoría de la relatividad, Albert Einstein predijo que, al moverse una masa, su gravedad crearía ondulaciones en el tejido del espacio-tiempo. Las masas más grandes generarían ondas mayores, del mismo modo que una piedra lanzada a un lago crea un círculo creciente de ondas, mientras que un meteoro que cae al océano forma olas del tamaño de un tsunami.

En 2016, cien años después de las predicciones de Einstein, unos científicos de la Colaboración Científica LIGO anunciaron haber descubierto estas ondulaciones, u ondas gravitatorias. Su búsqueda a lo largo de décadas había revelado el equiva-

Véase también: La teoría de la gravedad 66–73 ▪ La teoría de la relatividad 146–153

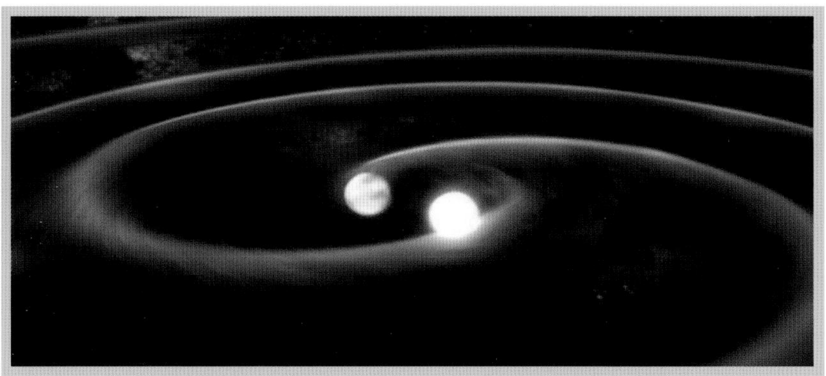

En 20 milisegundos, la velocidad orbital de los dos agujeros negros detectados por el LIGO aumentó de 30 a 250 veces por segundo antes de la colisión final.

lente gravitatorio de los tsunamis, creado por dos agujeros negros al girar en espiral el uno alrededor del otro hasta acabar colisionando.

El hallazgo de las ondas gravitatorias abre la puerta a una nueva manera de observar el universo. En vez de emplear la luz u otra radiación electromagnética, los astrónomos aspiran a elaborar un mapa del universo en función de los efectos gravitatorios sobre su contenido. Mientras que la radiación queda oscurecida por muchos motivos, entre ellos el plasma opaco del universo desde sus inicios hasta 380 000 años después del Big Bang, las ondas gravitatorias lo atraviesan todo. Esto supone que la astronomía gravitatoria podrá mirar atrás hasta el comienzo mismo del tiempo, una billonésima de segundo tras el Big Bang.

Comportamiento de las ondas

El Observatorio de Ondas Gravitatorias por Interferometría Láser (LIGO, por sus siglas en inglés) es un extraordinario conjunto de instrumentos para medir las expansiones y contracciones en el espacio. Esto no es una tarea fácil. No se puede hacer con una regla, ya que al cambiar de tamaño, el espacio también cambia la regla, de modo que el observador no mide cambio alguno. El LIGO consiguió emplear la referencia que se mantiene constante haga lo que haga el espacio: la velocidad de la luz. La luz se comporta como una onda, pero no necesita un medio por el que viajar. Como cualquier otra radiación electromagnética, la luz es una oscilación de un campo electromagnético; en otras palabras, es una perturbación de un campo que permea todo el espacio.

Las ondas gravitatorias se pueden entender como perturbaciones del campo gravitatorio que permea el universo. Einstein describió cómo causa estas perturbaciones la masa de los objetos que curva el espacio a su alrededor. Lo que se entiende como atracción gravitatoria consiste en que una masa parece ver su movimiento alterado y «caer» hacia otra masa mayor al entrar en una región del espacio curvada. Todas las masas están en movimiento –los planetas, las estrellas e incluso las galaxias–, y a medida que se mueven dejan atrás un rastro de perturbaciones gravitatorias. Como las sonoras, las ondas gravitatorias se propagan distorsionando el medio por el que se desplazan. En el caso de las ondas sonoras, el medio se compone de moléculas, que las ondas hacen oscilar; en el caso de la gravedad, el medio »

La relatividad muestra que la **gravedad es la curvatura del espacio-tiempo por la masa**.

Los objetos en movimiento crean ondulaciones en el espacio-tiempo, u ondas gravitatorias.

Las ondas gravitatorias se pueden detectar midiendo la **expansión y la compresión** del espacio-tiempo.

Las ondas gravitatorias permiten a los astrónomos **ver más lejos en el espacio** que nunca.

es el espacio-tiempo, el tejido mismo del universo. Einstein predijo que la velocidad de la gravedad sería igual a la de la luz y que las ondulaciones del espacio-tiempo saldrían en todas direcciones. La intensidad de estas ondulaciones disminuye rápidamente con la distancia (con el cuadrado de la distancia), por lo que detectar una onda gravitatoria clara, de un objeto conocido lejano en el espacio requeriría tanto una fuente de ondas de gran potencia como un instrumento muy sensible.

Si no hay ondas gravitatorias, las ondas luminosas del LIGO se anulan mutuamente al recombinarse. Las ondas gravitatorias estiran uno de los tubos mientras comprimen el otro, de modo que las ondas luminosas ya no están perfectamente alineadas, y se produce una señal.

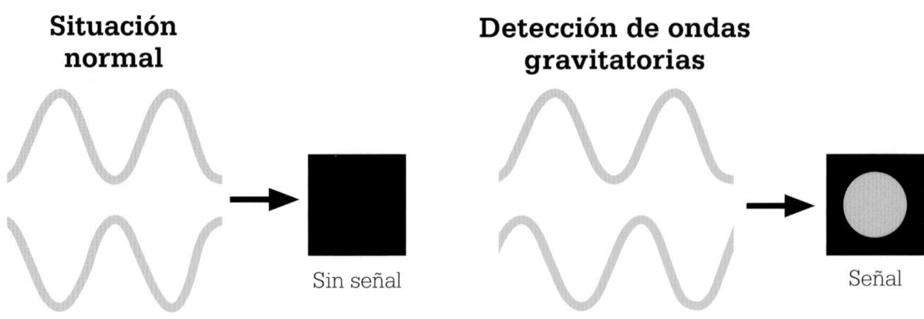

Interferometría láser

Como indica su nombre, el LIGO emplea la técnica denominada interferometría láser, que se basa en una propiedad de las ondas llamada interferencia. Cuando se encuentran dos ondas, interfieren una con otra para crear una sola onda. Cómo lo hagan dependerá de su fase (la cadencia relativa de sus oscilaciones). Si las ondas están exactamente en fase –con los picos y valles perfectamente sincronizados–, se interferirán de modo constructivo, fusionándose para crear una onda de intensidad doble. En cambio, si están exactamente desfasadas –el pico de una coincide con el valle de la otra–, la interferencia será destructiva: las dos ondas se fusionarán y anularán la una a la otra, y desaparecerán por completo. La fuente de ondas del LIGO es el láser, un rayo de luz que contiene un solo color, o longitud de onda. Además, la luz de un rayo láser es coherente, es decir, que sus oscilaciones están perfectamente sincronizadas. Estos rayos se pueden hacer interferir de maneras muy precisas.

El rayo láser se divide en dos, y los rayos resultantes se envían uno perpendicular al otro. Ambos inciden en un espejo y regresan al punto de partida. La distancia que recorre cada rayo se controla con gran precisión para que uno recorra exactamente media longitud de onda más que el otro (una diferencia de cienmilmillonésimas de metro). Cuando se vuelven a encontrar, los rayos están exactamente desfasados al interferir y desaparecen, a menos que una onda gravitatoria haya pasado por el espacio durante su recorrido. En tal caso, la onda estiraría un rayo y comprimiría el otro, de modo que ambos acabarían recorriendo distancias ligeramente alteradas.

Filtro de ruido

Los rayos láser se dividen y envían a 1120 km de distancia en dirección ascendente y descendente por los brazos de 4 km del LIGO antes de recombinarlos. Esto da al LIGO la sensibilidad suficiente para detectar minúsculas perturbaciones del espacio, del orden de unas milésimas del ancho de un protón. Si las distancias no están perfectamente sincronizadas, los rayos no se anularían mutuamente al interferir, sino que darían lugar a una luz parpadeante, indicando quizá el paso de una onda gravitatoria a través de la porción de espacio del LIGO.

Un detector tan sensible era susceptible a las distorsiones de las frecuentes ondas sísmicas que recorren la superficie terrestre. Para asegurarse de que un parpadeo del láser no

Rai Weiss y Kip Thorne

La Colaboración Científica LIGO es un consorcio entre el Caltech y el MIT, y comparte sus datos con un proyecto europeo similar llamado Virgo. Entre los cientos de científicos y expertos que han contribuido al descubrimiento de las ondas gravitatorias destacan los estadounidenses Rainer Weiss (n. en 1932) y Kip Thorne (n. en 1940). En 1967, en el MIT, Weiss desarrolló la técnica de interferometría láser partiendo de las ideas iniciales planteadas por Joseph Weber, uno de los inventores del láser. En 1984 fundó la Colaboración LIGO junto con Thorne, su homólogo en el Caltech y uno de los mayores expertos mundiales en la teoría de la relatividad. Con un coste actual de unos 1100 millones de dólares, el LIGO es el proyecto científico más caro financiado por el gobierno de EE UU. En 2016, tras 32 años de trabajo, Weiss y Thorne anunciaron su descubrimiento de las ondas gravitatorias en una conferencia de prensa en Washington D.C.

Los instrumentos de precisión del LIGO deben mantenerse perfectamente limpios. La pureza de los rayos láser es uno de los mayores retos del proyecto.

fuera un temblor de tierra se construyeron dos detectores idénticos en lugares opuestos de EE UU: uno ubicado en Luisiana, y otro en el estado de Washington. Solo las señales registradas por ambos serían ondas gravitatorias (de hecho hay una diferencia de 10 milisegundos entre ambas señales, el tiempo que tardan la luz y las ondas gravitatorias en viajar de Luisiana a Washington). El LIGO trabajó sin éxito entre 2002 y 2010, y comenzó de nuevo en 2015 con una sensibilidad mejorada.

Agujeros negros en colisión

El 14 de septiembre de 2015, a las 9.50.45 GMT, dos agujeros negros a mil millones de años luz colisionaron y provocaron enormes ondulaciones en el tejido del espacio-tiempo. En realidad, la colisión tuvo lugar hace mil millones de años, pero las ondas que generó tardaron todo ese tiempo en llegar hasta la Tierra, donde las registraron los dos detectores del LIGO. Los investigadores tardaron unos meses más en comprobar el resultado, que finalmente publicaron en febrero de 2016.

En la actualidad, la búsqueda de ondas gravitatorias continúa, y el mejor lugar desde el que buscar es el espacio. En diciembre de 2015 se lanzó la nave LISA Pathfinder que se dirige a una órbita en L1, una posición gravitatoria estable entre el Sol y la Tierra. Allí probará los instrumentos de interferometría láser en el espacio, con la esperanza de que sirvan para un ambicioso experimento llamado eLISA (evolved Laser Interferometer Space Antenna). Programado provisionalmente para 2034, el eLISA empleará tres naves en triángulo alrededor del Sol entre las cuales se dispararán láseres, creando así una pista láser de 3 millones de km que será muchas veces más sensible a las ondas gravitatorias que el LIGO.

El descubrimiento de las ondas gravitatorias podría transformar la visión astronómica del universo. Los patrones de las fluctuaciones de las señales luminosas del LIGO y los proyectos futuros aportarán nueva información, y con ella un mapa detallado de la masa del universo. ■

Las ondas gravitatorias nos darán mapas exquisitamente precisos de los agujeros negros, mapas de su espacio-tiempo.
Kip Thorne

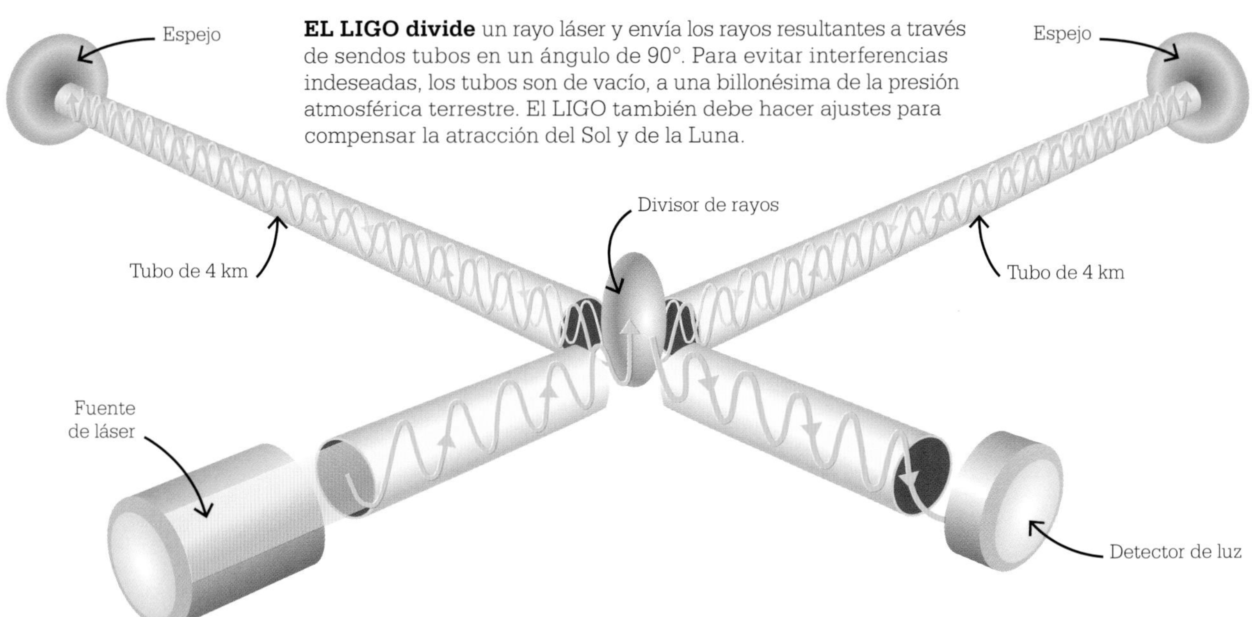

EL LIGO divide un rayo láser y envía los rayos resultantes a través de sendos tubos en un ángulo de 90°. Para evitar interferencias indeseadas, los tubos son de vacío, a una billonésima de la presión atmosférica terrestre. El LIGO también debe hacer ajustes para compensar la atracción del Sol y de la Luna.

BIOGRAF

AS

BIOGRAFIAS

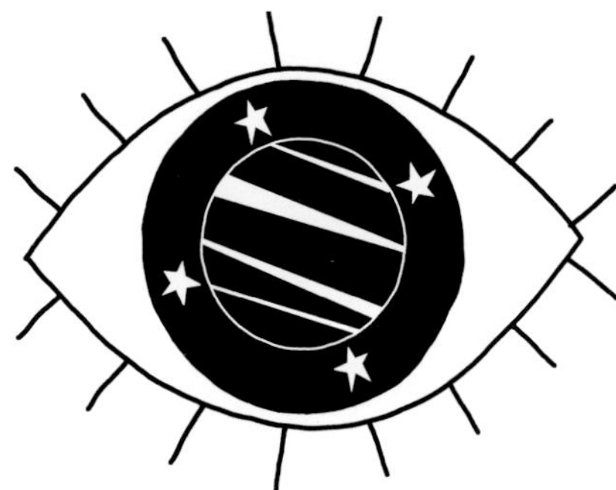

La astronomía es un campo tan extenso que no ha sido posible incluir reseñas de todos los científicos significativos en los capítulos generales de este libro. A continuación aparecen otros astrónomos que han hecho aportaciones importantes a lo largo de la historia, desde el siglo VII a.C. hasta hoy. Al principio, la astronomía consistía en observaciones y cálculos que llevaban a cabo personas aisladas o pequeños grupos. La «gran astronomía» tecnológica actual suele exigir la colaboración a gran escala de cientos o incluso miles de científicos. Tanto si reservan tiempo para realizar experimentos en un acelerador de partículas como si solicitan que un telescopio espacial apunte en una dirección concreta, los astrónomos de hoy forman parte de una inmensa comunidad que desarrolla las ideas de mañana.

ANAXIMANDRO
610–546 A.C.

Filósofo griego que llevó a cabo uno de los primeros intentos de explicar racionalmente el universo. Anaximandro aventuró la idea de que los cuerpos celestes trazaban círculos completos alrededor de la Tierra, lo que le llevó a concluir que esta debía flotar, libre y sin apoyos, en el espacio. También afirmó que los cuerpos celestes están uno detrás de otro, lo que significaba que el universo tenía profundidad (primer registro escrito del concepto del «espacio»), pero los situó en un orden erróneo: consideraba que las estrellas eran los cuerpos más próximos a la Tierra, seguidas de la Luna y del Sol.
Véase también: El modelo geocéntrico 20

ERATÓSTENES
c. 276–*c.* 194 A.C.

Erudito griego que fue el tercer director de la Biblioteca de Alejandría e hizo grandes aportaciones al campo de la geografía. Eratóstenes logró calcular la circunferencia de la Tierra comparando el ángulo de la sombra de un pilar a mediodía durante el solsticio de verano en Alejandría y en Siena (actualmente Asuán, en Egipto); conociendo la distancia entre los dos puntos, sus mediciones le permitieron calcular la proporción de la circunferencia completa que representaba. También obtuvo una medida acertada de la inclinación axial de la Tierra, además de medir la distancia al Sol y a la Luna, introducir el año bisiesto y dibujar uno de los primeros mapamundis de la historia.
Véase también: Consolidar el conocimiento 24–25

ZU CHONGZHI
429–500 D.C.

Encargado por el emperador Xiaowu de confeccionar un nuevo calendario, este matemático chino midió con una asombrosa precisión la duración del año sideral (el periodo de rotación de la Tierra en relación con las estrellas), el año trópico (el periodo entre equinoccios de primavera sucesivos) y el mes lunar. Gracias a estos cálculos, Zu Chongzhi predijo correctamente cuatro eclipses solares. También determinó que la duración del año de Júpiter era de 11,858 años terrestres, con una desviación inferior al 0,1 % de la admitida en la actualidad.
Véase también: El año solar 28–29

AL-BATTANI
c. 858–929

Astrónomo y matemático árabe que realizó observaciones meticulosas para determinar con mayor precisión la duración del año, la inclinación de la eclíptica y la precesión de los equinoccios. Al-Battani desarrolló métodos trigonométricos que mejoraron los cálculos de Tolomeo y consiguió demostrar que la distancia entre el Sol y la Tierra varía con el tiempo. Su obra más destacada fue una compilación de tablas astronómicas traducida al latín en el siglo XII y que ejerció una enorme influencia sobre Copérnico.
Véase también: Consolidar el conocimiento 24–25 ▪ El modelo copernicano 32–39

ALHACÉN
c. 965–1040

Nombre latinizado de Al-Haytham, erudito árabe que trabajó en la corte del califato fatimí de El Cairo. Pionero del método científico, que se vale de experimentos para probar las hipótesis, escribió un libro que popularizó el *Almagesto* de Tolomeo y, posteriormente, otro en el que cuestionaba algunos aspectos del sistema tolemaico.
Véase también: Consolidar el conocimiento 24–25

ROBERT GROSSETESTE
c. 1175–1253

Obispo inglés que escribió tratados de óptica, matemáticas y astronomía. Tradujo al latín textos griegos y árabes e introdujo así las ideas de Aristóteles y Tolomeo en el pensamiento europeo medieval. En su obra *De luce (Sobre la luz)*, hizo uno de los primeros intentos de describir el universo usando un solo grupo de leyes matemáticas. Dijo que la luz era la primera forma de existencia y que permitía que el universo se expandiera en todas direcciones, en una descripción que recuerda la teoría del Big Bang.
Véase también: El modelo geocéntrico 20 ▪ Consolidar el conocimiento 24–25

JOHANNES HEVELIUS
1611–1687
ELISABETHA HEVELIUS
1647–1693

El astrónomo polaco Johannes Hevelius trazó mapas detallados de la superficie lunar desde un observatorio que construyó sobre su propia casa. Aunque fabricaba y usaba telescopios, prefería calcular la posición de las estrellas mediante un sextante y la observación a simple vista. Fue el último astrónomo que trabajó así. En 1663 se casó en segundas nupcias con Elisabetha, que le ayudó a compilar un catálogo de más de 1500 estrellas, el cual terminó y publicó después de su muerte. Observadora incansable y hábil, Elisabetha fue una de las primeras astrónomas destacadas de la historia.
Véase también: El modelo de Brahe 44–47

CHRISTIAAN HUYGENS
1629–1695

Matemático y astrónomo neerlandés. Fascinado por Saturno y por las extrañas «asas» que parecían sobresalir a ambos lados de este, construyó con su hermano Constantijn un potente telescopio con lentes mejoradas, con el objetivo de estudiar el planeta. Fue el primero en describir la verdadera forma de los anillos de Saturno: explicó que eran finos y planos, con una inclinación de 20 grados respecto al plano de la órbita del planeta. En 1659 publicó sus conclusiones en el libro *Systema Saturnium*. Cuatro años antes había descubierto Titán, el mayor satélite de Saturno.
Véase también: Observación de los anillos de Saturno 65

OLE RØMER
1644–1710

Astrónomo danés. Demostró que la velocidad de la luz es finita mientras trabajaba en el Observatorio de París en un proyecto para calcular la hora del día utilizando los eclipses de los satélites de Júpiter, un sistema que ya había propuesto Galileo con el objetivo de resolver el problema de medir la longitud en el mar. Midió cuidadosamente a lo largo de varios años la duración de los eclipses del satélite Ío y observó que variaba en función de si la Tierra se acercaba o se alejaba de Júpiter. Razonó que la variación se debía a la diferencia del tiempo que la luz precisaba para alcanzar la Tierra, y estimó que tardaba unos 22 minutos en recorrer una distancia igual al diámetro de la órbita de la Tierra alrededor del Sol. Esto suponía que su velocidad era de unos 222 000 km/h, un 75 % de su valor real. En 1726 se confirmó la velocidad finita de la luz, cuando James Bradley explicó el fenómeno de la aberración estelar relacionándolo con la velocidad de la luz.
Véase también: La aberración estelar 78

JOHN MICHELL
1724–1793

Clérigo inglés cuya labor abarcó una amplia gama de campos científicos, como la sismología, el magnetismo y la gravedad. Diseñó una balanza de torsión que su amigo Henry Cavendish utilizó para medir la fuerza de la gravedad y fue el primero que consideró la posibilidad de que existieran objetos tan masivos que la luz no pudiera escapar de su atracción gravitatoria. Calculó que una estrella 500 veces mayor que el Sol sería uno de esos objetos, a los que llamó «estrellas oscuras». Lamentablemente, su idea cayó en el olvido hasta el siglo XX, cuando los astrónomos empezaron a tomar en serio el concepto de agujero negro.
Véase también: Curvas en el espacio-tiempo 154–155 ▪ Radiación de Hawking 255

JOSEPH-LOUIS LAGRANGE
1736–1813

Matemático y astrónomo francés de origen italiano que estudió la mecánica celeste y los efectos de la gravedad. Exploró matemáticamente las distintas combinaciones de las atracciones gravitatorias en sistemas de tres cuerpos, por ejemplo, el Sol, la Tierra y la Luna. Su obra llevó al descubrimiento de las posiciones donde un cuerpo pequeño que orbita en torno a otros mayores mantiene una órbita estable respecto a estos y que hoy se conocen como puntos de Lagrange. Los telescopios espaciales suelen ponerse en órbita cerca de puntos de Lagrange.
Véase también: La teoría de la gravedad 66–73 ■ El estudio de estrellas lejanas 304–305

JEAN BAPTISTE JOSEPH DELAMBRE
1736–1813

Figura destacada entre los círculos científicos durante la Revolución francesa, en 1792 recibió el encargo de medir la longitud del arco de meridiano de Dunkerque a Barcelona con el fin de perfeccionar el nuevo sistema métrico decimal, que definía el metro como 1/10 000 000 de la distancia del polo Norte al ecuador. Completó la tarea en 1798. A partir de 1804 dirigió el prestigioso Observatorio de París. Su obra astronómica comprende la elaboración de tablas precisas que mostraban la posición de los satélites de Júpiter. En 1809 estimó que la luz del Sol tarda 8 minutos y 12 segundos en llegar a la Tierra (actualmente se calcula que tarda 8 minutos y 20 segundos).
Véase también: Perturbaciones gravitatorias 92–93

BENJAMIN APTHORP GOULD
1824–1896

Astrónomo estadounidense. Fue un niño prodigio y, siendo muy joven, se licenció en la Universidad de Harvard antes de trasladarse a Alemania en 1845 para estudiar junto al célebre matemático Friedrich Gauss. Se doctoró en astronomía en Europa (fue el primer estadounidense doctorado en esta disciplina) y regresó a EE UU en 1849. Decidido a elevar el nivel de la astronomía de su país, fundó *The Astronomical Journal* con el fin de dar a conocer las investigaciones llevadas a cabo en EE UU, que todavía hoy se publica. Entre 1868 y 1885 trabajó en Argentina, donde fundó el Observatorio Nacional en Córdoba. También ayudó a organizar el Servicio Meteorológico Nacional argentino y confeccionó un amplio catálogo de estrellas brillantes visibles desde el hemisferio sur, que publicó en 1879 con el título de *Uranometría argentina*.

RICHARD CARRINGTON
1826–1875

Astrónomo aficionado británico que llevó a cabo meticulosas observaciones del Sol durante muchos años. En 1859 fue el primero en observar una fulguración solar (explosión magnética en la superficie del Sol que provoca un aumento de la luz visible). Después de dicha fulguración, los sistemas telegráficos de todo el mundo se alteraron, lo que le llevó a sugerir que esa actividad solar podría ejercer un efecto eléctrico sobre nuestro planeta. En 1863 utilizó sus registros del movimiento de las manchas solares para demostrar que distintas partes del Sol rotan a velocidades diferentes.
Véase también: El telescopio de Galileo 56–63 ■ La superficie del Sol 103

ISAAC ROBERTS
1829–1904

Durante la década de 1880, este astrónomo aficionado británico hizo grandes avances en el ámbito de la astrofotografía y consiguió que las fotografías del cielo nocturno revelaran por primera vez estructuras invisibles para el ojo humano. Desarrolló un instrumento que permitía mantener periodos de exposición muy largos y, por lo tanto, captar más luz. Para que el telescopio apuntara siempre al mismo punto exacto del cielo, lo ajustaba para compensar la rotación terrestre. Su fotografía más famosa, tomada en 1888, es la de la nebulosa de Andrómeda (hoy se sabe que es una galaxia), que reveló la estructura espiral con un detalle sin precedentes.
Véase también: La astrofotografía 118–119

HENRY DRAPER
1837–1882

Médico y pionero de la astrofotografía estadounidense. En 1873 renunció al cargo de decano de la facultad de medicina de la Universidad de Nueva York para dedicarse íntegramente al ámbito de la astronomía. Con ayuda de su esposa Anna Mary, en 1874 consiguió fotografiar el tránsito de Venus, en 1880 fue el primero en captar la nebulosa de Orión con una cámara y, en 1881, el primero en tomar una fotografía con gran angular de la cola de un cometa. Desarrolló nuevas técnicas de astrofotografía, pero falleció unos años antes de que los astrónomos aceptaran la fotografía

como instrumento de investigación. Tras su fallecimiento, su esposa creó una fundación en su nombre que financió el catálogo Draper de espectros estelares, un gigantesco estudio fotográfico de las estrellas llevado a cabo por Edward C. Pickering y su equipo de astrónomas.
Véase también: El catálogo estelar 120–121 ▪ Características de las estrellas 122–127

JACOBUS KAPTEYN
1851–1922

Astrónomo neerlandés que catalogó más de 450 000 estrellas australes utilizando las placas fotográficas que David Gill le había traído de Sudáfrica. Después de agrupar las estrellas de distintas partes de la galaxia y medir su magnitud, su velocidad radial y su movimiento propio, llevó a cabo una serie de análisis estadísticos que finalmente revelaron el fenómeno de las corrientes estelares, que demuestra que los movimientos de las estrellas no son aleatorios, sino que estas se agrupan en dos direcciones opuestas. Esta fue la primera prueba definitiva de la rotación de la Vía Láctea.
Véase también: La astrofotografía 118–119

EDWARD WALTER MAUNDER
1851–1928
ANNIE SCOTT DILL MAUNDER
1868–1947

El matrimonio británico compuesto por Edward Walter Maunder y Annie Maunder (Annie Scott Dill de soltera) trabajó en el Real Observatorio de Greenwich (Reino Unido), y centró sus investigaciones en el estudio del Sol. Sus análisis de las manchas solares revelaron una clara correlación entre su número y el clima terrestre. Esto les llevó a descubrir un periodo de actividad solar reducida entre 1645 y 1715, actualmente llamado mínimo de Maunder, que coincidió con temperaturas inferiores a las habituales en Europa. En 1916, cuando la Royal Astronomical Society levantó su veto a las mujeres, Annie fue elegida miembro de la institución y al fin pudo publicar sus observaciones bajo su nombre. Con anterioridad, la mayor parte de su trabajo había aparecido en artículos firmados por su marido.
Véase también: La superficie del Sol 103 ▪ Propiedades de las manchas solares 129

EDWARD E. BARNARD
1857–1923

El astrónomo estadounidense y célebre observador Edward Emerson Barnard descubrió unos treinta cometas y varias nebulosas. En 1892 observó un quinto satélite de Júpiter, Amaltea, el último descubierto mediante observación visual en lugar de mediante el estudio de placas fotográficas. También fue pionero en el campo de la astrofotografía y obtuvo una serie de asombrosas fotografías de larga exposición de la Vía Láctea, que se publicó póstumamente bajo el título *Atlas of Selected Regions of the Milky Way*. En 1916 descubrió la llamada estrella de Barnard, una tenue enana roja que se caracteriza por tener el mayor movimiento propio (velocidad a la que una estrella cambia de posición en la esfera celeste) de todas las estrellas conocidas hasta el momento.
Véase también: El telescopio de Galileo 56–63 ▪ La astrofotografía 118–119

HEBER D. CURTIS
1872–1942

Heber Doust Curtis, profesor de lenguas clásicas, se pasó a la astronomía en 1900, cuando empezó a trabajar como observador voluntario en el Observatorio Lick de California. Al doctorarse, en 1902, prosiguió su larga vinculación con dicho observatorio, donde realizó un estudio de las nebulosas conocidas que completó en 1918. En 1920 participó en el Gran Debate del Museo Smithsonian con el astrónomo Harlow Shapley. Para Curtis, las nebulosas distantes eran galaxias independientes y muy alejadas de la Vía Láctea, mientras que según Shapley pertenecían a esta.
Véase también: Galaxias espirales 156–161 ▪ Más allá de la Vía Láctea 172–177

JAMES JEANS
1877–1946

Matemático británico que trabajó en varios problemas teóricos relacionados con la astrofísica. En 1902 calculó las condiciones bajo las que una nube de gas interestelar se vuelve inestable y se condensa para formar una estrella. En 1916, su teoría de los gases explicó cómo los átomos de gas pueden escapar gradualmente de la atmósfera de un planeta. Hacia el final de su vida se dedicó a escribir, y alcanzó fama por sus nueve libros de divulgación, como *Through Space*, *Time* y *The Stars in Their Courses*. Defendía una filosofía idealista que entendía que mente y materia eran cruciales para comprender el universo, al que describía como «más próximo a un gran pensamiento que a una gran máquina».
Véase también: El interior de las nubes moleculares gigantes 276–279

ERNST ÖPIK
1893–1985

Astrofísico estonio. Se doctoró en la Universidad de Tartu (Estonia), donde trabajó entre 1921 y 1944, y se especializó en el estudio de objetos menores, como asteroides, cometas y meteoroides. En 1922 estimó la distancia a la galaxia de Andrómeda utilizando un nuevo método basado en la velocidad de rotación de la galaxia que sigue usándose en la actualidad. También sugirió que los cometas se originan en una nube más allá de Plutón, que hoy se denomina nube de Oort y en ocasiones también nube de Öpik-Oort. Cuando el Ejército Rojo marchó sobre Estonia en 1944, se exilió y se instaló en Irlanda del Norte, donde trabajó en el Observatorio de Armagh.
Véase también: La nube de Oort 206

CLYDE TOMBAUGH
1906–1997

A finales de la década de 1920, cuando el Observatorio Lowell de Arizona emprendió la búsqueda sistemática de un planeta que se creía provocaba las perturbaciones de la órbita de Urano, su director, Vesto Slipher, contrató al joven astrónomo aficionado Clyde Tombaugh, que le había impresionado con sus dibujos de Júpiter y Marte realizados utilizando un simple telescopio casero. Después de diez meses analizando fotografías, el 18 de febrero de 1930, Tombaugh descubrió más allá de Neptuno un objeto en órbita en torno al Sol que recibió el nombre de Plutón, el dios romano del inframundo, y que se clasificó como el noveno planeta, aunque posteriormente fue degradado a la categoría de planeta enano. Tras su descubrimiento, Tombaugh se licenció y se dedicó profesionalmente a la astronomía.
Véase también: Galaxias espirales 156–161 ▪ El estudio de Plutón 314–317

VÍCTOR AMBARTSUMIAN
1908–1996

Astrónomo armenio. Fue uno de los fundadores de la astrofísica teórica soviética y contribuyó al desarrollo de teorías sobre la formación de las estrellas y la evolución de las galaxias. Fue uno de los primeros en sugerir que las estrellas jóvenes se forman a partir de protoestrellas. En 1946 organizó la construcción del Observatorio de Byurakan (Armenia), que dirigió hasta 1988. Conferenciante con un estilo ameno y atractivo, presidió la Unión Astronómica Internacional entre 1961 y 1964, y participó en varias conferencias internacionales sobre la búsqueda de vida extraterrestre.
Véase también: Nubes moleculares densas 200–201 ▪ El interior de las nubes moleculares gigantes 276–279

GROTE REBER
1911–2002

Ingeniero de radio estadounidense. En 1937, al saber que Karl Jansky había descubierto ondas de radio extraterrestres, decidió construir su propio radiotelescopio en el patio trasero de su casa. Durante los años siguientes fue el único radioastrónomo del mundo: realizó el primer sondeo del cielo con ondas de radio y publicó sus resultados en revistas de astronomía y de ingeniería. Su trabajo fue la base sobre la que se desarrolló la radioastronomía después de la Segunda Guerra Mundial. Para poder llevar a cabo más investigaciones en condiciones atmosféricas despejadas, en 1954 se trasladó a Tasmania, donde permaneció el resto de su vida.
Véase también: La radioastronomía 179

IÓSIF SHKLOVSKI
1916–1985

Astrofísico soviético que escribió en 1962 un libro divulgativo donde estudiaba la posibilidad de la existencia de vida extraterrestre y cuya edición ampliada, en colaboración con Carl Sagan, se publicó cuatro años después bajo el título de *Vida inteligente en el universo*. En esta edición, los párrafos de ambos autores aparecen intercalados, y Sagan comenta y amplía las ideas originales de Shklovski. Muchas de estas teorías eran puramente especulativas, como la sugerencia de que la aceleración observada de Fobos, satélite de Marte, se debe a que es una estructura hueca artificial, obra de una antigua civilización marciana desaparecida hace tiempo.
Véase también: La vida en otros planetas 228–235

MARTIN RYLE
1918–1984

Radioastrónomo británico. Al igual que muchos otros pioneros de la radioastronomía, empezó su carrera desarrollando tecnología de radar durante la Segunda Guerra Mundial. Luego se incorporó al Grupo de Cavendish de Cambridge, donde trabajó junto con Anthony Hewish y Jocelyn Bell Burnell en el desarrollo de nuevas técnicas de radioastronomía y en la elaboración de catálogos de

radiofuentes. Profundamente afectado por la experiencia de la guerra, dedicó sus últimos años a defender el uso pacífico de la ciencia, a advertir sobre los peligros de la energía y el armamento nucleares y a fomentar la investigación sobre energías alternativas.
Véase también: La radioastronomía 179 ▪ Cuásares y púlsares 236–239

HALTON ARP
1927–2013

Astrónomo estadounidense que trabajó en el Observatorio de Monte Wilson (California) casi treinta años y se labró una reputación de observador sagaz. En 1966 publicó *Atlas of Peculiar Galaxies*, que catalogaba por primera vez cientos de estructuras extrañas detectadas en galaxias cercanas. Hoy se sabe que muchas de ellas son el resultado de colisiones de galaxias. Al final de su carrera fue marginado profesionalmente por poner en duda la teoría del Big Bang. Afirmaba que objetos con muy distintos grados de corrimiento al rojo se hallan cerca unos de otros, y no a distancias enormemente distintas.
Véase también: Más allá de la Vía Láctea 172–177

ROGER PENROSE
n. en 1931

Matemático y físico británico. Durante la década de 1960 dedicó su trabajo al cálculo de gran parte de las complejas matemáticas relativas a la curvatura del espacio-tiempo en torno a un agujero negro. En colaboración con Stephen Hawking, demostró que la materia del interior de un agujero negro se concentra en una singularidad. Recientemente ha planteado una teoría de cosmología cíclica según la cual la muerte térmica (estado final) de un universo crea las condiciones para el Big Bang de otro. También ha escrito varios libros de divulgación científica donde explica la física del universo y sugiere explicaciones novedosas sobre el origen de la conciencia.
Véase también: Curvas en el espacio-tiempo 154–155 ▪ Radiación de Hawking 255

SHIV S. KUMAR
n. en 1939

Este astrónomo indio doctorado en la Universidad de Michigan ha desarrollado toda su carrera en EE UU. Su trabajo se ha centrado en problemas teóricos sobre el origen del Sistema Solar, el desarrollo de la vida en el universo y los planetas extrasolares. En 1962 predijo la existencia de estrellas de baja masa y demasiado pequeñas para mantener la fusión nuclear, a las que Jill Tarter denominó enanas marrones y cuya existencia se confirmó en 1995.
Véase también: Planetas extrasolares 288–295

BRANDON CARTER
n. en 1942

Físico australiano que formuló en 1974 el principio antrópico, que afirma que el universo ha de tener necesariamente unas características concretas para que exista la humanidad, es decir, que las propiedades físicas del universo, como la magnitud de las fuerzas fundamentales, deben mantenerse dentro de unos límites muy estrechos para que estrellas como el Sol puedan sustentar la vida. Desde 1986 es director de investigación del Observatorio de París en Meudon. También ha hecho aportaciones importantes para la comprensión de las propiedades de los agujeros negros.
Véase también: La vida en otros planetas 228–235 ▪ Radiación de Hawking 255

JILL TARTER
n. en 1944

Astrofísica estadounidense. Como directora del Centro SETI de California fue una figura clave de la búsqueda de vida extraterrestre durante más de treinta años, y dio múltiples conferencias sobre el tema antes de jubilarse, en 2012. En 1975 acuñó el nombre de «enana marrón» para designar aquellas estrellas que no tienen suficiente masa para mantener la fusión nuclear (descubiertas por Shiv S. Kumar). Carl Sagan se inspiró en ella para el personaje protagonista de su novela *Contacto*.
Véase también: La vida en otros planetas 228–235

MAX TEGMARK
n. en 1967

Cosmólogo sueco que ha centrado sus investigaciones en el MIT en el desarrollo de métodos para analizar la ingente cantidad de datos que genera el estudio de la radiación de fondo de microondas. Es uno de los principales defensores de la idea de que los resultados de la mecánica cuántica se explican por la existencia de un multiverso y ha desarrollado la hipótesis del universo matemático, que propone que el universo se entiende mejor como una estructura puramente matemática.
Véase también: Observación de la RFM 280–285

GLOSARIO

aberración estelar Movimiento aparente de una estrella a causa del movimiento del observador en una dirección perpendicular a la de la estrella.

acreción Proceso por el cual varias partículas o cuerpos menores colisionan y se unen para formar cuerpos mayores.

afelio Punto de la órbita de un planeta, un asteroide o un cometa en que estos se hallan más lejos del Sol.

agujero negro Región del espacio-tiempo en torno a una masa tan densa que su atracción gravitatoria no permite a ninguna masa o radiación escapar de ella.

año luz Unidad de distancia que equivale a la distancia que recorre la luz en un año, esto es, alrededor de 9,46 billones de kilómetros.

asteroide Cuerpo pequeño que orbita alrededor del Sol. Aunque hay asteroides por todo el Sistema Solar, la mayor concentración se da en el cinturón de asteroides, entre las órbitas de Marte y Júpiter. Su diámetro varía desde unos pocos metros hasta 1000 km.

Big Bang Suceso con el que se considera que comenzó el universo en un determinado momento del pasado, a partir de un estado inicial caliente y denso.

candela estándar Cuerpo celeste cuya luminosidad es conocida, como una estrella variable cefeida. Los cuerpos que cumplen esta condición permiten medir distancias demasiado largas para ser medidas mediante el paralaje estelar.

cinturón de Kuiper Región del espacio más allá de Neptuno en la que se da una gran aglomeración de cometas que orbitan alrededor del Sol. De allí proceden los cometas de periodo corto.

clasificación espectral de Harvard Plan establecido por el Observatorio de Harvard a finales del siglo XIX para clasificar las estrellas según la apariencia de su espectro.

cometa Pequeño cuerpo helado en órbita alrededor del Sol. Cuando un cometa se aproxima al Sol, el gas y el polvo que se evaporan de su núcleo sólido producen una nube llamada coma, o cabellera, y una o más colas.

constante cosmológica Término que Albert Einstein incluyó en sus ecuaciones de la relatividad general y que correspondería a la energía oscura que acelera la expansión del universo.

constelación Cada una de las 88 regiones con nombre propio en que se divide la esfera celeste y que contiene un conjunto identificable de estrellas visibles a simple vista.

corrimiento al azul Desplazamiento de la luz u otra radiación en el espectro hacia las longitudes de onda más cortas cuando la fuente de luz se aproxima al observador.

corrimiento al rojo Desplazamiento de la luz u otra radiación en el espectro hacia las longitudes de onda más largas cuando la fuente de luz se aleja del observador.

cuadrante Instrumento para medir ángulos de hasta 90°. Los antiguos astrónomos usaban cuadrantes para medir la posición de las estrellas en la esfera celeste.

cuásar (De *quasar*, acrónimo de *quasi-stellar radio source*.) Compacta y potente fuente de radiación celeste de naturaleza incierta: se cree que se trata de un núcleo galáctico activo.

cuerpo negro Objeto teórico o ideal que absorbe toda la radiación que incide sobre él, de modo que no refleja nada. Un cuerpo negro emitiría un espectro de radiación con un pico en una longitud de onda determinada, dependiendo de su temperatura.

diagrama de Hertzsprung–Russell Gráfico de dispersión que ordena las estrellas según su luminosidad y su temperatura superficial.

dilatación del tiempo Fenómeno por el cual dos objetos que se mueven uno en relación al otro, o en campos gravitatorios distintos, experimentan un ritmo del flujo temporal diferente.

eclipse Bloqueo de la luz de un cuerpo celeste causado por otro cuerpo que pasa entre él y un observador, o bien entre él y la fuente de la luz que refleja.

eclíptica Trayectoria aparente del Sol por la esfera celeste. Es equivalente al plano de la órbita terrestre.

efecto Doppler Cambio aparente de la frecuencia de una onda producido por el movimiento relativo de la fuente respecto a su observador.

electrón Partícula subatómica con carga negativa. En un átomo, una nube de electrones orbita en torno a un núcleo central con carga positiva.

enana blanca Estrella poco luminosa, de alta temperatura superficial y diámetro similar al de la Tierra.

enana marrón Objeto gaseoso subestelar que no es lo bastante masivo como para mantener reacciones de fusión nuclear en su núcleo.

enana roja Estrella pequeña, relativamente fría y poco luminosa.

energía oscura Forma de energía que ejercería una fuerza repulsiva, supuestamente causante de la aceleración de la expansión del universo.

equinoccio Momento en que el Sol se encuentra justo encima del ecuador de un planeta, por lo que el día y la noche tienen aproximadamente la misma duración en todo el planeta. Esto sucede dos veces al año.

esfera armilar Instrumento que representa la esfera celeste. En su centro se halla la Tierra o el Sol con una serie de anillos a su alrededor que representan las líneas de longitud y latitud celeste.

esfera celeste Esfera imaginaria que rodea la Tierra y en la que se representa la posición de las estrellas y otros cuerpos celestes como si estuvieran fijos en ella.

espacio-tiempo Concepto que combina las tres dimensiones del espacio y el tiempo. Según la teoría de la relatividad, espacio y tiempo no existen como entidades separadas, sino que están ligados como un continuo.

espectro Gama de longitudes de onda de la radiación electromagnética. Abarca desde los rayos gamma, con longitudes de onda más cortas que un átomo hasta las ondas de radio, cuya longitud puede ser de varios metros.

espectroscopia Estudio del espectro de los objetos. El espectro de una estrella contiene información sobre muchas de sus propiedades físicas.

estrella Cuerpo celeste luminoso de gas caliente que genera energía mediante fusión nuclear.

estrella de neutrones Estrella muy compacta y densa compuesta casi enteramente por neutrones, que se forma cuando el núcleo de una estrella masiva se contrae y estalla, creando así una supernova.

estrella enana También llamada estrella de la secuencia principal, es una estrella que brilla convirtiendo hidrógeno en helio. Alrededor del 90 % de las estrellas son enanas.

fusión nuclear Proceso por el cual varios núcleos atómicos se unen para formar un núcleo más pesado, liberando una gran cantidad de energía. Dentro de estrellas como el Sol, este proceso implica la fusión de átomos de hidrógeno para formar helio.

galaxia Gran conjunto de estrellas y nubes de gas y polvo que se mantienen unidas por la gravedad.

galaxia espiral Galaxia que presenta un núcleo o protuberancia central rodeado por unos brazos que se extienden en forma de espiral.

galaxia Seyfert Galaxia espiral con un núcleo compacto y brillante.

geocéntrico, ca Dícese del sistema o la órbita que tiene la Tierra en su centro.

gigante roja Estrella grande y muy luminosa. Una estrella de la secuencia principal se convierte en gigante roja hacia el final de su vida.

glóbulo de Bok Nube oscura y pequeña de gas frío y polvo, dentro de la cual, al parecer, se forman nuevas estrellas.

gnomon Pieza de un reloj de sol que proyecta la sombra.

heliocéntrico, ca Dícese del sistema o de la órbita que tiene el Sol en su centro.

horizonte de sucesos Límite en torno a un agujero negro más allá del cual ni la materia ni la luz pueden escapar a su gravedad. En ese punto, la velocidad de escape del agujero negro iguala la velocidad de la luz.

inflación cósmica Breve periodo de rápida expansión que supuestamente habría experimentado el universo momentos después del Big Bang.

ionización Proceso por el cual un átomo o una molécula gana o pierde electrones para obtener carga positiva o negativa. Las partículas resultantes se llaman iones.

ley de Hubble Ley que constata una relación entre el corrimiento al rojo y la distancia de las galaxias, y establece que estas se alejan a una velocidad proporcional a la distancia a la que se encuentran. El número que cuantifica esa relación se llama constante de Hubble (H_0).

leyes de Kepler Las tres leyes establecidas por Johannes Kepler para explicar la forma y velocidad de las órbitas planetarias en torno al Sol.

líneas de Fraunhofer o de absorción Rayas oscuras que aparecen en el espectro solar, identificadas por primera vez por el alemán Joseph von Fraunhofer en el siglo XIX.

longitud de onda Distancia entre dos picos o valles consecutivos de una onda.

magnitud absoluta Medida de la luminosidad intrínseca de una estrella. Se define como la magnitud aparente de la estrella a una distancia de 10 parsecs (32,6 años luz).

magnitud aparente Medida de la luminosidad de una estrella vista desde la Tierra. Cuanto más tenue es el objeto, más alto es el valor de su magnitud aparente. Las estrellas más tenues visibles a simple vista son de magnitud 6.

mancha solar Área de la superficie solar que aparece oscura debido a que está más fría que su entorno. Las manchas solares se hallan en zonas de intensa actividad magnética.

materia oscura Tipo de materia que no emite radiación alguna ni interactúa con otra materia de ningún modo salvo por el efecto de su gravedad. Comprende el 85 % de toda la masa del universo.

meteorito Masa de roca o de metal que cae del espacio a la Tierra en un trozo o en muchos fragmentos.

movimiento propio Variación real de la posición de una estrella en el cielo debido a su movimiento relativo entre ella y otras estrellas.

nebulosa Nube de gas y polvo en el espacio interestelar. Antes del siglo XX se llamaba así a todo objeto celeste difuso; hoy se sabe que muchos de estos objetos son galaxias.

neutrino Partícula subatómica de masa ínfima y carga eléctrica neutra que viaja a una velocidad próxima a la de la luz.

neutrón Partícula subatómica compuesta por tres quarks y sin carga eléctrica.

nova Estrella que estalla súbitamente y brilla miles de veces más de lo habitual durante un periodo de semanas o meses, para luego recuperar su brillo original.

nube de Oort También denominada nube de Öpik–Oort, es una región esférica situada en el límite del Sistema Solar que contiene planetésimos y cometas. De ella proceden los cometas de periodo largo.

objeto Messier Todo objeto astronómico catalogado por Charles Messier en 1781.

objeto transneptuniano (OTN) Cualquier planeta menor (planeta enano, asteroide o cometa) que orbita alrededor del Sol más allá de la órbita de Neptuno (a 30 UA).

onda gravitatoria Distorsión del espacio que viaja a la velocidad de la luz, generada por la aceleración de un cuerpo masivo.

órbita Trayectoria que recorre un cuerpo en torno a otro más masivo.

paralaje Cambio aparente de posición de un objeto celeste debido al desplazamiento del observador a un lugar diferente.

partícula subatómica Partícula menor que un átomo, como los electrones, los neutrinos o los quarks.

perihelio Punto de la órbita de un planeta, cometa o asteroide en que estos se hallan más cerca del Sol.

perturbación Alteración de la órbita de un cuerpo causada por la influencia gravitatoria de otros cuerpos orbitantes. La observación de perturbaciones en la órbita de Urano llevó al descubrimiento de Neptuno.

planeta Cuerpo celeste no luminoso que orbita en torno a una estrella, es lo bastante masivo como para ser esférico y ha limpiado la vecindad de su órbita de objetos más pequeños.

planeta enano Objeto en órbita en torno a una estrella que es lo bastante grande como para haber adquirido forma esférica, pero no para limpiar su trayectoria orbital de otros materiales. Ejemplos en el Sistema Solar son Plutón y Ceres.

planeta extrasolar o **exoplaneta** Todo planeta que orbita en torno a una estrella distinta del Sol.

planetésimo Pequeño cuerpo celeste de roca o hielo. Los planetas se formaron a partir de planetésimos que se unieron mediante acreción.

precesión Cambio de orientación del eje de rotación de un cuerpo causado por la influencia gravitatoria de cuerpos vecinos.

presión de degeneración Presión hacia fuera producida en el interior de una bola de gas condensado, como una estrella contraída, debido al principio de que dos partículas con masa no pueden existir en el mismo estado cuántico.

protoestrella Estrella que se halla en las fases iniciales de su formación, desde que una nube se condensa y comienza a agregar la materia circundante, pero antes de que haya empezado en su interior la fusión nuclear.

protón Partícula subatómica compuesta por tres quarks y con carga positiva. El núcleo del hidrógeno contiene un único protón.

púlsar Estrella de neutrones que rota a gran velocidad y emite ondas de radio en rápidas pulsaciones a intervalos regulares que son detectables desde la Tierra.

quark Partícula subatómica elemental. Neutrones y protones están compuestos por tres quarks.

radiación de fondo de microondas (RFM) Tenue radiación de microondas detectable desde todas las direcciones del espacio. Es la radiación más antigua del universo, emitida cuando este tenía 380 000 años. Su existencia fue predicha por la teoría del Big Bang, y se detectó por primera vez en 1964.

radiación electromagnética Consiste en ondas de energía que atraviesan el espacio en forma de perturbaciones eléctricas y magnéticas oscilantes. El espectro electromagnético abarca de los cortos y energéticos rayos gamma a las largas y débiles ondas de radio.

radio de Schwarzschild Distancia desde el centro de un agujero negro hasta su horizonte de sucesos.

radioastronomía Rama de la astronomía que estudia los astros y los fenómenos astrofísicos midiendo su emisión de radiación electromagnética en la región de ondas de radio del espectro.

rayos cósmicos Partículas de alta energía, como electrones y protones, que viajan por el espacio a una velocidad cercana a la de la luz.

satélite Cuerpo pequeño que orbita en torno a otro más grande.

satélites galileanos Los cuatro satélites mayores de Júpiter, descubiertos por Galileo en 1610.

SETI (Acrónimo de *Search for Extra-Terrestrial Intelligence*). Proyecto científico que busca vida inteligente extraterrestre.

sideral Relativo a las estrellas y a los astros en general. Un día sideral corresponde a un periodo de rotación de la Tierra, pero en este caso no se toma como referencia el Sol, sino una estrella lejana.

singularidad Punto de densidad infinita donde las leyes de la física convencional resultan inaplicables. Se cree que en el centro de un agujero negro existe una singularidad.

supernova Explosión resultante de la contracción de una estrella y que puede ser miles de millones de veces más brillante que el Sol.

telescopio reflector Telescopio en el que la imagen se forma por la reflexión de la luz en un espejo curvo.

telescopio refractor Telescopio en el que la imagen se forma por la refracción de la luz en una lente convergente.

teoría de la relatividad general Formulada por Albert Einstein, describe la gravedad como una curvatura del espacio-tiempo causada por la presencia de materia. Muchas de sus predicciones, como la de las ondas gravitatorias, se han confirmado experimentalmente.

teoría del estado estacionario Esta teoría propone que la materia se crea constantemente. Se trata de un intento de explicar la expansión del universo sin necesidad de un Big Bang.

tránsito Paso de un cuerpo celeste por delante de otro cuerpo mayor.

unidad astronómica (UA) Distancia equivalente a la distancia media existente entre la Tierra y el Sol. (1 UA = 149 598 000 km).

variable cefeida Estrella pulsante cuya luminosidad aumenta y disminuye con una periodicidad regular. Cuanto más luminosa es, más largo es el periodo de su variación.

velocidad de escape Velocidad mínima a la que debe viajar un objeto para escapar de la atracción gravitatoria de un cuerpo mayor, como un planeta.

velocidad radial Componente de la velocidad de una estrella u otro cuerpo a lo largo de la línea visual del observador.

viento solar Flujo constante a través del Sistema Solar de veloces partículas cargadas, principalmente electrones y protones, procedentes del Sol.

zodíaco Franja de la esfera celeste que se extiende 9° a cada lado de la eclíptica y en la que parecen moverse el Sol, la Luna y los planetas. Comprende todas las constelaciones que se corresponden con los signos del zodíaco.

INDICE

Los números en **negrita** corresponden a los textos principales.

D

F

H

I

K

N

QR

S

AGRADECIMIENTOS

Dorling Kindersley expresa su agradecimiento a Allie Collins, Sam Kennedy y Kate Taylor por su ayuda en la edición, a Alexandra Beeden por la revisión del texto y a Helen Peters por el índice.

CRÉDITOS FOTOGRÁFICOS

El editor agradece a las siguientes personas e instituciones el permiso para reproducir sus imágenes:

(Clave: a-arriba; b-abajo; c-centro; i-izquierda; d-derecha; s-superior)

24 Wikipedia (bc). **25 Wikipedia** (sd). **27 ESO:** Dave Jones/http://creativecommons.org/licenses/by/3.0/ (bi). **28 Dreamstime.com:** Yang Zhang (bc). **29 Alamy Stock Photo:** JTB Media Creation, Inc. (bi). **31 Dreamstime.com:** Eranicle (bd). **34 Dreamstime.com:** Nicku (bi). **36 Getty Images:** Bettmann (bi). **39 Tunc Tezel** (s). **45 Alamy Stock Photo:** Heritage Image Partnership Ltd (sd). **46 Alamy Stock Photo:** Heritage Image Partnership Ltd (bi). **47 Wellcome Images:** http://creativecommons.org/licenses/by/4.0/ (bi). **49 NASA:** M. Karovska/CXC/M.Weiss (si). **52 Getty Images:** Bettmann (sd). **53 Wellcome Images:** http://creativecommons.org/licenses/by/4.0/ (sd). **55 Getty Images:** Print Collector (sd). **59 Dreamstime.com:** Brian Kushner (bd). **Getty Images:** UniversalImagesGroup (si). **61 Dreamstime.com:** Joseph Mercier (sd). **62-63 NASA:** DLR (s). **63 Dreamstime.com:** Nicku (bi). **64 NASA:** SDO/AIA (cd). **65 NASA:** ESA/E. Karkoschka (bd). **68 Wellcome Images:** http://creativecommons.org/licenses/by/4.0/ (bi). **69 Science Photo Library:** Science Source (sd). **70 Dreamstime.com:** Zaclurs (bi). **71 NASA:** CXC/U.Texas/S. Park et al/ROSAT (bc). **72 Rice Digital Scholarship Archive:** http://creativecommons.org/licenses/by/3.0/ (bi). **75 Dreamstime.com:** Georgios Kollidas (sd). **Wikipedia** (si). **77 NASA:** W. Liller (sd). **85 Dreamstime.com:** Georgios Kollidas (bi). **Wikipedia** (cd). **87 Adam Evans:** http://creativecommons.org/licenses/by/2.0/ (b). **88 Dreamstime.com:** Dennis Van De Water (c). **90 Science Photo Library:** Edward Kinsman (bd). **91 Getty Images:** UniversalImagesGroup (sd). **93 Wellcome Images:** http://creativecommons.org/licenses/by/4.0/ (bi). **96 Wellcome Images:** http://creativecommons.org/licenses/by/4.0/ (bi). **97 NASA:** UCLA/MPS/DLR/IDA99 (sd). **98 Getty Images:** Science & Society Picture Library (bi). **99 NASA:** UCAL/MPS/DLR/IDA (bc). **100 Dreamstime.com:** Dennis Van De Water (bc). **101 Wellcome Images:** http://creativecommons.org/licenses/by/4.0/ (sd). **103 NASA:** SDO (bd). **105 Wellcome Images:** http://creativecommons.org/licenses/by/4.0/(sd, bi). **107 Science Photo Library:** Royal Astronomical Society (sd). **115 NASA** (si); **Wellcome Images:** http://creativecommons.org/licenses/by/4.0/ (sd). **116 Dreamstime.com:** Aarstudio (cd). **117 Wikipedia** (bc). **119 Getty Images:** Gallo Images (sc). **Wikipedia:** J E Mayall (bi). **121 Harvard College Observatory** (sd, bi). **124-125 Science Photo Library:** Christian Darkin (b). **127 Library of Congress, Washington, D.C.** (sd). **NASA** (bi). **129 NASA:** SDO (bc). **135 Dreamstime.com:** Kirsty Pargeter (si). **136 NASA:** ESA/Hubble Heritage Team (sd). **139 Wikipedia** (bi). **140 NASA:** ESA/J. Hester/A. Loll (bc). **150 Wikipedia** (bi). **152 NASA:** Johns Hopkins University Applied Physics Laboratory/Carnegie Institution of Washington (bi). **155 Alamy Stock Photo:** Mary Evans Picture Library (sd). **158 Alamy Stock Photo:** Brian Green (bi). **160 Lowell Observatory Archives** (bi). **NASA** (si). **161 NASA:** ESA/Z. Levay/R. van der Marel/STScI/T. Hallas and A. Mellinger (bd). **163 Alamy Stock Photo:** PF-(bygone1) (sd). **164 Wikipedia:** Nick Risinger (cd). **165 ESA** (bi). **167 Library of Congress, Washington, D.C.** (bi). **NASA:** SDO (si). **169 Getty Images:** Bettmann (sd). **174 Getty Images:** New York Times Co. (bi). **175 Getty Images:** Margaret Bourke-White (si). **177 ESA:** D. Ducros (s). **179 NRAO:** AUI/NSF/http://creativecommons.org/licenses/by/3.0/ (cd). **181 Getty Images:** Bettmann (sd). **NASA** (si). **183 Getty Images:** Ralph Morse (sd). **185 NASA:** ESA/A. van der Hoeven (cd). **186 NASA** (bd). **190 Princeton Plasma Physics Laboratory:** (bi). **192 ESO:** Y. Beletsky/http://creativecommons.org/licenses/by/3.0/ (bi). **193 ESA** (bd). **NASA** (si). **194 NASA** (si). **195 NASA** (sd). **199 Getty Images:** Express Newspapers (sd). **200 NASA**: ESA/N. Smith/STScI/AURA (bc). **201 Getty Images:** Jerry Cooke (sd). **207 ESA** (bd). **208 Getty Images:** Keystone-France (cd). **209 Getty Images:** Detlev van Ravenswaay (bc). **Wikipedia** (sd). **211 Dreamstime.com:** Mark Williamson (sd). **215 Getty Images:** Handout (sd). **216 NASA:** CXC/NGST (s); GSFC/JAXA (bc). **217 ESA:** XMM-Newton/Gunther Hasinger, Nico Cappelluti, and the XMM-COSMOS collaboration (bd). **219 NASA:** ESA/M. Mechtley, R. Windhorst, Arizona State University (bi). **220 ESO:** M. Kornmesser/http://creativecommons.org/licenses/by/3.0/ (si). **221 California Institute of Technology** (bi). **NASA:** L. Ferrarese (Johns Hopkins University) (sc). **225 Science Photo Library:** Emilio Segre Visual Archives/American Institute of Physics (sd). **226 Getty Images:** Ted Thai (bi). **227 Science Photo Library:** Carlos Clarivan (sd); Emilio Segre Visual Archives/American Institute of Physics (bi). **230 Getty Images:** Bettmann (bi). **231 NASA:** Don Davis (si). **232 NASA AMES Research Centre** (bi). **233 Science Photo Library** (sd). **234 NASA** (sd). **234-235 NASA:** Colby Gutierrez-Kraybill/https://creativecommons.org/licenses/by/2.0/ (b). **235 NASA** (sd). **237 NASA** (bd). **239 Getty Images:** Daily Herald Archive (sd). **241 NASA:** ESA/Z. Levay/STScI (bd). **244 NASA** (bi). **245 NASA:** NASA Archive (si). **246 NASA** (sd, bi). **247 NASA** (b). **248 NASA** (si). **249 NASA** (bd). **253 Brookhaven National Laboratory** (sd). **254 NASA**: CXC/M.Weiss (bd). **262 NASA** (sd). **263 NASA** (bi). **264 NASA** (sd). **265 Science Photo Library:** NASA/Detlev van Ravenswaay (bd). **266 NASA** (si). **267 NASA** (si). **271 NASA:** ESA/HST (bi). **Science Photo Library:** Detlev van Ravenswaay (sd). **273 Getty Images:** Mike Pont (sd). **274 Massimo Ramella** (bc). **275 Science Photo Library:** Prof. Vincent Icke (bd). **277 NASA:** ESA/Hubble Heritage Team (sd). **279 ALMA Observatory:** ESO/NAOJ/NRAO (bc). **ESO:** A. Plunkett/http://creativecommons.org/licenses/by/3.0/ (s). **282 NASA:** COBE Science Team (sd). **283 Michael Hoefner:** http://creativecommons.org/licenses/by/3.0/ (bi). **284 NASA** (bi). **285 NASA** (sd). **287 Getty Images:** Bettmann (bi). **Science Photo Library:** John R. Foster (sd). **290 Alamy Stock Photo:** EPA European Pressphoto Agency b.v. (bi). **291 Dreamstime.com:** Photoblueice (sd). **293 NASA Goddard Space Flight Center:** S. Wiessinger (b). **294 NASA:** Kepler Mission/Dana Berry (bc); Kepler Mission/Dana Berry (bd). **296 NASA:** ESA/E. Hallman (cd). **297 NASA:** CXC/Stanford/I. Zhuravleva et al. (bd). **301 NASA** (bd). **302 Science Photo Library:** Fermi National Accelerator Laboratory/US Department of Energy (bi); **Lawrence Berkeley National Laboratory** (s). **303 Dreamstime.com:** Dmitriy Karelin (bd). **304 ESA/Hubble:** C. Carreau (cd). **308 NASA:** UMD (bi). **309 ESA:** C. Carreau/ATG Medialab (si). **310 Science Photo Library:** ESA/Rosetta/NAVCAM (si). **311 ESA:** Rosetta/MPS for OSIRIS Team/UPD/LAM/IAA/SSO/INTA/UPM/DASP/IDA (sd). **313 Science Photo Library:** Chris Butler (bd). **315 Southwest Research Institute** (sd). **316 NASA:** Johns Hopkins University Applied Physics Laboratory/Southwest Research Institute (si). **317 NASA:** JHUAPL/SwRI (si); JHUAPL/SwRI (sd). **320 NASA** (bi). **321 Getty Images:** Sovfoto (si). **322 Science Photo Library:** NASA (bi). **323 NASA** (sd). **324 NASA:** MSSS (s). **325 Airbus Defence and Space** (sd). **327 ESO:** http://creativecommons.org/licenses/by/3.0/ (bd); L. Calçada/http://creativecommons.org/licenses/by/3.0/ (si). **329 NASA** (si). **331 Laser Interferometer Gravitational Wave Observatory (LIGO)** (si).